AutoCAD 机械制图案例大全

星耀博文　编著

U0243473

化学工业出版社
·北京·

内 容 简 介

本书是一本帮助AutoCAD初学者实现从入门到完全精通的学习宝典。全书分为4篇，共21章，由300个实例组成。第1篇为基础入门篇，内容涵盖机械制图的基础知识以及AutoCAD的基本操作方法，包括图形的绘制与编辑、文字与表格的创建等；第2篇为标准制图篇，主要介绍机械制图的尺寸标注、尺寸公差与形位公差、表面粗糙度等细节的绘制方法，还介绍了常用的视图表达方法；第3篇为绘制方法篇，通过列举螺纹件、齿轮类、键类、轴类、轴承类、盘类、弹簧类、焊接类等图形的画法，详细介绍各类机械图形的绘制方法，此外还介绍了装配图的绘制与拆分；第4篇为三维制图篇，主要介绍了AutoCAD中三维模型的创建与编辑。

本书读者定位于AutoCAD初、中级用户，可作为初学者学习AutoCAD的专业指导教材，对各专业技术人员来说，本书也是一本不可多得的参考和练习书籍。

图书在版编目（CIP）数据

AutoCAD机械制图案例大全/星耀博文编著 .—北京：
化学工业出版社，2021.8（2025.6重印）
ISBN 978-7-122-39349-4

Ⅰ. ①A⋯ Ⅱ. ①星⋯ Ⅲ. ①机械制图-AutoCAD
软件-案例 Ⅳ. ①TH126

中国版本图书馆CIP数据核字（2021）第112745号

责任编辑：金林茹　张兴辉　　　　　　　　　　　装帧设计：王晓宇
责任校对：王　静

出版发行：化学工业出版社（北京市东城区青年湖南街13号　邮政编码100011）
印　　装：北京科印技术咨询服务有限公司数码印刷分部
787mm×1092mm　1/16　印张29½　字数769千字　2025年6月北京第1版第2次印刷

购书咨询：010-64518888　　　　　　　　　　　售后服务：010-64518899
网　　址：http://www.cip.com.cn
凡购买本书，如有缺损质量问题，本社销售中心负责调换。

定　　价：99.80元

AutoCAD 自 1982 年推出以来，经多次版本更新和性能完善，现已发展到 Auto-CAD 2022。由于其具有简便易学、精确高效等优点，一直深受广大工程设计人员的青睐，目前已成为计算机 CAD 系统中应用最为广泛的图形软件之一。

本书是一本 AutoCAD 的机械绘图实例教程，将软件功能融入实际应用，使读者在学习软件操作的同时，还能够掌握机械设计的精髓和积累行业工作经验，为用而学，学以致用。全书在内容上分为 4 大篇 21 章，共计 300 个实例。第 1 篇基础入门篇（第 1 章~第 4 章，实例 001~实例 078），主讲机械制图的基础知识以及 Auto-CAD 的基本操作方法，包括图形的绘制与编辑、文字与表格的创建等。第 2 篇标准制图篇（第 5 章~第 8 章，实例 079~实例 159），主要介绍机械制图的尺寸标注、尺寸公差与形位公差、表面粗糙度等细节的绘制方法，以及常用的视图表达方法。第 3 篇绘制方法篇（第 9 章~第 17 章，实例 160~实例 220），列举了螺纹件、齿轮类、键类、轴类、轴承类、盘类、弹簧类、焊接类等多类图形，并详细介绍各机械图形的绘制方法，此外还介绍了装配图的绘制与拆分。第 4 篇三维制图篇（第 18 章~第 21 章，实例 221~实例 300），主要介绍 AutoCAD 中三维模型和三维曲面的创建与编辑，以及模型的渲染等内容。

本书具有以下几大特色。

（1）软件与行业标准相结合：本书内容采用新版的 AutoCAD 2021 进行编写，用实例阐述每个重要的知识点，实例画法符合机械制图标准图样的画法，读者边学边练，将制图知识与软件学习结合起来。

（2）案例丰富，配套源文件与素材、教学视频：书中的 300 个实例均提供源文件和素材，并配套专门的高清教学视频，读者可以先像看电影一样轻松愉悦地学习本书内容，然后通过源文件进行实践和练习，大大提高学习效率。

（3）物超所值，除了书本同步电子书外，还附赠以下电子资源：

➢ AutoCAD 常用命令键大全：收录了 AutoCAD 各种命令的快捷键大全。

➢ 机械制图国标文件：GB/T 4458 的 1~6 号文件，涵盖了图线、视图、尺寸注法、尺寸公差与配合注法等规范的国标文件。

➢ AutoCAD 在机械设计上的各种常用标准件图块：包含各类螺母、螺钉、螺栓、垫圈等图形文件，打开即可使用。

本书可作为中高等院校的教材，也可作为培训和继续教育用书，还可供工程技术人员参考使用。

由于编著者水平有限，书中疏漏与不妥之处在所难免。在感谢您选择本书的同时，也希望您能够把对本书的意见和建议告诉我们。

编著者

扫码享受
全方位沉浸式学 AutoCAD
微信扫描二维码 获取本书丰厚资源

目录

AutoCAD

第1篇 基础入门篇

第1章

机械制图标准与 AutoCAD简介

扫码享受
全方位沉浸式学AutoCAD

AutoCAD是由美国Autodesk公司开发的通用计算机辅助设计软件。在深入学习Auto-CAD 2021之前,本章会先介绍AutoCAD 2021的基本操作,然后对机械制图与机械设计的一些相关基础知识进行讲解,让读者对AutoCAD 2021及机械制图有一个较为全面的认识,为熟练掌握机械制图打下坚实的基础。

1.1 AutoCAD 2021入门

在正式开始学习之前,可以先了解一下AutoCAD 2021的界面组成和基本的文件操作。因为在本书后面的内容中,经常会提到"单击某面板中的某个按钮"或"新建空白文件"这类操作描述,所以需要对这些入门操作和界面组成有所了解,以免学习时找不到对应的命令。

① 双击桌面上的快捷图标 A,启动AutoCAD 2021,进入开始界面,然后单击"快速入门"区域,进入操作界面。

② 该界面包括应用程序按钮、快速访问工具栏、菜单栏、标题栏、交互信息工具栏、功能区、标签栏、十字光标、绘图区、命令窗口及状态栏等,如图1-1所示。

③ 各部分的功能含义说明如下。

➢ 应用程序按钮 A:单击该按钮,系统将弹出用于管理AutoCAD图形文件的应用程序菜单,包含"新建""打开""保存""另存为""输出"及"打印"等选项,一般在需要输出其他格式文件的时候用到,如图1-2所示。

实例 001 AutoCAD 2021的操作界面

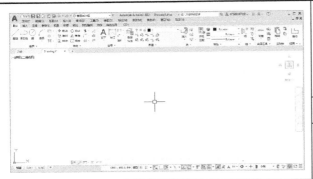

AutoCAD 2021中的操作界面是由功能区、应用程序按钮、标题栏、快速访问工具栏、绘图区等模块组成的。

难度：☆

素材文件：无

视频文件：第1章\实例001 AutoCAD 2021的操作界面.mp4

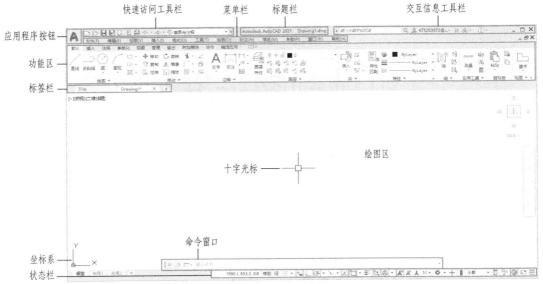

图1-1 AutoCAD 2021默认的工作界面

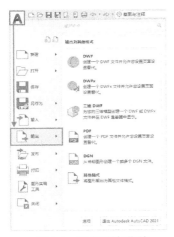

图1-2 应用程序菜单

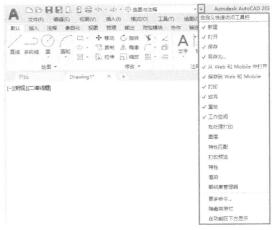

图1-3 快速访问工具栏

➤ 快速访问工具栏：快速访问工具栏包含了文档操作常用的9个快捷按钮，依次为"新建" ▢、"打开" ▷、"保存" 🖫、"另存为" 🖫、"从Web和Mobile中打开" 🖳、"保存到Web和Mobile" 🖳、"打印" 🖨、"放弃" ⇐ 和"重做" ⇒，此外还显示工作空间，可以用来切换工作空间。单击快速访问工具栏最右侧的下拉按钮 ▼ 将弹出下拉菜单，可以调出更多功能，包括菜单栏，如图1-3所示。

➤ 菜单栏：在AutoCAD 2021中，菜单栏在任何工作空间中都默认为不显示状态。只有在快速访问工具栏中单击下拉按钮 ▼，并在弹出的下拉菜单中选择"显示菜单栏"选项，才可将菜单栏显示出来。菜单栏包括12个菜单："文件""编辑""视图""插入""格式""工具""绘图""标注""修改""参数""窗口""帮助"。每个菜单都包含该分类下的大量命令，因此菜单栏是AutoCAD中命令最为详尽的部分。但它的缺点是命令排列过于集中，要单独寻找其中某一个命令可能需要展开多个菜单才能找到，因此在工作中一般不使用菜单栏来选择命令，菜单栏通常只用于查找和选择少数不常用的命令。

➤ 标题栏：标题栏显示当前软件的名称，以及当前新建或打开的文件的名称等。

➤ 交互信息工具栏：交互信息工具栏可以用来搜索命令信息或登录AutoCAD的账号。

➤ 功能区：功能区是主要的命令调用区域，它内含多个选项卡和功能面板，每个面板内都显示了大量相关的命令按钮，单击相应按钮即可调用命令， 图1-4所示就是"默认"选项卡的显示状态，下辖"绘图""修改"等多个面板。

图1-4 功能区

➤ 标签栏：标签栏位于功能区下方，每个打开的图形文件都会在标签栏中显示一个标签，单击文件标签即可快速切换至相应的图形文件窗口，如图1-5所示。单击标签上的 ✕ 按钮，可以快速关闭文件；单击标签栏右侧的 ➕ 按钮，可以快速新建文件。

图1-5 标签栏

➤ 绘图区、十字光标：绘图区是AutoCAD的主要工作区域，用户进行的操作和所绘制的图形都会显示在该区域中。而十字光标则是鼠标指针在绘图区的显示效果。

➤ 坐标系：此图标始终表示AutoCAD绘图系统中的坐标原点位置，默认在左下角，是AutoCAD绘图系统的基准。

➤ 命令行：命令行是输入命令和显示命令提示的区域，在初学AutoCAD的时候，可以多注意命令行的显示信息，它将提示用户所执行的操作和接下来可进行的操作，如图1-6所示。单击右侧的三角按钮可查看命令历史区。

命令历史区显示
已经执行的命令

命令：_rectang
指定第一个角点或 [倒角(C)/标高(E)/圆角(F)/厚度(T)/宽度(W)]：
指定另一个角点或 [面积(A)/尺寸(D)/旋转(R)]：

命令行显示"命令"提示符，
提示用户输入新的命令

✕ ✎ □ ▾ RECTANG 指定第一个角点或 [倒角(C) 标高(E) 圆角(F) 厚度(T) 宽度(W)]：

图1-6　命令行

实例 002 通过功能区执行命令

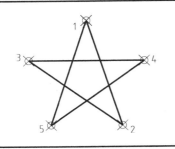

功能区将AutoCAD中各功能的常用命令进行了收纳，要执行命令只需在对应的面板上找到按钮单击即可。相比其他调用命令的方法，功能区调用命令更为直观，非常适合不能熟记绘图命令的AutoCAD初学者。

难度：☆

素材文件：第1章\实例002 通过功能区执行命令.dwg

视频文件：第1章\实例002 通过功能区执行命令.mp4

① 打开素材文件"第1章\实例002 通过功能区执行命令.dwg"，其中已创建好了5个顺序点，如图1-7所示。

② 在功能区中单击"默认"选项卡中"绘图"面板上的"直线"按钮 ✏，如图1-8所示。

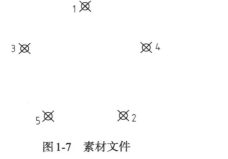

图1-7　素材文件

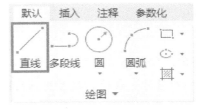

图1-8　功能区中的"直线"命令按钮

③ 开始执行"直线"命令。依照命令行的提示，先选择素材图形中的"点1"为第一个点，再选择"点2"为下一个点，如图1-9所示。

④ 按此方法，依顺序单击5个点，最终效果如图1-10所示，完整的命令行操作如下。

```
命令：_line                           //单击"直线"按钮，执行"直线"命令
指定第一个点：                        //移动至点1，单击鼠标左键
指定下一点或 [放弃（U）]：             //移动至点2，单击鼠标左键
指定下一点或 [放弃（U）]：             //移动至点3，单击鼠标左键
指定下一点或 [闭合（C）/放弃（U）]：   //移动至点4，单击鼠标左键
指定下一点或 [闭合（C）/放弃（U）]：   //移动至点5，单击鼠标左键
```

指定下一点或［闭合（C）/放弃（U）］：　　　✓　//移动至点1，单击鼠标左键，按Enter键
　　　　　　　　　　　　　　　　　　　　　　　　　　结束命令

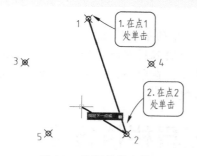

图1-9　绘制单条直线

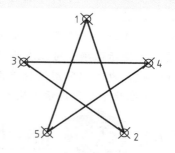

图1-10　绘制的最终图形

　　提示：本书中命令行操作文本中的"✓"符号代表按下Enter键；"//"符号后的文字为提示文字。

实例 003 通过命令行执行命令

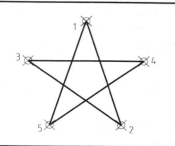

AutoCAD中大多数命令都有对应的快捷键，因此完全可以通过键盘来快速调用命令进行绘图，这些调用都会记录在命令行中。此方式是最快捷的绘图方式，这就要求用户能熟记各种绘图命令快捷键，本书的附录中将进行收录。

　　难度：☆

素材文件：第1章\实例002 通过功能区执行命令.dwg

视频文件：第1章\实例003 通过命令行执行命令.mp4

　　① 同样使用"实例002"的素材文件来进行操作，但本次通过快捷键来调用直线命令进行绘图。

　　② 直线命令"LINE"的指令简写是"L"，因此可在命令行中输入"L"，接着单击Enter键确认，如图1-11所示。

图1-11　在命令行中输入命令指令

　　③ 按上述方法操作后，即可执行"直线"命令，此时命令行如图1-12所示。

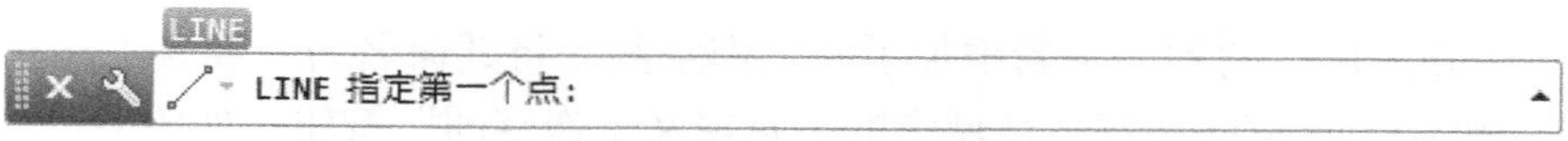

图1-12　命令行响应指令

　　④ 接下来便按"实例002"中的方法执行"直线"命令，进行绘制即可。

　　提示：通过命令行执行命令，需要注意以下几点。

➢ AutoCAD对命令或参数输入不区分大小写，因此在命令行输入指令时不必考虑输入

的大小写。

➤ 要接受显示在命令行中括号"[ ]"中的子选项，可以输入小括号"（ ）"内的字母，再按Enter键。

➤ 要响应命令行中的提示，可以输入值或单击图形中的某个位置。

➤ 要指定提示选项，可以在提示列表（命令行）中输入所需提示选项对应的亮显字母，然后按Enter键。也可以使用鼠标单击选择所需要的选项，在命令行中单击选择"倒角（C）"选项，等同于在此命令行提示下输入"C"，并按Enter键。

实例 004 通过经典的工具栏执行命令

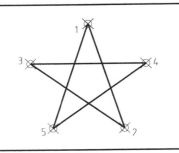

通过工具栏调用命令是AutoCAD的经典执行方式，也是旧版本Auto-CAD最主要的执行方法。如果用户习惯这类调用方法或工具栏的界面布局，可以通过菜单栏"工具"|"工具栏"|"AutoCAD"命令调出。

难度：☆

素材文件：第1章\实例002 通过功能区执行命令.dwg

视频文件：第1章\实例004 通过经典的工具栏执行命令.mp4

① 同样使用"实例002"的素材文件来进行操作，但本次通过工具栏来调用直线命令进行绘图。

② 单击快速访问工具栏中的"切换工作空间"下拉按钮，在弹出的下拉列表中选择"自定义"选项，如图1-13所示。

③ 系统自动打开"自定义工作界面"对话框，然后选择"工作空间"一栏，单击右键，在弹出的快捷菜单中选择"新建工作空间"选项，如图1-14所示。

图1-13　选择"自定义"

图1-14　新建工作空间

④ 在"工作空间"树列表中新添加了一工作空间，将其命名为"经典工作空间"，然后单击对话框右侧"工作空间内容"区域中的"自定义工作空间"按钮，如图1-15所示。

⑤ 返回对话框左侧"所有自定义文件"区域，单击➕按钮展开"工具栏"树列表，依次勾选其中的"标注""绘图""修改""特性""图层""样式""标准"7个工具栏，即旧版本AutoCAD中的经典工具栏，如图1-16所示。

⑥ 再返回勾选上一级的整个"菜单"与"快速访问工具栏"下的"快速访问工具栏1"，如图1-17所示。

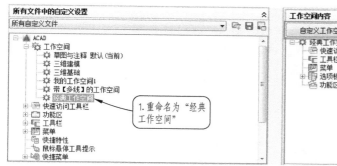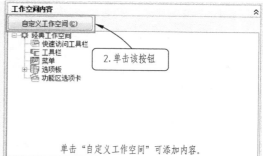

图1-15　命名经典工作空间

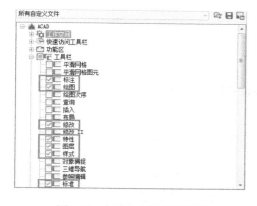

图1-16　勾选7个经典工具栏

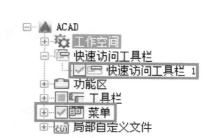

图1-17　勾选菜单与快速访问工具栏1

⑦　在对话框右侧的"工作空间内容"区域中已经可以预览到该工作空间的结构，确定无误后单击其上方的"完成"按钮，如图1-18所示。

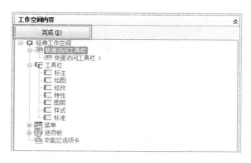

图1-18　完成经典工作空间的设置

⑧　在"自定义工作界面"对话框中先单击"应用"按钮，再单击"确定"，退出该对话框。

⑨　将工作空间切换至刚刚创建的"经典工作空间"，效果如图1-19所示。

⑩　可见原来的"功能区"已经消失，但仍空出了一大块，影响界面效果。可在该处右击，在弹出的快捷菜单中选择"关闭"选项，即可关闭"功能区"显示，如图1-20所示。

⑪　将各工具栏拖移到合适的位置，然后单击工具栏上的"直线"按钮 ，按顺序连接各点进行绘图即可，最终效果如图1-21所示。保存该工作空间后即可随时启用。

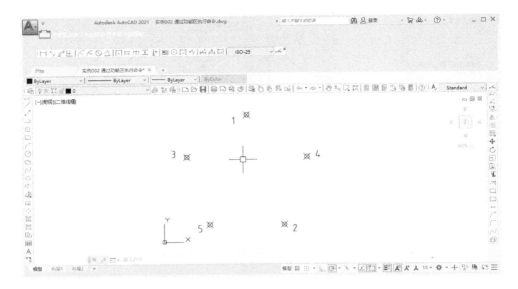

图1-19　创建的经典工作空间（1）

图1-20　创建的经典工作空间（2）

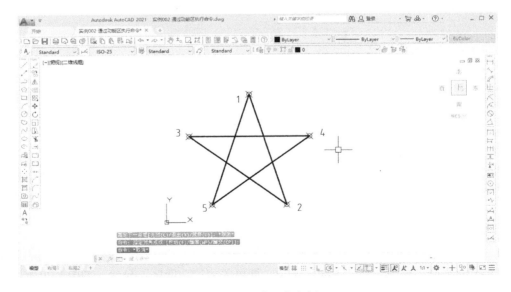

图1-21　经典工作空间

实例 005 AutoCAD 视图的控制方法

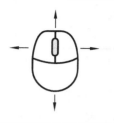

在绘图过程中,为了更好地观察和绘制图形,通常需要对视图进行平移、缩放等操作。本例将介绍AutoCAD视图的控制方法。

难度:☆

 素材文件:无

 视频文件:第1章\实例005 AutoCAD 视图的控制方法.mp4

① 如果要平移视图,查看绘图区中其他地方的图形,那么可以按住鼠标滚轮进行拖动,如图1-22所示。

② 如果要缩放视图,查看图形的更多细节,那么可以直接滚动鼠标滚轮,其中向前滚动是放大图形,向后滚动是缩小图形,如图1-23所示。

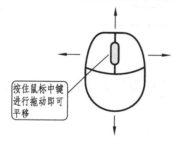

图1-22 移动视图的鼠标操作

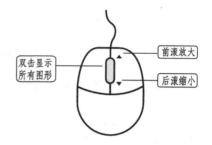

图1-23 缩放视图的鼠标操作

实例 006 AutoCAD 图形的选择方法

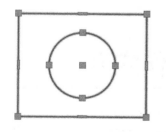

对图形进行任何编辑和修改操作的时候,必须先选择图形对象。针对不同的情况,采用最佳的选择方法,能大幅提高图形的编辑效率。AutoCAD提供了多种选择对象的基本方法,如点选、框选等。

难度:☆

 素材文件:第1章\实例006 AutoCAD 图形的选择方法.dwg

 视频文件:第1章\实例006 AutoCAD 图形的选择方法.mp4

① 打开素材文件 "第1章\实例006 AutoCAD 图形的选择方法.dwg",其中已创建好了一个演示用的图形,如图1-24所示。

② 点选是最简单、也是最直接的选择方法,将十字光标移动至要选择的图形上,然后单击鼠标左键,即可选取图形。被选取的图形此时会高亮显示,如图1-25所示。如果连续单击需要选择的对象,则可以同时选择多个对象。

③ 除了点选外,还可以通过框选来一次性选择大量图形。但需要注意的是,在Auto-CAD中框选可以分为两种方式:从左往右框选的蓝色框选和从右往左框选的绿色框选。

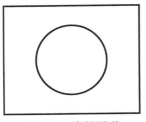

图1-24   素材图形

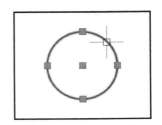

图1-25   单击选择图形

④ 蓝色框选的官方名称为"圈围"，只有蓝色选框完全覆盖的对象才可以被选择。如图1-26所示，图中圆形被覆盖，而矩形只覆盖了一部分，因此圆形被选中，而矩形没有。

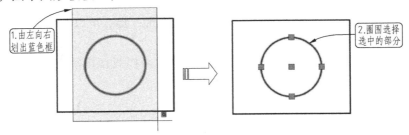

图1-26   圈围选择

⑤ 绿色框选的官方名称为"圈交"，任何被绿色选框接触到的图形都会被选中，如图1-27所示。

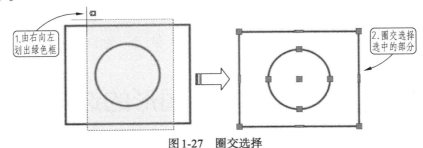

图1-27   圈交选择

实例 007 AutoCAD 的工作空间

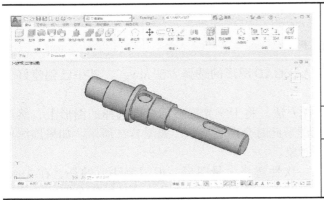

AutoCAD 2021为用户提供了"草图与注释""三维基础"以及"三维建模"3种工作空间,选择不同的空间可以进行不同的操作。

难度:☆

素材文件:无

 视频文件:第1章\实例007 AutoCAD 的工作空间.mp4

① 启动AutoCAD后，默认的界面就是"草图与注释"工作空间的界面，用户可以在快速访问工具栏中选择不同的工作空间进行切换，如图1-28所示。

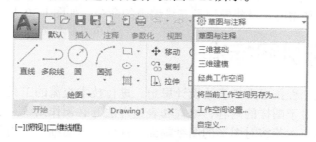

图1-28 选择工作空间

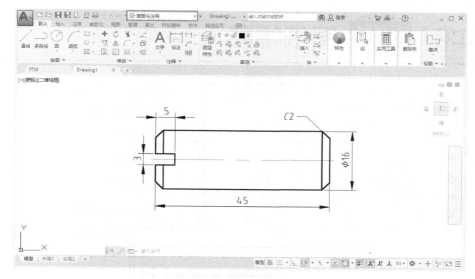

图1-29 经典工作空间

图1-30 三维基础空间

② 在"草图与注释"工作空间下可以很方便地找到有关二维图形绘制和标注的命令，

适合用来绘制二维的图形，如图1-29所示。

　③ 如果要绘制三维图形，则可以切换至"三维基础"或"三维建模"工作空间，其功能区内提供了各种常用的三维建模以及三维编辑的命令，如图1-30所示。

1.2　机械制图标准

　机械设计图是工程技术人员表达设计思想、进行技术交流的工具，也是指导生产的重要技术资料。因此，对于图样的内容、格式和表达方法等必须作出统一的规定，即设计人员常说的机械制图标准。本节将对图形的图纸幅面、标题栏、明细栏、制图比例、字体、尺寸标注、图线等细节部分进行介绍。

实例 008　图纸幅面

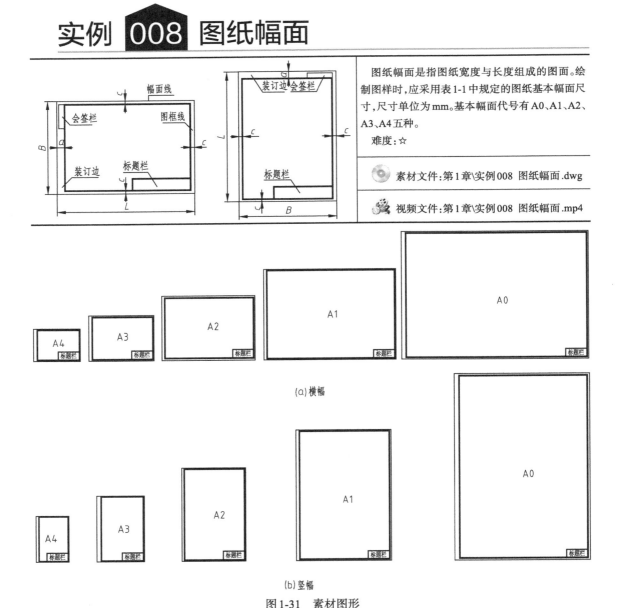

　图纸幅面是指图纸宽度与长度组成的图面。绘制图样时，应采用表1-1中规定的图纸基本幅面尺寸，尺寸单位为mm。基本幅面代号有A0、A1、A2、A3、A4五种。

　难度：☆

　素材文件:第1章\实例008 图纸幅面.dwg

　视频文件:第1章\实例008 图纸幅面.mp4

(a)横幅

(b)竖幅

图1-31　素材图形

① 打开素材文件"第1章\实例008 图纸幅面.dwg",其中已创建好了不同幅面的图纸,如图1-31所示。读者在以后学习或工作中均可随时打开该素材来获取不同幅面的图纸文件。

② 可见图纸幅面分为了两种形式:横幅和竖幅。图纸以短边作为垂直边为横幅,以短边作为水平边为竖幅。A0~A3图纸宜作横幅使用;但如有特殊情况,也可作竖幅使用。在一个工程设计中,每个专业所使用的图纸,不宜多于两种幅面,不含目录及表格所采用的A4幅面。基本幅面如图1-32所示。

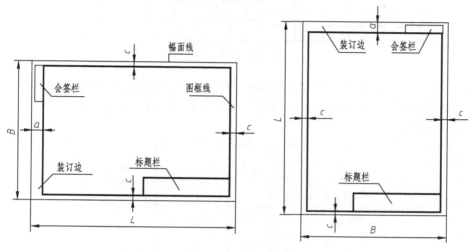

图1-32 基本幅面

③ 幅面中的各参数尺寸介绍见表1-1。读者也可以在学习了"直线"或"矩形"命令后,自行参照这些尺寸来绘制自己所需的图纸幅面。

表1-1 图纸幅面
mm

幅面代号	A0	A1	A2	A3	A4
$B×L$	841×1189	594×841	420×594	297×420	210×297
a	25				
c	10			5	

实例 009 标题栏

<table>
<tr><td colspan="7" rowspan="3"></td><td colspan="2" rowspan="2">(材料标记)</td><td>(单位名称)</td></tr>
<tr><td rowspan="2"></td></tr>
<tr><td>(图样名称)</td></tr>
<tr><td>标记</td><td>处数</td><td>分区</td><td>更改文件号</td><td>签名</td><td>年/月/日</td><td></td><td>阶段标记</td><td>重量</td><td>比例</td></tr>
<tr><td>设计</td><td></td><td></td><td>标准化</td><td></td><td></td><td></td><td></td><td></td><td></td></tr>
<tr><td>审核</td><td></td><td></td><td></td><td></td><td></td><td></td><td colspan="3">共 张,第 张</td></tr>
<tr><td>工艺</td><td></td><td></td><td>批准</td><td></td><td></td><td></td><td colspan="3">(图样代号)</td></tr>
</table>

在介绍图纸幅面的时候,可见右下角处始终有一块称为"标题栏"的区域。标题栏是用于填写零件的名称、材料、数量、比例、图样代号、日期、设计人员姓名等信息的表格,一般由更改区、签字区、其他区、名称以及代号区组成。

难度:☆

💿 素材文件:第1章\实例009 标题栏.dwg

📹 视频文件:第1章\实例009 标题栏.mp4

① 打开素材文件"第1章\实例009 标题栏.dwg",其中已创建好了标题栏图形,如图1-33

所示。读者在以后学习或工作中均可随时打开该素材来获取标题栏图形，并将其粘贴至任何图纸上进行修改。

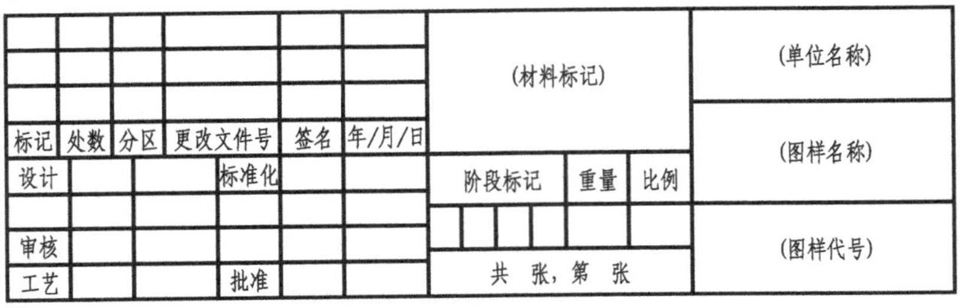

(材料标记)
(单位名称)
标记
处数
分区
更改文件号
签名
年/月/日
(图样名称)
设计
标准化
阶段标记
重量
比例
审核
(图样代号)
工艺
批准
共 张，第 张

图1-33 素材图形

② 比如要将该标题栏粘贴至“实例008”中横幅的A3图纸上，便可以先框选整个标题栏图形，然后按组合键Ctrl+Shift+C，执行“带基点复制”命令，然后指定右下角的端点为复制的基点，如图1-34所示。

(材料标记)
(单位名称)
(图样名称)
(图样代号)
端点

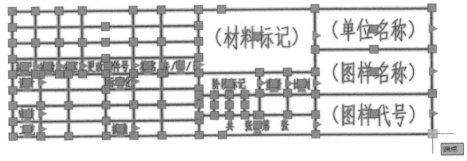

图1-34 执行“带基点复制”命令

③ 切换至“实例008 图纸幅面.dwg”文件，然后按Ctrl+V，命令行会提示指定粘贴的插入点，此时选择横幅的A3图纸上对应的右下角端点，即可将标题栏复制至正确位置，如图1-35所示。

A3
端点

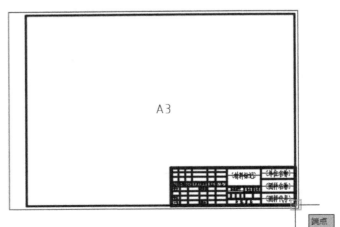

图1-35 通过“带基点复制”命令实现跨文件粘贴

④ 双击标题栏上的文字，就可以更改上面的信息，如图1-36所示。这样就实现了标题栏图形的跨文件调用和编辑，在日后的工作中非常实用。

						(单位名称)
标记	处数	分区	更改文件号	签名	年/月/日	(图样名称)
设计			标准化		阶段标记　重量　比例	
审核						(图样代号)
工艺			批准		共　张，第　张	

图1-36　修改标题栏上的文本

提示：标题栏的具体尺寸参数见图1-37所示。

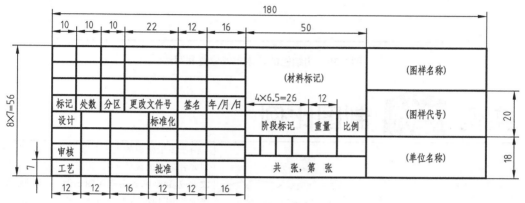

图1-37　标题栏的具体尺寸

实例 010 明细栏

						(材料标记)	(单位名称)
标记	处数	分区	更改文件号	签名	年/月/日		(图样名称)
设计			标准化			阶段标记　重量　比例	
审核							(图样代号)
工艺			批准			共　张，第　张	

有时在标题栏的上方，会列出一排用以指代各组成零件的表格，一般出现在装配图上，称为"明细栏"。

难度：☆

💿 素材文件：第1章\实例010 明细栏.dwg

🐼 视频文件：第1章\实例010 明细栏.mp4

① 打开素材文件"第1章\实例010 明细栏.dwg"，其中已创建好了明细栏图形的表头，如图1-38所示。

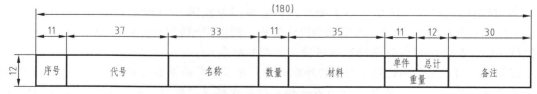

图1-38　素材图形

② 明细栏是装配体中所有零件的目录，一般绘制在标题栏上方，可以和标题栏相连在一起，如图1-39所示。明细栏序号按零件编号从下到上列出，以方便修改。

4	86183	缸筒	1	45	3.7	3.7	外协加工
3	77260	连接法兰	2	45	0.8	1.6	库存调用
2	77250	缸头	1	QT400	1.2	1.2	自加工
1	77169	活塞杆	1	45	4.5	4.5	自加工
序号	代号	名称	数量	材料	单件 重量	总计	备注

标题栏

图1-39　明细栏的具体布置位置和写法

实例 011 制图比例

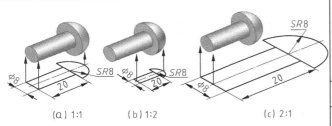

(a) 1:1　　(b) 1:2　　(c) 2:1

由于图纸幅面的大小有限，因此在绘制一些大型或者微型的设计图时，需要人为地对图形进行放大或者缩小，这便是制图比例。在机械制图中，比例是指图形与实物相应要素的尺寸之比。

难度：☆

素材文件：第1章\实例011 制图比例.dwg

视频文件：第1章\实例011 制图比例.mp4

① 打开素材文件"第1章\实例011 制图比例.dwg"，其中已创建好了一简单的零件图形，旁边还有它的三维模型图，如图1-40所示。

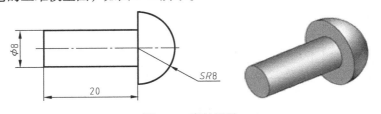

图1-40　素材图形

② 当图形的尺寸和实物大小适中时，尽量采用原比例1∶1绘制；如果实物尺寸较大，则应采用缩小比例，如1∶2；如果实物尺寸较小，则应采用放大比例，如2∶1。无论使用哪种比例绘制，都要尽量保证图形清晰可读，如图1-41所示。

提示：制图比例影响的只是图形的外观大小，并不能影响图形的实际尺寸。因此在图1-41中，虽然不同比例下图形的外观大小不一样，但尺寸标注的数值是统一的。关于比例和标注的关系，可翻阅本书的5.2节。

③ 机械制图中常用的3种比例为1∶1、1∶2和2∶1，此外还有其他几种推荐采用的比例取值，见表1-2。

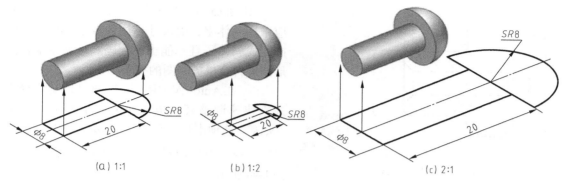

图1-41 各比例效果

表1-2 常用绘图比例

种类	比例				
原值比例	1：1				
放大比例	2：1	5：1	10：1	(2.5：1)	(4：1)
缩小比例	1：2	1：5	1：10	(1：1.5)	(1：3)

④ 比例的标注符号应以"："表示，标注方法如1：1、1：100等。比例一般应标注在标题栏的比例栏内，局部视图或者剖视图也需要在视图名称的下方或者右侧标注比例，如图1-42所示。

$$\frac{1}{1:10} \qquad \frac{B}{1:2} \qquad \frac{A-A}{5:1}$$

图1-42 比例的另行标注

实例 012 字体格式与尺寸标注

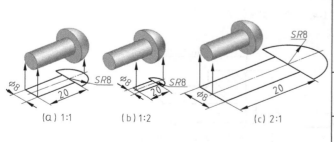

图样上除了表达机件形状的图形外，还要用文字和数字说明机件的大小、技术要求和其他内容。这部分同样有着相应的标准规范。

难度：☆

素材文件：第1章\实例012 字体格式与尺寸标注.dwg

视频文件：第1章\实例012 字体格式与尺寸标注.mp4

① 打开素材文件"第1章\实例012 字体格式与尺寸标注.dwg"，其中已创建好了一简单的零件图形，旁边还有技术要求文字，如图1-43所示。

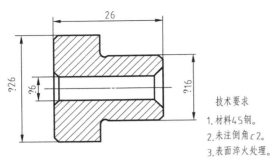

图1-43　素材图形

② 机械制图中的汉字应写成仿宋体，并应采用简体字，而尺寸标注的数字可写成正体或写成斜体，且不能出现乱码。可见原素材图形没能符合机械制图的要求。

③ 在AutoCAD中，可以通过切换注释样式来快速调整某一类注释的显示效果。单击"默认"选项卡中"注释"面板上的下拉箭头，展开下拉面板，可见4种注释样式，如图1-44所示。

图1-44　展开注释样式

④ 从上至下分别是文字样式、标注样式、引线样式、表格样式，右侧的文本框显示的就是当前的样式名称。

⑤ 如果要切换文字样式的效果，则可以单击右侧的下拉箭头，然后在下拉列表里选择其他样式，如选择"机械制图文字样式"，选择后可见原技术要求部分的字体变成了机械制图标准规定的仿宋体，如图1-45所示。

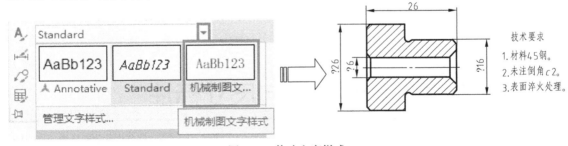

图1-45　修改文字样式

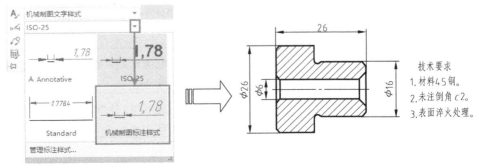

图1-46　修改标注样式

⑥ 单击标注样式右侧的下拉箭头 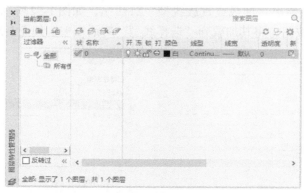（实为小图标），在下拉列表里选择"机械制图标注样式"，选择后可见原尺寸标注部分的数字变成了斜体，且乱码得到了正常显示，如图 1-46 所示。

提示： 本实例中的"机械制图文字样式"和"机械制图标注样式"均为素材文件中预先创建好的样式，并非 AutoCAD 自带的样式。这些样式的具体创建方法请见本书的第 4 章和第 5 章。

实例 013 图线与图层设置

轮廓线	在机械制图中,图线的粗细、线型、颜色均可以表示不同的含义,因此不同的图形部分应设置不同的图线。在AutoCAD中可以通过"图层"来对图线的颜色、线宽、线型进行设置,从而区分不同类型的图形对象,如轮廓线、标注线、辅助线等。
标注线	
中心线	难度:☆☆
剖面线	
符号线	📀 素材文件:第1章\实例013 图线与图层设置.dwg
虚线	🐼 视频文件:第1章\实例013 图线与图层设置.mp4

本例介绍绘图基本图层的创建，要求分别建立"轮廓线""中心线""标注线""剖面线"和"虚线"层，这些图层的主要特性如表 1-3 所示，节选自 GB/T 17450《技术制图规章》，适用于机械工程制图。

表1-3 图层列表

序号	图层名	线宽/mm	线型	颜色	打印属性
1	轮廓线	0.3	CONTINUOUS	黑	打印
2	标注线	0.18	CONTINUOUS	绿	打印
3	中心线	0.18	CENTER	红	打印
4	剖面线	0.18	CONTINUOUS	黄	打印
5	符号线	0.18	CONTINUOUS	33	打印
6	虚线	0.18	DASHED	洋红	打印

① 单击"图层"面板中的"图层特性"按钮📇，打开如图 1-47 所示的"图层特性管理器"选项板。

图1-47 "图层特性管理器"选项板

② 新建图层。在"图层特性管理器"选项板中单击"新建"按钮，新建"图层1"，如图1-48所示。此时文本框呈可编辑状态，在其中输入文字"中心线"并按Enter键，完成中心线图层的创建，如图1-49所示。

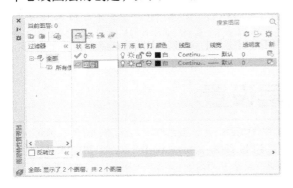

图1-48　新建图层　　　　　　　　　　　图1-49　重命名图层

③ 设置图层特性。单击中心线图层对应的"颜色"项目，弹出"选择颜色"对话框，选择红色作为该图层的颜色，如图1-50所示。单击"确定"按钮，返回"图层特性管理器"选项板。

④ 单击中心线图层对应的"线型"项目，弹出"选择线型"对话框，对话框中没有需要的线型，单击"加载"按钮，如图1-51所示。

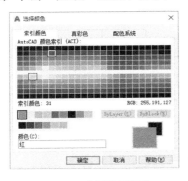

图1-50　选择图层颜色　　　　　　　　　图1-51　"选择线型"对话框

⑤ 加载线型。弹出"加载或重载线型"对话框，如图1-52所示，选择"CENTER"线型，单击"确定"按钮，将其加载到"选择线型"对话框中，如图1-53所示。

图1-52　"加载或重载线型"对话框　　　　图1-53　加载的CENTER线型

⑥ 选择CENTER线型，单击"确定"按钮即为中心线图层指定了线型。

⑦ 单击中心线图层对应的"线宽"项目，弹出"线宽"对话框，选择线宽为0.18mm，如图1-54所示，单击"确定"按钮，即为中心线图层指定了线宽。

⑧ 此时创建的中心线图层如图1-55所示。

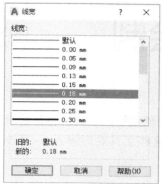

图1-54 选择线宽　　　　　　　　　　图1-55 创建的中心线图层

⑨ 重复上述步骤，分别创建"轮廓线""标注线""剖面线""符号线"和"虚线"图层，为各图层选择合适的颜色、线型和线宽特性，结果如图1-56所示。

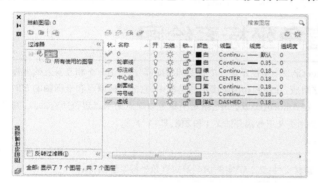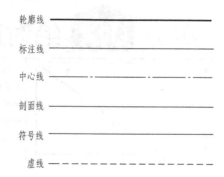

图1-56 创建剩余的图层

第2章
基本图形的绘制

AutoCAD不仅有大量的绘图命令，还提供了非常丰富的辅助绘图工具。在开始学习本书的后续章节前，本章会先对绘图辅助工具进行介绍，掌握这些工具对理解AutoCAD的绘图逻辑非常有帮助，然后介绍常用的绘图命令。

2.1　坐标系与辅助绘图工具

要利用AutoCAD来绘制图形，需要先对坐标系、捕捉、追踪等辅助绘图工具进行了解。充分认识了这些工具之后，才能实现高效、准确地绘图。

实例 014 绝对直角坐标系绘图

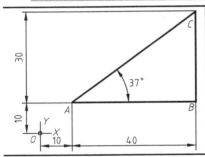

在AutoCAD中坐标系是一个重要的组成部分，它由三个相互垂直的坐标轴 X、Y和 Z 组成，在绘制和编辑图形的过程中，它的坐标原点和坐标轴的方向是不变的。在AutoCAD 2021中，绝对坐标是以原点为基点定位所有的点。其坐标形式为用英文逗号隔开的 X、Y和 Z 值，即：X, Y, Z。

难度：☆

💿 素材文件：第2章\实例014 绝对直角坐标系绘图.dwg

🎬 视频文件：第2章\实例014 绝对直角坐标系绘图.mp4

以绝对直角坐标输入的方法绘制如图 2-1 所示的图形。图中 O 点为 AutoCAD 的坐标原点，坐标即（0，0），因此 A 点的绝对坐标则为（10，10），B 点的绝对坐标为（50，10），C 点的绝对坐标为（50，40）。绘制步骤如下。

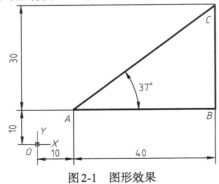

图2-1　图形效果

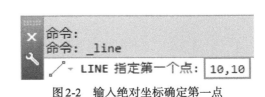

命令：
命令：_line
LINE 指定第一个点：10,10

图2-2　输入绝对坐标确定第一点

① 启动AutoCAD 2021，新建一个空白文档。

② 在"默认"选项卡中，单击"绘图"面板上的"直线"按钮，执行直线命令。

③ 输入A点。命令行出现"指定第一个点"的提示，直接在其后输入"10，10"，即第一点A点的坐标，如图2-2所示。

④ 单击Enter键确定第一点的输入，接着命令行提示"指定下一点"，再按相同方法输入B、C点的绝对坐标值，即可得到图2-1所示的图形效果。完整的命令行操作过程如下。

命令：_line	//调用"直线"命令
指定第一个点：10，10↙	//输入A点的绝对直角坐标
指定下一点或［放弃（U）］：50，10↙	//输入B点的绝对直角坐标
指定下一点或［放弃（U）］：50，40↙	//输入C点的绝对直角坐标
指定下一点或［闭合（C）/放弃（U）］：↙	//单击Enter键结束命令

实例 015 绝对极坐标绘图

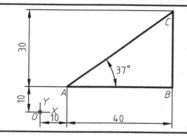

绝对极坐标绘图是指通过输入某点相对于坐标原点(0,0)的极坐标来进行绘图（如输入"12<30"，便是指从X轴正方向逆时针旋转30°，距离原点12个图形单位的点）。在实际绘图工作中，该方法使用较少。

难度：☆

素材文件：第2章\实例015 绝对极坐标绘图.dwg

视频文件：第2章\实例015 绝对极坐标绘图.mp4

使用绝对极坐标的方法，同样绘制图2-1所示的图形。在实际绘图工作中，由于很难确定与坐标原点之间的绝对极轴距离与角度，因此除了在一开始绘制带角度的辅助线外，该方法基本不怎么使用。

① 启动AutoCAD 2021，新建一个空白文档。

② 在"默认"选项卡中，单击"绘图"面板上的"直线"按钮，执行直线命令。

③ 输入A点。命令行出现"指定第一个点"的提示，直接在其后输入"14.14<45"，即A点的绝对极坐标，如图2-3所示。

提示：通过勾股定理，可以算得OA的直线距离为$10\sqrt{2}$（约等于14.14），OA与水平线的夹角为45°，因此可知A点的绝对极坐标为："14.14<45"。

命令：
命令：_line
LINE 指定第一个点：14.14<45

图2-3 输入A点的绝对极坐标

④ 确定A点之后，其余B、C两点并不适合使用绝对极坐标输入，因此可切换为相对直角坐标输入的方法进行绘制，完整的命令行操作过程如下。

命令：_line	//调用"直线"命令
指定第一个点：14.14<45↙	//输入A点的绝对极坐标
指定下一点或［放弃（U）］：@40，0↙	//输入B点相对于上一个点（A点）的相对直角坐标
指定下一点或［放弃（U）］：@0，30↙	//输入C点相对于上一个点（B点）的相对直角坐标
指定下一点或［闭合（C）/放弃（U）］：C↙	//闭合图形

实例 016 相对直角坐标绘图

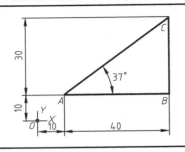

在 AutoCAD 2021 中,相对坐标是指一点相对于另一特定点的位置。相对坐标的输入格式为($@X, Y$),"@"符号表示使用相对坐标输入,是指定相对于上一个点的偏移量。相对坐标在实际工作中使用较多。

难度:☆

素材文件:第2章\实例016 相对直角坐标绘图.dwg

视频文件:第2章\实例016 相对直角坐标绘图.mp4

使用相对直角坐标的方法,同样绘制图2-1所示的图形。在实际绘图工作中,大多数设计师都喜欢随意在绘图区中指定一点为第一点,这样就很难界定该点及后续图形与坐标原点(0,0)的关系,因此多采用相对坐标的输入方法来进行绘制。相比于绝对坐标的刻板,相对坐标显得更为灵活多变。

① 启动 AutoCAD 2021,新建一个空白文档。

② 在"默认"选项卡中,单击"绘图"面板上的"直线"按钮 ,执行直线命令。

③ 输入 A 点。可通过输入绝对坐标的方式确定 A 点;如果对 A 点的具体位置没有要求,也可以在绘图区中任意指定一点作为 A 点。

④ 输入 B 点。在图2-1中, B 点位于 A 点的正 X 轴方向、距离为40点处, Y 轴增量为0,因此相对于 A 点的坐标为($@40$,0),可在命令行提示"指定下一点"时输入"$@40$, 0",即可确定 B 点,如图2-4所示。

⑤ 输入 C 点。由于相对直角坐标是相对于上一点进行定义的,因此在输入 C 点的相对坐标时,要考虑它和 B 点的相对关系, C 点位于 B 点的正上方,距离为30,即输入"$@0$,30",如图2-5所示。

```
命令: _line
指定第一个点: 0,0
LINE 指定下一点或 [放弃(U)]: @40,0
```

图2-4　输入 B 点的相对直角坐标

```
指定第一个点: 0,0
指定下一点或 [放弃(U)]: @40,0
LINE 指定下一点或 [放弃(U)]: @0,30
```

图2-5　输入 C 点的相对直角坐标

⑥ 将图形封闭即绘制完成。完整的命令行操作过程如下。

命令:_line　　　　　　　　　　　　　　　//调用"直线"命令
指定第一个点: 10, 10↙　　　　　　　　　//输入 A 点的绝对直角坐标
指定下一点或 [放弃(U)]: @40, 0↙　　　　//输入 B 点相对于上一个点(A 点)
　　　　　　　　　　　　　　　　　　　　　的相对直角坐标
指定下一点或 [放弃(U)]: @0, 30↙　　　　//输入 C 点相对于上一个点(B 点)
　　　　　　　　　　　　　　　　　　　　　的相对直角坐标
指定下一点或 [闭合(C)/放弃(U)]: C↙　　//闭合图形

使用相对极坐标的方法,同样绘制图2-1所示的图形。相对极坐标与相对直角坐标一样,都是以上一点为参考基点,输入增量来定义下一个点的位置。只不过相对极坐标输入的是极轴增量和角度值。

实例 017 相对极坐标绘图

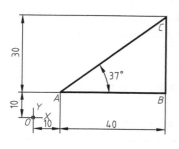

相对极坐标是以某一特定点为参考极点,输入相对于参考极点的距离和角度来定义一个点的位置。相对极坐标输入格式为(@A<角度),其中 A 表示指定与特定点的距离。

难度:☆

素材文件:第2章\实例017 相对极坐标绘图.dwg

视频文件:第2章\实例017 相对极坐标绘图.mp4

① 启动 AutoCAD 2021,新建一个空白文档。

② 在"默认"选项卡中,单击"绘图"面板上的"直线"按钮 ，执行直线命令。

③ 输入 A 点。可按上例中的方法输入 A 点,也可以在绘图区中任意指定一点作为 A 点。

④ 输入 C 点。A 点确定后,就可以通过相对极坐标的方式确定 C 点。C 点位于 A 点的37°方向,距离为50(由勾股定理可知),因此相对极坐标为（@50<37），在命令行提示"指定下一点"时输入"@50<37",即可确定 C 点,如图2-6所示。

⑤ 输入 B 点。B 点位于 C 点的–90°方向,距离为30,因此相对极坐标为（@30<-90），输入"@30<-90"即可确定 B 点,如图2-7所示。

图2-6 输入 C 点的相对极坐标

图2-7 输入 B 点的相对极坐标

⑥ 将图形封闭即绘制完成。完整的命令行操作过程如下。

命令:_line	//调用"直线"命令
指定第一个点:10, 10↙	//输入 A 点的绝对坐标
指定下一点或 [放弃（U）]:@50<37↙	//输入 C 点相对于上一个点（A 点）的相对坐标
指定下一点或 [放弃（U）]:@30<-90↙	//输入 B 点相对于上一个点（C 点）的相对坐标
指定下一点或 [闭合（C）/放弃（U）]:c↙	//闭合图形

提示: 这4种坐标的表示方法,除了绝对极坐标外,其余3种均使用较多,需重点掌握。

实例 018 对象捕捉辅助绘图

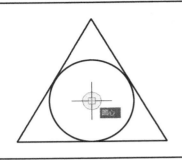

AutoCAD作为一款智能化的绘图工具,相比手工绘图来说一个突出的优点就是准确。在AutoCAD中可以通过"对象捕捉"功能来精确定位现有图形对象的特征点,如圆心、中点、端点、节点、象限点等实际上很难定位的位置。

难度:☆

 素材文件:第2章\实例018 对象捕捉辅助绘图.dwg

视频文件:第2章\实例018 对象捕捉辅助绘图.mp4

① 打开素材文件"第2章\实例018 对象捕捉辅助绘图.dwg",如图2-8所示。

② 默认情况下,状态栏中的"对象捕捉"按钮亮显,为开启状态。为了演示"对象捕捉"功能,可以单击该按钮,让其淡显,将其关闭,如图2-9所示。

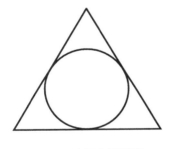

图2-8　素材文件图形

图2-9　关闭"对象捕捉"

③ 在"默认"选项卡中,单击"绘图"面板上的"直线"按钮,执行直线命令。尝试以圆心为直线的第一个点,移动十字光标效果如图2-10所示。

④ 可见很难定位至圆心,这便是关闭了"对象捕捉"的效果。如要重新开启"对象捕捉",可再次单击按钮,或在键盘上按F3键。这时再移动鼠标,便可以很容易地定位至圆心,如图2-11所示。

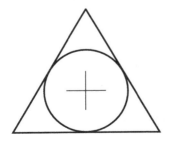

图2-10　无法定位至圆心

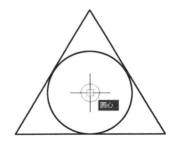

图2-11　通过捕捉定位至圆心

实例 019 对象捕捉追踪辅助绘图

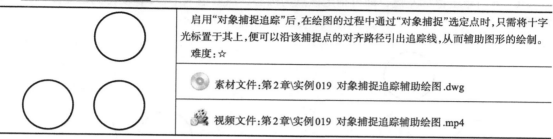

启用"对象捕捉追踪"后,在绘图的过程中通过"对象捕捉"选定点时,只需将十字光标置于其上,便可以沿该捕捉点的对齐路径引出追踪线,从而辅助图形的绘制。

难度:☆

素材文件:第2章\实例019 对象捕捉追踪辅助绘图.dwg

视频文件:第2章\实例019 对象捕捉追踪辅助绘图.mp4

① 打开素材文件"第2章\实例019 对象捕捉追踪辅助绘图.dwg",如图2-12(a)所示。在不借助辅助线的情况下,如果要绘制图2-12(b)中的圆3,非常难以实现。这时就可以借助"对象捕捉追踪"来完成。

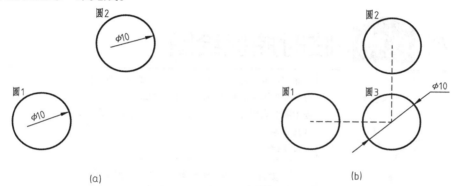

(a)　　　　　　　　　　　　　　　　　(b)

图2-12　素材图形与完成效果

② 默认情况下,状态栏中的"对象捕捉追踪"按钮 ⬉ 亮显,为开启状态。单击该按钮 ⬉,让其淡显,则为关闭状态,如图2-13所示。

③ 单击"绘图"面板上的"圆"按钮 ⊘,执行"圆"命令。将光标置于圆1的圆心处,然后移动光标,可见除了在圆心处有一个"+"号标记外,并没有其他现象出现,如图2-14所示。这便是关闭了"对象捕捉追踪"的效果。

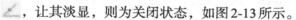

图2-13　关闭"对象捕捉追踪"功能

④ 重新开启"对象捕捉追踪"可再次单击 ⬉ 按钮,或按键盘上的F11键。这时再将光标移动至圆心,便可以发现在圆心处显示出了相应的水平、垂直或指定角度的虚线状的延伸辅助线,如图2-15所示。

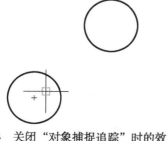

图2-14　关闭"对象捕捉追踪"时的效果

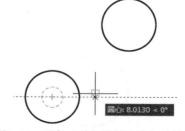

图2-15　开启"对象捕捉追踪"的效果

⑤ 再将光标移动至圆2的圆心处，待同样出现"+"号标记后，便将光标移动至圆3的大概位置，即可得到由延伸辅助线所确定的圆3圆心点，如图2-16所示。

⑥ 此时单击鼠标左键，即可指定该点为圆心，然后输入半径5，便得到最终图形，效果如图2-17所示。

图2-16　通过延伸线确定圆心　　　　　图2-17　最终图形效果

实例 020　临时捕捉绘图

除了对象捕捉之外，AutoCAD还有临时捕捉功能，同样可以捕捉特征点。但与对象捕捉不同的是，临时捕捉仅限"临时"调用，无法一直生效，不过可在绘图过程中随时调用，因此多用于绘制一些非常规的图形，如一些特定图形的公切线、垂直线等。

难度：☆

素材文件：第2章\实例020 临时捕捉绘图.dwg

视频文件：第2章\实例020 临时捕捉绘图.mp4

① 打开"第2章\实例020 临时捕捉绘图.dwg"素材文件，素材图形如图2-18所示。

② 在"默认"选项卡中，单击"绘图"面板上的"直线"按钮，命令行提示指定直线的起点。

③ 此时按住Shift键然后单击鼠标右键，在弹出的临时捕捉菜单中选择"切点"选项，如图2-19所示。

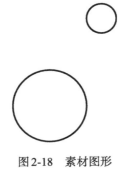

图2-18　素材图形　　　　　　　　图2-19　临时捕捉快捷菜单

④ 然后将光标移到大圆上，出现切点捕捉标记，如图2-20所示，在此位置单击确定直线第一点。

⑤ 确定第一点之后，临时捕捉失效。再重复执行步骤③，选择"切点"临时捕捉，将指针移到小圆上，出现切点捕捉标记时单击，完成公切线绘制，如图2-21所示。

⑥ 重复上述操作，绘制另外一条公切线，如图2-22所示。

图2-20 切点捕捉标记　　　　图2-21 绘制的第一条公切线　　　　图2-22 绘制的第二条公切线

实例 021 正交模式辅助绘图

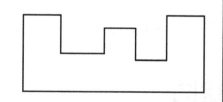

使用"正交"功能可以将十字光标限制在水平或者垂直轴向上。该功能就如同使用了丁字尺绘图，可以保证绘制的直线完全呈水平或垂直状态，因此十分适用于绘制绝对水平或垂直的线性图形。

难度：☆

素材文件：第2章\实例021 正交模式辅助绘图 .dwg

视频文件：第2章\实例021 正交模式辅助绘图 .mp4

通过"正交"绘制图2-23所示的图形。"正交"功能开启后，系统自动将光标强制性地定位在水平或垂直位置上，在引出的追踪线上，直接输入一个数值即可定位目标点，而不用手动输入坐标值或捕捉栅格点来进行确定。

① 启动AutoCAD 2021，新建一个空白文档。

② 单击状态栏中的 █ 按钮，或按F8功能键，激活"正交"功能。

③ 因为"正交"功能限制了直线的方向，所以绘制水平或垂直直线时，指定方向后直接输入长度即可，不必再输入完整的坐标值。

④ 单击"绘图"面板中的 █ 按钮，执行"直线"命令，配合"正交"功能，绘制图形。命令行操作过程如下。

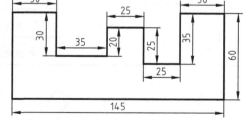

图2-23 通过正交绘制图形

```
命令：_line
指定第一点：                     //在绘图区任意位置单击左键，拾取一点作为起点
指定下一点或［放弃（U）］：60✓    //向上移动光标，引出90°正交追踪线，如图2-24
                                 所示，此时输入60，即定位第2点
指定下一点或 ［放弃（U）］：30✓   //向右移动光标，引出0°正交追踪线，如图2-25所示，输入
```

	30，定位第3点
指定下一点或 [放弃（U）]：30↙	//向下移动光标，引出270°正交追踪线，输入30，定位第4点
指定下一点或 [放弃（U）]：35↙	//向右移动光标，引出0°正交追踪线，输入35，定位第5点
指定下一点或 [放弃（U）]：20↙	//向上移动光标，引出90°正交追踪线，输入20，定位第6点
指定下一点或 [放弃（U）]：25↙	//向右移动光标，引出0°的正交追踪线，输入25，定位第7点

⑤ 根据以上方法，配合"正交"功能绘制其他线段，最终的结果如图2-26所示。

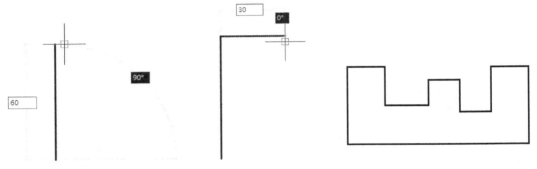

图2-24　引出90°正交追踪线　　图2-25　引出0°正交追踪线　　图2-26　最终结果

实例 022 极轴追踪辅助绘图

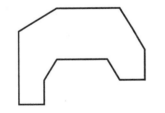

使用"极轴追踪"功能绘图时，可以按设置的角度增量显示出一条虚线状的延伸辅助线，用户便可以沿着该辅助线追踪到光标所在的点。"极轴追踪"功能通常用来绘制带角度的线性图形。

难度：☆☆

 素材文件：第2章\实例022 极轴追踪辅助绘图.dwg

视频文件：第2章\实例022 极轴追踪辅助绘图.mp4

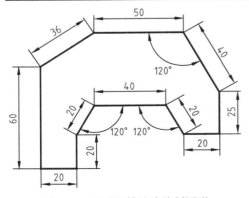

图2-27　通过极轴追踪绘制图形

通过"极轴追踪"绘制图2-27所示的图形。"极轴追踪"功能是一个非常重要的辅助工具，此工具可以在任何角度和方向上引出角度矢量，从而可以很方便地精确定位角度方向上的任何一点。相比于坐标输入、正交等绘图方法来说，极轴追踪更为便捷，足以绘制绝大部分图形，因此是使用最多的一种绘图方法。

① 启动 AutoCAD 2021，新建一个空白文档。

② 单击状态栏中的 按钮，或按F10功能键，激活"极轴追踪"功能。

③ 右键单击状态栏上的"极轴追踪"按钮 ，然后在弹出的快捷菜单中选择"正在追踪设置"选项，如图2-28所示。

④ 在打开的"草图设置"对话框中勾选"启用极轴追踪"复选框，并将当前的增量角设置为60，如图2-29所示。

图2-28 选择"正在追踪设置"命令

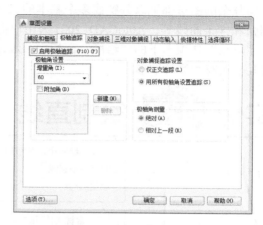

图2-29 设置极轴追踪参数

⑤ 单击"绘图"面板中的 按钮，激活"直线"命令，配合"极轴追踪"功能，绘制外框轮廓线。命令行操作过程如下。

```
命令：_line
指定第一点：                           //在适当位置单击左键，拾取一点作为起点
指定下一点或[放弃（U）]：60↙        //垂直向下移动光标，引出270°的极轴追踪虚线，
                                        如图2-30所示，此时输入60，定位第2点
指定下一点或[放弃（U）]：20↙        //水平向右移动光标，引出0°的极轴追踪虚线，
                                        如图2-31所示，输入20，定位第3点
指定下一点或[放弃（U）]：20↙        //垂直向上移动光标，引出90°的极轴追踪线，
                                        如图2-32示，输入20，定位第4点
指定下一点或[放弃（U）]：20↙        //斜向上移动光标，在60°方向上引出极轴追踪虚
                                        线，如图2-33所示，输入20，定位定第5点
```

⑥ 根据以上方法，配合"极轴追踪"功能绘制其他线段，即可绘制出如图2-27所示的图形。

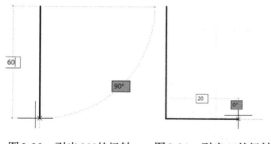

图2-30 引出90°的极轴   图2-31 引出0°的极轴   图2-32 引出90°的极轴   图2-33 引出60°的极轴
　　　　追踪虚线　　　　　　　　追踪虚线　　　　　　　　追踪虚线　　　　　　　　追踪虚线

提示："正交"和"极轴追踪"不能同时启用。若启用一个，则另一个会自动关闭。

2.2　常用的绘图命令

任何复杂的图形都可以分解成多个基本的二维图形，这些图形包括点、直线、圆、多边形、圆弧和样条曲线等，AutoCAD 2021为用户提供了丰富的绘图功能，并将常用的几种收集在了"默认"选项卡下的"绘图"面板中，因此只要掌握"绘图"面板中的命令，就可以绘制出几乎所有类型的图形。

实例 023　绘制直线

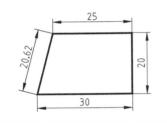

直线是绘图中最常用的图形对象,使用也非常简单。只要指定了起点和终点,就可绘制出一条直线。

难度:☆☆

💿 素材文件:第2章\实例023 绘制直线.dwg

🎬 视频文件:第2章\实例023 绘制直线.mp4

① 启动 AutoCAD 2021，新建一个空白文档。

② 在功能区中，单击"默认"选项卡中"绘图"面板上的"直线"按钮 ╱，在绘图区任意指定一点为起点。

③ 按尺寸绘制图2-34所示的图形，命令行操作提示如下。

命令:_line	//单击"直线"按钮,执行"直线"命令
指定第一个点:	//指定第一个点
指定下一点或 [放弃(U)]: 30✓	//光标向右移动,引出水平追踪线,输入底边长度30
指定下一点或 [放弃(U)]: 20✓	//光标向上移动,引出垂直追踪线,输入侧边长度20
指定下一点或 [闭合(C)/放弃(U)]: 25✓	//光标向左移动,引出水平追踪线,输入顶边长度25
指定下一点或 [闭合(C)/放弃(U)]: c✓	//输入C,闭合图形,结果如图2-34所示

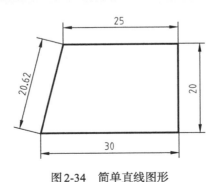

图2-34　简单直线图形

提示："直线"命令本身的操作十分简单，因此在绘制过程中需配合其他辅助绘图工具（如极轴、正交、捕捉等）才能得到最终的图形。

实例 024 绘制多段线

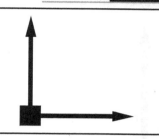

多段线的使用虽不及直线、圆频繁，但却可以通过指定宽度绘制许多独特的图形，这是其他命令所不具备的优势。本例便通过灵活定义多段线的线宽来一次性绘制坐标系箭头图形。

难度：☆ ☆

素材文件：第2章\实例024 绘制多段线.dwg

视频文件：第2章\实例024 绘制多段线.mp4

① 打开"第2章\实例024 绘制多段线.dwg"素材文件，其中已经绘制好了两段直线，如图2-35所示。

② 绘制 Y 轴方向箭头。单击"绘图"面板中的"多段线"按钮 ，指定竖直直线的上方端点为起点，然后在命令行中输入"W"，进入"宽度"选项，指定起点宽度为0、端点宽度为5，向下绘制一段长度为10的多段线，如图2-36所示。

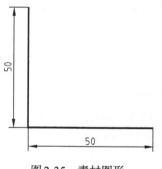

图2-35 素材图形

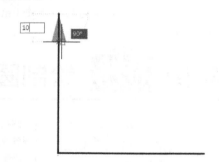

图2-36 绘制 Y 轴方向箭头

③ 绘制 Y 轴连接线。箭头绘制完毕后，再次从命令行中输入"W"，指定起点宽度为2、端点宽度为2，向下绘制一段长度为35的多段线，如图2-37所示。

④ 绘制基点方框。连接线绘制完毕后，再输入"W"，指定起点宽度为10、端点宽度为10，向下绘制一段多段线至直线交点，如图2-38所示。

⑤ 保持线宽不变，向右移动光标，绘制一段长度为5的多段线，效果如图2-39所示。

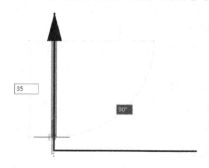

图2-37 绘制 Y 轴连接线

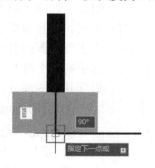

图2-38 向下绘制基点方框

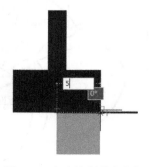

图2-39 向右绘制基点方框

⑥ 绘制 X 轴连接线。指定起点宽度为 2、端点宽度为 2，向右绘制一段长度为 35 的多段线，如图 2-40 所示。

⑦ 绘制 X 轴箭头。按之前的方法，绘制 X 轴右侧的箭头，起点宽度为 5、端点宽度为 0，如图 2-41 所示。

⑧ 单击 Enter 键，退出多段线的绘制，坐标系箭头标识绘制完成，如图 2-42 所示。

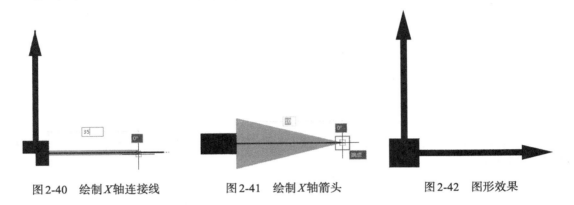

图 2-40　绘制 X 轴连接线　　　图 2-41　绘制 X 轴箭头　　　图 2-42　图形效果

提示： 在多段线绘制过程中，可能预览图形不会及时显示出带有宽度的转角效果，让用户误以为绘制出错。而其实只要单击 Enter 键完成多段线的绘制，便会自动为多段线添加转角处的平滑效果。

实例 025 绘制圆或圆弧

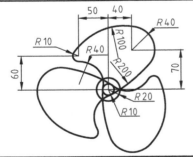

圆在各种设计图形中都应用频繁，因此对应的创建方法也很多。而熟练掌握各种圆的创建方法，有助于提高绘图效率。

难度：☆☆

💿 素材文件：第 2 章\实例 025　绘制圆或圆弧 .dwg

🎬 视频文件：第 2 章\实例 025　绘制圆或圆弧 .mp4

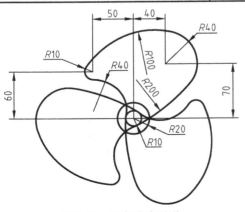

图 2-43　风扇叶片图形

本例绘制一风扇叶片图形，由 3 个相同的叶片组成，如图 2-43 所示。可见该图形几乎全部由圆弧组成，而且彼此之间都是相切关系，因此非常适合用于考察圆的各种画法，在绘制的时候可以先绘制其中的一个叶片，然后再通过阵列或者复制的方法得到其他的部分，最后修剪即可。

① 启动 AutoCAD 2021，新建一空白文档。

② 单击"绘图"面板中的"圆"按钮，以"圆心，半径"方法绘图，在绘图区中任意指定一点为圆心，在命令行提示指定圆的半径时输入

"10"，即可绘制一个半径为10的圆，如图2-44所示。

③ 接着使用相同的方法，执行"圆"命令，捕捉R10圆的圆心为圆心，绘制一个半径为20的同心圆，如图2-45所示。

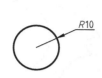

图2-44　绘制半径为10的圆

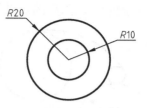

图2-45　绘制半径为20的同心圆

④ 绘制辅助线。单击"绘图"面板中的"多段线"按钮 ⟋，绘制如图2-46所示的两条多段线，此即用来绘制左上方R10圆弧和右上方R40圆弧的辅助线。

⑤ 单击"绘图"面板中的"圆"按钮 ⟳，以辅助线的端点为圆心，分别绘制半径为10和40的圆，如图2-47所示。

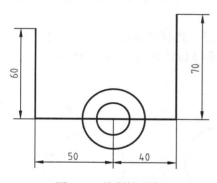

图2-46　绘制辅助线

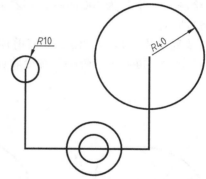

图2-47　绘制R10和R40的圆

⑥ 绘制R100的圆。单击"绘图"面板中的"圆"按钮 ⟳，在下拉列表中选择"相切、相切、半径"选项，然后根据命令行提示，先在R10的圆上指定第一个切点，再在R40的圆上指定第二个切点，接着输入半径100，即可得到图2-48所示的R100的圆。

⑦ 修剪R100的圆。绘制完成后退出"圆"命令，然后在命令行中输入"TR"，再连续单击两次空格键，接着移动光标至R100圆的下方，即可预览到该圆的修剪效果，单击鼠标左键即可执行修剪，效果如图2-49所示。

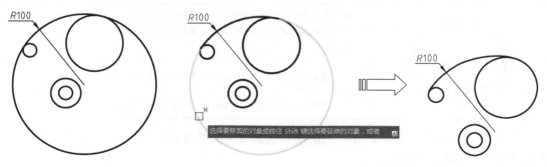

图2-48　绘制R100的圆

图2-49　修剪R100的圆

⑧　绘制下方R40的圆。使用相同方法，重复执行"相切、相切、半径"绘圆命令，然后分别在两个R10圆上指定切点，设置半径为40，得到如图2-50所示的圆。

⑨　修剪R40的圆。在命令行中输入"TR"，然后连续单击两次空格键，选择R40圆弧外侧的部分进行删除，删除后的效果如图2-51所示。

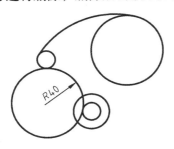

图2-50　绘制R40的圆

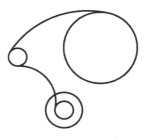

图2-51　修剪R40的圆

⑩　使用相同方法，执行"相切、相切、半径"绘圆命令，分别在R40和R10圆上指定切点，绘制一个半径为200的圆，接着通过"修剪"命令删除R200圆上超出的图形，效果如图2-52所示。

⑪　重复使用"修剪"命令，修剪掉多余的图形，此时风扇的单个叶片已经绘制完成，如图2-53所示。再通过"阵列"命令将叶片旋转复制3份，即可得到最终的效果，如图2-54所示。

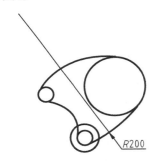

图2-52　绘制并修剪R200的圆

图2-53　单个叶片效果

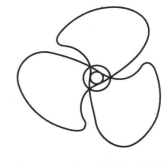

图2-54　最终的风扇叶片图形

实例 026　绘制椭圆或椭圆弧

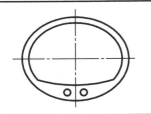

椭圆是特殊样式的圆，与圆相比，椭圆的半径长度不一。其形状由定义其长度和宽度的两条轴决定，较长的称为长轴，较短的轴称为短轴。
难度：☆
素材文件：第2章\实例026 绘制椭圆或椭圆弧.dwg
视频文件：第2章\实例026 绘制椭圆或椭圆弧.mp4

①　打开素材文件"第2章\实例026 绘制椭圆或椭圆弧.dwg"，其中绘制好了两条相互垂直的中心线，如图2-55所示。

②　绘制外轮廓。调用"椭圆"命令，捕捉中心线交点为中心，绘制一个长轴长80、短

轴长65的椭圆，如图2-56所示。

③ 绘制椭圆弧。调用"椭圆弧"命令，捕捉中心线交点为中心，绘制一个长轴长70、短轴长56的椭圆弧，跨度为120°，如图2-57所示。

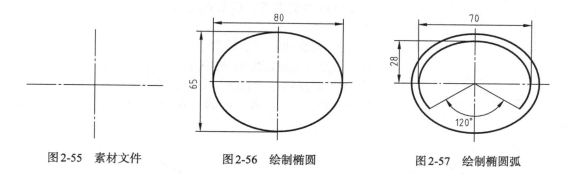

图2-55　素材文件　　　　　图2-56　绘制椭圆　　　　　图2-57　绘制椭圆弧

④ 绘制圆弧。在"绘图"面板上单击"圆弧"按钮下的展开箭头，选择"起点、端点、半径"命令，以椭圆弧的端点为起点和终点，绘制一个半径为200的圆弧，如图2-58所示。

⑤ 绘制孔位。调用"圆"命令绘制两个半径为5的圆孔，最终结果如图2-59所示。

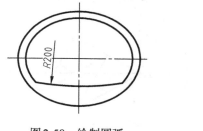

图2-58　绘制圆弧

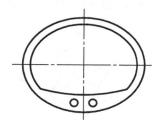

图2-59　零件完成图

实例 027 绘制正等轴测图中的圆

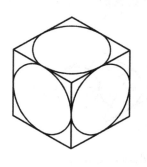

正等轴测图是一种单面投影图，在一个投影面上能同时反映出物体三个坐标面的形状，并接近于人们的视觉习惯，形象、逼真，富有立体感。因此正等轴测图中的圆不能直接使用"圆"命令来绘制，而且它们虽然看上去非常类似椭圆，但并不是椭圆，所以也不能使用"椭圆"命令来绘制。本例便通过一个案例来介绍正等轴测图中圆的画法。

难度：☆☆

素材文件：第2章\实例027 绘制正等轴测图中的圆.dwg

视频文件：第2章\实例027 绘制正等轴测图中的圆.mp4

① 启动 AutoCAD 2021，然后单击"快速访问"工具栏中的"打开"按钮，打开"第2章\实例027 绘制正等轴测图中的圆.dwg"素材文件，其中已经绘制好了一个立方体的正等轴测图，如图2-60所示。

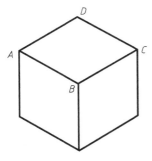

图2-60　素材图形

② 需要在三个坐标面上分别绘制圆，但绘制方法是相似的，因此先介绍顶面圆的绘制方法，如图2-61所示。

③ 单击"绘图"面板中的"直线"按钮✎，连接直线AB与CD的中点，以及直线AD与BC的中点，如图2-62所示。

④ 再次执行"直线"命令，连接B点和直线AD的中点，以及D点和直线BC的中点，如图2-63所示。

⑤ 重复执行"直线"命令，连接A点和C点，此时得到的直线AC与步骤③绘制的直线有两个交点，如图2-64所示。

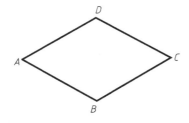

图2-61　轴测图中的顶面局部

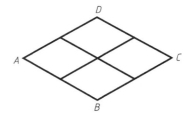

图2-62　连接直线上的中点

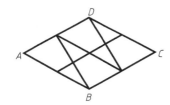

图2-63　连接直线的端点和中点

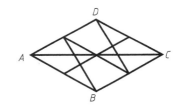

图2-64　连接AC两点

⑥ 单击"绘图"面板中的"圆"按钮⟳，以"圆心，半径"方法绘图，以左侧交点为圆心，将半径点捕捉至直线AD的中点处，如图2-65所示。

⑦ 使用相同方法，以右侧交点为圆心，将半径点捕捉至直线BC的中点处，如图2-66所示。

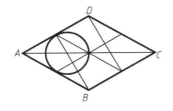

图2-65　绘制左侧圆

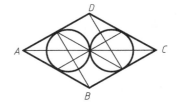

图2-66　绘制右侧圆

⑧ 结合"TR"（修剪）和"Delete"（删除）命令，将虚线处的部分修剪或删除，得到如图2-67所示的图形。

⑨ 单击"绘图"面板中的"圆"按钮⟳，分别以B、D点为圆心，将半径点捕捉至所

得圆弧的端点，如图2-68所示。

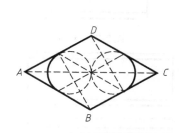

图2-67 修剪圆效果

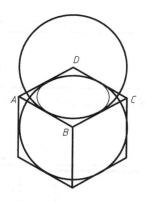

图2-68 绘制上下两侧圆

⑩ 在命令行中输入"TR"，然后连续单击两次空格键，修剪所得的圆，得到如图2-69所示的图形，至此便绘制完成了一个面上的圆。

⑪ 使用相同方法绘制其他面上的圆，最终图形如图2-70所示。

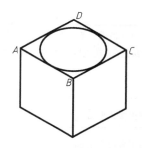

图2-69 顶面上的圆效果

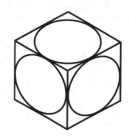

图2-70 最终效果

实例 028 绘制矩形

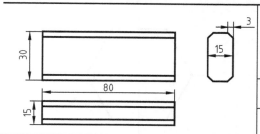

在AutoCAD 2021中，使用"矩形"命令，可以通过直接指定矩形的起点及对角点完成矩形的绘制。在机械制图中一般用来绘制图框、垫块、平键等简单图形。

难度：☆

素材文件：第2章\实例028 绘制矩形.dwg

视频文件：第2章\实例028 绘制矩形.mp4

① 启动AutoCAD 2021，然后输入"REC"执行矩形命令，绘制一个长80、宽30的矩形，如图2-71所示。

② 输入"L"执行直线命令，绘制两条线段，构成方头平键的正视图，如图2-72所示。

③ 单击空格键重复执行"矩形"命令，然后输入"C"启用倒角延伸选项，设置两个倒角距离都为3，接着绘制长15、宽30的矩形，如图2-73所示。

④ 使用相同方法，绘制余下的俯视图，如图2-74所示。

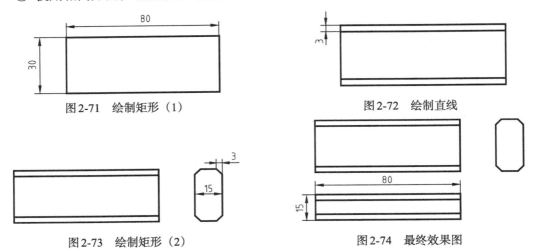

图2-71　绘制矩形（1）　　　　　　　　　图2-72　绘制直线

图2-73　绘制矩形（2）　　　　　　　　　图2-74　最终效果图

实例 029　绘制正多边形

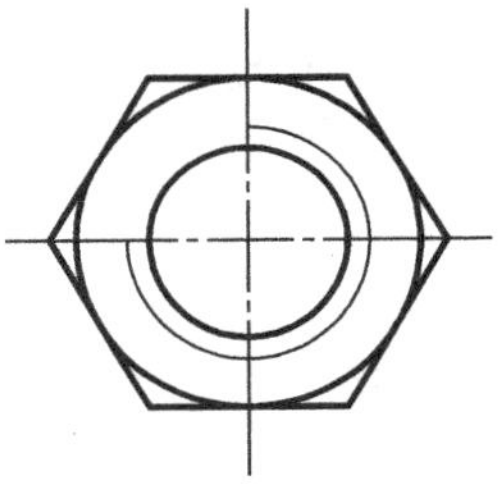

AutoCAD中的多边形为正多边形，是由三条或三条以上长度相等的线段首尾相接形成的闭合图形，其边数范围值在3~1024之间。在机械制图中一般用来绘制螺钉、螺栓等带有多边形特征的图形。

难度：☆

素材文件：第2章\实例029 绘制正多边形.dwg

视频文件：第2章\实例029 绘制正多边形.mp4

① 打开"第2章\实例029 绘制正多边形.dwg"素材文件，其中已经绘制好了两条相互垂直的中心线，如图2-75所示。

② 绘制多边形。调用"多边形"命令，结合"中点捕捉"功能，绘制一个"半径"为18、内接于圆的六边形，如图2-76所示。

图2-75　绘制直线　　　　　　　　　　　图2-76　绘制六边形

③ 绘制圆形。在"默认"选项卡中，单击"绘图"面板中的"相切、相切、相切"按钮，如图2-77所示。

④ 结合"切点捕捉"功能，依次捕捉相应的切点，绘制圆，如图2-78所示。

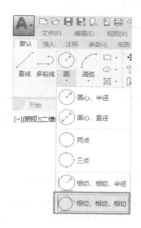

图2-77 "绘图"面板

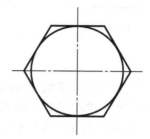

图2-78 绘制圆（1）

⑤ 绘制圆。单击"绘图"面板中的"圆心、半径"按钮⊘，绘制一个半径为9的圆，如图2-79所示。

⑥ 绘制圆。将"细实线"图层置为当前。在"默认"选项卡中，单击"绘图"面板中的"圆心、直径"按钮⊘，绘制一个直径为22的圆，如图2-80所示。

⑦ 修剪图形。调用"TR"（修剪）命令，修剪多余的图形，得到最终效果如图2-81所示。

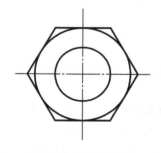

图2-79 绘制圆（2）

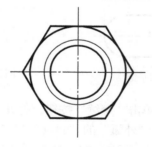

图2-80 绘制圆（3）

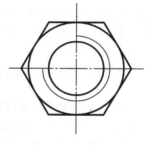

图2-81 最终效果

实例 030 绘制多线

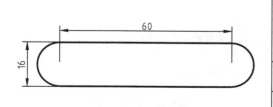

多线是一种由多条平行线组成的组合图形对象。它可以由1~16条平行直线组成，每一条直线都称为多线的一个元素。使用多线可以轻松绘制平行线结构，如机械制图中的各类键、轴。

难度：☆

素材文件：第2章\实例030 绘制多线.dwg

视频文件：第2章\实例030 绘制多线.mp4

普通平键（GB/T 1096）可以分为三种结构形式，如图2-82所示（倒角或倒圆未画），A型为圆头普通平键，B型为方头普通平键，C型为单圆头普通平键。

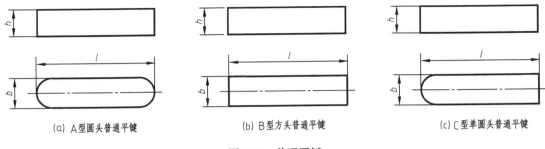

(a) A型圆头普通平键   (b) B型方头普通平键   (c) C型单圆头普通平键

图2-82　普通平键

普通平键均可以直接采购到成品，无须另行加工。键的代号为："键的形式　键宽 b×键高 h×键长 l"，如"键 B8×7×25"，即表示"B型方头普通平键，8mm宽、7mm高、25mm长"。而A型平键一般可以省去"A"不写，如"16×12×76"，即表示的是A型平键，如图2-83所示，本案例便绘制"16×12×76"的A型平键。

① 启动AutoCAD 2021，新建一个空白文档。

② 设置多线样式。选择菜单栏"格式"|"多线样式"选项，打开"多线样式"对话框。

③ 新建多线样式。单击"新建"按钮，弹出"新建新的多线样式"对话框，在"新样式名"文本框中输入"A型平键"，如图2-84所示。

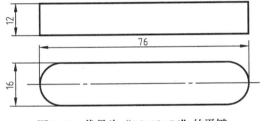

图2-83　代号为"16×12×76"的平键

图2-84　创建"A型平键"样式

④ 设置多线端点封口样式。单击"继续"按钮，打开"新建多线样式：A型平键"对话框，然后在"封口"选项组中选中"外弧"的"起点"和"端点"复选框，如图2-85所示。

⑤ 设置多线宽度。在"图元"选项组中选择0.5的线型样式，在"偏移"栏中输入8；再选择−0.5的线型样式，修改偏移值为−8，结果如图2-86所示。

图2-85　设置平键多线端点封口样式

图2-86　设置平键宽度

⑥ 设置当前多线样式。单击"确定"按钮，返回"多线样式"对话框，在"样式"列表框中选择"A型平键"样式，单击"置为当前"按钮，将该样式设置为当前，如图2-87

所示。

⑦ 绘制A型平键。选择"绘图"|"多线"命令，绘制平键，如图2-88所示。命令行操作如下。

```
命令：_mline
当前设置：对正=上，比例=20.00，样式=A型平键
指定起点或［对正（J）/比例（S）/样式（ST）］：S↙          //选择"比例"选项
输入多线比例 <20.00>：1↙                                //按1：1绘制多线
当前设置：对正=上，比例=1.00，样式=A型平键
指定起点或［对正（J）/比例（S）/样式（ST）］：J↙          //选择"对正"选项
输入对正类型［上（T）/无（Z）/下（B）］<上>：Z↙          //按正中线绘制多线
当前设置：对正=无，比例=1.00，样式=A型平键
指定起点或［对正（J）/比例（S）/样式（ST）］：            //在绘图区任意指定一点
指定下一点：60↙                                         //光标水平移动，输入长度60
指定下一点或 ［放弃（U）］：↙                            //结束绘制
```

⑧ 按投影方法补画另一视图，即可完成A型平键的绘制。

图2-87 将"A型平键"样式置为当前

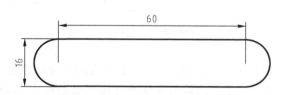

图2-88 绘制的A型平键

实例 **031** 绘制样条曲线

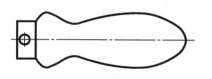

样条曲线是一种能够自由编辑的曲线，在曲线周围将显示控制点，可以通过调整曲线上的起点、控制点、终点以及偏差变量来控制曲线形状。在机械制图中一般用样条曲线绘制断面的分割线或者一些具有曲线轮廓的零件。

难度：☆

 素材文件：第2章\实例031 绘制样条曲线.dwg

 视频文件：第2章\实例031 绘制样条曲线.mp4

① 启动 AutoCAD 2021，打开素材文件"第2章\实例031 绘制样条曲线.dwg"文件，素材文件内已经绘制好了中心线与各通过点（没设置点样式之前很难观察到），如图2-89所示。

图2-89 绘制第一个椭圆

② 设置点样式。选择"格式"|"点样式"命令，弹出"点样式"对话框设置点样式，如图2-90所示。

③ 定位样条曲线的通过点。单击"修改"面板中的"偏移"按钮 ⊆，将中心线偏移，并在偏移线交点绘制点，结果如图2-91所示。

图2-90 "点样式"对话框

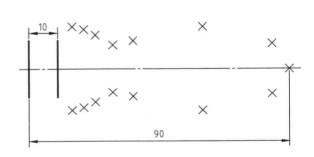

图2-91 绘制样条曲线的通过点

④ 绘制样条曲线。单击"绘图"面板中的"样条曲线拟合"按钮 ，以左上角辅助点为起点，按顺时针方向依次连接各辅助点，结果如图2-92所示。

⑤ 闭合样条曲线。在命令行中输入"C"并按 Enter 键，闭合样条曲线，结果如图2-93所示。

图2-92 绘制样条曲线

图2-93 闭合样条曲线

⑥ 绘制圆和外轮廓线。分别单击"绘图"面板中的"直线"按钮 和"圆"按钮 ，绘制直径为4的圆，如图2-94所示。

⑦ 修剪整理图形。单击"修改"面板中的"修剪"按钮 ，修剪多余样条曲线，并删除辅助点，结果如图2-95所示。

图 2-94 绘制圆和外轮廓线

图 2-95 修剪整理图形

实例 032 绘制投影规则下的相贯线

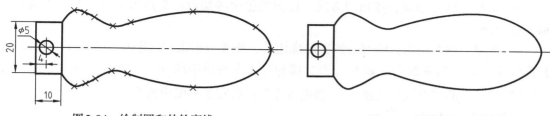

机械零件的形状往往是由两个以上的基本立体，通过不同的方式组合而形成。组合时会产生两立体相交情况，两立体相交称为两立体相贯，它们表面形成的交线称作相贯线，常用于工程施工中。在 AutoCAD 中可以通过投影方法结合样条曲线命令来进行绘制。

难度：☆

素材文件：第2章\实例032 绘制投影规则下的相贯线.dwg

视频文件：第2章\实例032 绘制投影规则下的相贯线.mp4

两立体表面的交线称为相贯线，如图 2-96 所示。它们的表面（外表面或内表面）相交，均出现了箭头所指的相贯线，在画该类零件的三视图时，必然涉及绘制相贯线的投影问题。

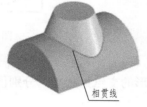

图 2-96 相贯线

① 打开素材文件"第2章\实例032 绘制投影规则下的相贯线.dwg"，其中已经绘制好了零件的左视图与俯视图，如图 2-97 所示。

② 绘制水平投影线。单击"绘图"面板中的"射线"按钮 ✐ ，以左视图中各端点与交点为起点向左绘制射线，如图 2-98 所示。

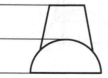
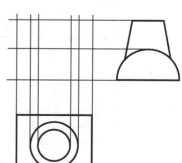

图 2-97 素材图形

图 2-98 绘制水平投影线

图 2-99 绘制竖直投影线

③ 绘制竖直投影线。按相同方法，以俯视图中各端点与交点为起点，向上绘制射线，如图2-99所示。

④ 绘制主视图轮廓。绘制主视图轮廓之前，先要分析出俯视图与左视图中各特征点的投影关系（俯视图中的点，如1、2等，即相当于左视图中的点1'、2'，下同），然后单击"绘图"面板中的"直线"按钮，连接各点的投影在主视图中的交点，即可绘制出主视图轮廓，如图2-100所示。

⑤ 求一般交点。目前所得的图形还不足以绘制出完整的相贯线，因此需要另外找出2点，借以绘制出投影线来获取相贯线上的点（原则上5点才能确定一条曲线）。按"长对正、宽相等、高平齐"的原则，在俯视图和左视图绘制如图2-101所示的两条直线，删除多余射线。

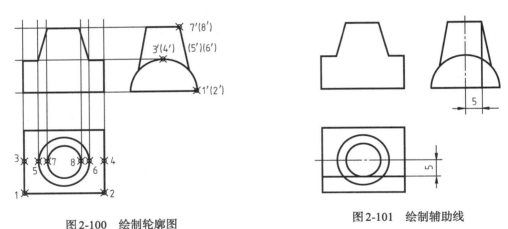

图2-100 绘制轮廓图　　　　　　图2-101 绘制辅助线

⑥ 绘制投影线。根据辅助线与图形的交点为起点，分别使用"射线"命令绘制投影线，如图2-102所示。

⑦ 绘制相贯线。单击"绘图"面板中的"样条曲线拟合"按钮，连接主视图中各投影线的交点，即可得到相贯线，如图2-103所示。

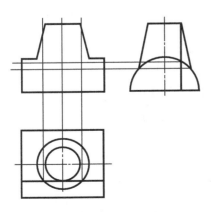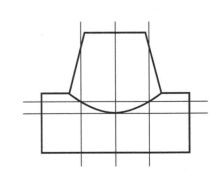

图2-102 绘制投影线　　　　　　图2-103 绘制相贯线

实例 033 绘制螺旋线

在AutoCAD中,提供了一项专门用来绘制螺旋线的命令"螺旋",适用于绘制弹簧、发条、螺纹等螺旋图形。

难度:☆

素材文件:无

视频文件:第2章\实例033 绘制螺旋线.mp4

① 新建绘图文件,绘制如图2-104所示交叉的中心线。

② 单击"绘图"面板中的"螺旋"按钮 ,如图2-105所示,执行"螺旋"命令。

③ 以中心线的交点为中心点,绘制底面半径为10、顶面半径为20,圈数为5,高度为0,旋转方向为顺时针的平面螺旋线,如图2-106所示,命令行操作如下。

```
命令:_Helix
圈数=3.0000        扭曲=CCW
指定底面的中心点:                                    //选择中心线的交点
指定底面半径或 [直径 (D)] <1.0000>: 10               //输入底面半径值
指定顶面半径或 [直径 (D)] <10.0000>: 20              /输入顶面半径值
指定螺旋高度或 [轴端点 (A)/圈数 (T)/圈高 (H)/扭曲 (W)] <0.0000>: w✓
                                                    //选择"扭曲"选项
输入螺旋的扭曲方向 [顺时针 (CW)/逆时针 (CCW)] <CCW>: cw✓
                                                    //选择顺时针旋转方向
指定螺旋高度或 [轴端点 (A)/圈数 (T)/圈高 (H)/扭曲 (W)] <0.0000>: t✓
                                                    //选择"圈数"选项
输入圈数 <3.0000>: 5✓                               //输入圈数
指定螺旋高度或 [轴端点 (A)/圈数 (T)/圈高 (H)/扭曲 (W)] <0.0000>:
                                                    //输入高度为0,结束操作
```

④ 单击"修改"面板中的"旋转"按钮 ↻,将螺旋线旋转90°,如图2-107所示。

⑤ 绘制内侧吊杆。执行"L"(直线)命令,在螺旋线内圈的起点处绘制一长度为4的竖线,再单击"修改"面板中的"圆角"按钮 ,将直线与螺旋线倒圆R2,如图2-108所示。

⑥ 绘制外侧吊钩。单击"绘图"面板中的"多段线"按钮 ,绘制以螺旋线外圈的终点为起点,螺旋线中心为圆心,端点角度为30°的圆弧,如图2-109所示,命令行操作如下。

```
命令:_pline
指定起点:                                           //指定螺旋线的终点
当前线宽为 0.0000
指定下一个点或 [圆弧 (A)/半宽 (H)/长度 (L)/放弃 (U)/宽度 (W)]: A
                                                    //选择"圆弧"子选项
指定圆弧的端点 (按住Ctrl键以切换方向) 或 [角度 (A)/圆心 (CE)/方向 (D)/半宽 (H)/直线 (L)/半径 (R)\第二个点 (S)/放弃 (U)/宽度 (W)]: ce
```

//选择"圆心"子选项
//指定螺旋线中心为圆心
指定圆弧的圆心：
指定圆弧的端点（按住Ctrl键以切换方向）或［角度（A）/长度（L）]：30
//输入端点角度

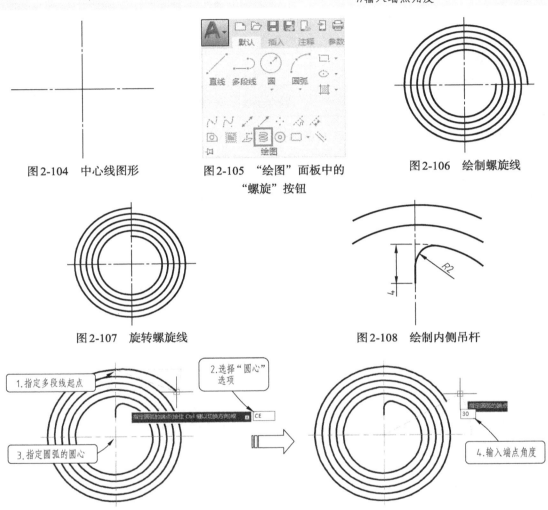

图2-104　中心线图形　　　　图2-105　"绘图"面板中的　　　　图2-106　绘制螺旋线
　　　　　　　　　　　　　　　　"螺旋"按钮

图2-107　旋转螺旋线　　　　　　　　　图2-108　绘制内侧吊杆

图2-109　绘制第一段多段线

⑦ 继续"多段线"命令，水平向右移动光标，绘制一跨距为6的圆弧，结束命令，最终图形如图2-110所示。

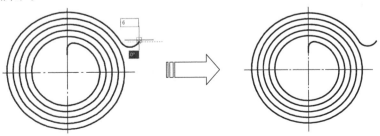

图2-110　绘制第二段多段线

实例 034 绘制等分点

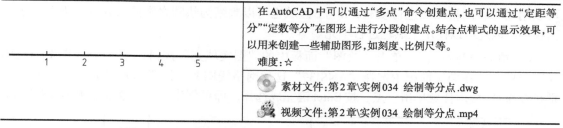

在AutoCAD中可以通过"多点"命令创建点，也可以通过"定距等分""定数等分"在图形上进行分段创建点。结合点样式的显示效果，可以用来创建一些辅助图形，如刻度、比例尺等。

难度：☆

💿 素材文件：第2章\实例034 绘制等分点.dwg

🐾 视频文件：第2章\实例034 绘制等分点.mp4

① 打开"第2章\实例034 绘制等分点.dwg"文件，如图2-111所示。

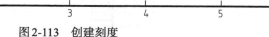

图2-111　素材图形

② 切换至"默认"选项卡，单击"实用工具"面板中的"点样式"选项，打开"点样式"对话框。

③ 单击选择右上角的点样式，并修改"点大小"选项值，如图2-112所示。

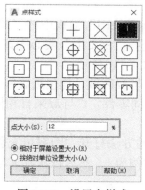

图2-112　设置点样式

④ 单击"确定"按钮关闭对话框，刻度的显示效果如图2-113所示。

图2-113　创建刻度

实例 035 绘制图案填充

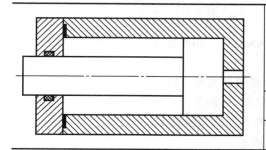

在机械制图中有，经常需要绘制剖切图（又称剖面图），这种图是对有关的图形按照一定剖切方向剖切所展示的内部构造图例。在绘制剖面图时就需要用到图案填充来绘制剖面线，以此反映形体所采用的材料。

难度：☆

💿 素材文件：第2章\实例035 绘制图案填充.dwg

🐾 视频文件：第2章\实例035 绘制图案填充.mp4

① 启动 AutoCAD 2021,打开"第2章\实例035 绘制图案填充.dwg"文件,素材文件如图 2-114 所示,图形中有 A~M 共 13 块区域。

② 分析图形。D 与 I 区域从外观上便可以分析出是密封件,因此代表的是同一个物体,可以用同一种网格图案进行填充;B 与 L 区域也可以判断为垫圈之类的密封件,而且由于截面狭小,因此可以使用全黑色进行填充。

③ 填充 D 与 I 区域。单击"绘图"面板中的"图案填充"按钮 ,打开"图案填充创建"选项卡,在图案面板中选择"ANSI37"这种网格线图案,设置填充比例为0.5,然后分别在 D 与 I 区域内任意单击一点,按 Enter 键完成选择,即可创建填充,效果如图 2-115 所示。

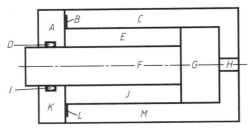

图 2-114　素材文件

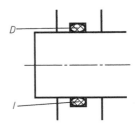

图 2-115　填充 D 与 I 区域

④ 填充 B 与 L 区域。同样单击"绘图"面板中的"图案填充"按钮 ,打开"图案填充创建"选项卡,在图案面板中选择"SOLID"实心图案,然后依次在 B 与 L 区域内任意单击一点,按 Enter 键完成填充,如图 2-116 所示。

⑤ 分析图形。A 与 K 区域、C 与 M 区域,均包裹着密封件,由此可以判断为零件体,可以用斜线填充。不过 A 与 K 来自相同零件,C 与 M 来自相同零件,但彼此却不同,因此在剖面线上要予以区分。

⑥ 填充 A 与 K 区域。按之前的方法打开"图案填充创建"选项卡,在图案面板中选择"ANSI31"斜线图案,设置填充比例为1,然后依次在 A 与 K 区域内任意单击一点,按 Enter 键完成填充,如图 2-117 所示。

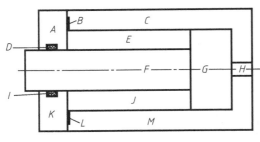

图 2-116　填充 B 与 L 区域

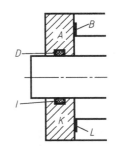

图 2-117　填充 A 与 K 区域

⑦ 填充 C 与 M 区域。方法同上,同样选择"ANSI31"斜线图案,填充比例为1,不同的是设置填充角度为90°,填充效果如图 2-118 所示。

⑧ 分析图形。还剩下 E、F、G、H、J 5块区域没有填充,容易看出 F 与 G 属于同一个轴类零件,而轴类零件不需要添加剖面线,因此 F 与 G 不需填充;E、J 区域应为油液空腔,也不需要填充;H 区域为进油口,属于通孔,自然也不需添加剖面线。

⑨ 删除多余文字,最后的填充图案如图 2-119 所示。

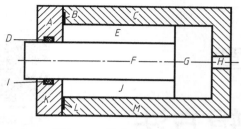

图2-118 填充C与M区域

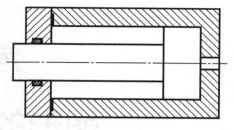

图2-119 最终的填充图案

第3章
图形的编辑方法

前面章节学习了各种图形对象的绘制方法，为了创建图形的更多细节特征以及提高绘图的效率，AutoCAD提供了许多编辑命令，常用的有："移动""复制""修剪""倒角"与"圆角"等。本章讲解这些命令的使用方法，以进一步提高读者绘制复杂图形的能力。

3.1 图形的基本编辑

AutoCAD绘图不可能一蹴而就，要想得到最终的完整图形，就必须用到各种编辑命令来处理已经绘制好的图形，或偏移、或修剪、或删除。对于一张完整的AutoCAD设计图来说，用于编辑的时间可能占总时间的70%以上，因此编辑类命令才是AutoCAD绘图的重点所在。

实例 036 修剪图形

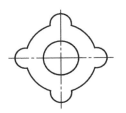	"修剪"命令是将超出边界的多余部分修剪删除掉,可以修剪直线、圆、弧、多段线、样条曲线和射线等,是最为常用的命令之一。 难度:☆
	素材文件:第3章\实例036 修剪图形.dwg
	视频文件:第3章\实例036 修剪图形.mp4

① 打开素材文件"第3章\实例036 修剪图形.dwg"，如图3-1所示。

② 在"默认"选项卡中，单击"修改"面板上的"修剪"按钮，启动修剪命令，如图3-2所示。

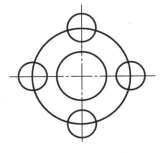

图3-1 素材图形

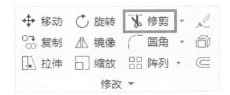

图3-2 "修改"面板中的"修剪"按钮

③ 选择大圆为剪切边，鼠标右键确定结束修剪边界选择，依次选择小圆内侧圆弧为修剪对象，修剪结果如图3-3所示。

④ 重复调用"修剪"命令，选择小圆为剪切边进行修剪，最终效果如图3-4所示。

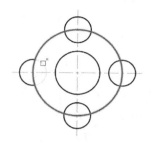

图3-3　选择剪切边

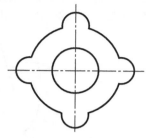

图3-4　再次修剪

实例 037 延伸图形

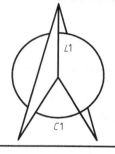

"延伸"命令是将没有和边界相交的部分延伸补齐，它和"修剪"命令是一组相对的命令。"延伸"命令的使用方法与"修剪"命令的使用方法相似。在使用延伸命令时，如果再按下Shift键的同时选择对象，则可以切换执行"修剪"命令。

难度：☆

素材文件：第3章\实例037　延伸图形.dwg

视频文件：第3章\实例037　延伸图形.mp4

① 打开"第3章\实例037　延伸图形.dwg"素材文件，如图3-5所示。

② 在"默认"选项卡中，单击"修改"面板上的"延伸"按钮——延伸，如图3-6所示，执行"延伸"命令。

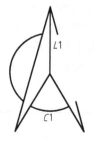

图3-5　素材图形

图3-6　"修改"面板中的"延伸"按钮

③ 先选择延伸的边界L1，再选择要延伸的圆弧C1，单击Enter键结束操作，如图3-7所示。命令行操作如下。

```
命令：_extend                                          //调用"延伸"命令
当前设置：投影=UCS，边=延伸
选择边界的边 ...
选择对象或 <全部选择>：找到1个                            //单击选择直线L1
```

选择对象：↙　　　　　　　　　　　　　　　　　　　　　　　　　//按Enter键结束选择

选择要延伸的对象，或按住Shift键选择要修剪的对象，或

[栏选（F）/窗交（C）/投影（P）/边（E）/放弃（U）]：　　　　//单击圆弧C1右侧部分

选择要延伸的对象，或按住Shift键选择要修剪的对象，或

[栏选（F）/窗交（C）/投影（P）/边（E）/放弃（U）]：↙　　　　//按Enter键结束命令

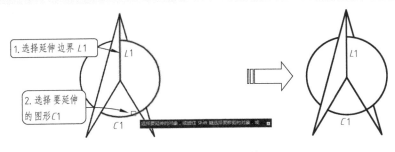

图3-7　不完全包裹下的拉伸

提示： 在选择延伸边界的时候，可以连按两次Enter键，直接跳至选择要延伸的图形。这种操作方法会默认整个图形为边界，选择对象后将延伸至最近的图形上。

实例 038 打断图形

> "打断"命令可以在对象上指定两点，然后两点之间的部分会被删除。被打断的对象不能是组合形体，如图块等，只能是单独的线条，如直线、圆弧、圆、多段线、椭圆、样条曲线、圆环等。
>
> 难度：☆
>
> 💿 素材文件：第3章\实例038 打断图形.dwg
>
> 🎬 视频文件：第3章\实例038 打断图形.mp4

有些机械零部件可能具有很大的长细比，即长度尺寸比径向尺寸大很多，外观上表现为一细长杆形状。像液压缸的活塞杆、起重机的吊臂等，都属于这类零件。这类零件在绘制的时候，就可以用打断的方式只保留左右两端的特征图形，而省去中间简单而重复的部分。

① 打开"第3章\实例038 打断图形.dwg"素材文件，其中绘制好了一长度为1000的活塞杆图形，并预设了打断用的4个点，如图3-8所示。

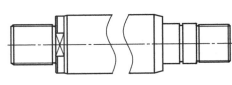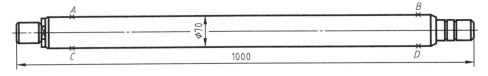

图3-8　素材图形

② 如果完全按照真实的零件形状出图打印，那左右两端的重要结构便相距甚远，影响观察效果，而且也超出了一般图纸的打印范围，因此可用"打断"命令对其修改。

③ 在"默认"选项卡中，单击"修改"面板中的"打断"按钮🔲，选择图形ϕ70段上侧的A、B两点作为打断点，打断效果如图3-9所示。

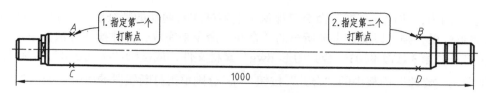

图3-9 在A、B两点处打断

④ 按相同方法打断下侧的C、D两点，效果如图3-10所示。

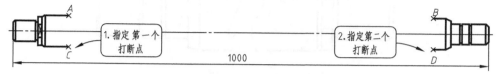

图3-10 在C、D两点处打断

⑤ 单击"修改"面板中的"拉伸"按钮 ，框选任意侧图形，向对侧拉伸合适距离，将长度缩短，如图3-11所示。

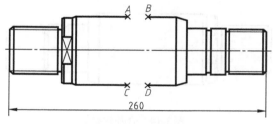

图3-11 将图形拉伸缩短

⑥ 再使用"样条曲线"连接AC、BD，即可得到该活塞杆的打断效果，如图3-12所示。

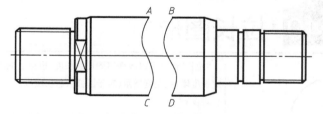

图3-12 绘制打断边线

实例 039 合并图形

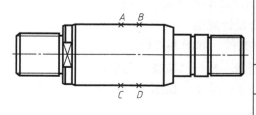

"合并"命令用于将独立的图形对象合并为一个整体。它可以将多个对象进行合并,对象包括直线、多段线、三维多段线、圆弧、椭圆弧、螺旋线和样条曲线等。

难度:☆

 素材文件:第3章\实例039 合并图形.dwg

视频文件:第3章\实例039 合并图形.mp4

在上一例中，使用"打断"命令只保留了活塞杆左右两端的特征图形，而如果反过来需要恢复完整效果，则可以通过本节所学的"合并"命令来完成，具体操作方法如下。

① 打开"第3章\实例039 合并图形.dwg"素材文件，或延续"实例038"，进行操作。

② 单击"修改"面板中的"合并"按钮 ，分别单击打断线段的两端，如图3-13所示。

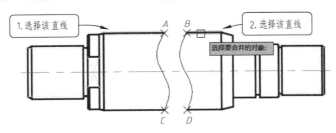

图3-13　选择要合并的线段

③ 单击Enter键确认，可见上侧线段被合并为一根，接着按相同方法合并下侧线段，删除样条曲线，结果如图3-14所示。

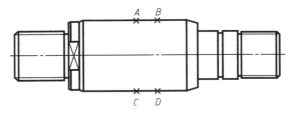

图3-14　合并效果

④ 再使用"拉伸"命令，将其拉伸至原来的长度即可还原。

实例 040 拉长图形

"拉长"命令可以改变原图形的长度，也可以把原图形变长或缩短。通过指定长度增量、角度增量（对于圆弧）、总长度来进行修改。 难度：☆
素材文件:第3章\实例040 拉长图形.dwg
视频文件:第3章\实例040 拉长图形.mp4

大部分图形（如圆、矩形）均需要绘制中心线，而在绘制中心线的时候，通常需要将中心线延长至图形外，且伸出长度相等。如果一根根去拉伸中心线的话，就略显麻烦，这时就可以使用"拉长"命令来快速延伸中心线，使其符合设计规范。

① 打开"第3章\实例040 拉长图形.dwg"素材文件，如图3-15所示。

② 单击"修改"面板中的 按钮，如图3-16所示，执行"拉长"命令。

③ 在两条中心线的各个端点处单击，向外拉长3个单位，如图3-17所示。命令行操作如下。

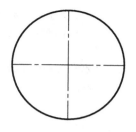

图3-15　素材图形

图3-16　"修改"面板中的"拉长"按钮

```
命令：_lengthen
选择对象或［增量（DE）/百分数（P）/全部（T）/动态（DY）］：DE↙
                                          //选择"增量"选项
输入长度增量或［角度（A）］<0.5000>：3↙    //输入每次拉长增量
选择要修改的对象或［放弃（U）］：
选择要修改的对象或［放弃（U）］：
选择要修改的对象或［放弃（U）］：
选择要修改的对象或［放弃（U）］：          //依次在两中心线4个端点附近单
                                             击，完成拉长
选择要修改的对象或［放弃（U）］：↙         //按Enter结束拉长命令
```

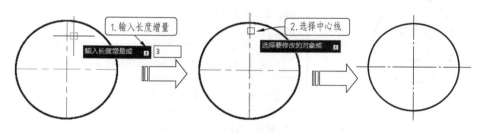

图3-17　拉长中心线

实例 041 拉伸图形

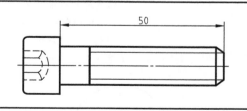

"拉伸"命令可以对选择的对象按规定方向和角度进行拉伸或缩短，使对象的形状发生改变。

难度：☆

💿 素材文件：第3章\实例041 拉伸图形.dwg

🎬 视频文件：第3章\实例041 拉伸图形.mp4

在机械设计中，有时需要对螺钉、螺杆等标准图形的长度进行调整，而不能破坏原图形的结构。这时就可以使用"拉伸"命令来进行修改。

① 打开素材文件"第3章\实例041 拉伸图形.dwg"，素材图形如图3-18所示。

② 单击"修改"面板中的"拉伸"按钮，将螺钉长度拉伸至50，命令行操作如下。

```
命令：_stretch                              //执行"拉伸"命令
以交叉窗口或交叉多边形选择要拉伸的对象…
```

选择对象：指定对角点：找到11个	//框选如图3-19所示的对象
选择对象：	//按Enter键结束选择
指定基点或［位移（D）］<位移>：	
指定第二个点或 <使用第一个点作为位移>：25	//水平向右移动指针，输入拉伸距离

③ 螺钉的拉伸结果如图3-20所示。

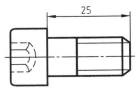
图3-18　素材图形

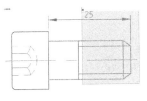
图3-19　选择拉伸对象

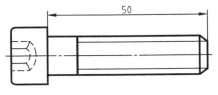
图3-20　拉伸之后的结果

实例 042　旋转图形

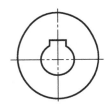

　　在机械设计中，有时为了满足不同的工况而将零件设计成各种非常规的形状，往往是在一般基础上偏移一定角度，如曲轴、凸轮等。这时就可使用"旋转"命令来辅助绘制。

　　难度：☆

　　素材文件：第3章\实例042 旋转图形.dwg

　　视频文件：第3章\实例042 旋转图形.mp4

　　① 打开素材文件"第3章\实例042 旋转图形.dwg"，如图3-21所示。
　　② 单击"修改"工具栏中的"旋转"按钮，将键槽部分旋转90°，不保留源对象，如图3-22所示，命令行操作如下。

命令：_rotate	//执行"旋转"命令
UCS 当前的正角方向：ANGDIR=逆时针　ANGBASE=0	
选择对象：指定对角点：找到4个	//选择旋转对象
选择对象：✓	//按Enter键结束选择
指定基点：	//指定圆心为旋转中心
指定旋转角度，或［复制（C）/参照（R）］<0>：90✓	//输入旋转角度

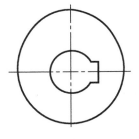
图3-21　素材图形

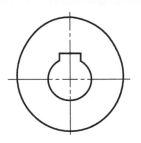
图3-22　旋转效果

实例 043 缩放图形

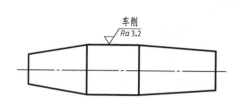

> "缩放"命令可以将图形对象以指定的基点为参照,放大或缩小一定比例,创建出与源对象成一定比例且形状相同的新图形对象。
>
> 难度:☆
>
> 素材文件:第3章\实例043 缩放图形.dwg
>
> 视频文件:第3章\实例043 缩放图形.mp4

① 打开素材文件"第3章\实例043 缩放图形.dwg",素材图形如图3-23所示。

② 单击"修改"面板中的"缩放"按钮□,如图3-24所示,执行"缩放"命令。

图3-23　素材图形

图3-24 "修改"面板中的"缩放"按钮

③ 选择图形上方的粗糙度符号为缩放对象,然后指定符号的下方顶点为缩放基点,输入缩放比例为0.5,操作如图3-25所示。命令行操作如下。

命令:_scale	//执行"缩放"命令
选择对象:指定对角点:找到6个	//选择粗糙度标注
选择对象:✓	//按Enter键完成选择
指定基点:	//选择粗糙度符号下方端点作为基点
指定比例因子或 [复制(C)/参照(R)]:0.5✓	//输入缩放比例,按Enter键完成缩放

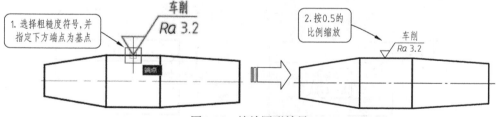

图3-25　缩放图形效果

实例 044 倒角图形

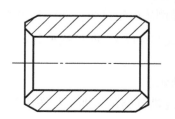

> "倒角"命令用于将两条非平行直线或多段线以一斜线相连,在机械制图中使用广泛,也是加工中去锐边、毛刺的一种常见处理方式。默认情况下,需要选择进行倒角的两条相邻的直线,然后按当前的倒角大小对这两条直线倒角。
>
> 难度:☆☆
>
> 素材文件:第3章\实例044 倒角图形.dwg
>
> 视频文件:第3章\实例044 倒角图形.mp4

① 打开"第3章\实战044 倒角图形.dwg"素材文件，如图3-26所示。

② 在"默认"选项卡中，单击"修改"面板上的"倒角"按钮 ，如图3-27所示，执行"倒角"命令。

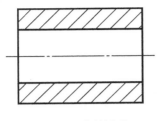

图3-26　素材图形　　　　　　　　图3-27　　"修改"面板中的"倒角"按钮

③ 在命令行中输入"D"，选择"距离"选项，然后输入两侧倒角距离为2，接着选择直线L1与L2创建倒角，如图3-28所示。命令行操作如下。

```
命令：_chamfer                                          //调用"倒角"命令
("修剪"模式) 当前倒角距离1=3.0000，距离2=3.0000
选择第一条直线或 [放弃 (U)/多段线 (P)/距离 (D)/角度 (A)/修剪 (T)/方式 (E)/多个 (M)]：D↙
                                                       //选择"距离"选项
指定 第一个 倒角距离 <0.0000>：2↙                        //输入第一个倒角距离为2
指定 第二个 倒角距离 <2.0000>：↙                         //第二个倒角距离默认与第
                                                       //一个倒角距离相同
选择第一条直线或 [放弃 (U)/多段线 (P)/距离 (D)/角度 (A)/修剪 (T)/方式 (E)/多个 (M)]：
                                                       //选择直线L1
选择第二条直线，或按住Shift键选择直线以应用角点或 [距离 (D)/角度 (A)/方法 (M)]：
                                                       //选择直线L2
```

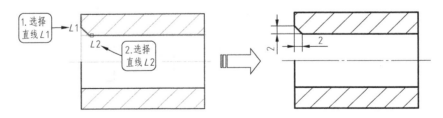

图3-28　创建第一个倒角

④ 按相同方法，对其余3处进行倒角，如图3-29所示。

⑤ 在命令行中输入"L"，执行"直线"命令，补齐内部倒角的连接线，如图3-30所示。

⑥ 单击"修改"面板上的"合并"按钮 ，选择直线L1和L3，即可快速封闭轮廓，如图3-31所示。

⑦ 使用相同方法，创建另一侧的封闭轮廓，如图3-32所示。

⑧ 除了输入距离进行倒角之外，还可以输入角度和距离进行倒角，即工程图中常见的"3×30°"倒角等。

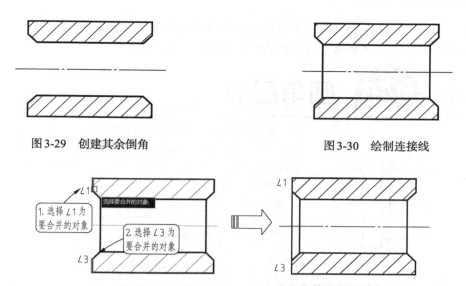

图3-29　创建其余倒角　　　　　图3-30　绘制连接线

图3-31　合并直线创建轮廓

⑨ 重复执行"倒角"命令，然后在命令行中输入"A"，选择"角度"选项，然后输入倒角长度为3、倒角角度为30°，接着选择直线*L*4与*L*5创建倒角，如图3-33所示。命令行操作如下。

⑩ 使用相同方法，对其余三处轮廓进行倒角，最终结果如图3-34所示。

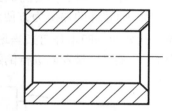

图3-32　最终倒角图形

```
命令: _chamfer
("修剪"模式) 当前倒角距离 1 = 2.0000，距离 2 = 2.0000
选择第一条直线或 [放弃 (U)/多段线 (P)/距离 (D)/角度 (A)/修剪
  (T)/方式 (E)/多个 (M)]: A↙                      //选择"距离"选项
指定第一条直线的倒角长度 <0.0000>: 3↙             //指定倒角长度为3
指定第一条直线的倒角角度 <0>: 30↙                 //指定倒角角度为30°
选择第一条直线或 [放弃 (U)/多段线 (P)/距离 (D)/角度 (A)/修剪 (T)/方式 (E)/多个 (M)]:
                                                  //选择直线L4
选择第二条直线，或按住Shift键选择直线以应用角点或 [距离 (D)/角度 (A)/方法 (M)]:
                                                  //选择直线L5
```

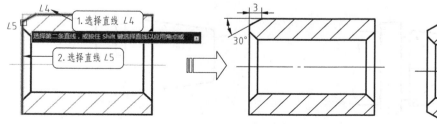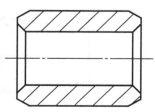

图3-33　通过距离和角度创建倒角　　　　　图3-34　最终倒角图形

提示：执行"角度"倒角时，要注意距离和角度的顺序。在AutoCAD 2021中，始终是先选择的对象（L4）满足距离，后选择的对象（L5）满足角度。

实例 045　圆角图形

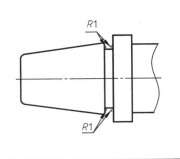

利用"圆角"命令可以将两条不相连的直线通过一段圆弧过渡连接起来，同"倒角"一样，也是常用的编辑命令。在机械设计中，倒圆角的作用有：去除锐边（安全着想）、工艺圆角（铸造件在尺寸发生剧变的地方必须有圆角过渡）、防止工件的引力集中。

难度：☆☆

素材文件：第3章\实例045 圆角图形.dwg

视频文件：第3章\实例045 圆角图形.mp4

① 打开"第3章\实例045 圆角图形.dwg"素材文件，素材图形如图3-35所示。

② 轴零件的左侧为方便装配设计成一锥形段，因此还可对左侧进行倒圆，使其更为圆润，此处的倒圆半径可适当增大。单击"修改"面板中的"圆角"按钮，设置圆角半径为3，对轴零件最左侧进行倒圆，如图3-36所示。

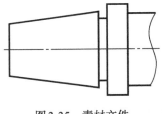

图3-35　素材文件

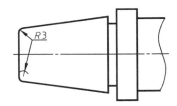

图3-36　方便装配倒圆

③ 锥形段的右侧截面处较尖锐，需进行倒圆处理。重复倒圆命令，设置倒圆半径为1，操作结果如图3-37所示。

④ 退刀槽倒圆。为在加工时便于退刀，且在装配时与相邻零件保证靠紧，通常会在台肩处加工出退刀槽。该槽也是轴类零件的危险截面，如果轴失效发生断裂，多半是断于该处。因此为了避免退刀槽处的截面变化太大，会在此处设计圆角，以防止应力集中，本例便在退刀槽两端处进行倒圆处理，圆角半径为1，效果如图3-38所示。

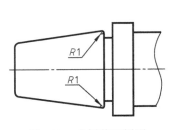

图3-37　尖锐截面倒圆

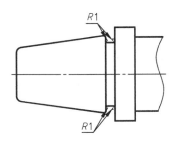

图3-38　退刀槽倒圆

实例 046 对齐图形

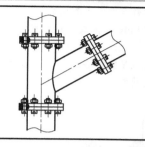

"对齐"命令可以使当前的对象与其他对象对齐,既适用于二维对象,又适用于三维对象。在对齐二维对象时,可以指定1对或2对对齐点(源点和目标点),在对齐三维对象时则需要指定3对对齐点。

难度:☆☆

素材文件:第3章\实例046 对齐图形.dwg

视频文件:第3章\实例046 对齐图形.mp4

① 打开"第3章\实例046 对齐图形.dwg"素材文件,其中已经绘制好了三通管和装配管,但图形比例不一致,如图3-39所示。

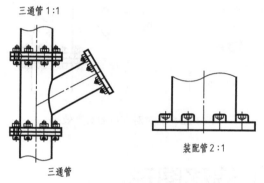

图3-39　素材图形

② 单击"修改"面板中的"对齐"按钮，如图3-40所示,执行"对齐"命令。

③ 选择整个装配管图形,然后根据三通管和装配管的对接方式,按图3-41所示,分别指定对应的两对对齐点（1对应2、3对应4）。

图3-40　"修改"面板中的"对齐"按钮

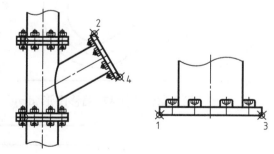

图3-41　选择对齐点

④ 两对对齐点指定完毕后,单击Enter键,命令行提示"是否基于对齐点缩放对象",输入"Y",选择"是",再单击Enter键,即可将装配管对齐至三通管中,效果如图3-42所示。命令行提示如下。

```
命令:_align                              //调用"合并"命令
选择对象:指定对角点:找到 1 个
选择对象:↙                               //选择整个装配管图形
```

指定第一个源点:	//选择装配管上的点1
指定第一个目标点:	//选择三通管上的点2
指定第二个源点:	//选择装配管上的点3
指定第二个目标点:	//选择三通管上的点4
指定第三个源点或 <继续>: ↙	//按Enter键完成对齐点的指定
是否基于对齐点缩放对象? [是 (Y)/否 (N)] <否>: Y↙	//输入Y执行缩放，按Enter键完成操作

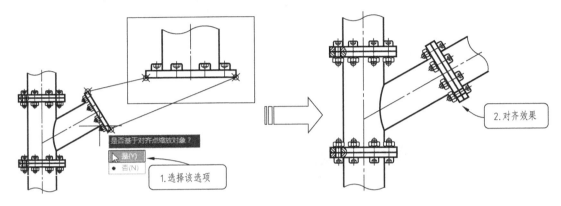

图3-42   三对对齐点的对齐效果

实例 047 偏移图形

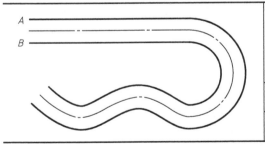

"偏移"命令可以创建与源对象成一定距离的、形状相同或相似的新图形对象。在机械制图中,经常使用"偏移"命令来绘制辅助线或中心线。

难度: ☆☆

素材文件:第3章\实例047 偏移图形.dwg

视频文件:第3章\实例047 偏移图形.mp4

① 打开 "第3章\实例047 偏移图形.dwg" 素材文件，如图3-43所示。

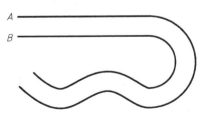

图3-43   路径阵列结果

② 在 "默认" 选项卡中，单击 "修改" 面板上的 "偏移" 按钮，执行 "偏移" 命令。

③ 在命令行中输入 "T"，选择 "通过" 选项，再选择任意一条轮廓曲线，命令行提示

指定通过点，如图3-44所示。

④ 此时按住Shift再单击鼠标右键，在弹出的快捷菜单中选择"两点之间的中点"选项，如图3-45所示。

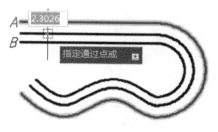

图3-44　选择"通过"方式偏移

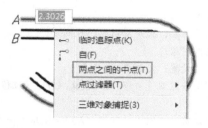

图3-45　选择"两点之间的中点"

⑤ 接着分别指定A、B两点，即可于平行线的中线处创建一条中心线，效果如图3-46所示。完整的命令行操作如下。

```
命令：_offset
当前设置：删除源=否　图层=源　OFFSETGAPTYPE=0
指定偏移距离或 [通过 (T)/删除 (E)/图层 (L)] <通过>：T↙      //选择"通过"选项
选择要偏移的对象，或 [退出 (E)/放弃 (U)] <退出>：          //选择任意一条轮
                                                            廓曲线

指定通过点或 [退出 (E)/多个 (M)/放弃 (U)] <退出>：          //Shfit+右键弹出
                                                            临时捕捉菜单

_m2p 中点的第一点：                                        //捕捉A点
中点的第二点：                                              //捕捉B点
选择要偏移的对象，或 [退出 (E)/放弃 (U)] <退出>：↙          //得到中心线，按
                                                            Enter键退出操作
```

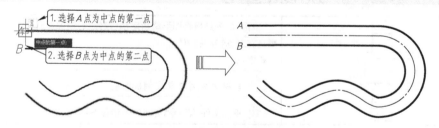

图3-46　偏移得到平行对象的中心线

实例 048 复制图形

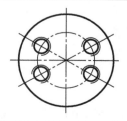

在机械制图中，螺纹孔、沉头孔、通孔等孔系图形十分常见，在绘制这类图形时，可以先单独绘制出一个，然后使用"复制"命令将其放置在其他位置上。

难度：☆

素材文件：第3章\实例048 复制图形.dwg

视频文件：第3章\实例048 复制图形.mp4

① 打开素材文件"第3章\实例048复制图形.dwg",素材图形如图3-47所示。

② 单击"修改"面板中的"复制"按钮,复制螺纹孔到A、B、C点,如图3-48所示。命令行操作如下。

```
命令:_copy                                         //执行"复制"命令
选择对象:指定对角点:找到2个                         //选择螺纹孔内、外圆弧
选择对象:                                          //按Enter键结束选择
当前设置:复制模式=多个
指定基点或[位移(D)/模式(O)]<位移>:               //选择螺纹孔的圆心作
                                                    为基点
指定第二个点或[阵列(A)]<使用第一个点作为位移>:     //选择A点
指定第二个点或[阵列(A)/退出(E)/放弃(U)]<退出>:     //选择B点
指定第二个点或[阵列(A)/退出(E)/放弃(U)]<退出>:     //选择C点
指定第二个点或[阵列(A)/退出(E)/放弃(U)]<退出>:*取消*
                                                    //按Esc键退出复制
```

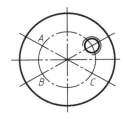

图3-47　素材图形

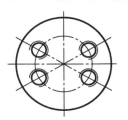

图3-48　复制的结果

实例 049 镜像图形

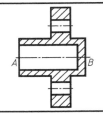

"镜像"命令是指将图形绕指定轴(镜像线)镜像复制,常用于绘制结构规则且有对称特点的图形。
难度:☆☆
💿 素材文件:第3章\实例049 镜像图形.dwg
🎞 视频文件:第3章\实例049 镜像图形.mp4

① 打开素材文件"第3章\实例049 镜像图形.dwg",素材图形如图3-49所示。

② 镜像复制图形。单击"修改"面板中的"镜像"按钮 ◭ ,如图3-50所示,执行"镜像"命令。

图3-49　素材图形

图3-50　"修改"面板中的"镜像"按钮

③ 选择中心线上方所有图形为镜像对象，然后以水平中心线为镜像线，即可镜像复制图形，如图 3-51 所示，命令行操作如下。

命令：_mirror　　　　　　　　　　　　//执行"镜像"命令

选择对象：指定对角点：找到 19 个　　　//框选水平中心线以上所有图形

选择对象：↙　　　　　　　　　　　　//按 Enter 键完成对象选择

指定镜像线的第一点：　　　　　　　　//选择水平中心线的端点 *A*

指定镜像线的第二点：　　　　　　　　//选择水平中心线另一个端点 *B*

要删除源对象吗？[是（Y）/否（N）]<N>：N↙

　　　　　　　　　　　　　　　　　//选择不删除源对象，按 Enter 键完成镜像

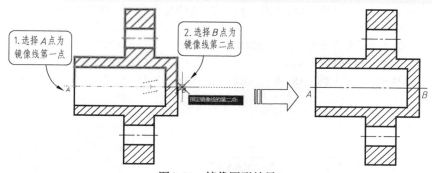

图 3-51　镜像图形效果

实例 050　矩形阵列图形

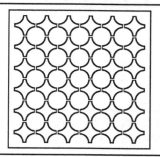

复制、镜像和偏移等命令，一次只能得到一个对象副本。如果想要按照一定规律大量复制图形，可以使用"阵列"命令。"阵列"是一个功能强大的多重复制命令，它可以一次将选择的对象复制多个并按指定的规律进行排列。

难度：☆

> 素材文件：第3章\实例050 矩形阵列图形 .dwg

> 视频文件：第3章\实例050 矩形阵列图形 .mp4

① 打开"第3章\实例050 矩形阵列图形 .dwg"素材文件，如图3-52所示。

② 在"默认"选项卡中，单击"修改"面板上的"矩形阵列"按钮，如图3-53所示，执行"矩形阵列"命令。

图 3-52　素材图形

图 3-53　"修改"面板中的"矩形阵列"按钮

③ 选择左下角菱形图案作为阵列对象，进行矩形阵列，如图3-54所示。命令行操作如下。

命令：_arrayrect   //调用"阵列"命令
选择对象：指定对角点：找到8个   //选择菱形图案
选择对象：✓   //按Enter键结束选择
选择夹点以编辑阵列或［关联（AS）/基点（B）/计数（COU）/间距（S）/列数（COL）/行数（R）/层数（L）/退出（X）］＜退出＞：COU✓   //选择"计数（COU）"选项
输入列数数或［表达式（E）］＜4＞：6✓   //输入列数
输入行数数或［表达式（E）］＜3＞：6✓   //输入行数
选择夹点以编辑阵列或［关联（AS）/基点（B）/计数（COU）/间距（S）/列数（COL）/行数（R）/层数（L）/退出（X）］＜退出＞：S✓   //选择"间距（S）"选项
指定列之间的距离或［单位单元（U）］＜322.4873＞：75✓   //输入列间距
指定行之间的距离 ＜539.6354＞：75✓   //输入行间距
选择夹点以编辑阵列或［关联（AS）/基点（B）/计数（COU）/间距（S）/列数（COL）/行数（R）/层数（L）/退出（X）］＜退出＞：✓   //按Enter键退出阵列

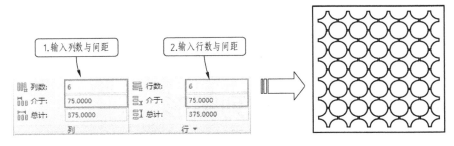

图3-54　矩形阵列图形效果

实例 051　路径阵列图形

路径阵列可沿曲线（可以是直线、多段线、三维多段线、样条曲线、螺旋、圆弧、圆或椭圆）阵列复制图形，通过设置不同的基点，能得到不同的阵列结果。

难度：☆

💿 素材文件：第3章\实例051 路径阵列图形.dwg

🎬 视频文件：第3章\实例051 路径阵列图形.mp4

① 打开"第3章\实例051 路径阵列图形.dwg"素材文件，如图3-55所示。

② 在"常用"选项卡中，单击"修改"面板中的"路径阵列"按钮　路径阵列。根据命令行的提示阵列图案，如图3-56所示，命令行操作如下。

命令：_arraypath   //调用"阵列"按钮
选择对象：指定对角点：找到 1 个   //选择对象
选择对象：✓
类型 = 路径　关联 = 是

选择路径曲线：　　　　　　　　　　　　　　　　　　　　　　　　//选择路径

选择夹点以编辑阵列或［关联（AS）/方法（M）/基点（B）/切向（T）/项目（I）/行（R）/层（L）/对齐项目（A）/Z 方向（Z）/退出（X）］<退出>：I↙

　　　　　　　　　　　　　　　　　　　　　　　　　//激活"项目（I）"选项

指定沿路径的项目之间的距离或［表达式（E）］<35.475>：↙

最大项目数 = 14

指定项目数或［填写完整路径（F）/表达式（E）］<14>：↙

选择夹点以编辑阵列或［关联（AS）/方法（M）/基点（B）/切向（T）/项目（I）/行（R）/层（L）/对齐项目（A）/Z 方向（Z）/退出（X）］<退出>：↙

　　　　　　　　　　　　　　　　　　　　　　　　　//按 Enter 键退出

图 3-55　素材图形 　　　　　　　　　　图 3-56　路径阵列对象

③ 调用"分解"命令，对阵列的图形进行分解。然后配合"修剪"命令整理图形，最终效果如图 3-57 所示。

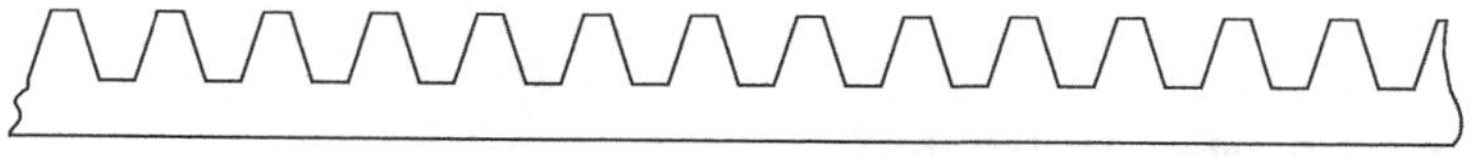

图 3-57　整理图形

实例 052　环形阵列图形

"环形阵列"可让图形以某一点为中心点进行环形复制，在机械制图中可以用来绘制齿轮、棘轮等图形。

难度：☆

素材文件：第 3 章\实例 052　环形阵列图形 .dwg

视频文件：第 3 章\实例 052　环形阵列图形 .mp4

由于齿轮的轮齿数量非常多，而且形状复杂，因此在机械制图中通常采用简化画法进行表示。但有时为了建模需要，想让三维模型表达地更加准确，就需要绘制准确的齿形，然后通过环形阵列的方式进行布置。

① 按 Ctrl+O 快捷键，打开"第 3 章\实例 052　环形阵列图形 .dwg"素材文件，如图 3-58 所示。

② 在"常用"选项卡中，单击"修改"面板中的"环形阵列"按钮 ⬡，阵列齿轮齿，如图 3-59 所示，命令行操作如下。

命令：_arraypolar　　　　　　　　　　　　　　　　　　　//调用"阵列"按钮

选择对象：指定对角点：找到 1 个　　　　　　　　　　　　　//选择轮齿图形

选择对象：↙

类型 = 极轴　关联 = 是

指定阵列的中心点或［基点（B）/旋转轴（A）］：　　　　　　　　//捕捉圆心作为中心点

选择夹点以编辑阵列或 [关联（AS）/基点（B）/项目（I）/项目间角度（A）/填充角度（F）/行（ROW）/层（L）/旋转项目（ROT）/退出（X）] <退出>：I↙　　　　　　　　//激活"项目（I）"选项

输入阵列中的项目数或 [表达式（E）] <6>：20↙　　　　　　　　//输入项目个数

选择夹点以编辑阵列或 [关联（AS）/基点（B）/项目（I）/项目间角度（A）/填充角度（F）/行（ROW）/层（L）/旋转项目（ROT）/退出（X）] <退出>：↙

//按 Enter 键退出阵列

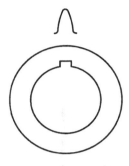

图3-58　素材文件

图3-59　阵列复制轮齿

3.2　图形的夹点编辑

在AutoCAD中任意创建一些图形，然后选中，便可以看到图形对象以蓝色线高亮显示，同时图形上还会出现若干蓝色的小方框▇，如图3-60所示。这样的小方框便称为夹点，它们一般显示在图形的特征点（如端点、圆心、象限点等）上。单击这些夹点，就可以对图形进行编辑，非常便捷。

图3-60　不同对象的夹点

实例 053 利用夹点拉伸图形

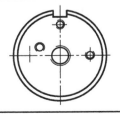	在不执行任何命令的情况下选择对象,然后单击其中的一个夹点,系统会自动将其作为拉伸的基点,即进入"拉伸"编辑模式。
	难度：☆
	素材文件：第3章\实例053 利用夹点拉伸图形.dwg
	视频文件：第3章\实例053 利用夹点拉伸图形.mp4

① 打开"第3章\实例053 利用夹点拉伸图形.dwg"素材文件，如图3-61所示。

② 选择键槽的底边 *AB*，使之呈现夹点状态，如图3-62所示。

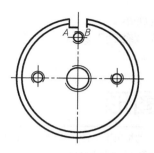

图3-61　素材图形

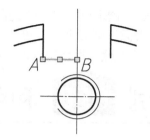

图3-62　选择AB线段显示夹点

③ 单击激活右侧夹点B，可见B夹点变为红色，然后配合"端点捕捉"功能拉伸线段至右侧边线端点，如图3-63所示。

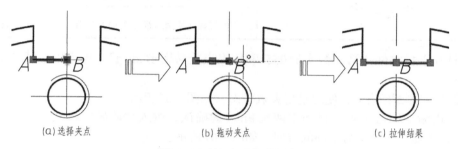

(a) 选择夹点　　　　(b) 拖动夹点　　　　(c) 拉伸结果

图3-63　利用夹点拉伸对象

提示： 对于某些夹点，拖动时只能移动而不能拉伸，如文字、块、直线中点、圆心、椭圆中心和点对象上的夹点。

实例 054 利用夹点移动图形

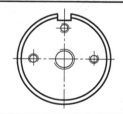

在不执行任何命令的情况下选择对象，然后单击其中的一个夹点，再单击一次Enter键，系统会自动将其作为移动的基点，即进入"移动"模式。

难度：☆

素材文件：第3章\实例054 利用夹点移动图形.dwg

视频文件：第3章\实例054 利用夹点移动图形.mp4

① 打开素材文件"第3章\实例054 利用夹点移动图形.dwg"，也可以延续"实例053"进行操作。

图3-64　选择螺纹孔C

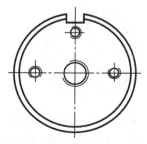

图3-65　利用夹点移动对象

② 框选左侧螺纹孔 C，使之呈现夹点状态，如图3-64所示。

③ 单击激活圆心夹点，单击一次 Enter 键确认，进入"移动"模式，配合"对象捕捉"功能移动圆至左侧辅助线交点处，如图3-65所示。

实例 055 利用夹点旋转图形

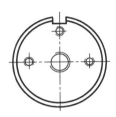

	在不执行任何命令的情况下选择对象，然后单击其中的一个夹点，再连击两次 Enter 键，系统会自动将其作为旋转的基点，即进入"旋转"模式。 难度：☆
◎ 素材文件：第3章\实例055 利用夹点旋转图形.dwg	
✿ 视频文件：第3章\实例055 利用夹点旋转图形.mp4	

① 打开素材文件"第3章\实例055 利用夹点旋转图形.dwg"，也可以延续"实例054"进行操作。

② 框选左侧螺纹孔 C，使之呈现夹点状态，如图3-66所示。

③ 单击激活圆心夹点，再连击两次 Enter 键确认，进入"旋转"模式，在命令行中输入"–45"，将螺纹线调整为正确的方向，如图3-67所示。

④ 使用相同方法对其他螺纹孔进行调整，效果如图3-68所示。

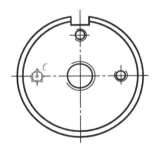

图3-66　选择螺纹孔 C

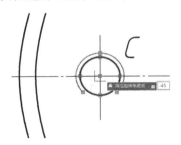

图3-67　利用夹点旋转对象

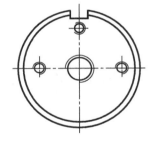

图3-68　旋转之后的效果

实例 056 利用夹点缩放图形

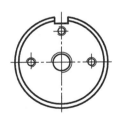

	在不执行任何命令的情况下选择对象，然后单击其中的一个夹点，再连击3次 Enter 键，系统会自动将其作为缩放的基点，即进入"缩放"模式。 难度：☆
◎ 素材文件：第3章\实例056 利用夹点缩放图形.dwg	
✿ 视频文件：第3章\实例056 利用夹点缩放图形.mp4	

① 打开素材文件"第3章\实例056 利用夹点缩放图形.dwg"，也可以延续"实例055"

进行操作。

② 框选正中心的螺纹孔，使之呈现夹点状态，如图3-69所示。

③ 单击激活圆心夹点，然后连按三次Enter键，注意命令行提示，进入"缩放"模式，输入比例因子为2，缩放螺纹孔，如图3-70所示。命令行操作如下。

** MOVE **	//进入"移动"模式
指定移动点 或 ［基点（B）/复制（C）/放弃（U）/退出（X）］：✓	
** ROTATE （多个）**	//进入"旋转"模式
指定移动点 或 ［基点（B）/复制（C）/放弃（U）/退出（X）］：✓	
** 比例缩放 **	//进入"缩放"模式
指定比例因子或 ［基点（B）/复制（C）/放弃（U）/参照（R）/退出（X）］：2✓	
	//输入比例因子

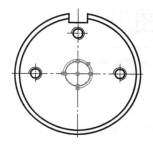

图3-69　选择中心的螺纹孔

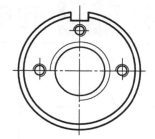

图3-70　利用夹点缩放对象

实例 057 利用夹点镜像图形

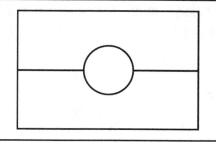

在不执行任何命令的情况下选择对象，然后单击其中的一个夹点，再连击四次Enter键，系统会自动将其作为镜像线的第一点，即进入"镜像"模式。

难度：☆

素材文件：第3章\实例057 利用夹点镜像图形.dwg

视频文件：第3章\实例057 利用夹点镜像图形.mp4

① 打开"第3章\实例057 利用夹点镜像图形.dwg"素材文件，如图3-71所示。

② 框选所有图形，使之呈现夹点状态，如图3-72所示。

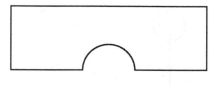

图3-71　素材图形

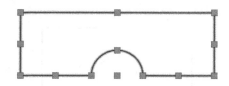

图3-72　全选图形显示夹点

③ 单击选择左下角的夹点，连续按四次Enter键，注意命令行提示，进入"镜像"模式，再水平向右指定一点，即可创建镜像图形，如图3-73所示。

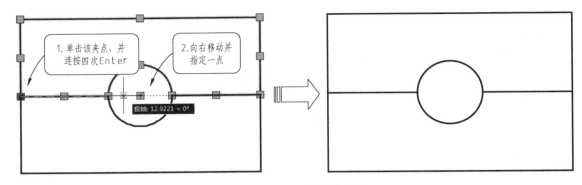

图3-73　利用夹点镜像图形

实例 058 利用夹点复制图形

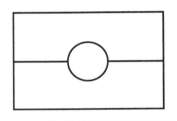	选中夹点后进入"移动"模式,然后在命令行中输入"C",即可进入"复制"模式。 难度:☆
	素材文件:第3章\实例058 利用夹点复制图形.dwg
	视频文件:第3章\实例058 利用夹点复制图形.mp4

① 打开素材文件"第3章\实例058 利用夹点复制图形.dwg",也可以延续"实例057"进行操作。

② 框选正中心的圆,使之呈现夹点状态,如图3-74所示。

③ 单击激活圆心夹点,单击一次Enter键,进入"移动"模式,然后在命令行中输入"C",选择"复制"选项,接着将所选择的圆复制至外围矩形的4个角点,如图3-75所示。命令行提示如下。

```
** MOVE **                                          //进入"移动"模式
指定移动点或 [基点(B)/复制(C)/放弃(U)/退出(X)]: C✓

                                                    //选择"复制"选项
** MOVE (多个) **                                   //进入"复制"模式
指定移动点 或 [基点(B)/复制(C)/放弃(U)/退出(X)]: ✓

                                                    //指定放置点,并按
                                                      Enter键完成操作
```

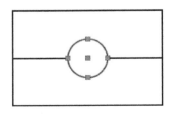

图3-74　选择中心圆

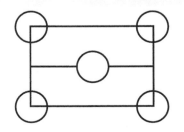

图3-75　利用夹点复制对象

3.3 图块

在绘制图形时，如果图形中有大量相同或相似的内容，或者所绘制的图形与已有的图形文件相同（如机械图纸中常见的粗糙度符号、基准符号以及各种标准件图形），都可以把要重复绘制的图形创建为块（也称为图块），并根据需要为块创建属性，指定块的名称、用途及设计者等信息，在需要时直接插入它们，从而提高绘图效率。

实例 059 创建内部图块

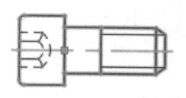

内部图块是存储在图形文件内部的块，只能在存储文件中使用，而不能在其他图形文件中使用。

难度：☆

 素材文件：第3章\实例059 创建内部图块.dwg

视频文件：第3章\实例059 创建内部图块.mp4

本例使用"实例041"所用到的螺钉素材来创建一个螺钉图块。创建完成后，读者可以自行和原来的螺钉图形进行比对，以此来快速了解图块与普通图形的区别。

① 打开素材文件"第3章\实例059 创建内部图块.dwg"，素材图形如图3-76所示，已经绘制好了一个螺钉图形和待装配的夹板。

② 在"默认"选项卡中，单击"块"面板中的"创建"按钮 ，如图3-77所示。

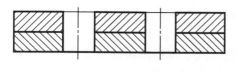

图3-76　素材图形　　　　　　图3-77　选择创建

③ 系统弹出"块定义"对话框，在"名称"文本框中输入"螺钉"，如图3-78所示。

④ 然后在"对象"选项区域单击"选择对象"按钮 ✛，在绘图区选择整个螺钉图形。此时图形显示效果如图3-79所示，可见有很多夹点。按Enter或空格键返回"块定义"对话框。

⑤ 在"基点"选项区域单击"拾取点"按钮 🗔，返回绘图区选择螺钉图形上的一点作为块的基点，如图3-80所示。

⑥ 单击"确定"按钮，完成普通块的创建。此时图形变为了一个整体，其夹点显示如图3-81所示，可见只显示出了上一步骤所指定的基点，其余夹点均已消失。一个简单的螺钉图块就创建好了。

图3-78　"块定义"对话框

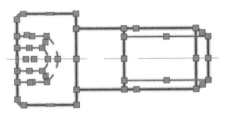

图3-79　图形的选择效果

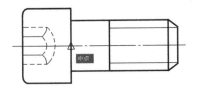

图3-80　选择基点

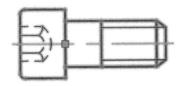

图3-81　图块的选择效果

实例 060　在设计图中插入块

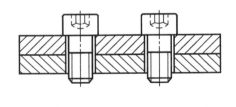

图块创建好后，就可以通过"插入"命令将其加入到图形文件当中，因此在绘制机械设计图时，可以通过插入图块的方式快速得到如图框、粗糙度、基准符号、标准件之类的图形。

难度：☆

素材文件：第3章\实例060　在设计图中插入块.dwg

视频文件：第3章\实例060　在设计图中插入块.mp4

① 打开素材文件"第3章\实例060　在设计图中插入块.dwg"，也可以延续"实例059"进行操作。

② 在"默认"选项卡中，单击"块"面板中的"插入"按钮，便可以预览所创建的螺钉图块，如图3-82所示。

③ 单击"螺钉"图块，然后可见光标处生成了螺钉图块的预览效果，接着将其移动至通孔的中心点上，单击鼠标左键进行放置，如图3-83所示。

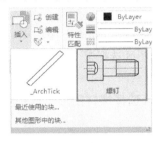

图3-82　选择螺钉图块

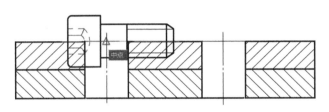

图3-83　放置螺钉图块

④ 放置后的螺钉方位应该朝下，因此需再选中已放置好的图块，选择图块的夹点，然

后连续单击两次Enter或空格键，切换至选择模式，操作图形对其旋转−90°（即270°），得到正确插入的螺钉效果，如图3-84所示。

⑤ 使用相同方法插入其他通孔上的螺钉，以及使用"修剪"命令修剪被螺钉遮盖的夹板轮廓线，得到最终效果如图3-85所示。

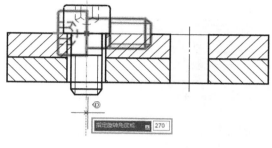

图3-84　调整螺钉方位

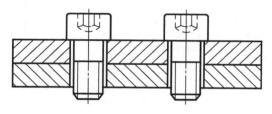

图3-85　最终效果

实例 061 创建外部图块

外部图块是以外部文件的形式存在的，它可以被任何文件引用。使用"写块"命令可以将选定的对象输出为外部图块，并保存到单独的图形文件中。

难度：☆

素材文件：第3章\实例061 创建外部图块.dwg

视频文件：第3章\实例061 创建外部图块.mp4

① 打开"第3章\实例061 创建外部图块.dwg"素材文件，如图3-86所示。

图3-86　素材图形

② 在命令行中输入"WB"，打开"写块"对话框，在"源"选项区域选择"块"复选框，然后在其右侧的下拉列表框中选择"基准"图块，如图3-87所示。

③ 指定保存路径。在"目标"选项区域，单击"文件和路径"文本框右侧的按钮，在弹出的对话框中选择保存路径，将其保存于桌面上，如图3-88所示。

④ 单击"确定"按钮，完成外部块的创建。

图3-87　选择目标块

图3-88　指定保存路径

实例 062 创建动态块

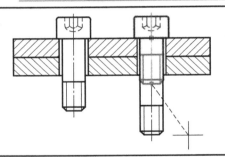

图块除了直接作为图形插入外，还可以添加动作（如旋转、拉伸等），将其转换为动态图块。动态图块可以通过操作动态夹点来调整图块大小、角度，避免了频繁的参数输入或命令调用（如缩放、旋转、镜像命令等），使图块的操作变得更加轻松。

难度：☆☆☆

素材文件：第3章\实例062　创建动态块.dwg

视频文件：第3章\实例062　创建动态块.mp4

　　"实例060"中创建的螺钉图块可以通过指定的基点进行一些夹点操作，如移动、旋转等，但无法进行更进一步的变形操作。因此本例就可以延续"实例060"进行操作，在已经完成的螺钉图块基础之上将其改造为可以拉伸变换长度的动态块。

　　① 打开素材文件"第3章\实例062　创建动态块.dwg"，其中已经创建好了螺钉的图块，如图3-89所示。

　　② 在"默认"选项卡中，单击"块"面板中的"编辑"按钮，在弹出的"编辑块定义"对话框中选择创建好的"螺钉"图块，如图3-90所示。

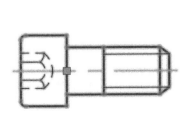

图3-89　素材文件

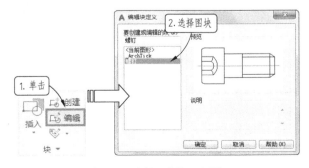

图3-90　选择"螺钉"图块

③ 在"编辑块定义"对话框中单击"确定"按钮，进入"块编辑器"环境，同时功能区切换至"块编辑器"选项卡，这是一个全新的绘图界面，如图3-91所示。

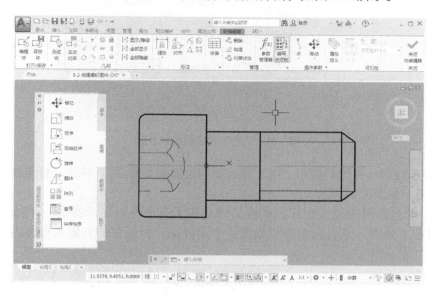

图3-91　块编辑器界面

④ 在右侧的"块编写选项板-所有选项板"上选择"参数"选项卡，然后单击"线性"图标，通过对象捕捉功能，给螺钉图块赋予一线性参数，操作过程类似于标注线性尺寸，如图3-92所示。

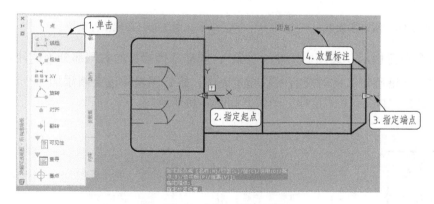

图3-92　添加线性参数

提示： 具体操作方法和"标注尺寸"非常相似。要注意的是，这里的"标注"是从左向右进行的。操作完成后会出现一个名为"距离1"的特殊标注（再次标注即为"距离2"，以此类推），这个如"标注"一样的东西有一个专用名称——"线性参数"。

⑤ 添加了线性参数后，可见图形中有一块黄色的感叹号标记，即表示目前此参数还没有被赋予"动作"。因此接着选择"动作"选项卡，单击其中的"拉伸"图标，屏幕上出现正方形的拾取框，然后根据命令行提示，要求"选择参数"。因此移动拾取框去单击"距离1"这个参数即可，如图3-93所示。

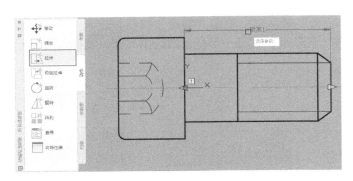

图3-93 选择要添加动作的参数

⑥ 选择参数后，命令行提示"指定要与动作关联的参数点"，移动光标至螺钉最右侧的节点进行单击，如图3-94所示。

⑦ 由于本例选用的是"拉伸"动作，因此接下来命令行提示指定一个拉伸框架，此处选择螺钉右下角的一点，向左上方划出一个选择框，将螺钉的右侧包裹在内，如图3-95所示。

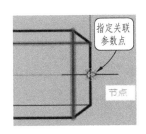

图3-94 指定参数点

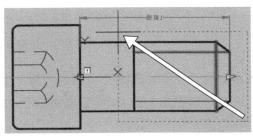

图3-95 指定拉伸框架

⑧ 最后命令行提示"选择要拉伸的对象"，同样选择螺钉的右侧部分为拉伸对象，选择完成后单击Enter键确定，此时所有参数指定完毕，螺钉图块附近会新添加一个 标记，即表示该图块已经添加了一个"拉伸"动作，如图3-96所示。

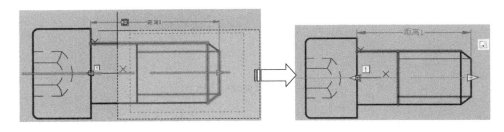

图3-96 添加拉伸动作

⑨ 在"块编辑器"选项卡中单击"测试块"按钮 ，进入测试窗口。在该窗口可以对创建好的动态图块进行测试，如果符合要求即可保存退出，否则退回编辑界面进行修改，如图3-97所示。

⑩ 在测试窗口中选中螺钉图块，可见图形右侧出现了三角形的夹点 ，单击该夹点，

即可对它进行拖动，效果如图3-98所示。

图 3-97　单击"测试块"按钮

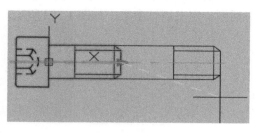

图 3-98　测试动态效果

⑪ 效果检查无误后，单击右上角的"关闭测试块"按钮 ✔️，退出测试窗口，返回块编辑器界面。再单击"关闭块编辑器"按钮 ✔️，退出块编辑器界面，返回绘图空间。期间会弹出对话框询问是否保存块的编辑效果，选择保存选项即可，如图3-99所示。

⑫ 返回绘图空间后的螺钉图块已经被赋予了动态参数，选中螺钉图块后右侧会出现三角形的夹点 ▶—，与测试窗口一致。拖动该三角形夹点即可调整螺钉的长度。因此如果将该螺钉的动态图块插入装配夹板中，即可得到图3-100所示的效果。

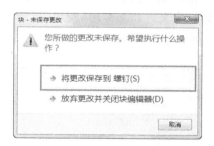

图 3-99　保存动态图块

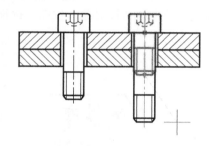

图 3-100　动态效果

实例 063 创建属性图块

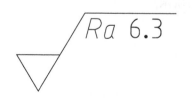

除了像动态块那样对图形的形状、大小进行修改外，还可以为图块添加属性，让其成为属性块。属性是一种嵌入图块的文本，创建好的属性块可以通过双击来编辑其中的文字，非常适合用来创建机械制图中的粗糙度、基准等符号的图块。

难度：☆☆

 素材文件：第3章\实例063　创建属性图块.dwg

 视频文件：第3章\实例063　创建属性图块.mp4

粗糙度符号在图形中形状相似，仅数值不同，因此可以创建为属性块，在绘图时直接调用，然后输入具体数值即可，方便快捷，具体方法如下。

① 打开"第3章\实例063　创建属性图块.dwg"素材文件，其中已绘制好了一粗糙度符号，如图3-101所示。

② 在"默认"选项卡中，单击"块"面板上的"定义属性"按钮 ，系统弹出"属性定义"对话框，定义属性参数，如图3-102所示。

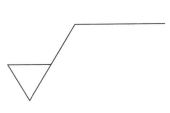

图3-101　素材图形

图3-102　"属性定义"对话框

③ 单击"确定"按钮，在水平线上合适位置放置属性定义，如图3-103所示。

④ 在"默认"选项卡中，单击"块"面板上的"创建"按钮，系统弹出"块定义"对话框。在"名称"下拉列表框中输入"标高"；单击"拾取点"按钮，拾取三角形的下角点作为基点；单击"选择对象"按钮，选择符号图形和属性定义，如图3-104所示。

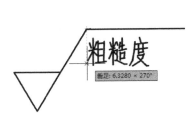

图3-103　插入属性定义

图3-104　"块定义"对话框

⑤ 单击"确定"按钮，便会打开"编辑属性"对话框，在其中便可以灵活输入所需的粗糙度数值，如图3-105所示。

⑥ 单击"确定"按钮，标高符创建完成，如图3-106所示。

图3-105　"编辑属性"对话框

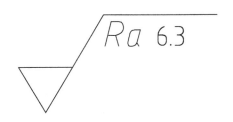

图3-106　粗糙度属性块

实例 064 插入工具选项板中的图块

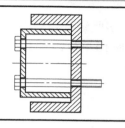

除了自制图块外，AutoCAD软件中也提供了大量的专业图块，都收集于"工具选项板"中，可以按Ctrl+3快捷键打开。

难度：☆

素材文件：第3章\实例064 插入工具选项板中的图块.dwg

视频文件：第3章\实例064 插入工具选项板中的图块.mp4

① 打开"第3章\实例064 插入工具选项板中的图块.dwg"素材文件，其中已经绘制好了一个简单结构件，需要安装两个螺钉进行固定，如图3-107所示。

② 在键盘上按Ctrl+3快捷键，或者切换至"视图"选项卡，单击"选项板"面板上的"工具选项板"按钮 ，打开"工具选项板"，如图3-108所示。

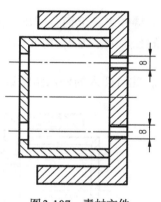

图3-107　素材文件

图3-108　工具选项板

③ "工具选项板"中提供了许多不同类型的动态图块，如建模、约束、建筑、机械等，本例需要调用两个螺钉图块，因此单击"工具选项板"中的"机械"标签，选择其中的"六角头螺栓-公制"，将其放置在结构件左侧的孔洞上，如图3-109所示。

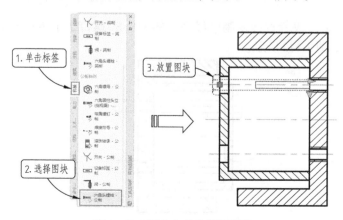

图3-109　插入六角头螺栓图块

④ 导入的螺栓大小和长度并不符合要求，这时可以单击图块上的 和 夹点来进行调整。

⑤ 首先单击图块上的 夹点，在图块右边便出现了许多竖线符号"|"分成的小格，用来对图块长度进行精准定位，每往前移动一格，便向前延伸10单位，本例将螺钉调整至80长度，如图3-110所示。

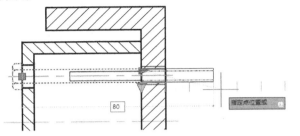

图3-110　调整图块的长度

⑥ 再单击图块上的 夹点，单击后便会出现一特性表，上面会列出该图块的一些备选选项，比如不同的螺钉型号。本例由于结构件预留的孔位大小为8，因此选择其中的M8规格螺钉，如图3-111所示。

⑦ 选择后的螺钉便会自动变成M8的螺钉大小，此时插入的外六角螺钉便是一个标准的M8×80规格，如图3-112所示。

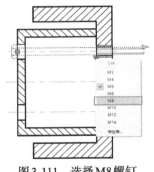

图3-111　选择M8螺钉

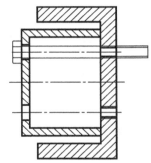

图3-112　修改后的螺钉插入效果

⑧ 使用相同方法，或者直接复制已经插入的M8×80螺钉至下方的孔洞上，即完成螺钉的插入，最终结果如图3-113所示。

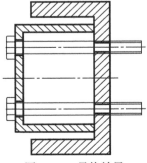

图3-113　最终效果

实例 065 将自制图块加入工具选项板中

工具选项板是一个强大的帮手,它能够将块、填充、外部参照、光栅图像以及命令都组织到工具选项板里面创建成工具,以便将这些工具应用于当前正在设计的图纸。事先将绘制好的动态图块导入工具选项板,准备好需要的零件图块甚至零件图块库,待使用时调出,这无疑大大提高了绘图效率。

难度:☆☆☆

素材文件:第3章\实例065 将自制图块加入工具选项板中.dwg

视频文件:第3章\实例065 将自制图块加入工具选项板中.mp4

① 打开素材文件"第3章\实例065 将自制图块加入工具选项板中.dwg",其中已经绘制好了一吊钩,如图3-114所示。

② 单击"块"中的"创建"按钮,弹出"块定义"对话框,设置"名称"为"吊钩",如图3-115所示。

图3-114 素材文件

图3-115 "块定义"对话框

③ 单击"选择对象",框选绘制的整个图形,单击"拾取点"选择图形的上端线段的中点,单击"确定",如图3-116所示。

④ 单击"块"面板中的"块编辑"按钮,弹出"编辑块定义",选择"吊钩"单击"确定",如图3-117所示。

图3-116 选择对象

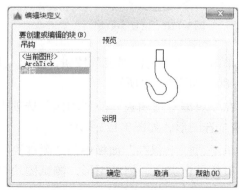

图3-117 编辑图形

⑤　在"块编写选项板"的"参数"选项卡中单击"角度"按钮，选择基点为圆弧圆心，输入半径50、角度360°，如图3-118所示。

⑥　在"块编写选项板"的"动作"选项卡中单击"旋转"按钮，选择参数为"角度1"，全选图形，如图3-119所示。

图3-118　设置角度参数

图3-119　添加旋转动作

⑦　在"块编写选项板"的"参数"选项卡中单击"线性"按钮，选择"距离1"位置，如图3-120所示。

⑧　左键单击"距离1"激活，然后单击右键在菜单栏中选择"特性"，弹出"特性"选项板，下拉滚动条，在"值集"中"距离类型"选择为"列表"，如图3-121所示。

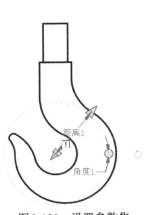

图3-120　设置参数集

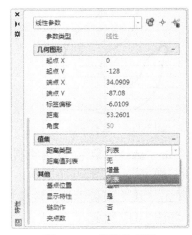

图3-121　特性选项板

⑨　单击　"距离值列表"按钮，弹出"添加距离值"对话框，在其中添加距离值50、60、70、80，如图3-122所示。

⑩　在"块编写选项板"的"动作"选项卡中单击"缩放"按钮，选择参数　"距离1"，对象全选图形，如图3-123所示。

⑪　单击"打开/保存"面板中的"测试块"按钮，单击图形，如图3-124所示。

⑫　鼠标单击夹点，拖动图形，测试图块是否设置成功，如图3-125所示。测试成功后，单击"块编辑器"菜单栏中的　"保存"按钮，将编辑好的动态块保存。

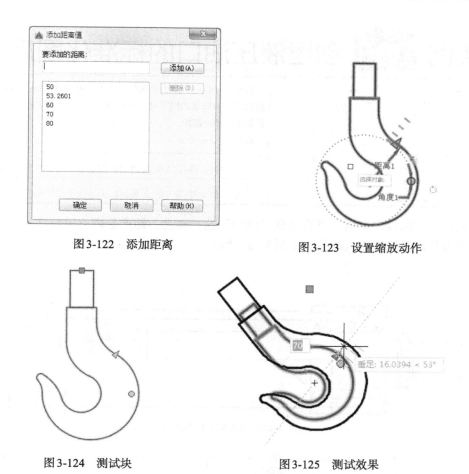

图3-122 添加距离　　　　　图3-123 设置缩放动作

图3-124 测试块　　　　　图3-125 测试效果

⑬ 按下Ctrl+3，弹出"工具"选项板，右键左列的按钮，选择"新建选项板"，如图3-126 所示。

⑭ 设置新选项板名字"自制图块"，光标选择"吊钩"图块，按住左键将图块拖入"工具选项板"选项板中，如图3-127所示。

⑮ 创建完毕，最终效果如图3-128所示。

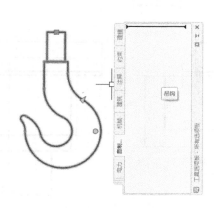

图3-126 工具选项板　　　　图3-127 添加图块　　　　图3-128 最新效果

实例 066 创建液压油口的标准化图库

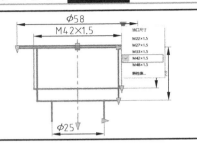

前面已经介绍了图块的概念和基本使用方法,但在AutoCAD中,图块除了作为简单的图形进行插入外,还有一项非常重要的功能,那就是创建标准化图库。

难度:☆☆☆☆☆

素材文件:第3章\实例066 创建液压油口的标准化图库.dwg

视频文件:第3章\实例066 创建液压油口的标准化图库.mp4

在设计一些液压产品时,都会遇到"油口"这一概念,即产品内流道的终端,可与管道相连,使液压油流出或流入产品,如图3-129所示。

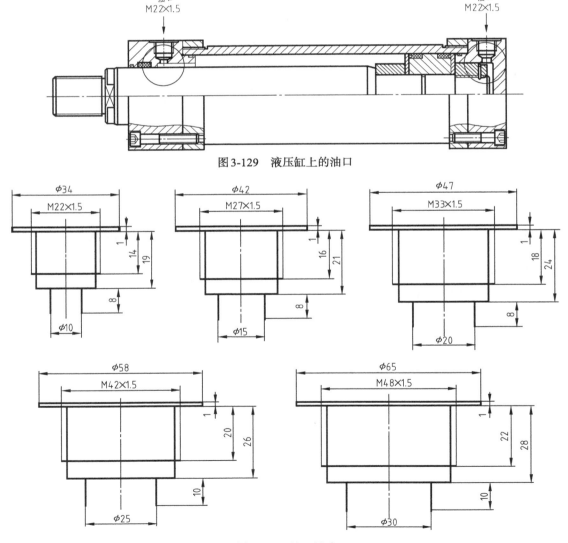

图3-129　液压缸上的油口

图3-130　油口尺寸

虽然液压产品千奇百怪，但各产品的油口型式基本相同，一般带公制螺纹的油口有以下几种尺寸，如图3-130所示。

这样就可以确保同一液压系统内，只需使用同一型号的管接头即可对所有产品进行供油，还能保证单位内供给的液压油量大小（与油口内的通孔大小有关）。因此在进行液压设计时，如果只将油口部分制成可以随时调用并修改的图块，那无疑会极大提升工作效率。

（1）对图块添加约束

① 打开"第3章\实例066 创建液压油口的标准化图库.dwg"素材文件，其中已经绘制好了一M22×1.5型号的液压油口图形，如图3-131所示。

② 虽然没有其他图形，但完全可以通过将其创建为块，然后添加约束来间接性的绘制。首先将图形制成图块，在"默认"选项卡中，单击"块"面板中的"创建"按钮 ，系统弹出"块定义"对话框，在"名称"文本框中输入"公制螺纹油口"，然后选择整个图形作为图块，指定图形锪孔部分底线的中点为基点，如图3-132所示。

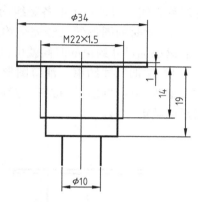

图3-131 素材文件

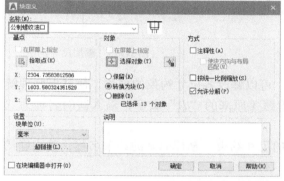

图3-132 创建为图块

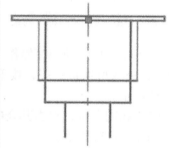

③ 单击"块"面板中的"编辑"按钮 ，在弹出的"编辑块定义"对话框中选择创建好的"公制螺纹油口"图块，接着单击"确定"按钮，进入"块编辑器"环境。

④ 添加几何约束。单击"几何"面板中的"自动约束"按钮 ，然后框选整个图形并按Enter键确认，即可为整个图形快速添加几何约束，如图3-133所示。

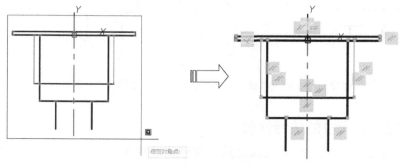

图3-133 创建自动约束

⑤ 补充"对称"约束。由于自动约束只会对选定的图形添加"平行""垂直""水平""竖直"这类位置约束，不能完整地表达油口图形的特征，比如油口图形可以看作是关于中心线左右对称的图形，对称这一特性就没有体现出来。

⑥ 在"几何"面板中单击"对称"按钮，然后选中油口图形上的竖线，再选择中心线为对称直线，对油口上的各竖线均进行添加，效果如图3-134所示。

⑦ 此时的图形便已经完全约束完毕，每一根线条都和其余部分进行了关联，这样在进行后续添加尺寸约束的时候就可以保持图形外形轮廓的正确。

⑧ 添加尺寸约束。油口图形的尺寸比较简单，基本都是"线性"尺寸，因此单击"标注"面板中的"线性"按钮，然后参照原素材文件中的尺寸进行标注即可，得到如图3-135所示的约束图形。

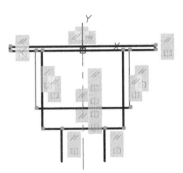

图3-134　添加"对称"约束

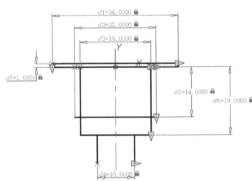

图3-135　添加尺寸约束

⑨ 为了便于后续的编写操作，可以修改各尺寸约束的名称，使其更好理解。双击对$d1$尺寸约束，进入可编辑状态，接着覆盖原来的"$d1$"文字，输入新的名称为"锪孔直径"，如图3-136所示。

⑩ 使用相同方法，双击其余的尺寸约束，删掉原来的约束名称，输入新的、直观的名称，结果如图3-137所示。

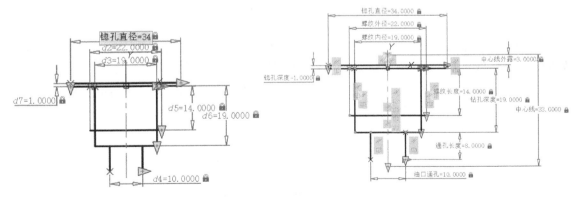

图3-136　重命名锪孔部分的尺寸约束名称　　　图3-137　新的约束名称

（2）建立油口尺寸的块特性表

① 几何约束和尺寸约束创建完成之后，图形便已约束在了一个可变的框架之内，接下来只需通过创建"块特性表"，然后在"块特性表"内重新赋予尺寸约束的取值，即可创建

新的油口图形。

② 在"块编写选项板"中切换至"动作"选项卡，然后单击其中的"块特性表"动作，接着指定图形的空白区域放置，指定夹点数为1，自动打开"块特性表"对话框，如图3-138所示。

③ 在"块特性表"对话框中单击 f_x 按钮，打开"添加参数特性"对话框，其中便列出了所创建的尺寸约束名称，如图3-139所示。

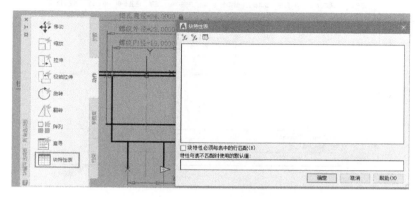

图3-138 创建块特性表

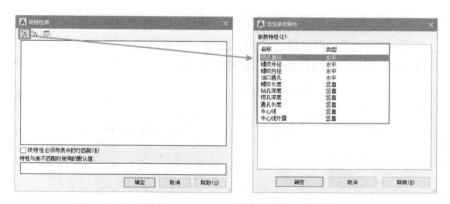

图3-139 打开"添加参数特性"对话框

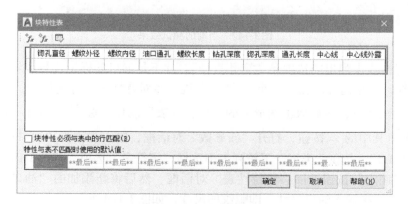

图3-140 添加参数特性

④ 选择参数名称然后单击"确定"按钮，依次将所有参数都添加进"块特性表"，如图3-140所示。

⑤ 参照图3-130给出的图形数据，先在第一行分别在对应的栏目下填入具体的数值，注意每一行之间数值的准确性，输入效果如图3-141所示。

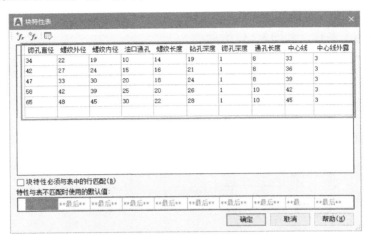

图3-141　输入图形数据

⑥ 单击"确定"按钮，可见"块特性表"动作旁边的感叹号已经消失，然后单击"测试块"对其进行测试，可以通过单击右上角处的查寻夹点来显示列表值，选择不同的选项将会切换至对应大小的油口图形，如图3-142所示。

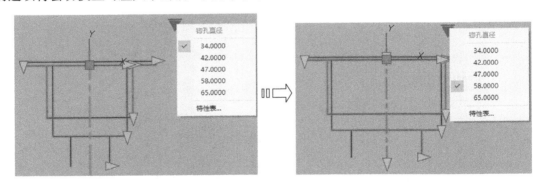

图3-142　当前的测试效果

⑦ 此时特性表中列出的选项是"锪孔直径"，并不是油口的标记代号或者关键尺寸参数（如油口的螺纹，表示适配的接口大小），因此需进一步对特性表进行优化。

⑧ 退出测试环境，然后双击图形上的"块特性表"动作图标，打开"块特性表"对话框，接着单击其中的 f_x 按钮，打开"新参数"对话框，输入名称为"油口尺寸"，然后输入值为"M22×1.5"，并在"类型"下拉列表中选择"字符串"选项，如图3-143所示。

⑨ 单击"确定"按钮返回"块特性表"对话框，然后将新添加的"油口尺寸"一列拖动至最左侧，并依次输入油口尺寸，即螺纹的尺寸，如图3-144所示。

⑩ 至此整个图块便创建完毕，直接单击界面右上角的"关闭块编辑器"按钮，退

出块编辑器界面，返回绘图空间。此时单击右上角处的查寻夹点▽可见其列表选项已经发生了改变，列出的是上步创建的"油口尺寸"，选择不同的选项即可切换到对应的油口，如图3-145所示。

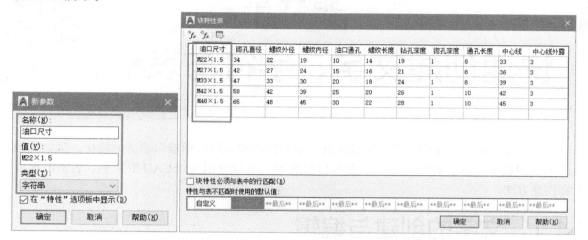

油口尺寸	锪孔直径	螺纹外径	螺纹内径	油口通孔	螺纹长度	钻孔深度	锪孔深度	通孔长度	中心线	中心线外露
M22×1.5	34	22	19	10	14	19	1	8	33	3
M27×1.5	42	27	24	15	16	21	1	8	36	3
M33×1.5	47	33	30	20	18	24	1	8	39	3
M42×1.5	58	42	39	25	20	26	1	10	42	3
M48×1.5	65	48	45	30	22	28	1	10	45	3

图 3-143 添加新的参数项　　　　图 3-144 移动至最左侧

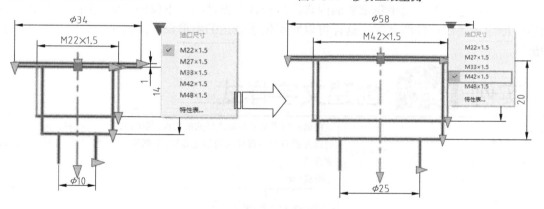

图 3-145 最终效果

第4章

快速创建文字、字符与表格

扫码享受
全方位沉浸式学AutoCAD

　　文字和表格是图纸中的重要组成部分，用于注释和说明图形难以表达的特征，例如机械图纸中的技术要求、材料明细表、图纸目录表等。本章介绍 AutoCAD 中文字、表格的设置和创建方法。

4.1 文字的创建与编辑

　　文字注释是绘图过程中很重要的内容，进行各种设计时，不仅要绘制出图形，还需要在图形中标注一些注释性的文字，这样可以对不便于表达的图形设计加以说明，使设计表达更加清晰。

实例 067 创建文字样式

前面介绍了文字和标注样式的切换，其中用到了"机械制图文字样式"，但是并没有介绍该样式的创建方法。本例便为读者介绍如何创建这类文字样式。

难度：☆

 素材文件：无

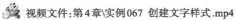 视频文件：第4章\实例067 创建文字样式.mp4

　　① 单击"快速访问"工具栏中的"新建"按钮，新建图形文件。

　　② 在"默认"选项卡中，单击"注释"面板中的"文字样式"按钮，系统弹出"文字样式"对话框，如图4-1所示。

　　③ 单击"新建"按钮，弹出"新建文字样式"对话框，在"样式名"文本框中输入"机械制图文字样式"，如图4-2所示。

　　④ 单击"确定"按钮，在样式列表框中新增"机械制图文字样式"文字样式，如图4-3所示。

　　⑤ 在"字体"选项组下的"字体名"列表框中单击选择"仿宋"字体，其他选项保持默认，如图4-4所示。

　　⑥ 单击"应用"按钮，然后单击"置为当前"按钮，将"机械制图文字样式"置于当前样式。

⑦ 单击"关闭"按钮，完成"国标文字"的创建。创建完成的样式可用于多行文字、单行文字等文字创建命令，也可以用于标注、动态块中的文字。

图4-1 "文件样式"对话框   图4-2 "新建文字样式"对话框

图4-3 新建文字样式   图4-4 更改设置

实例 068 通过多行文字创建技术说明

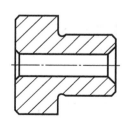

技术要求：
1.材料45钢。
2.未注倒角C2。
3.表面淬火处理.

在AutoCAD中可以通过多行文字命令创建文字内容，是最常用的文字工具。此外，多行文字命令还拥有丰富的格式设置，因此非常适合用来创建段落性的文字，比如机械制图中的技术要求。

难度：☆

素材文件：第4章\实例068 通过多行文字创建技术说明.dwg

视频文件：第4章\实例068 通过多行文字创建技术说明.mp4

① 打开"第4章\实例068 通过多行文字创建技术说明.dwg"素材文件，如图4-5所示。
② 在"默认"选项卡中，单击"注释"面板中的"文字"下拉列表中的"多行文字"按钮 **A**，如图4-6所示，执行"多行文字"命令。

③ 系统弹出"文字编辑器"选项卡，然后移动十字光标限定多行文字的范围，操作之后绘图区会显示一个文字输入框，如图4-7所示。命令行操作如下。

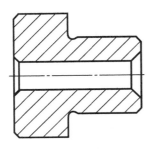

图4-5 素材文件

图4-6 "注释"面板中的"多行文字"按钮

命令：_mtext   //调用"多行文字"命令
当前文字样式："Standard" 文字高度：2.5 注释性：否
指定第一角点：   //在绘图区域合适位置拾取
                                                            一点
指定对角点或 ［高度（H）/对正（J）/行距（L）/旋转（R）/样式（S）/宽度（W）/栏（C）］:
                                                            //指定对角点

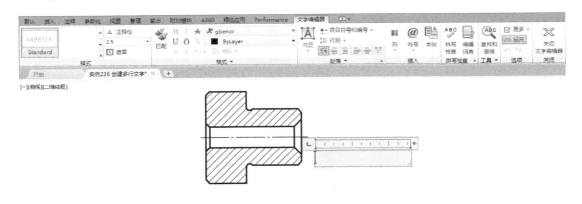

图4-7 "文字编辑器"选项卡与文字输入框

④ 在文本框内输入文字，每输入一行按Enter键输入下一行，输入结果如图4-8所示。

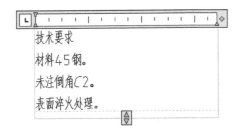

图4-8 素材文字

图4-9 修改"技术要求"4字的文字高度

⑤ 接着选中"技术要求"这4个文字，然后在"样式"面板中修改文字高度为3.5，如图4-9所示。

⑥ 按Enter键执行修改，修改文字高度后的效果如图4-10所示。

⑦ 双击已经创建好的多行文字，进入编辑模式，打开"文字编辑器"选项卡，然后选中"技术要求"下面的3行说明文字，如图4-11所示。

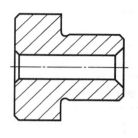

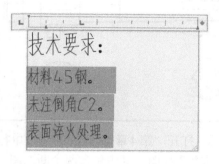

图4-10 创建的不同字高的多行文字

图4-11 框选要编号的文字

⑧ 接着在"文字编辑器"选项卡中单击"段落"面板上的"项目符号和编号"下拉列表框，选择编号方式为"以数字标记"，如图4-12所示。

⑨ 在文本框中可以预览到编号效果如图4-13所示。

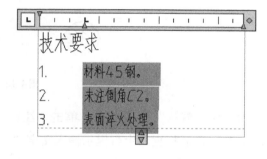

图4-12 选择"以数字标记"选项

图4-13 添加编号的初步效果

⑩ 接着调整文字的对齐标尺，减少文字的缩进量，如图4-14所示。

⑪ 单击"关闭"面板上的"关闭文字编辑器"按钮，或按Ctrl+Enter组合键完成多行文字编号的创建，最终效果如图4-15所示。

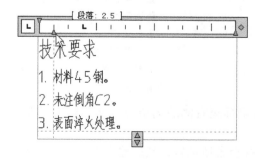

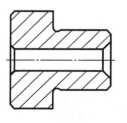

图4-14 调整段落对齐

图4-15 添加编号的多行文字

实例 069 通过单行文字创建简单注释

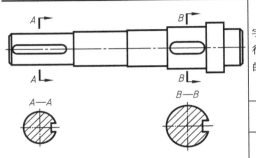

单行文字输入完成后,可以不退出命令,而直接在另一个要输入文字的地方单击鼠标,同样会出现文字输入框。因此在需要进行多次单行文字标注的图形中使用此方法,可以大大节省时间。如机械制图中的断面图标识,可以在最后统一使用单行文字进行标注。

难度:☆

素材文件:第4章\实例069 通过单行文字创建简单注释.dwg

视频文件:第4章\实例069 通过单行文字创建简单注释.mp4

① 打开"第4章\实例069 通过单行文字创建简单注释.dwg"素材文件,其中已绘制好了一轴类零件图,其中包含两个断面图,如图4-16所示。

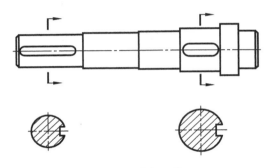

图4-16　素材文件

② 在"默认"选项卡中,单击"注释"面板中的"文字"下拉列表中的"单行文字"按钮 A ,然后根据命令行提示输入文字"A",如图4-17所示,命令行提示如下。

```
命令: _text
当前文字样式: "Standard" 文字高度: 2.5000 注释性: 否 对正: 左
指定文字的起点 或 [对正 (J)/样式 (S)]:              //在左侧剖切符号的上
                                                       半部分单击一点
指定高度 <2.5000>: 8↙                                //指定文字高度
指定文字的旋转角度 <0>: ↙                             //直接单击Enter键确认
                                                       默认角度
                                                     //输入文字 A
                                                     //在左侧剖切符号的下
                                                       半部分单击一点
                                                     //输入文字 A
```

③ 输入完成后,可以不退出命令,直接移动鼠标至右侧的剖切符号处,按相同方法输入剖切标记"B",如图4-18所示。

④ 按相同方法,无须退出命令,直接移动鼠标至合适位置,然后输入剖切标记"A—A""B—B"即可,全部输入完毕后即可按Ctrl+Enter键结束操作,最终效果如图4-19所示。

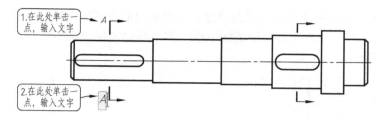

图4-17 输入剖切标记 *A*

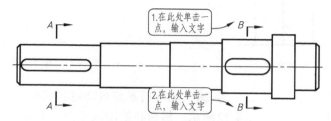

图4-18 输入剖切标记 *B*

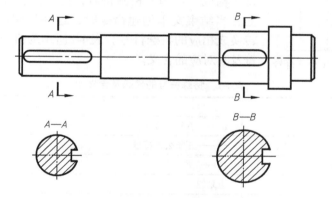

图4-19 输入单行文字效果

实例 070 在文字中添加特殊字符

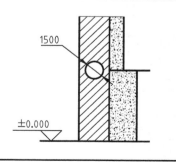

有些特殊符号在键盘上没有对应键,如指数、在文字上方或下方添加划线、角度(°)、直径(ϕ)等。这些特殊字符不能从键盘上直接输入,需要使用软件自带的特殊符号功能。在单行文字和多行文字中都可以插入特殊字符。

难度:☆

素材文件:第4章\实例070 在文字中添加特殊字符.dwg

视频文件:第4章\实例070 在文字中添加特殊字符.mp4

① 打开"第4章\实例070 在文字中添加特殊字符.dwg"素材文件,已经创建两个标高尺寸,如图4-20所示,其中"0.000"是单行文字,"1500"为多行文字。

② 单行文字的可编辑性较弱，只能通过输入控制符的方式插入特殊符号。

③ 双击"0.000"，进入单行文字的输入框，然后移动光标至文字前端，输入控制符"%%P"，如图4-21所示。

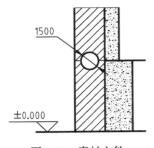

图4-20   素材文件

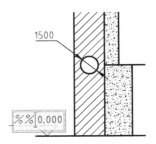

图4-21   输入控制符"%%P"

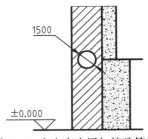

图4-22   向文字中添加特殊符号

④ 输入完毕后系统自动将其转换为相应的特殊符号，如图4-22所示。然后在绘图区空白单击即可退出编辑。

⑤ AutoCAD的控制符由"两个百分号（%%）＋ 一个字符"构成，当输入控制符时，这些控制符会临时显示在屏幕上，当结束文本创建命令时，这些控制符将从屏幕上消失，转换成相应的特殊符号。表4-1所示为机械制图中常用的控制符及其对应的含义。

表4-1   特殊符号的代码及含义

控制符	含义
%%C	ϕ ——直径符号
%%P	± ——正负公差符号
%%D	(°)——度
%%O	上划线
%%U	下划线

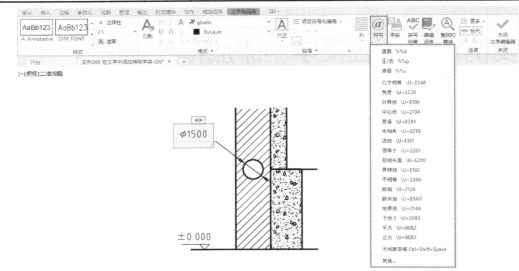

图4-23   通过"文字编辑器"添加特殊符号

提示：除了使用控制符的方法外，还可以在"文字编辑器"选项卡中进行编辑。双击要添加特殊字符的文字，进入文字的编辑框，同时打开"文字编辑器"选项卡，然后单击"插入"面板上的"符号"按钮，即可选择要添加的特殊字符，如图4-23所示。

实例 071 通过堆叠文字创建公差

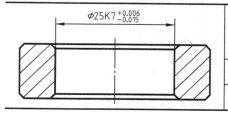

通过输入分隔符号，可以创建堆叠文字。堆叠文字在机械绘图中应用很多，可以用来创建尺寸公差、分数等。

难度：☆

素材文件：第4章\实例071 通过堆叠文字创建公差.dwg

视频文件：第4章\实例071 通过堆叠文字创建公差.mp4

① 打开素材文件"第4章\实例071 通过堆叠文字创建公差.dwg"，如图4-24所示，已经标注好了所需的尺寸。

② 添加直径符号。双击尺寸25，打开"文字编辑器"选项卡，然后将鼠标移动至25之前，输入"%%C"，为其添加直径符号，如图4-25所示。

③ 输入公差文字。再将鼠标移动至25的后方，依次输入"K7 +0.006^−0.015"，如图4-26所示。

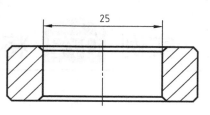

图4-24　素材图形

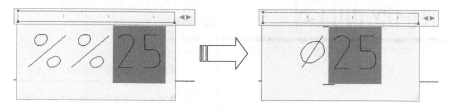

图4-25　添加直径符号

图4-26　输入公差文字

④ 创建尺寸公差。接着按住鼠标左键，向后拖移，选中"+0.006^−0.015"文字，然后单击"文字编辑器"选项卡中"格式"面板中的"堆叠"按钮，即可创建尺寸公差，如图4-27所示。

图4-27　堆叠公差文字

⑤ 在"文字编辑器"选项卡中单击"关闭"按钮，退出编辑环境，得到修改后的图形如图4-28所示。

提示： 除了本例用到的"^"分隔符号，还有"/""#"两个分隔符，分隔效果如图4-29所示。需要注意的是，这些分隔符号必须是英文格式的符号。

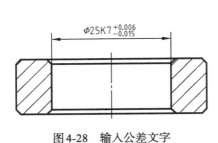

图4-28   输入公差文字

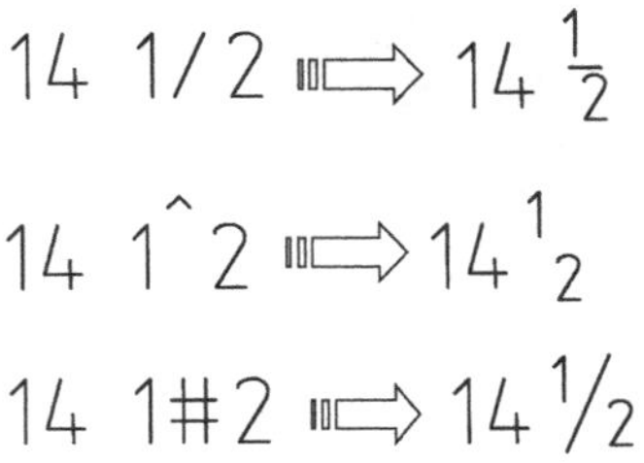

$$14\ 1/2 \implies 14\ \frac{1}{2}$$

$$14\ 1\hat{\ }2 \implies 14\ \frac{1}{2}$$

$$14\ 1\#2 \implies 14\ ^1/_2$$

图4-29   文字堆叠效果

实例 072 将文字正常显示

机械制图

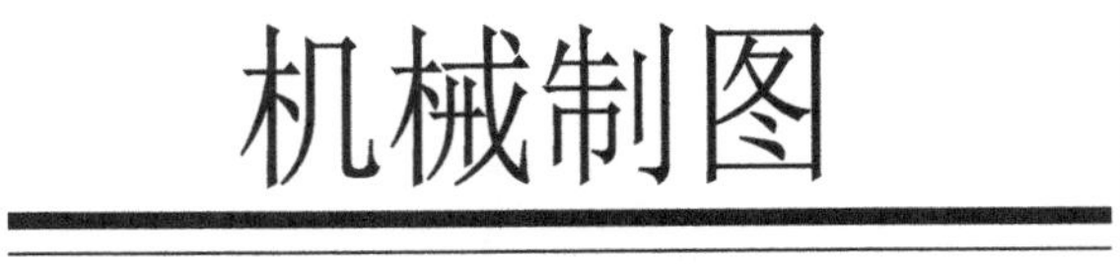

有时打开 AutoCAD 文件后字体和符号变成了问号"？"，或提示"缺少 SHX 文件""未找到字体"。出现上述字体无法正确显示的情况均是字体库出现了问题，可能是系统中缺少显示该文字的字体文件、指定的字体不支持全角标点符号或文字样式已被删除，有的特殊文字需要特定的字体才能正确显示。

难度：☆

素材文件：第4章\实例072 将文字正常显示.dwg

视频文件：第4章\实例072 将文字正常显示.mp4

① 打开素材文件"第4章\实例072 将文字正常显示.dwg"，所创建的文字显示为乱码，内容不明，如图4-30所示。

② 点选出现问号的文字，单击鼠标右键，在弹出的下拉列表中选择"特性"选项，系统弹出"特性"管理器。在"特性"管理器"文字"列表中，可以查看文字的"内容""样式""高度"等特性，并且能够修改。将其修改为"宋体"样式，如图4-31所示。

图4-30   素材文件

图4-31   修改文字样式

③ 文字得到正确显示，如图4-32所示。

机械制图

图4-32 正常显示的文字

4.2 表格的创建

表格在各类制图中的运用非常普遍，主要用来展示与图形相关的标准、数据信息、材料和装配信息等内容。

实例 073 创建简易标题栏表格

	比例	材料	数量	图号
气塞盖				
设计			××设计公司	
审核				

在AutoCAD中可以使用"表格"工具创建表格，也可以直接使用直线进行绘制。如要使用"表格"工具创建，则必须先创建它的表格样式。

难度：☆

💿 素材文件：第4章\实例073 创建简易标题栏表格.dwg

🎬 视频文件：第4章\实例073 创建简易标题栏表格.mp4

① 打开素材文件"第4章\实例073 创建简易标题栏表格.dwg"，如图4-33所示，其中已经绘制好了一零件图。

② 在"默认"选项卡中，单击"注释"滑出面板上的"表格样式"按钮，系统弹出"表格样式"对话框，单击"新建"按钮，系统弹出"创建新的表格样式"对话框，在"新样式名"文本框中输入"标题栏"，如图4-34所示。

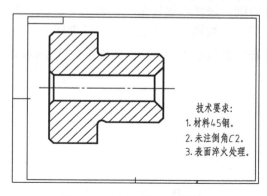

图4-33 "表格样式"对话框

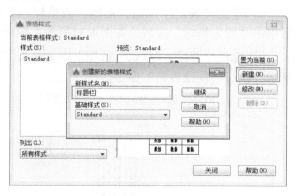

图4-34 输入表格样式名

③ 设置表格样式。单击"继续"按钮，系统弹出"新建新的样式：标题栏"对话框，在"表格方向"下拉列表中选择"向上"；在"常规"选项卡中设置对齐方式为"中上"，如图4-35所示。

图4-35　设置表格方向和对齐方式

④ 切换至"文字"选项卡，设置"文字高度"为4；单击"文字样式"右侧的按钮
，在弹出的"文字样式"对话框中修改文字样式为"宋体"，如图4-36所示；"边框"选
项卡保持默认设置。

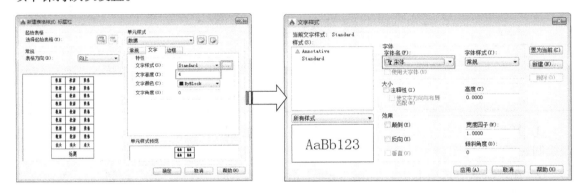

图4-36　设置文字大小与字体

⑤ 单击"确定"按钮，返回"表格样式"对话框，选择新创建的"标题栏"样式，然
后单击"置为当前"按钮，如图4-37所示。单击"关闭"按钮，完成表格样式的创建。

⑥ 返回绘图区，"默认"选项卡中，单击"注释"面板中的"表格"按钮，如图4-38
所示，执行"创建表格"命令。

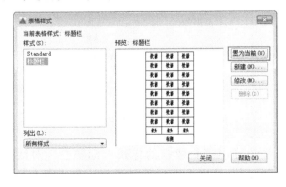

图4-37　将"标题栏"样式置为当前　　　　　图4-38　"注释"面板中的"表格"按钮

⑦ 系统弹出"插入表格"对话框，选择插入方式为"指定窗口"，然后设置列数为7，行数为2，设置所有行的单元样式均为"数据"，如图4-39所示。

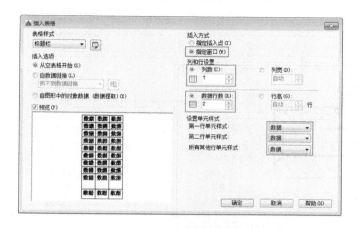

图4-39 设置表格方向和对齐方式

⑧ 单击"插入表格"对话框上的"确定"按钮，然后在绘图区单击确定表格左下角点，向上拖动指针，在合适的位置单击确定表格右下角点。生成的表格如图4-40所示。

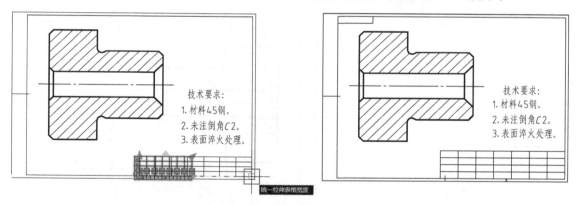

图4-40 拉伸创建表格

提示： 在设置行数的时候需要看清楚对话框中输入的是"数据行数"，这里的数据行数是应该减去标题与表头的数值，即"最终行数=输入行数+2"。

⑨ 由于在上例中的表格是手动创建的，因此尺寸难免不精确，这时就可以通过调整行高来进行调整。

⑩ 在表格的左上方单击鼠标左键，使表格呈现全选状态，如图4-41所示。

⑪ 在空白处单击鼠标右键，弹出快捷菜单，选择其中的"特性"选项，如图4-42所示。

⑫ 系统弹出该表格的特性面板，在"表格"栏的"单元高度"文本框中输入32，即每行高度为8，如图4-43所示。

⑬ 按Enter键确认，关闭特性面板，表格变化效果如图4-44所示。

⑭ 同行高一样，原始列宽也是手动拉伸所得，因此可以通过相同方法来进行调整。

⑮ 在表格的左上方单击鼠标左键，使表格呈现全选状态，接着在空白处单击鼠标右键，

弹出快捷菜单，选择其中的"特性"选项。

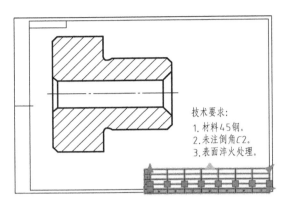

图4-41   选择整个表格   图4-42   在快捷菜单中选择"特性"选项

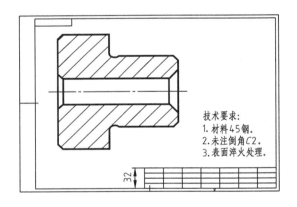

图4-43   选择整个表格   图4-44   在快捷菜单中选择"特性"选项

⑯ 系统弹出该表格的特性面板，在"表格"栏的"单元宽度"文本框中输入175，即每列宽25，如图4-45所示。

⑰ 按Enter键确认，关闭特性面板，接着将表格移动至原位置，表格变化效果如图4-46所示。

⑱ 标题栏中的内容信息较多，因此它的表格形式也比较复杂，本例参考如图4-47所示的标题栏进行编辑。

⑲ 在素材文件的表格中选择左上角的六个单元格（A3、A4；B3、B4；C3、C4），如图4-48所示。

⑳ 选择单元格后，功能区中自动弹出"表格单元"选项卡，在"合并"面板中单击"合并单元"按钮，然后在下拉列表中选择"合并全部"，如图4-49所示。

㉑ 执行上述操作后，按Esc键退出，完成合并单元格的操作，效果如图4-50所示。

图4-45　选择整个表格

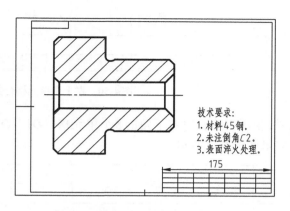

图4-46　在快捷菜单中选择"特性"选项

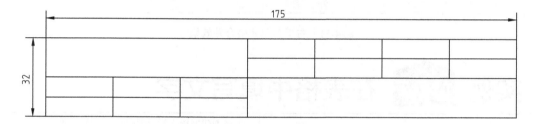

图4-47　典型的标题栏表格形式

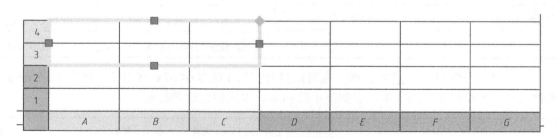

图4-48　典型的标题栏表格形式

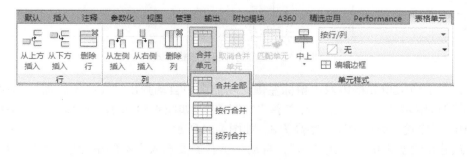

图4-49　选择"合并全部"

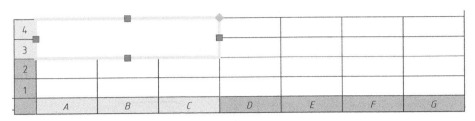

图4-50　左上角单元格合并效果

㉒ 按相同方法，对右下角的8个单元格（D1、D2；E1、E2；F1、F2；G1、G2）进行合并，效果如图4-51所示。

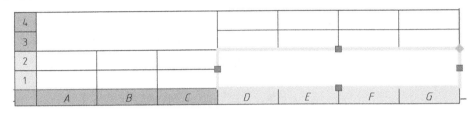

图4-51　右下角单元格合并效果

实例 074 在表格中填写文字

气塞盖			比例	材料	数量	图号
设计						
审核			××设计公司			

表格创建完毕之后，即可输入文字，输入方法同Office软件，输入时要注意根据表格信息调整字体大小。
难度：☆
素材文件：第4章\实例074 在表格中填写文字.dwg
视频文件：第4章\实例074 在表格中填写文字.mp4

① 延续"实例073"进行操作，也可以打开"第4章\实例074 在表格中填写文字.dwg"素材文件。典型标题栏的文本内容如图4-52所示，本例便按此进行输入。

零件名称			比例	材料	数量	图号
设计						
审核			公司名称			

图4-52　典型的标题栏表格形式

② 在左上角大单元格内双击鼠标左键，功能区中自动弹出"文字编辑器"选项卡，且单元格呈现可编辑状态，然后输入文字"气塞盖"，如图4-53所示。可以在"文字编辑器"选项卡中的"样式"面板中输入字高为8，如图4-54所示。

③ 接着按键盘上的方向键"→"，自动移至右侧要输入文本的单元格（D4），然后在其中输入"比例"，字高默认为4，如图4-55所示。

④ 按相同方法，输入其他单元格内的文字，最后单击"文字编辑器"选项卡中的"关

闭”按钮，完成文字的输入，最终效果如图4-56所示。

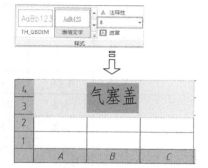

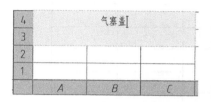

气塞盖
A
B
C

图4-53　输入文本

AaBb123
TH_GBDIM
表格文字
注释性
遮罩
样式
气塞盖
A
B
C

图4-54　调整文本大小

气塞盖
比例
A
B
C
D
E
F
G

图4-55　输入*D*4单元格中的文字

气塞盖
比例
材料
数量
图号
设计
审核
××设计公司

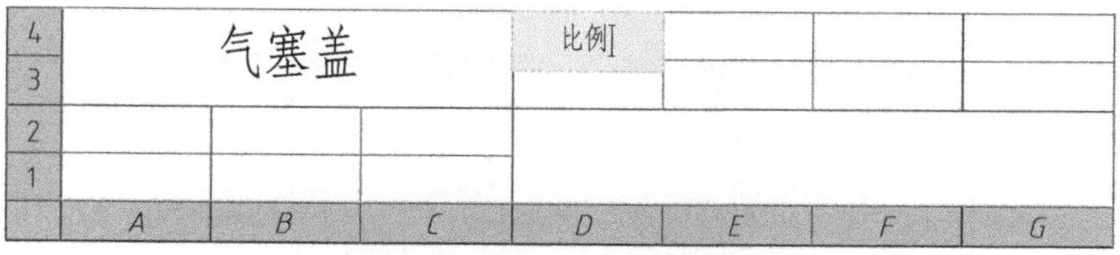

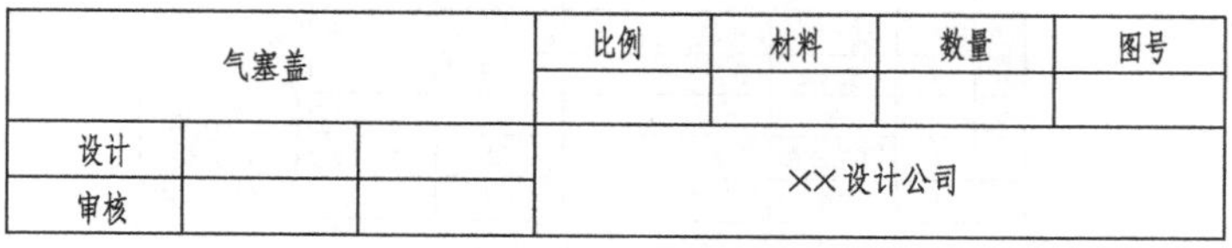

图4-56　输入其他单元格中的文字

实例075　在表格中插入公式

材料明细表
序号
名称
材料
数量
单重(kg)
总重(kg)
1 活塞杆 40Cr 1 7.6 7.6
2 缸头 QT-400 1 2.3 2.3
3 活塞 6020 2 1.7 3.4
4 底端法兰 45 2 2.5 5.0
5 缸筒 45 1 4.9 4.9

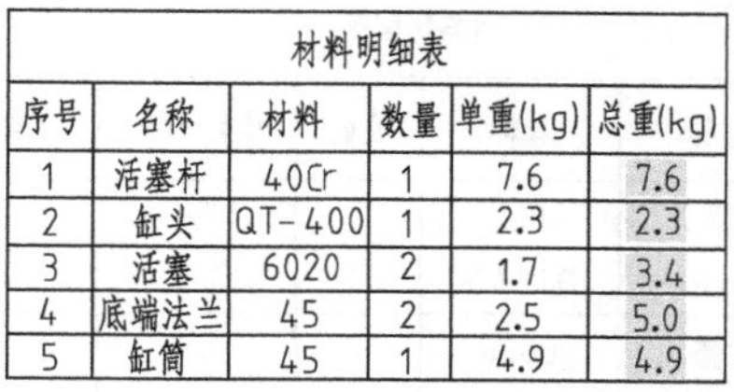

在AutoCAD中如果遇到了复杂的计算，用户便可以使用表格中自带的公式功能来辅助计算，效果同Excel。

难度：☆☆☆

素材文件：第4章\实例075　在表格中插入公式.dwg

视频文件：第4章\实例075　在表格中插入公式.mp4

① 打开素材文件“第4章\实例075　在表格中插入公式.dwg”，其中已经创建好了一材料明细表，如图4-57所示。

② 可见“总重”一栏仍为空白，由于“总重 = 单重 × 数量”，因此可以通过在表格中创建公式来进行计算，一次性得出该栏的值。

③ 选中“总重”下方的第一个单元格（*F*3），选中之后，在弹出的“表格单元”选项卡中单击“插入”面板上的“公式”按钮，然后在下拉列表中选择“方程式”选项，如图4-58所示。

④ 选择“方程式”选项后，将激活该单元格，进入文字编辑模式，并自动添加一个

“=”符号。接着输入与单元格标号相关的运算公式（=*D*3**E*3），如图4-59所示。

材料明细表					
序号	名称	材料	数量	单重(kg)	总重(kg)
1	活塞杆	40Cr	1	7.6	
2	缸头	QT-400	1	2.3	
3	活塞	6020	2	1.7	
4	底端法兰	45	2	2.5	
5	缸筒	45	1	4.9	

图4-57　素材文件

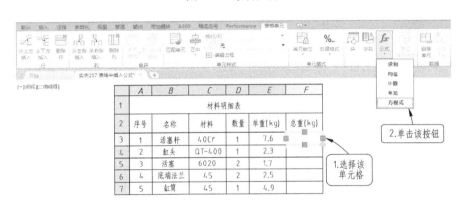

图4-58　选择要插入公式的单元格

提示：注意乘号使用数字键盘上的“*”号。

⑤ 单击Enter键，得到方程式的运算结果，如图4-60所示。

	A	B	C	D	E	F
1	材料明细表					
2	序号	名称	材料	数量	单重(kg)	总重(kg)
3	1	活塞杆	40Cr	1	7.6	=D3*E3
4	2	缸头	QT-400	1	2.3	
5	3	活塞	6020	2	1.7	
6	4	底端法兰	45	2	2.5	
7	5	缸筒	45	1	4.9	

图4-59　在单元格中输入公式

材料明细表					
序号	名称	材料	数量	单重(kg)	总重(kg)
1	活塞杆	40Cr	1	7.6	7.6
2	缸头	QT-400	1	2.3	
3	活塞	6020	2	1.7	
4	底端法兰	45	2	2.5	
5	缸筒	45	1	4.9	

图4-60　得到计算结果

⑥ 按相同方法，在其他单元格中插入公式，得到最终的计算结果如图4-61所示。

提示：如果修改方程所引用的单元格，运算结果也随之更新。此外，可以使用Excel中的方法，直接拖动单元格，将输入的公式按规律赋予至其他单元格，即从本例的步骤⑤一次性操作至步骤⑥，操作步骤如下。

a. 选中已经输入了公式的单元格，然后单击右下角的按钮◆，如图4-62所示。

材料明细表

序号	名称	材料	数量	单重(kg)	总重(kg)
1	活塞杆	40Cr	1	7.6	7.6
2	缸头	QT-400	1	2.3	2.3
3	活塞	6020	2	1.7	3.4
4	底端法兰	45	2	2.5	5.0
5	缸筒	45	1	4.9	4.9

图4-61 最终的计算效果

	A	B	C	D	E	F
1			材料明细表			
2	序号	名称	材料	数量	单重(kg)	总重(kg)
3	1	活塞杆	40Cr	1	7.6	7.6
4	2	缸头	QT-400	1	2.3	
5	3	活塞	6020	2	1.7	
6	4	底端法兰	45	2	2.5	
7	5	缸筒	45	1	4.9	

单击并拖动以自动填充单元。
右键单击以查看自动填充选项。

图4-62 单击自动填充按钮

b. 将其向下拖动覆盖至其他的单元格，如图4-63所示。

	A	B	C	D	E	F
1			材料明细表			
2	序号	名称	材料	数量	单重(kg)	总重(kg)
3	1	活塞杆	40Cr	1	7.6	7.6
4	2	缸头	QT-400	1	2.3	
5	3	活塞	6020	2	1.7	
6	4	底端法兰	45	2	2.5	
7	5	缸筒	45	1	4.9	

7.6

图4-63 向下拖动鼠标覆盖其他单元格

c. 单击鼠标左键确定覆盖，即可将F3单元格的公式按规律覆盖至F4~F7单元格，效果如图4-64所示。

材料明细表

序号	名称	材料	数量	单重(kg)	总重(kg)
1	活塞杆	40Cr	1	7.6	7.6
2	缸头	QT-400	1	2.3	2.3
3	活塞	6020	2	1.7	3.4
4	底端法兰	45	2	2.5	5.0
5	缸筒	45	1	4.9	4.9

图4-64 覆盖效果

实例 076　修改表格的对齐方式

材料明细表					
序号	名称	材料	数量	单重(kg)	总重(kg)
1	活塞杆	40Cr	1	7.6	7.6
2	缸头	QT-400	1	2.3	2.3
3	活塞	6020	2	1.7	3.4
4	底端法兰	45	2	2.5	5.0
5	缸筒	45	1	4.9	4.9

在AutoCAD中，用户可以根据设计需要调整表格中的内容对齐方式。

难度：☆☆☆

素材文件：第4章\实例076 修改表格的对齐方式.dwg

视频文件：第4章\实例076 修改表格的对齐方式.mp4

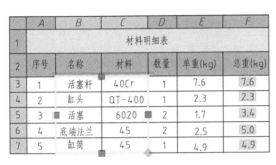

图4-65　选择要修改对齐方式的单元格

① 打开素材文件"第4章\实例076 修改表格的对齐方式.dwg"，"名称"和"材料"两列的对齐方式宜设置为"左对齐"，因此可以在表格中进行修改，操作同Word。

② 选择"名称"和"材料"两列中的10个内容单元格（*B3~B7*、*C3~C7*），使之呈现选中状态，如图4-65所示。

③ 功能区中自动弹出"表格单元"选项卡，然后在"表格单元"面板中单击"正中"按钮，展开对齐方式的下拉列表，选择其中的"左中"选项（即左对齐），如图4-66所示。

图4-66　选择新的对齐方式

④ 执行上述操作后，即可将所选单元格的内容按新的对齐方式对齐，效果如图4-67所示。

材料明细表					
序号	名称	材料	数量	单重(kg)	总重(kg)
1	活塞杆	40Cr	1	7.6	7.6
2	缸头	QT-400	1	2.3	2.3
3	活塞	6020	2	1.7	3.4
4	底端法兰	45	2	2.5	5.0
5	缸筒	45	1	4.9	4.9

图4-67　修改对齐方式后的表格

实例 077　修改表格的单位精度

材料明细表					
序号	名称	材料	数量	单重(kg)	总重(kg)
1	活塞杆	40Cr	1	7.60	7.60
2	缸头	QT-400	1	2.30	2.30
3	活塞	6020	2	1.70	3.40
4	底端法兰	45	2	2.50	5.00
5	缸筒	45	1	4.90	4.90

在 AutoCAD 中，表格功能十分强大，除了常规的操作外，还可以设置不同的显示内容和显示精度。

难度：☆☆☆

素材文件：第4章\实例077 修改表格的单位精度.dwg

视频文件：第4章\实例077 修改表格的单位精度.mp4

① 延续上一例进行操作，也可以打开"第4章\实例077 修改表格的单位精度.dwg"素材文件。

② 可见表格中"单重"和"总重"列显示的精度为一位小数，但工程设计中需保留至两位小数，因此可对其进行修改。

③ 选择"单重"列中的5个内容单元格（E3~E7），使之呈现选中状态，如图4-68所示。

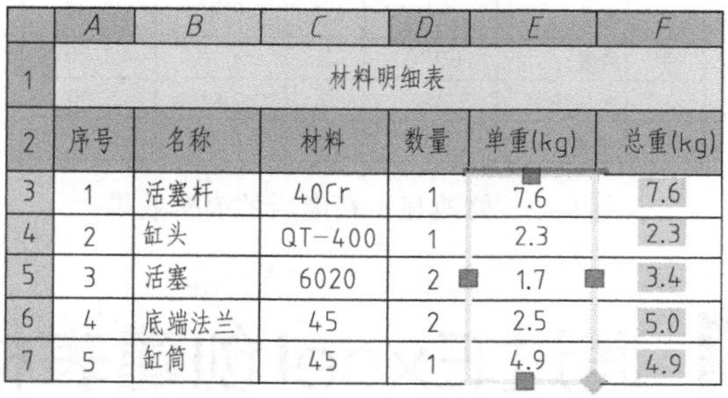

	A	B	C	D	E	F
1	材料明细表					
2	序号	名称	材料	数量	单重(kg)	总重(kg)
3	1	活塞杆	40Cr	1	7.6	7.6
4	2	缸头	QT-400	1	2.3	2.3
5	3	活塞	6020	2	1.7	3.4
6	4	底端法兰	45	2	2.5	5.0
7	5	缸筒	45	1	4.9	4.9

图4-68　选择要修改对齐方式的单元格

④ 功能区中自动弹出"表格单元"选项卡，然后在"单元格式"面板中单击"数据格式"按钮，展开其下拉列表，选择最后的"自定义表格单元格式"选项，如图4-69所示。

图4-69　选择"自定义表格单元格式"选项

⑤ 系统弹出"表格单元格式"对话框，然后在"精度"下拉列表中选择"0.00"选项，即表示保留两位小数，如图4-70所示。

⑥ 单击"确定"按钮，返回绘图区，可见表格"单重"列中的内容已得到更新，如图4-71所示。

图4-70　"表格单元样式"对话框

材料明细表					
序号	名称	材料	数量	单重(kg)	总重(kg)
1	活塞杆	40Cr	1	7.60	7.6
2	缸头	QT-400	1	2.30	2.3
3	活塞	6020	2	1.70	3.4
4	底端法兰	45	2	2.50	5.0
5	缸筒	45	1	4.90	4.9

图4-71　修改"单重"列的精度

⑦ 按相同方法，选择"总重"列中的5个内容单元格（*F3*~*F7*），将其显示精度修改为两位小数，效果如图4-72所示。

材料明细表					
序号	名称	材料	数量	单重(kg)	总重(kg)
1	活塞杆	40Cr	1	7.60	7.60
2	缸头	QT-400	1	2.30	2.30
3	活塞	6020	2	1.70	3.40
4	底端法兰	45	2	2.50	5.00
5	缸筒	45	1	4.90	4.90

图4-72　修改显示精度后的表格效果

实例 078　通过Excel创建表格

如果要统计的数据过多，如电气设施的统计表，那设计师肯定会优先使用Excel进行处理，然后再导入AutoCAD中生成表格。在一般公司中，这类表格数据都由其他部门制作，设计人员无须再自行整理。

难度：☆☆☆

素材文件：第4章\实例078 通过Excel创建表格.dwg

视频文件：第4章\实例078 通过Excel创建表格.mp4

① 打开素材文件"第4章\实例078 通过Excel创建表格.dwg"，其中已用Excel创建好了一电气设施的统计表格，如图4-73所示。

② 将表格主体（即行3~13、列*A*~*K*）复制到剪贴板。

③ 然后打开AutoCAD，新建一空白文档，再选择"编辑"菜单中的"选择性粘贴"选项，打开"选择性粘贴"对话框，选择其中的"AutoCAD图元"选项，如图4-74所示。

④ 确定以后，表格即转化成AutoCAD 中的表格，如图4-75所示，即可编辑其中的文字，非常方便。

	电 气 设 备 设 施 一 览 表							
统计：XXX			统计日期：2012年3月22日			审核：XXX		审核日期：2012年3月22日
序号	名 称	规格型号		重量/原值/（吨/万元）	制造/投用（时间）	主体材质	操作条件	安装地点/使用部门
1	吸氨泵、碳化泵、浓氨泵（TH01）	MNS	1		2010.04/2010.08	敷铝锌板	交流控制（AC380V/220V）	碳化配电室/
2	离心机1#~3#主机、辅机控制（TH02）	MNS	1		2010.04/2010.08	敷铝锌板	交流控制（AC380V/220V）	碳化配电室/
3	防爆控制箱	XBK-B24D24G	1		2010.07	铸铁	交流控制（AC220V）	碳化值班室内/
4	防爆照明（动力）配电箱	CBP51-7KXXG	1		2010.11	铸铁	交流控制（AC380V）	碳化二楼/
5	防爆动力（电磁）启动箱	BXG	1		2010.07	铸铁	交流控制（AC380V）	碳化值班室内/
6	防爆照明（动力）配电箱	CBP51-7KXXG	1		2010.11	铸铁	交流控制（AC380V）	碳化一楼/
7	碳化循环水控制柜		1		2010.11	普通钢板	交流控制（AC380V）	碳化配电室内/
8	碳化深水泵控制柜		1		2011.04	普通钢板	交流控制（AC380V）	碳化配电室内/
9	防爆控制箱	XBK-B12D12G	1		2010.07	铸铁	交流控制（AC380V）	碳化二楼/
10	防爆控制箱	XBK-B30D30G	1		2010.07	铸铁	交流控制（AC380V）	碳化二楼/

图 4-73 素材文件

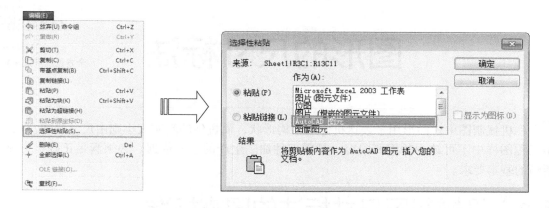

图 4-74 选择性粘贴

序号	名 称	规格型号	重量/原值/（吨/万元）	制造/投用 （时间）	主体材质	操作条件	安装地点/使用部门
1.0000	吸氨泵、碳化泵、浓氨泵（TH01）	MNS	1.0000	2010.04/2010.08	敷铝锌板	交流控制（AC380V/220V）	碳化配电室/
2.0000	离心机1#~3#主机、辅机控制（TH02）	MNS	1.0000	2010.04/2010.08	敷铝锌板	交流控制（AC380V/220V）	碳化配电室/
3.0000	防爆控制箱	XBK-B24D24G	1.0000	2010.07	铸铁	交流控制（AC220V）	碳化值班室内/
4.0000	防爆照明(动力)配电箱	CBP51-7KXXG	1.0000	2010.11	铸铁	交流控制（AC380V）	碳化二楼/
5.0000	防爆动力(电磁)启动箱	BXG	1.0000	2010.07	铸铁	交流控制（AC380V）	碳化值班室内/
6.0000	防爆照明(动力)配电箱	CBP51-7KXXG	1.0000	2010.11	铸铁	交流控制（AC380V）	碳化一楼/
7.0000	碳化循环水控制柜		1.0000	2010.11	普通钢板	交流控制（AC380V）	碳化配电室内/
8.0000	碳化深水泵控制柜		1.0000	2011.04	普通钢板	交流控制（AC380V）	碳化配电室内/
9.0000	防爆控制箱	XBK-B12D12G	1.0000	2010.07	铸铁	交流控制（AC380V）	碳化二楼/
10.0000	防爆控制箱	XBK-B30D30G	1.0000	2010.07	铸铁	交流控制（AC380V）	碳化二楼/

图 4-75 粘贴为 AutoCAD 中的表格

第2篇 标准制图篇

第5章

图形的尺寸标注

在机械制图中，图形用于表达机件的结构形状，而机件的真实大小则由尺寸确定。尺寸是工程图样中不可缺少的重要内容，是零部件加工生产的重要依据，必须满足正确、完整、清晰的基本要求。

5.1 机械制图尺寸标注的国家标准

为了统一图样中标注尺寸的基本规范，在标注机械图纸时应严格遵守各类国家标准（简称国标）。与图形标注有关的国标文件为GB/T 4458.4《机械制图 尺寸注法》。下面简单介绍各类基本尺寸的标注方法，读者也可以自行打开素材中附赠的相应国标文件进行查阅。

（1）尺寸界线的画法

尺寸界线用细实线绘制，并应由图形的轮廓线、轴线或对称中心线处引出。也可用轮廓线、轴线或对称中心线作尺寸界线，如图5-1所示。

（2）曲线轮廓的尺寸注法

当表示曲线轮廓上各点的坐标时，可将尺寸线或其延长线作为尺寸界线，如图5-2所示。

（3）尺寸界线与尺寸线斜交的注法

尺寸界线一般应与尺寸线垂直，必要时才允许倾斜，如图5-3所示。

（4）圆弧过渡区域的尺寸注法

在圆弧光滑过渡处标注尺寸时，应用细实线将轮廓线延长，从它们的交点处引出尺寸界线，如图5-4所示。

（5）对称机件的尺寸标注

当对称机件的图形只画出一半或略大于一半时，尺寸线应略超过对称中心线或断裂处的边界，此时仅在尺寸线的一端画出箭头，如图5-5所示。

（6）直径及半径尺寸的标注

直径尺寸的数字前应加标注符号"ϕ"，半径尺寸的数字前加符号"R"，其尺寸线段通过圆弧的中心。当圆弧的半径过大时，可以使用如图5-6所示两种圆弧标注方法。

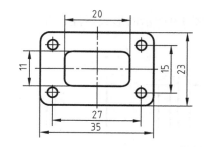

图5-1　尺寸界线的画法

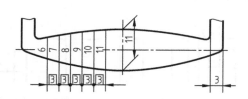

图5-2　曲线轮廓的尺寸注法

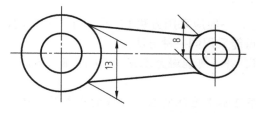

图5-3　尺寸界线与尺寸线斜交的注法

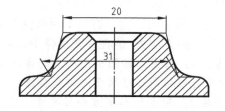

图5-4　圆弧过渡区域的尺寸注法

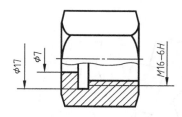

图5-5　对称机件的尺寸标注

图5-6　圆弧半径过大的标注

（7）弧长尺寸的标注

弧长的尺寸界线应平行于该弧的垂直平分线，当弧度较大时，可沿径向引出尺寸界线。弧长的尺寸线为圆弧，使用AutoCAD中的"弧长"命令 ⌒ 进行标注时会自动生成"⌒"圆弧符号，如图5-7所示。

（8）球面尺寸的标注

标注球面的直径和半径时，应在符号"ϕ"和"R"前加注符号"S"，如图5-8所示。

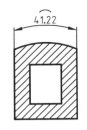
图5-7　弧长的标注

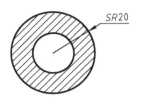
图5-8　球面标注方法

（9）小尺寸的注法

当没有足够的位置画箭头或注写数字时，可按图5-9所示的形式标注，此时，允许用圆点或斜线代替箭头。

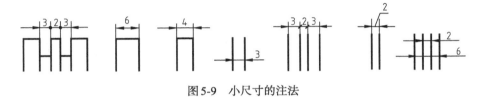
图5-9　小尺寸的注法

（10）尺寸数字的注写位置

线性尺寸数字的方向，有以下两种注写方法，一般应采用方法1注写，在不致引起误解时，也允许采用方法2。但在一张图样中，应尽可能采用同一种方法。

➢ 方法1：数字应按图5-10所示的方向注写，并尽可能避免在图示30°范围内标注尺寸，当无法避免时可按图5-11所示的形式标注。

➢ 方法2：对于非水平方向的尺寸，其数字可水平地注写在尺寸线的中断处（图5-12、图5-13）。

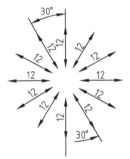
图5-10　尺寸数字的注写方向

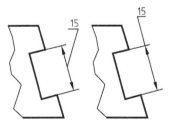
图5-11　向左倾斜30°范围内的尺寸数字的注写

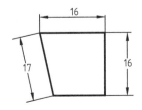
图5-12　非水平方向的尺寸注法（1）

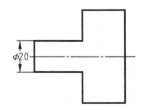
图5-13　非水平方向的尺寸注法（2）

（11）角度尺寸标注

角度尺寸的尺寸界限应沿径向引出，尺寸线应画成圆弧，其圆心是该角的顶点，尺寸线的终端应画成箭头。角度的数字一律写成水平方向，一般注写在尺寸线的中断处，角度尺寸标注如图5-14所示。

（12）板状零件的尺寸标注

标注板状零件的厚度时，可在尺寸数字前加注符号"t"，后接数字表示其厚度，如图5-15所示的$t2$即表示板厚度为2mm。

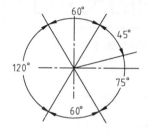 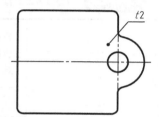

图5-14 角度尺寸的标注　　　　　　图5-15 厚度尺寸的标注

（13）正方形结构尺寸的标注

对于正截面为正方形的结构，可在正方形边长尺寸之前加注符号"□"或以"边长×边长"的形式进行标注，如图5-16所示。

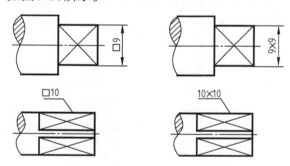

图5-16 正方形结构的尺寸注法

（14）倒角的标注

45°的倒角可按图5-17所示的形式标注，非45°的倒角应按图5-18所示的形式标注。

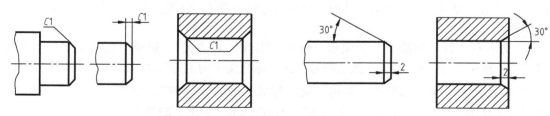

图5-17 45°的倒角注法　　　　　　图5-18 非45°的倒角注法

5.2　尺寸标注样式的设置

尺寸样式是一组尺寸参数设置的集合，用以控制尺寸标注中各组成部分的格式和外观。在标注尺寸之前，应首先根据国家标准的要求设置尺寸样式。用户可以根据需要，利用"标注样式管理器"设置多个尺寸样式，以便在标注尺寸时灵活应用这些设置，并确保尺寸标注的标准化。

实例 079 创建机械制图的尺寸标注样式

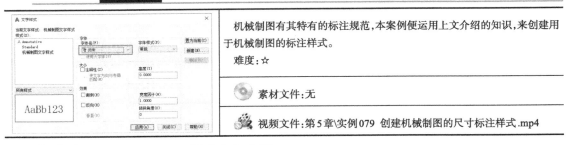

机械制图有其特有的标注规范，本案例便运用上文介绍的知识，来创建用于机械制图的标注样式。

难度：☆

素材文件：无

视频文件：第5章\实例079 创建机械制图的尺寸标注样式.mp4

① 启动 AutoCAD 2021，新建空白文档。

② 在命令行中输入"D"并单击 Enter 键，弹出"标注样式管理器"对话框，如图5-19所示。

③ 单击"新建"按钮弹出"创建新标注样式"对话框，在"新样式名"文本框中输入"机械图标注样式"，如图5-20所示。

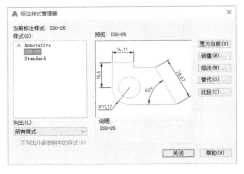

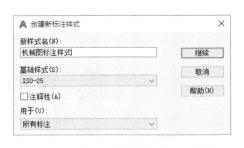

图5-19　"标注样式管理器"对话框　　　　图5-20　"创建新标注样式"对话框

④ 单击"继续"按钮，弹出"修改标注样式：机械图标注样式"对话框，切换到"线"选项卡，设置"基线间距"为4，设置"超出尺寸线"为1，设置"起点偏移量"为0.8，如图5-21所示。

⑤ 切换到"符号和箭头"选项卡，设置"引线"为"无"，设置"箭头大小"为1.5，设置"圆心标记"为2.5，设置"弧长符号"为"标注文字的上方"，如图5-22所示。

⑥ 切换到"文字"选项卡，单击"文字样式"中的 ... 按钮，设置文字为 gbeitc.Shx，设置"文字高度"为2.5，设置"文字对齐"为ISO标准，如图5-23所示。

⑦ 切换到"主单位"选项卡，设置"线性标注"中的"精度"为0.00，设置"角度标注"中的精度为0.0，"消零"都设为后续，如图5-24所示。

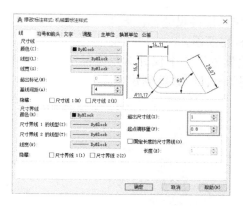

图5-21 "线"选项卡

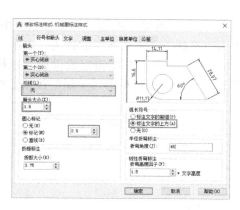

图5-22 "符号和箭头"选项卡

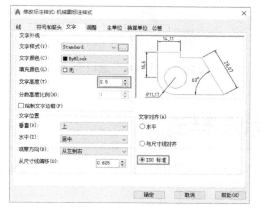

图5-23 "文字"选项卡（1）

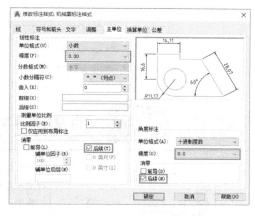

图5-24 "主单位"选项卡（1）

⑧ 此时创建的机械制图标注已经符合大部分的制图需求，但是在标注角度尺寸时文字不会保持水平显示，因此可以单独添加角度样式。

⑨ 单击"确定"按钮，返回"标注样式管理器"对话框，先选择创建好的"机械图标注样式"，然后再单击"新建"按钮，弹出"创建新标注样式"对话框，在"用于"下拉列表中选择角度标注，如图5-25所示。

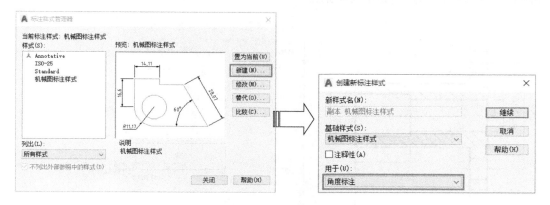

图5-25 素材图形

⑩　单击"继续"按钮，可见预览图中只显示出角度的尺寸标注效果。然后选择"文字"选项卡，选择"文字对齐"方式为"水平"，如图5-26所示。

⑪　单击"确定"按钮完成设置，这样就单独设置了一个仅针对角度标注的附加样式，如图5-27所示。最后单击"关闭"按钮，机械制图的标注样式就创建完成。

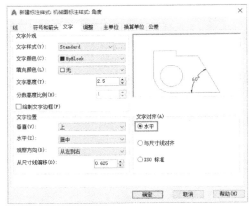

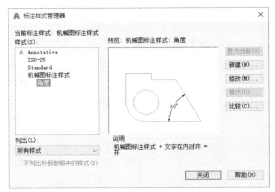

图5-26　"文字"选项卡（2）　　　　　　　　图5-27　"主单位"选项卡（2）

实例 080　更新尺寸标注样式

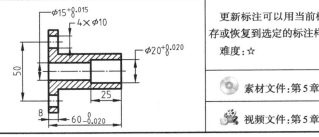

更新标注可以用当前标注样式更新标注对象，也可以将标注系统变量保存或恢复到选定的标注样式。

难度：☆

素材文件：第5章\实例080 更新尺寸标注样式.dwg

视频文件：第5章\实例080 更新尺寸标注样式.mp4

①　打开素材文件"第5章\实例080 更新尺寸标注样式.dwg"，如图5-28所示。

②　在"默认"选项卡中，展开"注释"滑出面板，在"标注样式"下拉列表框中选择Standard，将其置为当前，如图5-29所示。

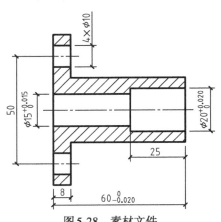

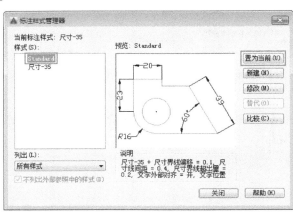

图5-28　素材文件　　　　　　　　　　图5-29　将Standard标注样式置为当前

③ 在"注释"选项卡中，单击"标注"面板上的"更新"按钮 ，如图5-30所示，执行"更新标注"命令。

④ 将标注的尺寸样式更新为当前样式，如图5-31所示。命令行操作如下。

```
命令：_dimstyle                              //调用"更新标注"命令
当前标注样式：Standard  注释性：否
输入标注样式选项
[注释性（AN）/保存（S）/恢复（R）/状态（ST）/变量（V）/应用（A）/?] <恢复>：_apply
选择对象：找到 1 个
选择对象：找到 1 个，总计 2 个
选择对象：找到 1 个，总计 3 个
选择对象：找到 1 个，总计 4 个
选择对象：找到 1 个，总计 5 个
选择对象：找到 1 个，总计 6 个
选择对象：找到 1 个，总计 7 个               //选择所有的尺寸标注
选择对象：↙                                  //按Enter键结束选择，完成标注更新
```

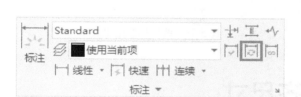

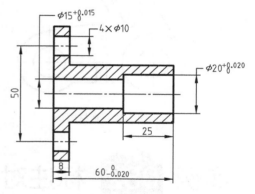

图5-30 "标注"面板中的"更新"按钮　　　　图5-31 更新标注的结果

5.3 基本尺寸标注命令的使用方法

为了更方便、快捷地标注图纸中的各个方向和形式的尺寸，AutoCAD 2021提供了智能标注、线性标注、径向标注、角度标注和多重引线标注等多种标注类型。掌握这些标注方法可以为各种图形灵活添加尺寸标注，使其成为生产制造或施工的依据。

实例 081 标注线性尺寸

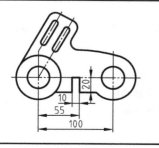

机械零件上具有多种结构特征，需灵活使用AutoCAD中提供的各种标注命令才能为其添加完整的注释。本例便先为零件图添加最基本的线性尺寸。

难度：☆

素材文件:第5章\实例081 标注线性尺寸.dwg

视频文件:第5章\实例081 标注线性尺寸.mp4

① 打开素材文件"第5章\实例081标注线性尺寸.dwg",其中已绘制好一零件图形,如图5-32所示。

② 单击"注释"面板中的"线性"按钮，执行"线性标注"命令,具体操作如下。

```
命令：_dimlinear
指定第一个尺寸界线原点或 <选择对象>：          //指定标注对象起点
指定第二条尺寸界线原点：                        //指定标注对象终点
指定尺寸线位置或
[多行文字（M)/文字（T)/角度（A)/水平（H)/垂直（V)/旋转（R)]：
标注文字 = 100                                  //单击左键,确定尺寸线放置位置,完成操作
```

③ 用同样的方法标注其他水平或垂直方向的尺寸,标注完成后,其效果如图5-33所示。

图5-32 素材图形

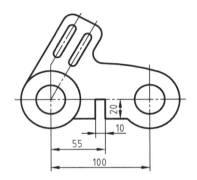

图5-33 线性标注结果

实例 082 标注对齐尺寸

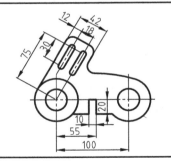

在机械零件图中,有许多非水平、垂直的平行轮廓,这类尺寸的标注就需要用到"对齐"命令。

难度:☆

素材文件:第5章\实例082标注对齐尺寸.dwg

视频文件:第5章\实例082标注对齐尺寸.mp4

① 单击"快速访问"工具栏中的"打开"按钮，打开素材文件"第5章\实例082 标注对齐尺寸.dwg",如图5-30所示。

② 在"默认"选项卡中,单击"注释"面板中的"对齐"按钮，执行"对齐标注"命令,具体步骤如下。

```
命令：_dimaligned
指定第一个尺寸界线原点或 <选择对象>：          //指定横槽的圆心为起点
指定第二条尺寸界线原点：                        //指定横槽的另一圆心为终点
指定尺寸线位置或
```

［多行文字（M）/文字（T）/角度（A）］：

标注文字 = 30

//单击左键，确定尺寸线放置位
置，完成操作

③ 操作完成后，其效果如图 5-34 所示。

④ 用同样的方法标注其他非水平、竖直的线性尺寸，对齐标注完成后，其效果如图5-35
所示。

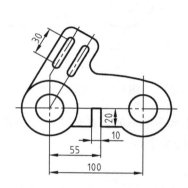

图5-34 标注第一个对齐尺寸30

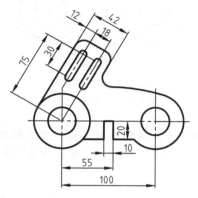

图5-35 对齐标注结果

实例 083 标注角度尺寸

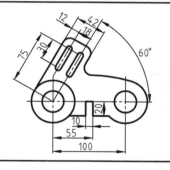

在机械零件图中，有时会出现一些转角、拐角之类的特征，这部分特征
可以通过角度标注并结合旋转剖面图来进行表达，常见于一些叉架类零
件图。

难度：☆

素材文件：第5章\实例083 标注角度尺寸.dwg

视频文件：第5章\实例083 标注角度尺寸.mp4

① 单击"快速访问"工具栏中的"打开"按钮 ，打开素材文件"第5章\实例083 标
注角度尺寸.dwg"，如图5-36所示。

② 在"默认"选项卡中，单击"注释"面板上的"角度"按钮 ，标注角度，其具体
步骤如下。

命令：_dimangular

选择圆弧、圆、直线或 <指定顶点>： //选择第一条直线

选择第二条直线： //选择第二条直线

指定标注弧线位置或 ［多行文字（M）/文字（T）/角度（A）/象限点（Q）］：

//指定尺寸线位置

标注文字 = 30

③ 标注完成后，其效果如图5-37所示。

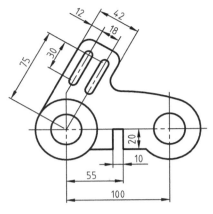

图5-36　素材图形

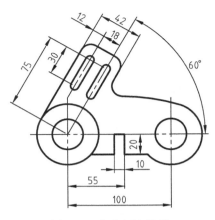

图5-37　角度标注结果

提示： 在机械制图中，角度标注的文字一般都是水平书写的。在创建标注样式时，可以在"文字"选项卡中设置文字方向为"水平"，如图5-38所示。

图5-38　让角度文字水平显示

实例 084　标注半径尺寸

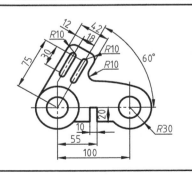

"半径标注"适用于标注图纸上一些未画成整圆的圆弧和圆角。如果为一整圆，宜使用"直径标注"。

难度：☆

素材文件：第5章\实例084 标注半径尺寸.dwg

视频文件：第5章\实例084 标注半径尺寸.mp4

① 单击"快速访问"工具栏中的"打开"按钮，打开素材文件"第5章\实例084 标注半径尺寸.dwg"，如图5-34所示。

② 单击"注释"面板中的"半径"按钮，选择右侧的圆弧为对象，标注半径如图5-39所示，命令行操作如下。

命令：_dimradius
选择圆弧或圆：　　　　　　　　　　　　　　　　　　//选择右侧圆弧
标注文字 = 30
指定尺寸线位置或［多行文字（M）/文字（T）/角度（A）］：　　　//在合适位置放置尺寸
　　　　　　　　　　　　　　　　　　　　　　　　　　　线，结束命令

③ 用同样的方法标注其他不为整圆的圆弧以及倒圆角，效果如图5-40所示。

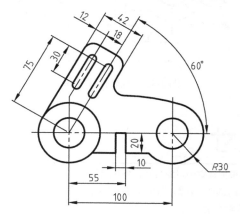

图5-39　标注第一个半径尺寸R30

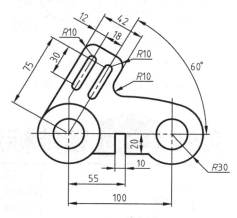

图5-40　半径标注结果

实例 085　标注直径尺寸

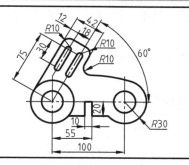

图纸中的整圆一般用"直径标注"命令标注，而不用"半径标注"。
难度：☆

素材文件：第5章\实例085 标注直径尺寸.dwg

视频文件：第5章\实例085 标注直径尺寸.mp4

① 单击"快速访问"工具栏中的"打开"按钮，打开素材文件"第5章\实例085 标注直径尺寸.dwg"，如图5-37所示。

② 单击"注释"面板中的"直径"按钮，选择右侧的圆为对象，标注直径如图5-41所示，命令行操作如下。

命令：_dimdiameter
选择圆弧或圆：　　　　　　　　　　　　　　　　　　//选择右侧圆
标注文字 = 30
指定尺寸线位置或［多行文字（M）/文字（T）/角度（A）］：　　　//在合适位置放置尺寸
　　　　　　　　　　　　　　　　　　　　　　　　　　　线，结束命令

③ 用同样的方法标注其他圆的直径尺寸，效果如图5-42所示。

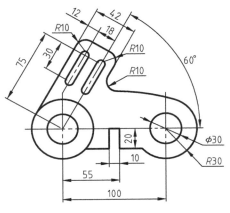

图5-41 标注第一个直径尺寸φ30

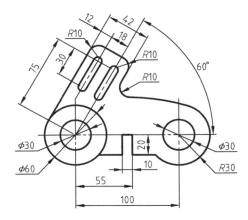

图5-42 直径标注结果

实例 086 智能标注尺寸

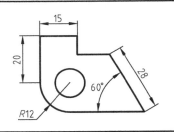

"智能标注"可以根据选定的对象自动创建相应的标注，例如选择一条线段，则创建线性标注；选择一段圆弧，则创建半径标注。不需要切换标注命令，因此使用起来非常方便。

难度：☆

💿 素材文件：第5章\实例086 智能标注尺寸.dwg

📹 视频文件：第5章\实例086 智能标注尺寸.mp4

① 打开素材文件"第5章\实例086 智能标注尺寸.dwg"，其中已绘制好一示例图形，如图5-43所示。

② 标注水平尺寸。在"默认"选项卡中，单击"注释"面板上的"标注"按钮，如图5-44所示，执行"智能标注"命令。

③ 移动光标至图形上方的水平线段，系统自动生成线性标注，如图5-45所示。

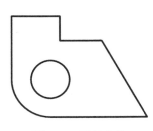

图5-43 素材文件

图5-44 "注释"面板中的"标注"按钮

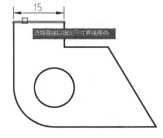

图5-45 标注水平尺寸

④ 标注竖直尺寸。放置好步骤③创建的尺寸，即可继续执行"智能标注"命令。接着选择图形左侧的竖直线段，即可得到如图5-46所示的竖直尺寸。

⑤ 标注半径尺寸。放置好竖直尺寸，接着选择左下角的圆弧段，即可创建半径标注，

如图5-47所示。

⑥ 标注角度尺寸。放置好半径尺寸，继续执行"智能标注"命令。选择图形底边的水平线，然后不要放置标注，直接选择右侧的斜线，即可创建角度标注，如图5-48所示。

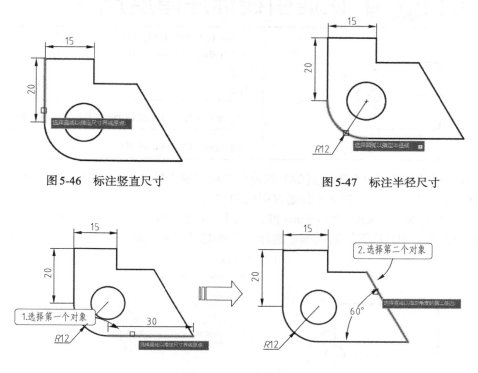

图5-46 标注竖直尺寸　　　　　　　　图5-47 标注半径尺寸

图5-48 标注角度尺寸

⑦ 创建对齐标注。放置角度标注之后，移动光标至右侧的斜线，得到如图5-49所示的对齐标注。

⑧ 单击Enter键结束"智能标注"命令，最终标注结果如图5-50所示。读者也可自行使用"线性""半径"等传统命令进行标注，以比较两种方法之间的异同，选择自己所习惯的一种。

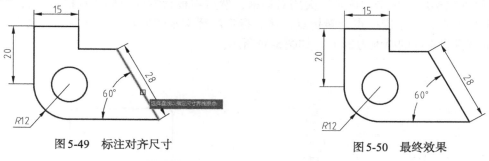

图5-49 标注对齐尺寸　　　　　　　　图5-50 最终效果

5.4 引线标注的使用方法

引线标注由箭头、引线、基线、多行文字和图块组成，可用于在图纸上引出说明文字。

AutoCAD中的引线标注包括"快速引线"和"多重引线",在机械制图中应用非常广泛,常用于添加形位公差、为装配图注释序列号等。

实例 087 快速引线标注厚度尺寸

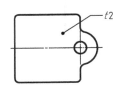

标注板状零件的厚度时,可在尺寸数字前加注符号"*t*",后接数字表示其厚度。在AutoCAD中就可以通过"快速引线"命令来完成该标注。

难度:☆ ☆

📀 素材文件:第5章\实例087 快速引线标注厚度尺寸.dwg

🎬 视频文件:第5章\实例087 快速引线标注厚度尺寸.mp4

① 打开素材文件"第5章\实例087 快速引线标注厚度尺寸.dwg",其中已经绘制好了一板状零件,如图5-51所示。接下来便通过引线的方式来标注它的厚度。

② 在命令行输入"LE"并按Enter键,调用"快速引线"命令,在命令行选择"设置"选项,系统弹出"引线设置"对话框,选择"注释类型"为"多行文字",如图5-52所示。

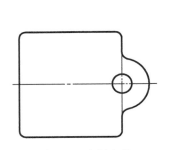

图5-51 素材文件   图5-52 选择引线末端类型

③ 由于默认的引线效果是箭头形状的,而标注厚度时应该换成圆点,因此需要切换至旁边"引线和箭头"选项卡,在"箭头"下拉列表中选择"点",如图5-53所示。

④ 设置完毕后,单击"确定"关闭对话框,然后在板状零件内部任意指定一点作为引线箭头的放置点,再指定一点为转折点,接着指定注释文本的放置点,最后输入文字"*t*2"即可表示该板状零件的厚度为2mm,如图5-54所示。

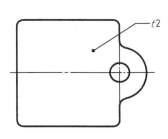

图5-53 设置引线箭头效果   图5-54 标注厚度效果

实例 088 快速引线标注倒角

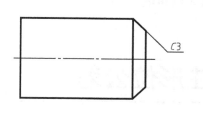

倒角是机械加工中一种非常常见的处理方法,在图纸上也经常出现。如果是倒圆角,那么可以直接用"半径"命令进行标注;而如果是斜角,那么则可以通过快速引线的方法标注。

难度:☆☆

素材文件:第5章\实例088 快速引线标注倒角.dwg

视频文件:第5章\实例088 快速引线标注倒角.mp4

① 打开素材文件"第5章\实例088 快速引线标注倒角.dwg",其中已经绘制好了一轴形零件,如图5-55所示。接下来便通过引线的方式来标注它的倒角。

② 在命令行输入"LE"并按Enter键,调用"快速引线"命令,在命令行选择"设置"选项,系统弹出"引线设置"对话框,选择"注释类型"为"多行文字",如图5-56所示。

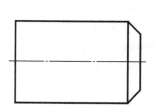

图5-55 选择引线末端类型

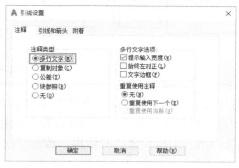

图5-56 设置引线箭头效果

③ 倒角的引线不需要箭头,因此可切换至旁边"引线和箭头"选项卡,在"箭头"下拉列表中选择"无",由于标注线文字一般是水平放置的,因此要设置"角度约束"中的"第二段"为"水平",如图5-57所示。

④ 此外斜角的标注一般位于引线之上,因此需要切换到"附着"选项卡,勾选下方的"最后一行加下划线",如图5-58所示。这样创建的倒角就会定位于引线之上。

图5-57 选择引线末端类型

图5-58 设置引线箭头效果

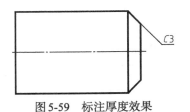

图5-59　标注厚度效果

⑤ 单击"确定"按钮退出对话框，然后在倒角的斜线端点上单击作为引线放置点，再通过对象捕捉追踪功能确保引线和倒角斜线在一条直线上，接着放置文字，输入倒角值"C3"即可，效果如图5-59所示。

实例 089 快速引线标注形位公差

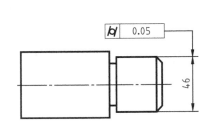

在产品设计及工程施工时很难做到分毫无差,因此必须考虑形位公差标注,最终产品不仅有尺寸误差,而且还有形状上的误差和位置上的误差。通常将形状误差和位置误差统称为"形位误差",这类误差影响产品的功能,因此设计时应规定相应的"公差",并按规定的标准符号标注在图样上。

难度:☆ ☆

💿 素材文件:第5章\实例089 快速引线标注形位公差.dwg

🎬 视频文件:第5章\实例089 快速引线标注形位公差.mp4

① 打开素材文件"第5章\实例089 快速引线标注形位公差.dwg"，如图5-60所示。

② 在命令行输入"LE"并按Enter键，调用"快速引线"命令，在命令行选择"设置"选项，系统弹出"引线设置"对话框，选择"注释类型"为"公差"，如图5-61所示。

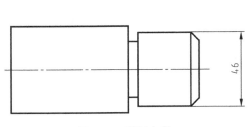

图5-60　素材文件　　　　　　　　图5-61　"引线设置"对话框

③ 关闭"引线设置"对话框，继续执行命令行操作。

指定第一个引线点或 [设置（S）] <设置>:　　　　　//选择尺寸线的上端点
指定下一点:　　　　　　　　　　　　　　　　　//在竖直方向上合适位置确定转折点
指定下一点:　　　　　　　　　　　　　　　　　//水平向左拖动指针，在合适位置单击

④ 引线确定之后，系统弹出"形位公差"对话框，选择公差类型并输入公差值，如图5-62所示。

⑤ 单击"确定"按钮，标注结果如图5-63所示。

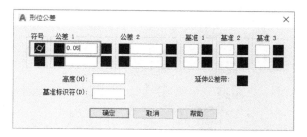

图 5-62　"形位公差"对话框

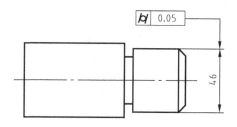

图 5-63　添加的形位公差效果

实例 090　快速引线标注斜度

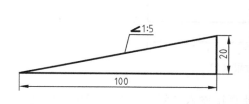

斜度是指一直线(或一平面)对另一直线(或一平面)的倾斜程度。其大小用它们之间夹角的正切值来表示。惯上把比例的前项化为 1 而写成 1：n 的形式。在 AutoCAD 中用快速引线标注是最准确和规范的斜度标注方法。

难度：☆☆

💿 素材文件：第 5 章\实例 090　快速引线标注斜度 .dwg

📹 视频文件：第 5 章\实例 090　快速引线标注斜度 .mp4

① 打开素材文件"第 5 章\实例 090　快速引线标注斜度 .dwg"，除了待标注的图形外，素材中还创建好了一个"斜度"图块，如图 5-64 所示。接下来便通过引线的方式来标注图形的斜度。

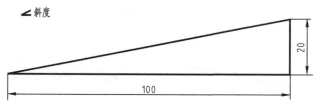

图 5-64　标注斜度

提示：本例便通过快速引线中可以链接图块的方式来标注图形的斜度。"斜度"图块是一个可以自由更改文字的属性图块，具体创建方法可参考本书第 3 章的实例 063。

② 在命令行输入"LE"并按 Enter 键，调用"快速引线"命令，在命令行选择"设置"选项，系统弹出"引线设置"对话框，选择"注释类型"为"块参照"，如图 5-65 所示。

③ 引线位置不需要箭头或者圆点效果，因此可切换至旁边"引线和箭头"选项卡，在"箭头"下拉列表中选择"无"，并且由于标注线文字一般是水平放置的，因此要设置"角度约束"中的"第二段"为"水平"，如图 5-66 所示。

④ 设置完毕后，单击"确定"关闭对话框，在图形斜线上任意捕捉一点为引线放置点，再指定右下角的一点为第二点，再指定第三点时由于角度约束的关系，第二段直线会始终保持水平，如图 5-67 所示。

图5-65　"引线设置"对话框　　　　　　　　　图5-66　引线设置

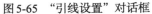

图5-67　标注斜度效果（1）

⑤　指定第三点后，命令行提示输入块名，因此直接输入"斜度"即可调用"斜度"图块，然后依次指定插入点和缩放、旋转参数，如图5-68所示。

⑥　设置好后会弹出"输入属性"对话框，在其中输入斜度值即可，如1∶5，如图5-69所示。

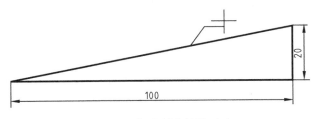

图5-68　"斜度"图块　　　　　　　　　　图5-69　"输入属性"设置

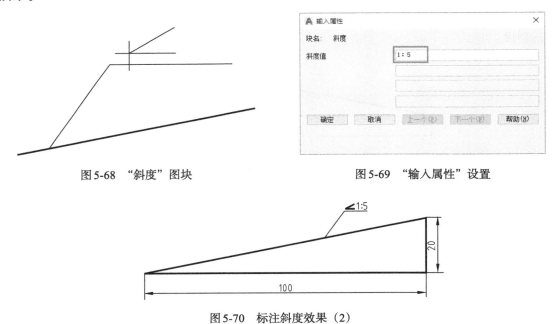

图5-70　标注斜度效果（2）

⑦　斜度的最终标注效果如图5-70所示。通过快速引线中"块参照"的方法，就可以快速创建多个斜度，而且可以任意调整它的位置和大小。

提示：锥度同样可以使用该方法来进行标注，只需将斜度符号换成锥度即可，如图 5-71
所示。

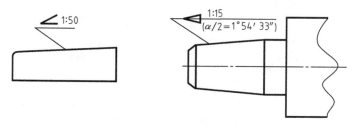

图 5-71 斜度和锥度标注

实例 091 快速引线绘制剖切符号

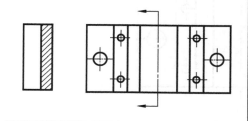

除了用来添加注释和标注，快速引线命令本身还可以用来表示一些箭头类符号，如剖切图中的剖切符号。

难度：☆☆

💿 素材文件：第 5 章\实例 091 快速引线绘制剖切符号 .dwg

🎬 视频文件：第 5 章\实例 091 快速引线绘制剖切符号 .mp4

① 打开素材文件"第 5 章\实例 091 快速引线绘制剖切符号 .dwg"，如图 5-72 所示。

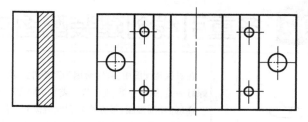

图 5-72 素材文件

② 在命令行输入"LE"并按 Enter 键，调用快速引线命令，绘制剖视图中的剖切箭头。
命令行操作如下。

命令：_LE✓	//调用"快速引线"命令
QLEADER	
指定第一个引线点或 ［设置（S）］ <设置>：S✓	//选择"设置"选项，系统弹出"引线设置"对话框，设置引线格式如图 5-73 和图 5-74 所示
指定第一个引线点或 ［设置（S）］ <设置>：	//在图形上方合适位置单击确定箭头位置
指定下一点：	//对齐到竖直中心线确定转折点
指定下一点：	//向下拖动指针，在合适位置单击完成标注

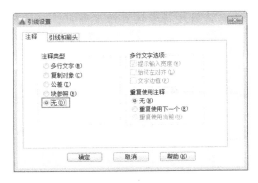

图5-73　设置注释类型

图5-74　设置引线角度

③ 绘制的剖切箭头符号如图5-75所示。

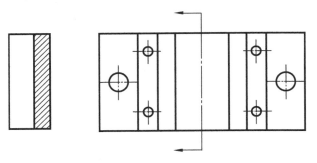

图5-75　创建的剖切符号效果

实例 092　多重引线创建装配图序列号

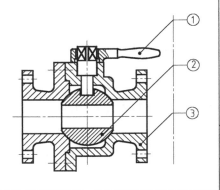

在机械装配图中,有时会因为零部件过多,而采用分类编号的方法(如螺钉一类、螺母一类、加工件一类),不同类型的编号在外观上自然也不能一样(如外围带圈、带方块),因此就需要灵活使用"多重引线"命令中的"块(B)"选项来进行标注。此外,还需要指定"多重引线"的角度,让引线在装配图中达到工整、整齐的效果。

难度:☆

素材文件:第5章\实例092 多重引线创建装配图序列号.dwg

视频文件:第5章\实例092 多重引线创建装配图序列号.mp4

① 打开素材文件"第5章\实例092 多重引线创建装配图序列号.dwg",其中已绘制好一球阀的装配图和一名称为"1"的属性图块,如图5-76所示。

② 绘制辅助线。单击"修改"面板中的"偏移"按钮,将图形中的竖直中心线向右偏移50,如图5-77所示,用作多重引线的对齐线。

③ 在"默认"选项卡中,单击"注释"面板上的"引线"按钮📐,执行"多重引线"命令,并选择命令行中的"选项(O)"命令,设置内容类型为"块",指定块"1";然后选

择"第一个角度（F）"选项，设置角度为60°，再设置"第二个角度（F）"为180°，在手柄
处添加引线标注，如图5-78所示，命令行操作如下。

④ 按相同方法标注球阀中的阀芯和阀体，分别标注序号②、③，如图5-79所示。

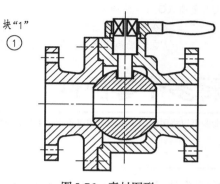

图5-76　素材图形

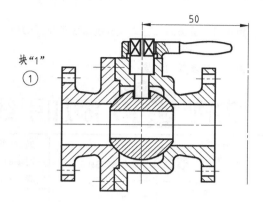

图5-77　多重引线标注菜单命令

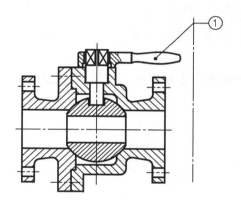

图5-78　添加第一个多重引线标注

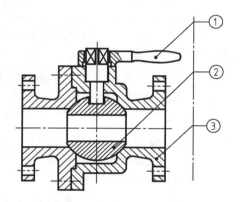

图5-79　添加其余多重引线标注

命令：_mleader
指定引线箭头的位置或 ［引线基线优先（L）/内容优先（C）/选项（O）］ ＜选项＞：
输入选项［引线类型（L）/引线基线（A）/内容类型（C）/最大节点数（M）/第一个角度（F）/第二个角度
（S）/退出选项（X）］＜退出选项＞：C✓

　　　　　　　　　　　　　　　　　　　　　　　　　　//选择"内容类型"选项
选择内容类型 ［块（B）/多行文字（M）/无（N）］＜多行文字＞：B✓

　　　　　　　　　　　　　　　　　　　　　　　　　　//选择"块"选项
输入块名称 ＜1＞：1　　　　　　　　　　　　　　//输入要调用的块名称
输入选项［引线类型（L）/引线基线（A）/内容类型（C）/最大节点数（M）/第一个角度（F）/第二个角度
（S）/退出选项（X）］＜内容类型＞：F✓

　　　　　　　　　　　　　　　　　　　　　　　　　　//选择"第一个角度"选项
输入第一个角度约束 ＜0＞：60　　　　　　　　　//输入引线箭头的角度
输入选项［引线类型（L）/引线基线（A）/内容类型（C）/最大节点数（M）/第一个角度（F）/第二个角度
（S）/退出选项（X）］＜第一个角度＞：S✓

　　　　　　　　　　　　　　　　　　　　　　　　　　//选择"第二个角度"选项

输入第二个角度约束 <0>: 180　　　　　　　　　//输入基线的角度

输入选项 [引线类型 (L)/引线基线 (A)/内容类型 (C)/最大节点数 (M)/第一个角度 (F)/第二个角度 (S)/退出选项 (X)] <第二个角度>: X↙

　　　　　　　　　　　　　　　　　　　　　　　　　//退出"选项"

指定引线箭头的位置或 [引线基线优先 (L)/内容优先 (C)/选项 (O)] <选项>:

　　　　　　　　　　　　　　　　　　　　　　　　　//在手柄处单击放置引线箭头

指定引线基线的位置:　　　　　　　　　　　　　　//在辅助线上单击放置,结束命令

实例 093　添加引线注释多个零部件

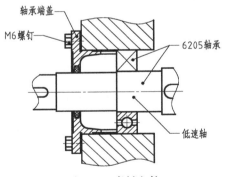	通过"添加引线"命令可以将引线添加至现有的多重引线对象,从而创建一对多的引线效果。 难度:☆
	素材文件:第5章\实例093 添加引线注释多个零部件.dwg
	视频文件:第5章\实例093 添加引线注释多个零部件.mp4

① 打开素材文件"第5章\实例093 添加引线注释多个零部件.dwg",如图5-80所示,已经创建好了若干多重引线标注。

② 在"默认"选项卡中,单击"注释"面板中的"添加引线"按钮　,如图5-81所示,执行"添加引线"命令。

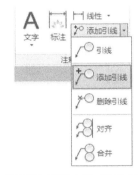

图5-80　素材文件　　　　　　　　图5-81　"注释"面板上的"添加引线"按钮

③ 执行命令后,直接选择要添加引线的多重引线M6螺钉,然后再选择下方的一个螺钉图形,作为新引线的箭头放置点,如图5-82所示,命令行操作如下。

选择多重引线:　　　　　　　　　　　　　　　　//选择要添加引线的多重引线
找到 1 个
指定引线箭头位置或 [删除引线 (R)]: ↙　　　　//在下方螺钉图形中指定新引线箭头
　　　　　　　　　　　　　　　　　　　　　　　位置,按Enter键完成操作

④ 如果要删除多余的引线,则单击"删除引线"按钮　,再选择要删除的引线,最后单击Enter键即可删除,如图5-83所示,命令行操作如下。

命令: AIMLEADEREDITREMOVE　　　　　　　//执行"删除引线"命令
选择多重引线:　　　　　　　　　　　　　　　　//选择"6205轴承"多重引线

找到 1 个
指定要删除的引线或 [添加引线（A）]:　　　　　　　　　　//选择下方多余的一条多重引线
指定要删除的引线或 [添加引线（A）]: ✓　　　　　　　　//按 Enter 结束命令

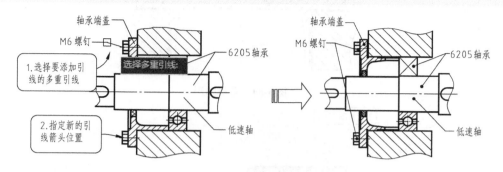

图 5-82　"添加引线"操作过程

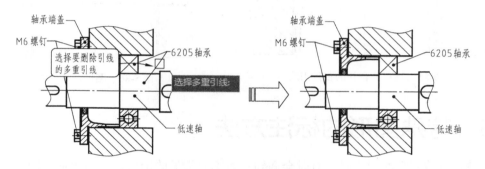

图 5-83　"删除引线"操作示例

实例 094 合并引线调整序列号

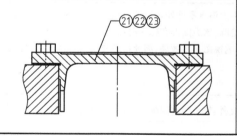

装配图中有一些零部件是成组出现的,因此可以采用公共指引线的方式来调整,使图形显示效果更为简洁。

难度:☆

素材文件:第5章\实例094 合并引线调整序列号.dwg

视频文件:第5章\实例094 合并引线调整序列号.mp4

① 打开素材文件"第5章\实例094 合并引线调整序列号.dwg",图形为装配图的一部分,其中已经创建好了3个多重引线标注,序号㉑、㉒、㉓,如图5-84所示。

② 在"默认"选项卡中,单击"注释"面板中的"合并"按钮，选择序号㉑为第一个多重引线,然后选择序号㉒,最后选择序号㉓,如图5-85所示。

③ 此时可预览到合并后引线序号顺序为㉑、㉒、㉓,且引线箭头点与原引线㉓一致。在任意点处单击放置,即可结束命令,最终图形效果如图5-86所示。

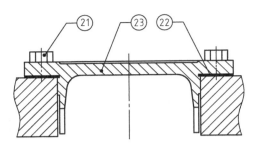

图 5-84   素材图形

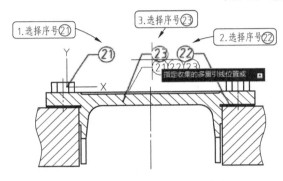

图 5-85   选择要合并的多重引线

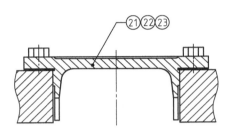

图 5-86   图形最终效果

5.5   特殊图形的标注方法

在进行机械制图的标注时，有时会遇到一些不太常见的结构，比如图形之间间隙过小，放不下尺寸标注；又比如设计图上有大量重复的图形，不适合一一进行标注。这些特殊图形在标注上有规定的方法，下面通过实例来进行介绍。

实例 095   半径过大时的半径标注

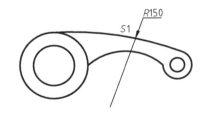

机械设计中为追求零件外表面的流线、圆润效果，会设计成大半径的圆弧轮廓。这类图形在标注时如直接采用"半径标注"，则连线过大，影响视图显示效果，因此推荐使用"折弯标注"来注释这部分图形。

难度：☆

素材文件：第 5 章\实例 095 半径过大时的半径标注 .dwg

视频文件：第 5 章\实例 095 半径过大时的半径标注 .mp4

① 打开素材文件"第 5 章\实例 095 半径过大时的半径标注 .dwg"，如图 5-87 所示。

② 在"注释"选项卡中，单击"标注"面板上的"折弯"按钮，如图 5-88 所示，执行"折弯标注"命令。

③ 标注圆弧的半径，如图 5-89 所示。命令行操作如下。

提示： 如果直接对 R150 的圆弧进行"半径"标注，则会出现如图 5-90 所示的结果。可见半径标注由于圆心的位置太远，而会出现太长的尺寸线。

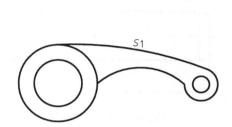

图 5-87　素材文件　　　　　　　　　图 5-88　"注释"面板中的"折弯"按钮

命令：_dimjogged　　　　　　　　　　　//调用"折弯标注"命令
选择圆弧或圆：　　　　　　　　　　　　//选择圆弧 *S*1
指定图示中心位置：　　　　　　　　　　//指定图示圆心位置，即标注的端点
标注文字 = 150
指定尺寸线位置或［多行文字（M）/文字（T）/角度（A）]：
　　　　　　　　　　　　　　　　　　　//指定尺寸线位置
指定折弯位置：　　　　　　　　　　　　//指定折弯位置，完成标注

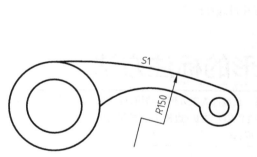

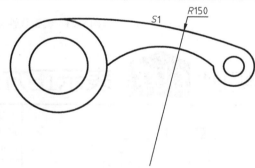

图 5-89　折弯标注结果　　　　　　　　图 5-90　直接半径标注结果

实例 096 非圆视图的直径标注

由于视图投影的关系，回转体类型的零件在部分视图上不
会显示圆形，因此不能直接使用"直径标注"命令来标注它们
的直径。

难度：☆

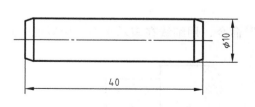

素材文件：第5章\实例096 非圆视图的直径标注.dwg

视频文件：第5章\实例096 非圆视图的直径标注.mp4

① 打开素材文件"第5章\实例096非圆视图的直径标注.dwg"，其中已经绘制好了一圆
柱销的图形，如图5-91所示。

② 由于这类图形比较简单，因此只需用一个视图即可进行表达，目前的视图也能够很直观地表达销钉的长度和大小。但问题就在于无法用"直径标注"命令来标注销钉的直径。

③ 这时就可以通过"先标注、再修改"的方法来进行标注。先单击"注释"面板中的"线性"按钮 ⊣，执行"线性标注"命令，标注销钉的外形尺寸，如图5-92所示。

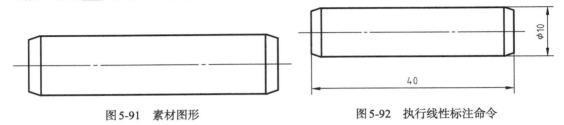

图5-91   素材图形   图5-92   执行线性标注命令

④ 其中右侧的尺寸"10"，应为销钉的直径尺寸，因此需要添加直径符号的前缀 φ。双击尺寸"10"，进入文字的编辑框，然后移动光标至数字前端，输入控制符"%%C"，即可得到直径符号，如图5-93所示。

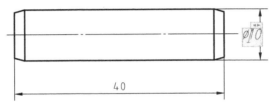

图5-93   编辑线性标注得到直径符号

实例 097 表示正方形的标注方法

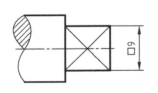	对于正截面为正方形的结构,可在正方形边长尺寸之前加注符号"口"或以"边长×边长"的形式进行标注。
	难度:☆
	素材文件:第5章\实例097 表示正方形的标注方法.dwg
	视频文件:第5章\实例097 表示正方形的标注方法.mp4

① 打开素材文件"第5章\实例097 表示正方形的标注方法.dwg"，其中已经绘制好了零件局部图，如图5-94所示。可见在没有其他视图和尺寸标注的情况下，很难分辨右侧凸出的部分是什么形状。

② 如果是方头结构，那么需要执行"直线"命令，用细线在表示平面的位置通过连接对角线的方式绘制一个X图形，如图5-95所示。

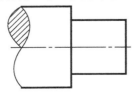
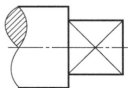

图5-94   素材文件   图5-95   "注释"面板中的"折弯"按钮

③　和直径标注一样，方形结构也可以通过"先标注、再修改"的方法来进行标注。先单击"注释"面板中的"线性"按钮 ，执行"线性标注"命令，标注方头的外形尺寸，如图5-96所示。

④　双击右侧的尺寸"9"，进入文字的编辑框，然后移动光标至数字前端，然后单击"插入"面板上的"符号"按钮，在弹出的列表中选择"其他"选项，如图5-97所示。

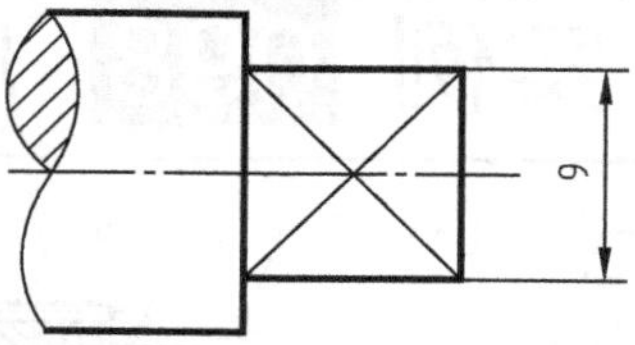

图5-96　编辑线性标注得到尺寸符号（1）

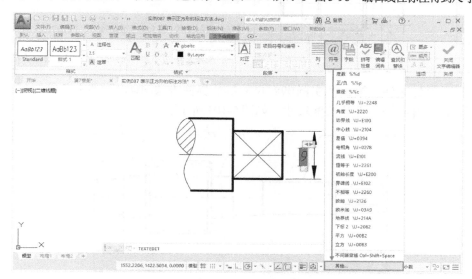

图5-97　编辑线性标注得到尺寸符号（2）

⑤　在弹出的"字符映射表"中选择字体为GDT，然后选择其中的方形符号，如图5-98所示。

⑥　单击"选择"按钮即可将该方形符号添加至标注中，也可以单击"复制"，然后将其粘贴至标注中，效果如图5-99所示。

提示：也可以简单一点，在编辑尺寸文字的时候直接将标注改写为"9×9"，也可以用来表示该方形，如图5-100所示。

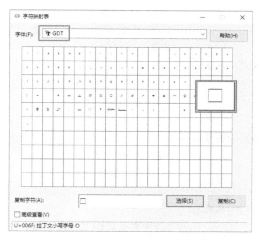

图5-98　编辑线性标注得到尺寸符号（3）

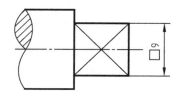

图5-99　编辑线性标注得到尺寸符号（4）

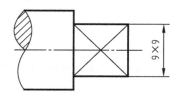

图5-100　另一种表示方法

实例 098 尺寸链的标注方法

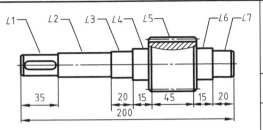

在 AutoCAD中可以通过连续标注来标注尺寸链,只需执行一次标注命令,即可对多个部位进行标注,在机械制图中非常适合用来标注那些尺寸链连续的部位,如轴、密封件的安装卡槽等。

难度:☆

素材文件:第5章\实例098 尺寸链的标注方法.dwg

视频文件:第5章\实例098 尺寸链的标注方法.mp4

① 打开素材文件"第5章\实例098 尺寸链的标注方法.dwg",其中已绘制好一轴零件图,共分7段,并标注了部分长度尺寸,如图5-101所示。

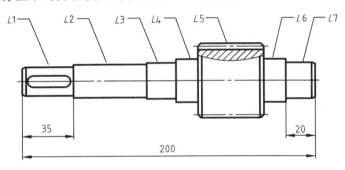

图5-101　素材图形

② 分析图形可知,$L5$段为齿轮段,因此其两侧的$L4$、$L6$为轴肩,而$L3$和$L7$段则为轴承安装段,这几段长度为重要尺寸,需要标明;$L2$为伸出段,没有装配关系,因此可不标尺寸,作为补偿环。

③ 在"注释"选项卡中,单击"标注"面板中的"连续"按钮，执行"连续标注"命令,命令行提示如下。

命令:_DIMCONTINUE	//调用"连续标注"命令
选择连续标注:	//选择$L7$段的标注20为起始标注
指定第二条尺寸界线原点或［放弃（U）/选择（S）］<选择>:	//向左指定$L6$段的左侧端点为尺寸界线原点
标注文字 = 15	
指定第二条尺寸界线原点或［放弃（U）/选择（S）］<选择>:	//向左指定$L5$段的左侧端点为尺寸界线原点
标注文字 = 45	
指定第二条尺寸界线原点或［放弃（U）/选择（S）］<选择>:	//向左指定$L4$段的左侧端点为尺寸界线原点

标注文字 = 15

指定第二条尺寸界线原点或［放弃（U）/选择（S）］<选择>：

//向左指定 *L3* 段的左侧端点

　为尺寸界线原点

标注文字 = 20　　　　//按ESC键退出绘制

④ 标注连续尺寸后的图形结果如图5-102所示。

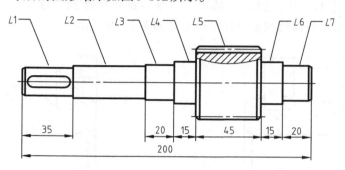

图5-102　标注的连续尺寸效果

实例 099 基准统一的标注方法

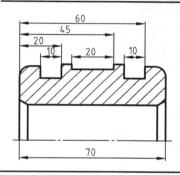

　　零件在加工过程中，作为定位基准的表面应首先加工出来，以便尽快为后续工序的加工提供精基准，称为"基准先行"。而当工件以某一基准定位可以比较方便地加工其他表面时，应尽可能在多数工序中采用该基准定位，这就是"基准统一"原则。在AutoCAD中可以通过"基线"标注来实现。

　　难度：☆

　　素材文件：第5章\实例099 基准统一的标注方法 .dwg

　　视频文件：第5章\实例099 基准统一的标注方法 .mp4

① 打开素材文件"第5章\实例099 基准统一的标注方法 .dwg"，其中已绘制好一活塞的半边剖面图，如图5-103所示。

② 标注第一个水平尺寸。单击"注释"面板中的"线性"按钮，在活塞上端添加一个水平标注，如图5-104所示。

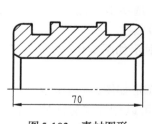

图5-103　素材图形

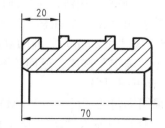

图5-104　标注第一个水平标注

提示： 如果图形为对称结构，那在绘制剖面图时可以选择只绘制半边图形，如图5-103

所示。

③ 标注沟槽定位尺寸。切换至"注释"选项卡，单击"标注"面板中的"基线"按钮
⊢，系统自动以步骤②创建的标注为基准，接着依次选择活塞图上各沟槽的右侧端点，用
作定位尺寸，如图5-105所示。这样每个沟槽的定位尺寸的基准都为活塞的左端面，确保了
统一基准的原则。

④ 补充沟槽定形尺寸。退出"基线"命令，重新切换到"默认"选项卡，再次执行
"线性"标注，依次将各沟槽的定形尺寸补齐，如图5-106所示。

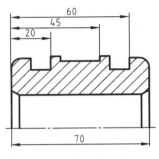

图 5-105 基线标注定位尺寸

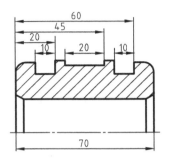

图 5-106 补齐沟槽的定形尺寸

实例 100 半剖结构的标注方法

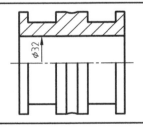

在半剖图中，一般只会绘制出一半的剖切效果，这样就不利于进行尺
寸标注。因此可将标注进行隐藏，只放置半边标注。

难度：☆

素材文件：第5章\实例100 半剖结构的标注方法.dwg

视频文件：第5章\实例100 半剖结构的标注方法.mp4

① 打开素材文件"第5章\实例100 半剖结构的标注方法.dwg"，为一活塞零件的半剖
图，如图5-107所示。

② 内孔尺寸ϕ32与图形轮廓重叠，不便观察，因此可以通过消隐尺寸线的方法来进行
修改。

③ 在命令行中输入"D"，单击Enter键确认，可以打开"标注样式管理器"对话框；接
着单击其中的"修改"按钮，对当前使用的标注样式进行修改。

④ 系统弹出"修改标注样式"对话框，选择"线"选项卡，然后在尺寸线的"隐藏"
区域中勾选"尺寸线2（D）"前的复选框，如图5-108所示。

⑤ 单击"确定"按钮，返回绘图区，可见ϕ32尺寸显示如图5-109所示，仅出现在剖视
图一侧，符合审图习惯。

⑥ 如果同样勾选"尺寸线1（M）"前的复选框，则图形如图5-110所示。

⑦ 在命令行中输入"D"，单击Enter键确认，同样可以打开"标注样式管理器"对话
框；接着单击其中的"修改"按钮，对当前使用的标注样式进行修改。

⑧ 系统弹出"修改标注样式"对话框，选择"线"选项卡，然后在尺寸界线的"隐藏"

区域中勾选"尺寸界线1（1）"和"尺寸界线2（2）"前的复选框，如图5-111所示。

⑨　单击"确定"按钮，返回绘图区，可见φ32标注下方的尺寸界线也被隐藏，至此才完整地创建了半隐藏的φ32尺寸，如图5-112所示。

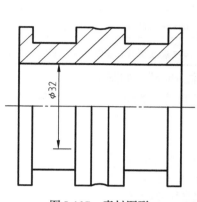

图5-107　素材图形

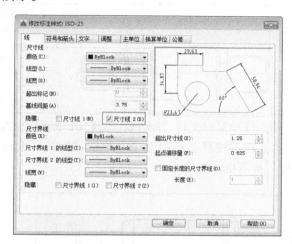

图5-108　勾选"尺寸线2"复选框

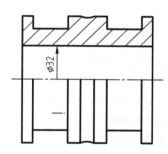

图5-109　隐藏一侧尺寸线之后的图形

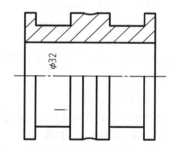

图5-110　隐藏两侧尺寸线之后的图形

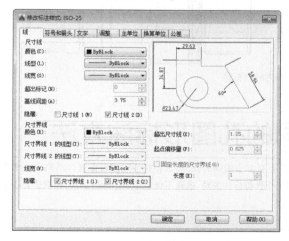

图5-111　勾选"尺寸界线"的复选框

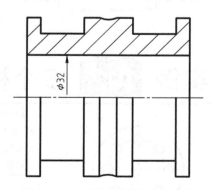

图5-112　因此尺寸界线后的图形

提示：如果要隐藏"尺寸线"，则必须注意需隐藏对应的"尺寸界线"。

实例 101 断面图的折弯标注

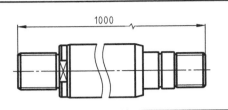

在标注细长杆件打断视图的长度尺寸时,可以使用"折弯标注"命令,在线性标注的尺寸线上生成折弯符号。

难度:☆☆

素材文件:第5章\实例101 断面图的折弯标注.dwg

视频文件:第5章\实例101 断面图的折弯标注.mp4

① 打开素材文件"第5章\实例101 断面图的折弯标注.dwg",如图5-113所示。

② 在"注释"选项卡中,单击"标注"面板中的"折弯"按钮 ，如图5-114所示,执行"折弯标注"命令。

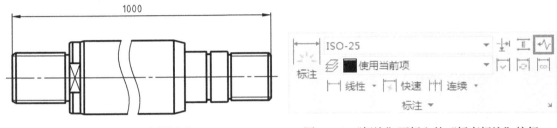

图5-113　素材图形　　　　　　　图5-114　"标注"面板上的"折弯标注"按钮

③ 选择需要添加折弯的线性标注或对齐标注,然后指定折弯位置即可,如图5-115所示,命令行操作如下。

命令:_DIMJOGLINE　　　　　　　　　　　//执行"折弯线性"标注命令

选择要添加折弯的标注或[删除(R)]:　　　//选择要折弯的标注1000

指定折弯位置(或按 ENTER 键):　　　　　//指定折弯位置,结束命令

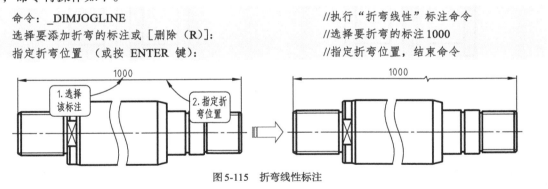

图5-115　折弯线性标注

实例 102 多个相同的孔图形标注方法

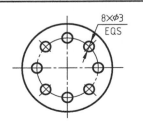

如果一个图形上有多个相同的孔,那么在标注时就可以通过简略方法来表示,而不需要把每个孔都标注清楚,这样不仅会影响图纸辨识度,也很容易让加工人员产生误解。

难度:☆☆

素材文件:第5章\实例102 多个相同的孔图形标注方法.dwg

视频文件:第5章\实例102 多个相同的孔图形标注方法.mp4

① 打开素材文件"第5章\实例102 多个相同的孔图形标注方法.dwg",其中已经创建好了一个零件图形,上面平均分布有8个孔,如图5-116所示。

② 对于这种具有多个相同的孔的图形,在标注时并不需要对每个孔都进行标注,只需要标注其中一个,然后编辑标注文案,填写上数量即可。

③ 单击"注释"面板中的"直径"按钮 $\bigcirc$,选择其中一个孔进行标注,如图5-117所示。

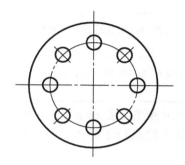

图5-116 素材文件

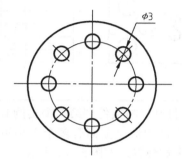

图5-117 标注一个孔的直径

④ 标注完成后,双击已经创建好的直径标注,进入文字的编辑框,然后在尺寸 $\phi3$ 前输入"8×",如图5-118所示。此即代表零件上有8个 $\phi3$ 的孔。

⑤ 如果要强调这8个孔为平均分布,则可以在标注下方用单行文字命令添加一个"EQS"的注释,即表示"平均分布",如图5-119所示。

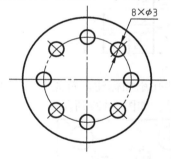

图5-118 标注数量

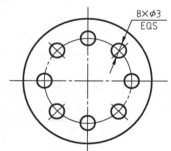

图5-119 添加"EQS"注释

提示: 除了孔外,其他具有相同特征的重复图形也可以使用这种方法进行标注,如图5-120所示。需要注意的就是前面的第一个数字用来表示数量。

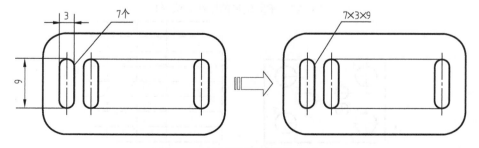

图5-120 重复图形的标注方法

实例 103 多个不同的孔图形标注方法

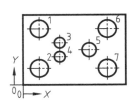

孔的编号	X	Y	φ
1	4.4	16	φ5
2	4.4	4.7	φ5
3	10	12	φ3
4	10	8	φ3
5	18	10	φ4
6	23	16	φ5
7	23	4.7	φ5

如果一个图形上有多个不相同的孔,那么为了既能让图纸版面清晰可见,又不影响加工人员阅读,就可以采取列表标注的方法。

难度:☆☆

💿 素材文件:第5章\实例103 多个不同的孔图形标注方法.dwg

🎬 视频文件:第5章\实例103 多个不同的孔图形标注方法.mp4

① 打开素材文件"第5章\实例103 多个不同的孔图形标注方法.dwg",其中已经创建好了一个零件图形,上面有多个大小不一的孔,并按常规方法进行了标注,可见标注非常杂乱,很影响观看,如图5-121所示。

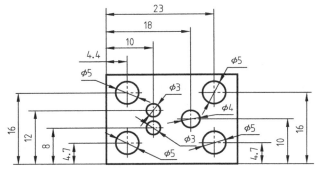

图5-121　素材文件

② 针对这种情况,就可以通过列表的方法来为这些孔添加标注。首先删去图中所有的标注,然后通过单行文字命令,对每个孔都添加一个编号,如图5-122所示。

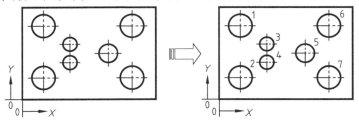

图5-122　重复图形的标注方法(1)

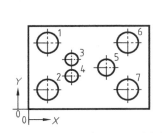

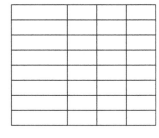

图5-123　重复图形的标注方法(2)

③ 单击"注释"面板中的"表格"按钮 ，创建一个8行4列的表格，如图5-123所示。

④ 在表格的第一列填写孔的编号，第二、三列填写孔的定位尺寸（可以通过坐标方式进行统计，以左下角点为坐标原点），最后一列填写孔的尺寸，通过这种方法即可标注各个孔的尺寸，同时还不影响观看，效果如图5-124所示。

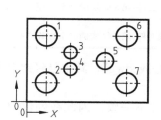

孔的编号	X	Y	φ
1	4.4	16	φ5
2	4.4	4.7	φ5
3	10	12	φ3
4	10	8	φ3
5	18	10	φ4
6	23	16	φ5
7	23	4.7	φ5

图5-124 重复图形的标注方法（3）

实例 104 创建圆心标记

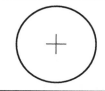

除了通过"对象捕捉"功能捕捉圆心，还可以通过创建"圆心标记"来标注圆和圆弧的圆心位置。难度：☆☆
素材文件：第5章\实例104 创建圆心标记.dwg
视频文件：第5章\实例104 创建圆心标记.mp4

① 打开素材文件"第5章\实例104 创建圆心标记.dwg"，其中已经绘制好了一个圆，如图5-125所示。

② 在"注释"选项卡中，单击"中心线"面板上的"圆心标记"按钮 ，执行"圆心标记"命令，如图5-126所示。

③ 选择素材中的圆，即可创建圆心标记，如图5-127所示。命令行操作如下。

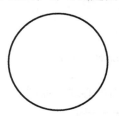

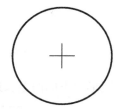

图5-125 素材文件　　　　　　图5-127 创建的圆心标记

图5-126 "标注"面板中的"圆心标记"按钮

命令：_dimcenter　　　　　　　　　　　　　　　　　　//调用"圆心标记"命令
选择圆弧或圆：　　　　　　　　　　　　　　　　　　　//选择圆

实例 105 创建中心线

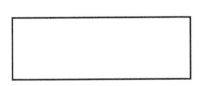

	除了自动生成圆心标记外,在AutoCAD中还可以自动创建中心线。
	难度:☆☆
	素材文件:第5章\实例105 创建中心线.dwg
	视频文件:第5章\实例105 创建中心线.mp4

① 打开素材文件"第5章\实例105 创建中心线.dwg",其中已经绘制好了一个矩形,如图5-128所示。

② 一般情况下,中心线的图层和标注图层并不一致,因此在创建中心线之前需要将图层切换至适合的图层,如图5-129所示。

图 5-128　素材文件　　　　　　　　　　图 5-129　切换至"中心线"图层

③ 在"注释"选项卡中,单击"中心线"面板上的"中心线"按钮，执行"中心线"命令,如图5-130所示。

图 5-130　"标注"面板中的"中心线"按钮

④ 依次单击矩形上下的两条长边,即可自动绘制出中心线,如图5-131所示。

图 5-131　绘制中心线

5.6　标注外观的调整方法

在创建尺寸标注后,如未能达到预期的效果,还可以对尺寸标注进行调整,如修改尺寸标注文字的内容、编辑标注文字的位置、更新标注和关联标注等，而不必删除所标注的尺寸对象再重新进行标注。

实例 106 调整标注文字的位置

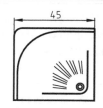

	使用"编辑标注文字"命令可以修改文字的对齐方式和文字的角度,调整标注文字在标注上的位置。
	难度:☆☆
素材文件:第5章\实例106 调整标注文字的位置.dwg	
视频文件:第5章\实例106 调整标注文字的位置.mp4	

① 打开素材文件"第5章\实例106 调整标注文字的位置.dwg"，如图5-132所示。

② 在功能区中选择"注释"选项卡，然后展开"标注"滑出面板，单击其中的"居中对正"按钮  ，如图5-133所示。

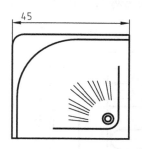

图5-132 素材文件

图5-133 "标注"面板上的"居中对正"按钮

③ 在绘图区中的线性标注45上单击左键，即可将该标注文字设置为居中对正，效果如图5-134所示。

提示： "标注"面板中其余各位置按钮的含义说明如下。

➤ "左对齐" ：将标注文字放置于尺寸线的左边，如图5-135（a）所示。

➤ "右对齐" ：将标注文字放置于尺寸线的右边，如图5-135（b）所示。

➤ "居中对正" ：将标注文字放置于尺寸线的中心，如图5-135（c）所示。

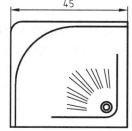

图5-134 调整标注文字的位置

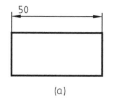

(a)

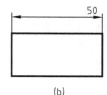

(b)

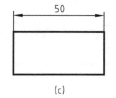

(c)

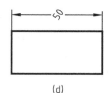

(d)

图5-135 各种文字位置效果

➤"文字角度" 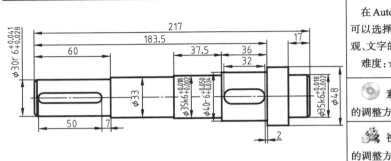：用于修改标注文字的旋转角度，与"DIMEDIT"命令的旋转选项效果相同，如图5-135（d）所示。

实例 **107** 标注过小的调整方法

在AutoCAD中的"修改标注样式"对话框中可以选择文字样式，也可以单独设置文字的外观、文字的位置和文字的对齐方式等。

难度：☆

素材文件：第5章\实例107 标注过小的调整方法.dwg

视频文件：第5章\实例107 标注过小的调整方法.mp4

① 打开素材文件"第5章\实例107 标注过小的调整方法.dwg"，如图5-136所示，可见图中的标注文字显示过小。

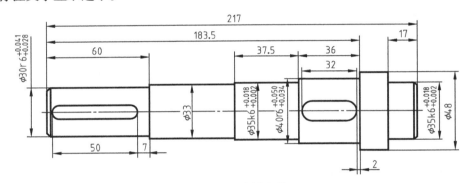

图5-136　素材文件

② 在命令行中输入"D"，单击Enter键确认，打开"标注样式管理器"对话框；接着单击其中的"修改"按钮，对当前使用的标注样式进行修改。

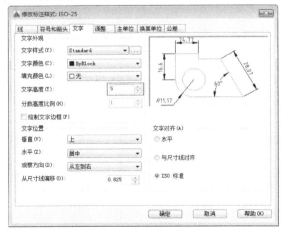

图5-137　输入新的字高

③ 系统弹出"修改标注样式"对话框，选择"文字"选项卡，然后在"文字高度"文本框中输入新的高度5，如图5-137所示。

④ 单击"确定"按钮，返回绘图区，可见标注文字明显增大，便于观看，如图5-138所示。

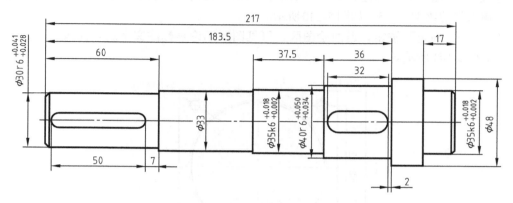

图5-138　修改文字高度后的图形

实例 108 文字和箭头均过小的调整方法

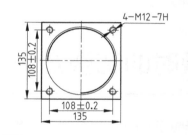

如果图纸标注无论是文字还是箭头，都显示过小，那么可以通过设置全局比例的方式来进行调整。

难度：☆

素材文件：第5章\实例108 文字和箭头均过小的调整方法.dwg

视频文件：第5章\实例108 文字和箭头均过小的调整方法.mp4

① 打开素材文件"第5章\实例108 文字和箭头均过小的调整方法.dwg"，如图5-139所

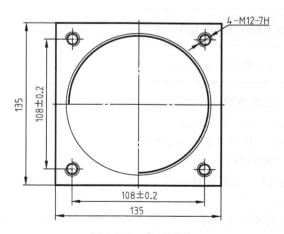

图5-139　素材图形

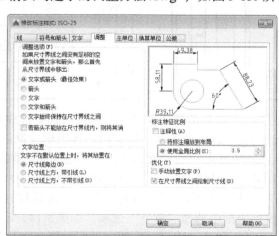

图5-140　设置全局比例

示，可见图中的标注无论是文字还是箭头符合均显示过小。

② 在命令行中输入"D"，单击Enter键确认，打开"标注样式管理器"对话框；接着单击其中的"修改"按钮，对当前使用的标注样式进行修改。

③ 系统弹出"修改标注样式"对话框，选择"调整"选项卡，然后在"全局比例"文本框中输入新的比例值3.5，如图5-140所示。

④ 单击"确定"按钮，返回绘图区，可见图形无论是标注文字还是箭头大小，均得到放大，如图5-141所示。

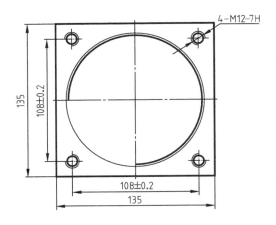

图5-141　修改全局比例之后的图形

实例 109 标注和图形重叠时的调整方法

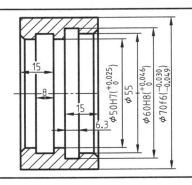

如果图形中内容很多，那在标注时就难免会出现尺寸文字与图形对象相互重叠的现象，这时就可以将标注文字进行突显，使其从图形对象中突出显示。

难度：☆ ☆

素材文件：第5章\实例109 标注和图形重叠时的调整方法.dwg

视频文件：第5章\实例109 标注和图形重叠时的调整方法.mp4

① 打开素材文件"第5章\实例109 标注和图形重叠时的调整方法.dwg"，可见图中的标注与轮廓线、中心线、图案填充等图形对象重叠，很难看清标注文字，如图5-142所示。

② 在命令行中输入"D"，单击Enter键确认，打开"标注样式管理器"对话框；接着单击其中的"修改"按钮，对当前使用的标注样式进行修改。

③ 系统弹出"修改标注样式"对话框，选择"文字"选项卡，然后在"填充颜色"下拉列表框中选择"背景"选项，如图5-143所示。

④ 单击"确定"按钮，返回绘图区，可见各图形对象在标注文字处自动被"打断"，标注文字得以突出显示，效果如图5-144所示。

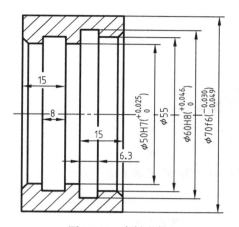

图5-142　素材文件

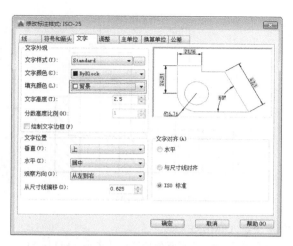

图5-143　选择"背景"选项

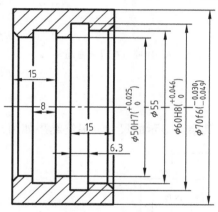

图5-144　突显标注文字后的效果

实例 110 标注互相重叠时的调整方法

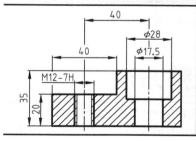

如果图形结构复杂，那图形的定位尺寸、定形尺寸就相当丰富，而且互相交叉，对我们观察图形有一定影响。这时就可以使用"标注打断"命令来优化图形显示。

难度：☆☆

素材文件：第5章\实例110 标注互相重叠时的调整方法.dwg

视频文件：第5章\实例110 标注互相重叠时的调整方法.mp4

① 打开素材文件"第5章\实例110 标注互相重叠时的调整方法.dwg"，如图5-145所示，可见各标注相互交叉，有尺寸被遮挡。

② 在"注释"选项卡中，单击"标注"面板中的"打断"按钮，如图5-146所示，执行"标注打断"命令。

③ 在命令行中输入"M"，执行"多个（M）"选项，接着选择最上方的尺寸40，连按两次Enter键，完成打断标注的选取，结果如图5-147所示，命令行操作如下。

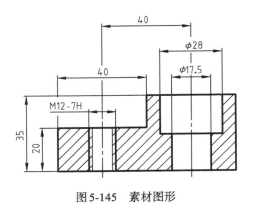

图 5-145   素材图形

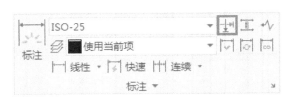

图 5-146   "标注"面板上的"打断"按钮

命令：_DIMBREAK

选择要添加/删除折断的标注或［多个（M）］：M↙   //选择"多个"选项

选择标注：找到 1 个   //选择最上方的尺寸40为要打断
                                                            的尺寸

选择标注：↙   //按Enter键完成选择

选择要折断标注的对象或［自动（A）/删除（R）］<自动>：↙

                                                         //按Enter键完成要显示的标注选
                                                            择，即所有其他标注

1 个对象已修改

④ 用相同的方法打断其余要显示的尺寸，最终结果如图5-148所示。

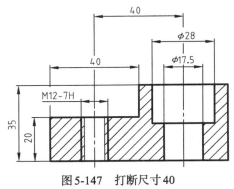

图 5-147   打断尺寸40

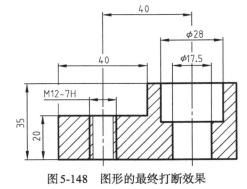

图 5-148   图形的最终打断效果

实例 111 尺寸密集时的调整方法

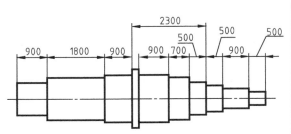

如果在连续标注时没有足够的位置画箭头或注写数字，可以通过绘制引线的方式进行标注，在AutoCAD中可以通过对尺寸标注进行修改来调整。

难度：☆☆

素材文件:第5章\实例111 尺寸密集时的调整方法.dwg

视频文件:第5章\实例111 尺寸密集时的调整方法.mp4

① 打开素材文件"第5章\实例111 尺寸密集时的调整方法.dwg",可见图中的标注排列相当紧密,而且右侧的三个500尺寸部分已被遮盖,有碍审阅,如图5-149所示。

② 此时便可以将这部分尺寸通过引线的方法引出表示,如图5-150所示。

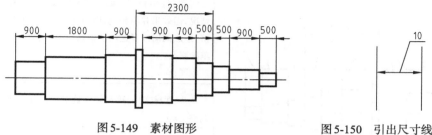

图5-149 素材图形　　　　　　　图5-150 引出尺寸线标注尺寸

③ 在"默认"选项卡中单击"注释"面板上的"标注样式"按钮，打开"标注样式管理器"对话框,单击其中的"修改"按钮,对当前使用的标注样式进行修改。

④ 系统弹出"修改标注样式"对话框,选择"调整"选项卡,然后在"文字位置"区域中选择"尺寸线上方,带引线"单选项,如图5-151所示。

⑤ 单击"确定"按钮,返回绘图区,可见图形标注并没有发生明显变化,但如果对其进行编辑操作,便会发现不同。

⑥ 将光标置于第一个500尺寸处,单击左键选取,再单击其中的中点夹点,通过夹点编辑功能将其标注文字拉伸至左上方,如图5-152所示。

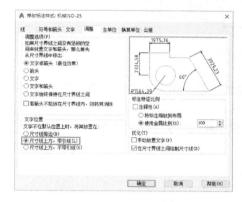
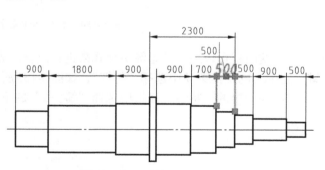

图5-151 选择"尺寸线上方,带引线"单选项　　图5-152 通过夹点编辑拉伸标注文字

⑦ 使用相同方法对其他的500尺寸进行拉伸,最终效果如图5-153所示。

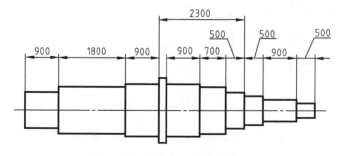

图5-153 调整标注文字的位置

实例 112　尺寸密集时的箭头调整

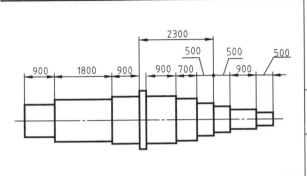

实例 111 中介绍了如何通过引线来避免尺寸相邻的情况，但效果并不完美，因为标注的箭头有时会出现拥挤，造成同向或者逆向的效果，这时就需要对箭头进行单独修改。

难度：☆

素材文件：第 5 章\实例 112　尺寸密集时的箭头调整 .dwg

视频文件：第 5 章\实例 112　尺寸密集时的箭头调整 .mp4

① 打开素材文件"第 5 章\实例 112　尺寸密集时的箭头调整 .dwg"，也可以延续上一案例进行操作，可见右侧第一和第二个 500 尺寸箭头方向错乱，如图 5-154 所示。

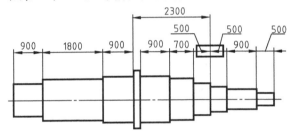

图 5-154　调整标注文字的位置

② 这时就可以通过调整箭头样式来进行改善。先选中第一个 500 尺寸，然后单击鼠标右键，在弹出的快捷菜单中选择"特性"，如图 5-155 所示。

③ 在弹出的"特性"面板中选择"箭头 2"的下拉选项为"点"，如图 5-156 所示。

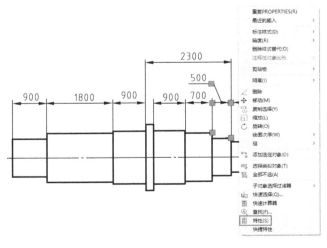

图 5-155　选择"尺寸线上方，带引线"单选项　　　　图 5-156　通过夹点编辑拉伸标注文字

④ 回到绘图界面后可见所选中的 500 尺寸右侧的标注箭头变为了圆点，如图 5-157 所示。

⑤ 使用相同方法选择第二个500尺寸，然后修改它的"箭头1"为"点"，最后标注效果如图5-158所示。

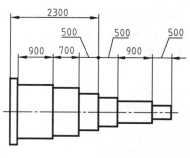

图 5-157 "形位公差"对话框

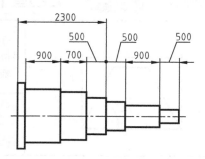

图 5-158 添加的形位公差效果

实例 113 翻转标注箭头

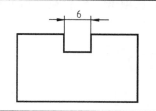

当尺寸界限内的空间狭窄时，可使用"翻转箭头"将尺寸箭头翻转到尺寸界限之外，使尺寸标注更清晰。

难度：☆

素材文件：第5章\实例113 翻转标注箭头.dwg

视频文件：第5章\实例113 翻转标注箭头.mp4

① 打开素材文件"第5章\实例113 翻转标注箭头.dwg"，如图5-159所示。
② 选中需要翻转箭头的标注，则标注会以夹点形式显示，指针移到尺寸线夹点上，弹出快捷菜单，选择其中的"翻转箭头"命令，如图5-160所示。

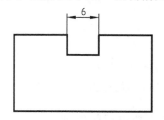

图 5-159 素材图形

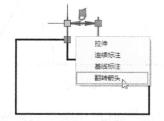

图 5-160 快捷菜单中选择"翻转箭头"选项

③ 翻转该侧的一个箭头，如图5-161所示。
④ 使用同样的操作翻转另一端的箭头，操作示例如图5-162所示。

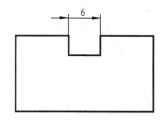

图 5-161 翻转一侧箭头

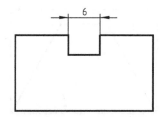

图 5-162 翻转两侧箭头

实例 **114** 设置标注精度

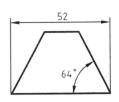

有时需要对图形标注的精度进行设置,如角度尺寸一般不保留小数位。这种情况可以通过设置标注单位来解决。

难度:☆

素材文件:第5章\实例114 设置标注精度.dwg

视频文件:第5章\实例114 设置标注精度.mp4

① 打开素材文件"第5章\实例114 设置标注精度.dwg",如图5-163所示,可见图中的尺寸标注带有小数位。

② 在命令行中输入"D",单击Enter键确认,打开"标注样式管理器"对话框;接着单击其中的"修改"按钮,对当前使用的标注样式进行修改。

③ 系统弹出"修改标注样式"对话框,选择"主单位"选项卡,然后在"角度标注"区域中设置精度为0,如图5-164所示。

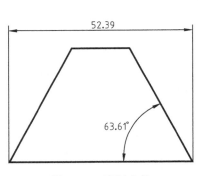

图5-163　素材文件

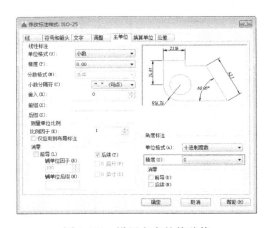

图5-164　设置文字的偏移值

④ 单击"确定"按钮,返回绘图区,可见角度标注小数点后数值被四舍五入,效果如图5-165所示。

⑤ 如果在"主单位"选项卡中设置"线性标注"区域中的精度为0,则显示如图5-166所示。但一般线性尺寸都需要保留两位小数,所以不推荐进行修改。

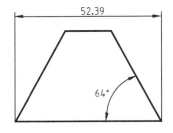

图5-165　修改角度标注的精度

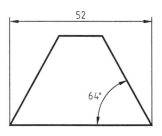

图5-166　修改线性标注的精度

实例 **115** 标注尾数消零

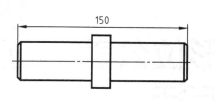

如果图形的尺寸本身为一整数(如150),但精度设置了保留两位小数,那么在小数位就会出现"150.00"情况,这不符合机械制图规范,因此可以设置尾数消零来去除整数位后面的0。

难度:☆

素材文件:第5章\实例115 标注尾数消零.dwg

视频文件:第5章\实例115 标注尾数消零.mp4

① 打开素材文件"第5章\实例115 标注尾数消零.dwg",图中标注了一线性尺寸150.00,如图5-167所示。

② 在命令行中输入"D",单击Enter键确认,打开"标注样式管理器"对话框;接着单击其中的"修改"按钮,对当前使用的标注样式进行修改。

③ 系统弹出"修改标注样式"对话框,选择"主单位"选项卡,然后在"消零"中勾选"后续"复选框,如图5-168所示。

④ 单击"确定"按钮,返回绘图区,可见线性标注的小数点位后被消零,效果如图5-169所示。

提示:勾选"后续"可以消除小数点后的零,而勾选"前导"则可以消除小数点前的零,如0.123变变为.123。

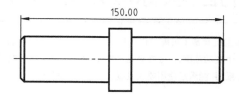

图5-167 素材文件

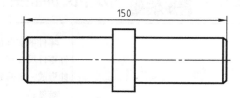

图5-169 尾数消零的效果

图5-168 勾选"后续"复选框

扫码享受
全方位沉浸式学AutoCAD

第6章

尺寸公差与形位公差
的标注方法

现代化的机械工业，要求零件具有互换性，以便在装配时可以不经选择和修配，就能达到预期的配合性能，从而有利于机械工业广泛地组织协作，进行高效率的专业化生产。为使零件具有互换性，必须保证零件的尺寸、几何形状和相互位置，以及表面粗糙度技术要求的一致性。这就是机械工业中所说的尺寸公差和形位公差。

6.1 尺寸公差与形位公差的国家标准

实例 116 极限偏差的国家标准规定及标注

零件的实际加工尺寸是不可能与设计尺寸绝对一致的，因此设计时应允许零件尺寸有一个变动范围，尺寸在该范围内变动时，相互结合的零件之间能形成一定的关系，并能满足使用要求，这就是"极限与配合"。

难度：☆

素材文件：无

视频文件：第6章\实例116 极限偏差的国家标准规定及标注.mp4

要了解极限与配合，就必须先了解极限与配合的含义与一些术语，在机械制图中极限与配合术语如图6-1和图6-2所示。

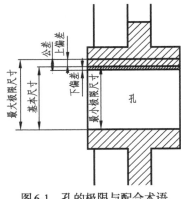

图6-1 孔的极限与配合术语

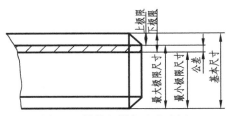

图6-2 轴的极限与配合术语

> ➢ 基本尺寸：设计时所确定的尺寸。
> ➢ 实际尺寸：成品零件，通过测量所得到的尺寸。
> ➢ 极限尺寸：允许零件实际尺寸变化的极限值，极限尺寸包括最小极限尺寸和最大极限尺寸。
> ➢ 极限偏差：极限尺寸与基本尺寸的差值，它包括上偏差和下偏差，极限偏差可以为正也可以为负，也可以为零。
> ➢ 尺寸公差：允许尺寸的变动量，尺寸公差等于最大极限尺寸减去最小极限尺寸的绝对值。

实例 117 公差带代号的国家标准规定及标注

机械制图有其特有的标注规范，因此本案例便运用上文介绍的知识来创建用于机械制图的标注样式。

难度：☆

 素材文件：无

🎬 视频文件：第6章\实例117 公差带代号的国家标准规定及标注.mp4

几何公差是一种对误差的控制。举个例子来说，某零件的设计尺寸是 $\phi25\text{mm}$，要加工8个，由于误差的存在，最后做出来的成品尺寸如表6-1所示。

表6-1 加工结果 mm

设计尺寸	1号	2号	3号	4号	5号	6号	7号	8号
$\phi25.00$	$\phi24.3$	$\phi24.5$	$\phi24.8$	$\phi25$	$\phi25.2$	$\phi25.5$	$\phi25.8$	$\phi26.2$

如果不了解几何公差的概念，可能就会认为只有4号零件符号要求，其余都属于残次品。其实不然，如果 $\phi25\text{mm}$ 的几何公差为 $\pm0.4\text{mm}$，那尺寸在 $\phi25\pm0.4$ 之间的零件都能算合格产品（3、4、5号）。

上文判断该零件是否合格，取决于零件尺寸是否在 $\phi25\pm0.4$ 这个范围之内。因此，$\phi25\pm0.4$ 这个范围就显得十分重要了，那这个范围又该如何确定呢？这个范围通常可以根据设计人员的经验确定，但如果要与其他零件配合的话，则必须严格按照国家标准（GB/T 1800）进行取值。

实例 118 配合代号的国家标准规定及标注

机械制图有其特有的标注规范，因此本案例便运用上文介绍的知识，来创建用于机械制图的标注样式。

难度：☆

 素材文件：无

🎬 视频文件：第6章\实例118 配合代号的国家标准规定及标注.mp4

公差从A到Z共计22个公差带（大小写字母容易混淆的除外，大写字母表示孔，小写字母表示轴），精度等级从IT1到IT13共计13个等级。通过选择不同的公差带，再选用相应的精度等级，就可以最终确定尺寸的公差范围。如ϕ100H8，则表示尺寸为ϕ100，公差带分布为H，精度等级为IT8，通过查表就可以知道该尺寸的范围为100.00~100.54mm。

ϕ100H8表示的是孔的尺寸，与之对应的轴尺寸又该如何确定呢？这时就需要加入配合的概念。

配合是零件之间互换性的基础。而所谓互换性，就是指一个零件，不用改变即可代替另一零件，并能满足同样要求的能力。比如，自行车坏了，那可以在任意自行车店进行维修，因为自行车店内有可以互换的各种零部件，所以无须返厂进行重新加工。因此通俗地讲，配合就是指多大的孔对应多大的轴。

机械设计中将配合分为了三种：间隙配合、过渡配合、过盈配合，分别介绍如下。

➢ 间隙配合：间隙配合是指具有间隙（不包括最小间隙等于零）的配合，如图6-3所示。间隙配合主要用于活动连接，如滑动轴承和轴的配合。

➢ 过渡配合：过渡配合指可能具有间隙或过盈的配合，如图6-4所示。过渡配合用于方便拆卸和定位的连接，如滚动轴承内径和轴。

➢ 过盈配合：过盈配合即指孔小于轴的配合，如图6-5所示。过盈配合属于紧密配合，必须采用特殊工具挤压进去，或利用热胀冷缩的方法才能进行装配。过盈配合主要用于相对位置不能移动的连接，如大齿轮和轮毂。

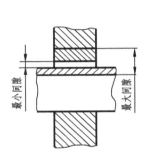

图6-3　间隙配合

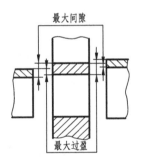

图6-4　过渡配合

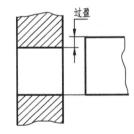

图6-5　过盈配合

基准孔	a	b	c	d	e	f	g	h	js	k	m	n	p	r	s	t	u	v	x	y	z
	间隙配合								过渡配合				过盈配合								
H6						H6/f5	H6/g5	H6/h5	H6/js5	H6/k5	H6/m5	H6/n5	H6/p5	H6/r5	H6/s5	H6/t5					
H7						H7/f6	H7/g6	H7/h6	H7/js6	H7/k6	H7/m6	H7/n6	H7/p6	H7/r6	H7/s6	H7/t6	H7/u6	H7/v6	H7/x6	H7/y6	H7/z6
H8					H8/e7	H8/f7	H8/g7	H8/h7	H8/js7	H8/k7	H8/m7	H8/n7	H8/p7	H8/r7	H8/s7	H8/t7	H8/u7	H8/v7	H8/x7	H8/y7	H8/z7
H8				H8/d8	H8/e8	H8/f8		H8/h8													
H9			H9/c9	H9/d9	H9/e9	H9/f9		H9/h9													
H10			H10/c10	H10/d10				H10/h10													
H11	H11/a11	H11/b11	H11/c11	H11/d11				H11/h11													
H12		H12/b12						H12/h12													

图6-6　基孔制的优先与常用配合

孔和轴常用的配合如图6-6所示（基孔制），其中灰色显示的为优先选用配合。

极限偏差是指极限尺寸减去其基本尺寸所得的代数差。极限偏差是指上偏差和下偏差。最大极限尺寸减去其基本尺寸所得的代数差称为上偏差，最小极限尺寸减去其基本尺寸所得的代数差称为下偏差。

在机械设计的制图工作中，标注几何公差是其中很重要的一项工作内容。下面介绍相关内容。

6.2　尺寸公差的标注

尺寸公差是一个没有符号的绝对值，它是尺寸允许的变动量，也就是上极限尺寸与下极限尺寸之差或上极限偏差与下极限偏差之差。这里有两个术语要注明：一是间隙，也就是孔的尺寸与相配合的轴的尺寸之差为正时，才出现间隙；二是过盈，它正好相反，孔的尺寸与相配合的轴的尺寸之差为负时，才出现过盈。配合是基本尺寸相同，相互结合的孔和轴公差带之间的关系，分为间隙配合、过盈配合和过渡配合。

实例 119　多个配合件的公差标注方法

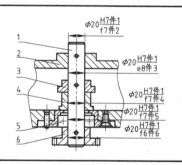

如果一个零件在设计图上有多个配合关系，那么在进行标注时就可以通过添加序列号的方式来准确表达出不同部位的配合关系。

难度：☆

素材文件：第6章\实例119 多个配合件的公差标注方法.dwg

视频文件：第6章\实例119 多个配合件的公差标注方法.mp4

① 打开素材文件"第6章\实例119 多个配合件的公差标注方法.dwg"，其中已经绘制好了一局部装配图，可见图中的轴和多个零件具备配合关系，如图6-7所示。

② 单击"注释"面板上的"引线"按钮，执行"多重引线"命令，对具备配合关系的零件添加序列号，如图6-8所示。

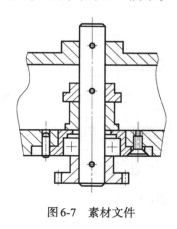

图6-7　素材文件

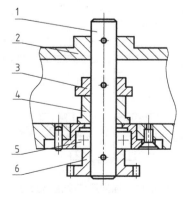

图6-8　添加序号

③ 单击"注释"面板中的"线性"按钮，执行"线性标注"命令，标注零件1和零件2之间的配合尺寸，如图6-9所示。

④ 双击尺寸20，打开"文字编辑器"选项卡，然后将鼠标移动至20之前，输入"%%C"，为其添加直径符号。然后再将鼠标移动至20的后方，依次输入"H7件1^f7件2"，此即

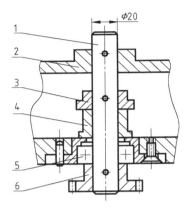

图6-9　标注第一个配合尺寸

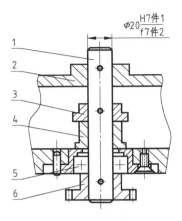

图6-10　编辑标注文字

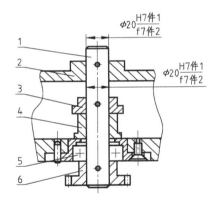

图6-11　标注第二个配合尺寸

图6-12　修改堆叠文字

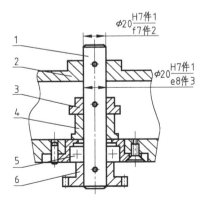

图6-13　标注第三个配合尺寸

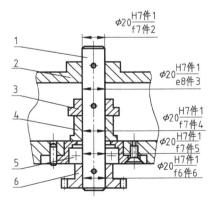

图6-14　标注其他的配合尺寸

表示零件1和零件2之间的配合为H7/f7的间隙配合，如图6-10所示。

⑤ 在命令行中输入"CO"，执行复制命令，将创建好的φ20标注复制一份，粘贴到零件1和零件3之间，作为它们的配合尺寸，如图6-11所示。

⑥ 双击粘贴后标注的堆叠部分，可以打开"堆叠特性"对话框，修改下面的堆叠文字为"e8件3"，如图6-12所示。

⑦ 单击"确定"按钮即可得到零件1和零件3的配合尺寸标注，如图6-13所示。

⑧ 使用相同方法，对剩余配合处进行标注，最终效果如图6-14所示。

实例 120 角度公差的标注方法

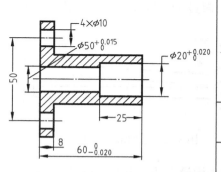

角度公差是角度尺寸允许的变动量。角度尺寸的常用公差带位置是：正负对称公差；在零线上方，下偏差为0；在零线下方，上偏差为0。

难度：☆

素材文件：第6章\实例120 角度公差的标注方法.dwg

视频文件：第6章\实例120 角度公差的标注方法.mp4

① 打开素材文件"第6章\实例120 角度公差的标注方法.dwg"，如图6-15所示。

② 在"默认"选项卡中，单击"注释"面板上的"角度"按钮 ，标注角度，如图6-16所示。

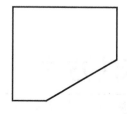

图6-15 素材文件

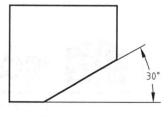

图6-16 标注角度

③ 角度尺寸可以在文字后面通过添加正负号和偏差数值来标注公差。因此双击尺寸30°，然后在后方输入"%%p"，即可得到正负号±，如图6-17所示。

④ 在正负号后方输入偏差值，即可完成角度公差的标注，如图6-18所示。

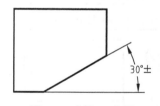

图6-17 添加正负号

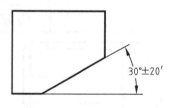

图6-18 添加偏差值

实例 121 单向极限尺寸的标注方法

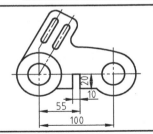

极限尺寸是指允许零件尺寸变化的界限值,是在设计确定基本尺寸的同时,考虑加工的经济性并满足某种使用上的要求确定的。在对一些外形可变的零件(如弹簧、弹性销等)进行标注时,经常需要对它们的最大变化程度进行标注,即单向极限尺寸标注。

难度:☆

💿 素材文件:第6章\实例121 单向极限尺寸的标注方法.dwg

🐾 视频文件:第6章\实例121 单向极限尺寸的标注方法.mp4

① 打开素材文件,其中已经绘制好了一开口销图形,如图6-19所示。

② 为了保证使用方便,开口销右侧的开口一般不会超过4°,因此可以先标注一个角度尺寸,如图6-20所示。

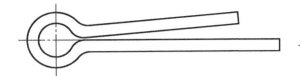

图6-19   素材图形

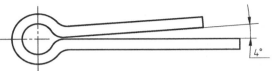

图6-20   添加角度尺寸

③ 然后双击尺寸文字,在后方输入一个"max",即表示最大开口为4°,如图6-21所示。

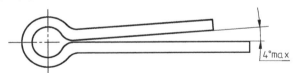

图6-21   编辑标注文字

实例 122 螺纹轴的公差标注方法

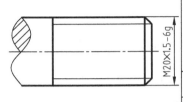

国家标准规定的标准螺纹标注方法中,第一个字母代表螺纹代号,例如:M表示普通螺纹;G表示非螺纹密封的管螺纹;R表示用螺纹密封的管螺纹;Tr表示梯形螺纹等。第二个数字表示螺纹公称直径,也就是螺纹的大径。它表示的是螺纹的最大直径,单位为毫米。往后的符号分别为螺距、旋转、中径公差代号、顶径公差代号、旋合长度代号。

难度:☆

💿 素材文件:第6章\实例122 螺纹轴的公差标注方法.dwg

🐾 视频文件:第6章\实例122 螺纹轴的公差标注方法.mp4

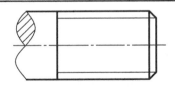

图6-22   素材图形

图6-23   线性标注结果

① 打开素材文件，其中已经绘制好了一截螺纹轴，如图6-22所示。

② 单击"注释"面板中的"线性"按钮□，执行"线性标注"命令，标注螺纹的大径尺寸，即螺纹轴靠外侧的两条粗实线，如图6-23所示。

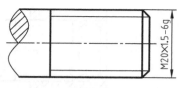

图6-24　编辑标注文字

③ 双击尺寸文字，进入编辑环境后，在数字前方输入"M"，表示它为普通螺纹；再移动至数字后方，输入"×1.5-6g"，表示螺距为1.5，公差带代号为6g，如图6-24所示。

实例 123 螺纹孔的公差标注方法

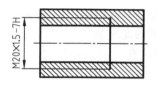

螺纹孔的标注和螺纹轴的标注基本一致，只是在公差带代号上有大小写之分，需要注意。

难度：☆

素材文件：第6章\实例123　螺纹孔的公差标注方法.dwg

视频文件：第6章\实例123　螺纹孔的公差标注方法.mp4

① 打开素材文件"第6章\实例123　螺纹孔的公差标注方法.dwg"，其中已经创建好了一个螺纹孔图形，如图6-25所示。

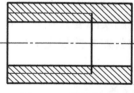

图6-25　素材图形

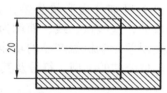

图6-26　线性标注结果

② 单击"注释"面板中的"线性"按钮□，执行"线性标注"命令，标注螺纹孔的大径尺寸，即螺纹孔靠外侧的两条细实线，如图6-26所示。

③ 双击尺寸文字，进入编辑环境后，在数字前方输入"M"，表示它为普通螺纹；再移动至数字后方，输入"×1.5-7H"，表示螺距为1.5，公差带代号为7H，如图6-27所示。

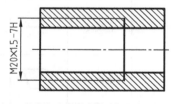

图6-27　编辑标注文字

实例 124 螺纹配合的标注方法

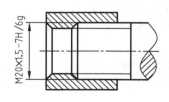

如果是表示螺纹配合的图形，那么在标注时就应该带上孔和轴的两个公差代号。

难度：☆

素材文件：第6章\实例124　螺纹配合的标注方法.dwg

视频文件：第6章\实例124螺纹配合的标注方法.mp4

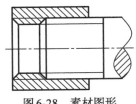

图6-28   素材图形

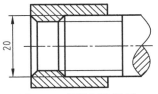

图6-29   线性标注结果

① 打开素材文件"第6章\实例124 螺纹配合的标注方法.dwg",其中已经绘制好了两个互相配合的螺纹零件,如图6-28所示。

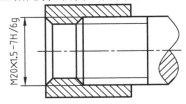

图6-30   编辑标注文字

② 先使用单击"注释"面板中的"线性"按钮□,执行"线性标注"命令,选择螺纹最外侧的轮廓线进行标注,如图6-29所示。

③ 双击尺寸文字,进入编辑环境后,在数字前方输入"M",表示它为普通螺纹;再移动至数字后方,输入"×1.5-7H/6g",表示螺距为1.5,螺纹孔的公差带代号为7H,轴的代号为6g,如图6-30所示。

6.3   形位公差的标注

形位公差可细分为形状公差、方向公差、位置公差、跳动公差。任何零件都是由点、线、面构成的,这些点、线、面称为要素。机械加工后零件的实际要素相对于理想要素总有误差,这类误差影响机械产品的功能,设计时应规定相应的公差并按规定的标准符号标注在图样上。形位公差的类型、符号及其含义见表6-2。

表6-2   形位公差的类型、符号及其含义

公差类型	公差名称	符号	有无基准	含义
形状公差	直线度	—	无	直线度是限制实际直线对理想直线变动量的一项指标。它是针对直线可能会产生不直而提出的要求,表示被测特征的素线(如果公差前带φ则表示被测圆柱体的轴线)应该在公差范围内
	平面度	▱	无	平面度用来控制零件上被测要素(平面或直线)相对于基准要素(平面或直线)的方向偏离0°的要求,即要求被测要素对基准等距
	圆度	○	无	圆度是限制实际圆对理想圆变动量的一项指标。它是对具有圆柱面(包括圆锥面、球面)的零件,在一正截面(与轴线垂直的面)内的圆形轮廓要求
	圆柱度	⌀	无	圆柱度是限制实际圆柱面对理想圆柱面变动量的一项指标。它控制了圆柱体横截面和轴截面内的各项形状误差,如圆度、素线直线度、轴线直线度等。圆柱度是圆柱体各项形状误差的综合指标
	线轮廓度	⌒	无	线轮廓度是限制实际曲线对理想曲线变动量的一项指标。它是对非圆曲线的形状精度要求,理想曲线与实际曲线的线值距离即为线轮廓度的公差带
	面轮廓度	⌓	无	面轮廓度是限制实际曲面对理想曲面变动量的一项指标。它是对曲面的形状精度要求,理想曲面与实际曲面的线值距离即为面轮廓度的公差带

续表

公差类型	公差名称	符号	有无基准	含义
方向公差	平行度	//	有	平行度用来控制零件上被测要素(平面或直线)相对于基准要素(平面或直线)的方向偏离0°的要求,即要求被测要素对基准等距
	垂直度	⊥	有	垂直度用来控制零件上被测要素(平面或直线)相对于基准要素(平面或直线)的方向偏离90°的要求,即要求被测要素对基准成90°
	倾斜度	∠	有	倾斜度用来控制零件上被测要素(平面或直线)相对于基准要素(平面或直线)的方向偏离某一给定角度(0°~90°)的程度,即要求被测要素对基准成一定角度(90°除外)
位置公差	位置度	⊕	有	位置度用来控制被测实际要素相对于其理想位置的变动量,其理想位置由基准和理论正确尺寸确定
	同轴度	◎	有	同轴度用来控制理论上应该同轴的被测轴线与基准轴线的不同轴程度
	对称度	═	有	对称度一般用来控制理论上要求共面的被测要素(中心平面、中心线或轴线)与基准要素(中心平面、中心线或轴线)的不重合程度
跳动公差	圆跳动	↗	有	圆跳动是被测实际要素绕基准轴线作无轴向移动、回转一周中,由位置固定的指示器在给定方向上测得的最大与最小读数之差
	全跳动	↗↗	有	全跳动是被测实际要素绕基准轴线作无轴向移动的连续回转,同时指示器沿理想素线连续移动,由指示器在给定方向上测得的最大与最小读数之差

　　形位公差应按国家标准GB/T 1182规定的方法，在图样上按要求进行正确的标注。形位公差的框格如图6-31所示，从框格的左边起，第一格填写形位公差特征项目的符号，第二格填写形位公差值，第三格及往后填写基准的字母。被测要素为单一要素时，框格只有两格，只标注前两项内容。

　　在本书第5章的实例089中已经介绍了形位公差的标注方法，即通过快速引线的方式进行标注。本节在此基础之上对一些细节进行补充，并介绍一些特殊情况下的标注方法。

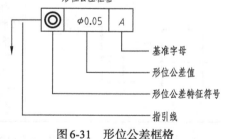

图6-31　形位公差框格

实例 125 被测要素为表面时的形位公差标注

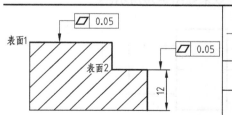

如果要标注形位公差的部分是零件的表面，那么一般有两种标注方法：一是直接标注在轮廓线上；二是标注在相应的尺寸界线上。

难度：☆

💿 素材文件：第6章\实例125 被测要素为表面时的形位公差标注.dwg

🎬 视频文件：第6章\实例125 被测要素为表面时的形位公差标注.mp4

　　① 打开素材文件"第6章\实例125 被测要素为表面时的形位公差标注.dwg"，其中已绘制好一局部图形，有表面1和表面2两个表面，其中表面2带有尺寸标注，如图6-32所示。

②　如果要在表面1上添加一个平面度，那么在执行快速引线命令后，可以将引线箭头直接放置在表面1的轮廓线上，效果如图6-33所示。

③　除了放置在轮廓线上外，还可以放置在相关的尺寸界线上。以表面2为例，如果要对表面2添加形位公差，那么执行快速引线命令后可将箭头指定在上方的尺寸界线上，如图6-34所示。

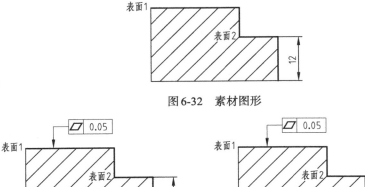

图6-32　素材图形

图6-33　添加表面1的平面度　　　　　图6-34　添加表面2的平面度

实例 126　被测要素为轴线时的形位公差标注

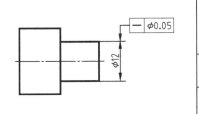

当公差涉及中心线、中心面或中心点等轴线要素时,公差的箭头应位于相应尺寸线的延长线上。

难度:☆

素材文件:第6章\实例126 被测要素为轴线时的形位公差标注.dwg

视频文件:第6章\实例126 被测要素为轴线时的形位公差标注.mp4

①　打开素材文件"第6章\实例126 被测要素为轴线时的形位公差标注.dwg"，其中已经绘制好了一简单的轴图形，如图6-35所示。

②　如果要对该轴的轴线添加一个直线度，那么在执行快速引线命令后，可以将引线箭头放置在尺寸12的上端箭头处，即箭头对箭头的方式，效果如图6-36所示。

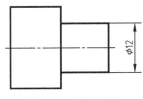
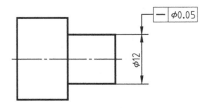

图6-35　素材图形　　　　　　　　图6-36　添加形位公差

提示：从其构造上讲，轴线为一空间要素，其沿任意方向上均可产生误差，且其对零件工作性能的影响是相同的，为此对其任意方向的误差均应规定相同的限制要求。故要求其轴线在任何方向均保持正直，为此图中给出任意方向直线度公差要求。标注时，应在公差值前加注"φ"（即表示圆柱形公差带的直径），同时指引线箭头与被测要素的尺寸线对齐。

实例 127 同一被测要素有多个形位公差时的标注

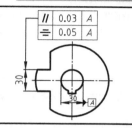

有时零件加工要求较高,在同一位置上会有多个形位公差。这种情况下一般可以通过堆叠的方法来进行标注。

难度：☆

素材文件：第6章\实例127 同一被测要素有多个形位公差时的标注.dwg

视频文件：第6章\实例127 同一被测要素有多个形位公差时的标注.mp4

① 打开素材文件"第6章\实例127 同一被测要素有多个形位公差时的标注.dwg"，其中已经绘制好了一个零件图，如图6-37所示。

② 该零件左侧的结构为一卡槽，装配要求极高，因此需要添加相对于基准A的平行度要求和对称度要求。

③ 在命令行中输入"LE"，执行快速引线命令，以左侧30尺寸的上端箭头为起点，向上绘制形位公差的指引线，如图6-38所示。

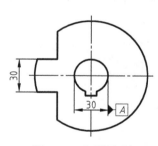

图6-37 素材图形

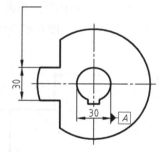

图6-38 绘制指引线

④ 指引线绘制完毕后自动弹出"形位公差"对话框，由于要添加两个形位公差，因此可以在第一和第二行中分别选择要添加的公差代号和精度数值，同时制订基准都为A，如图6-39所示。

⑤ 单击"确定"按钮，即可对卡槽添加2个形位公差，效果如图6-40所示。

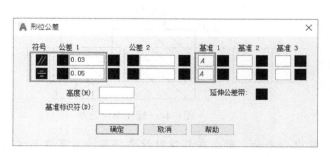

图6-39 创建形位公差

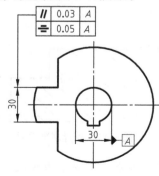

图6-40 标注形位公差

实例 128 基准要素为线或者表面时的形位公差标注

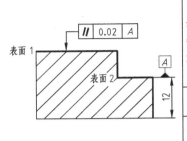

基准是机械制造中应用十分广泛的一个概念,机械产品从设计时零件尺寸的标注,制造时工件的定位,校验时尺寸的测量,一直到装配时零部件的装配位置确定等,都要用到基准的概念。基准就是用来确定生产对象上几何关系所依据的点、线或面。

难度：☆

素材文件：第6章\实例128 基准要素为线或者表面时的形位公差标注.dwg

视频文件：第6章\实例128 基准要素为线或者表面时的形位公差标注.mp4

① 打开素材文件"第6章\实例128 基准要素为线或者表面时的形位公差标注.dwg"，其中已绘制好一局部图形，有表面1和表面2两个表面，其中表面2为表面1的设计基准，如图6-41所示。

② 在对表面2添加形位公差之前，需要先对表面1添加一个基准符号。本书实例061已经创建好了基准图块，因此只需要直接调用即可。

③ 在"默认"选项卡中，单击"块"面板中的"插入"按钮，然后在下拉面板中选择"其他图形中的块"，如图6-42所示。

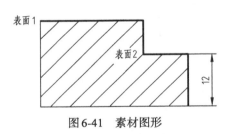

图6-41　素材图形

图6-42　选择其他图形中的块

④ 定位至本书素材"第3章\实例061创建外部图块.dwg"，将创建好的基准图块导入，放置在表面2右侧的尺寸线上，效果如图6-43所示。

⑤ 再使用之前介绍过的方法，通过快速引线命令对表面1添加形位公差，最终效果如图6-44所示。

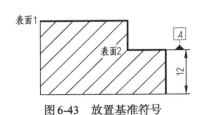

图6-43　放置基准符号

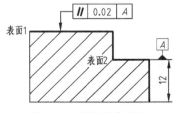

图6-44　标注形位公差

提示： 如果基准要素为轴线、球心或中心平面，那么在标注时就要将基准放置在尺寸线的延长线上，即对准箭头，如图6-45所示。

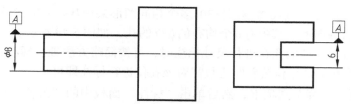

图6-45 基准为轴线时的放置方法

实例 **129** 多个基准时的形位公差标注

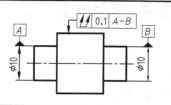

	对于一些轴类零件加工来说,通常会有两个或以上的加工基准,因此有些结构的形位公差会同时存在两个基准。
	难度:☆
	素材文件:第6章\实例129 多个基准时的形位公差标注.dwg
	视频文件:第6章\实例129 多个基准时的形位公差标注.mp4

① 打开素材文件"第6章\实例129 多个基准时的形位公差标注.dwg",其中已经创建好了一传递轴,左右两侧分别为基准*A*和基准*B*,如图6-46所示。接下来要对中间的轴段添加形位公差。

② 在命令行中输入"LE",执行快速引线命令,以中间轴段轮廓线上的任一点为起点,向上绘制形位公差的指引线。绘制完毕后自动弹出"形位公差"对话框,输入公差代号和精度数值后,在"基准1"中输入"*A-B*",如图6-47所示。

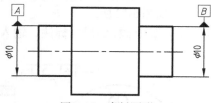

图6-46 素材图形

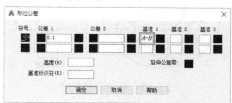

图6-47 填写基准

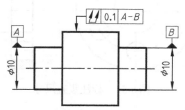

图6-48 多个基准时的形位公差效果

③ 单击"确定"按钮,即可得到图6-48所示的效果,此即由两个要素构成组合基准时的标注方法。

实例 **130** 多个相同图形共用基准时的形位公差标注

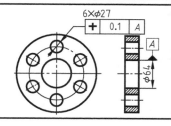

	当某项公差应用于几个相同的要素时,应在公差框格的上方被测要素尺寸之前注明要素的个数,并在两者之间加上符号"×"。
	难度:☆
	素材文件:第6章\实例130 多个相同图形共用基准时的形位公差标注.dwg
	视频文件:第6章\实例130 多个相同图形共用基准时的形位公差标注.mp4

① 打开素材文件"第6章\实例130 多个相同图形共用基准时的形位公差标注.dwg",其中已绘制好一示例图形,其中有6个均布的 $\phi27$ 的孔,如图6-49所示。

② 由于这6个 $\phi27$ 的孔在进行尺寸标注时,可按简略方法进行标注,因此只会标注其中一个孔位,那么在标注形位公差时也只需对该孔位进行标注即可。

③ 切换至"注释"选项卡,然后单击"标注"面板中的"公差"按钮,打开"形位公差"对话框,在其中选择公差符号并输入公差值、基准号,如图6-50所示。

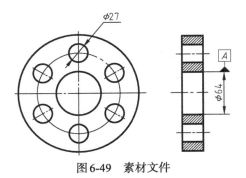

图6-49　素材文件

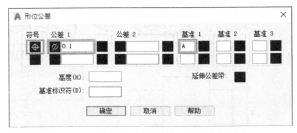

图6-50　"注释"面板中的"标注"按钮

④ 输入完毕后单击"确定"按钮,然后将所创建的形位公差直接放置在尺寸标注的引线后,如图6-51所示。

⑤ 双击 $\phi27$ 的尺寸标注,输入前缀"6×",如图6-52所示。

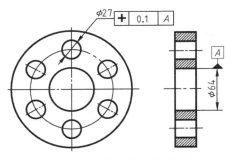

图6-51　标注竖直尺寸

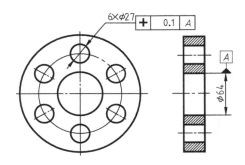

图6-52　标注半径尺寸

⑥ 可见尺寸标注和形位公差堆叠在了一起,因此可输入"X"执行分解命令,将"6× ϕ 27"的尺寸标注分解,然后将"6× ϕ 27"的尺寸文字移动至形位公差的上方,同时调整原尺寸标注线,即可完成标注,效果如图6-53所示。

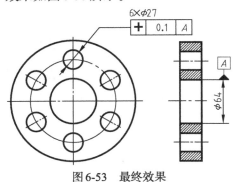

图6-53　最终效果

第7章
表面粗糙度的标注方法

表面粗糙度是指加工表面具有的较小间距和微小峰谷的不平度。其两波峰或两波谷之间的距离（波距）很小（在1mm以下），它属于微观几何形状误差。表面粗糙度越小，则表面越光滑。

7.1 表面粗糙度的国家标准

在加工零件时，由于零件表面的塑形变形以及机床精度等因素的影响，加工表面不可能绝对平整，零件表面总存在较小间距和峰谷组成的微观几何形状特征，该特征即称为表面粗糙度，如图7-1所示。

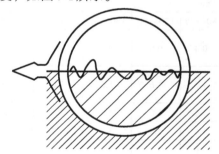
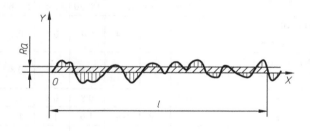

图7-1　表面粗糙度

表面粗糙度是由设计人员根据具体的设计要求进行标注的，因此零件上各个面的表面粗糙度也可能不同。比如，液压缸缸筒内壁和外壁的粗糙度要求就显著不同，因为内壁与活塞密封件之间有运动副，所以表面要求很高，因此内壁要求精加工；而外壁不与任何零部件接触，没有任何表面要求，甚至不需要加工。两者的差异体现在图纸与实物上便如图7-2所示。

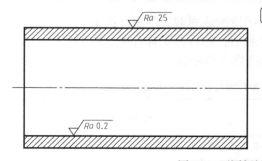

图7-2　不同粗糙度的表面情况

（1）表面粗糙度值的确定

对于设计人员来说，需要考虑零件与其他零件的配合关系，因此各个配合面的粗糙度需要着重留意。与各种配合精度相适应的表面粗糙度值可参考表7-1与表7-2。

表7-1　与配合精度相适应的最低表面粗糙度值（轴类）

配合类别	轴径/mm											
	1~3	3~6	6~10	10~18	18~30	30~50	50~80	80~120	120~180	180~260	260~360	360~500
h5、n5、m5、k5、j5、g5	0.1	0.2	0.2	0.2	0.2	0.4	0.4	0.4	0.4	0.4	0.8	0.8
s7	0.4	0.4	0.4	0.8	0.8	0.8	0.8	1.6	1.6	1.6	1.6	1.6
h6、r6、n6、m6、k6	0.2	0.2	0.2	0.4	0.4	0.4	0.4	0.8	0.8	0.8	1.6	1.6
f7	0.4	0.4	0.4	0.8	0.8	0.8	1.6	1.6	1.6	1.6	1.6	1.6
e8	0.4	0.8	0.8	0.8	0.8	1.6	1.6	1.6	1.6	1.6	1.6	1.6
d8	0.8	0.8	0.8	0.8	0.8	1.6	1.6	1.6	1.6	1.6	1.6	1.6
h7、n7、m7、k7、j7	0.2	0.4	0.4	0.4	0.8	0.8	0.8	0.8	1.6	1.6	1.6	1.6
h8、h9	0.8	0.8	0.8	1.6	1.6	1.6	1.6	3.2	3.2	3.2	6.3	6.3
d9、d10	0.8	1.6	1.6	1.6	1.6	3.2	3.2	3.2	3.2	3.2	6.3	6.3
h10	1.6	1.6	1.6	1.6	3.2	3.2	3.2	3.2	6.3	6.3	6.3	6.3
h11	1.6	1.6	1.6	1.6	3.2	3.2	3.2	3.2	6.3	6.3	6.3	6.3

表7-2　与配合精度相适应的最低表面粗糙度值（孔类）

配合类别	孔径/mm											
	1~3	3~6	6~10	10~18	18~30	30~50	50~80	80~120	120~180	180~260	260~360	360~500
H6、N6、M6、K6、J6、G6	0.2	0.2	0.2	0.4	0.4	0.4	0.4	0.4	0.8	0.8	0.8	0.8
H7、N7、M7、K7、J7、G7	0.4	0.4	0.4	0.8	0.8	0.8	0.8	1.6	1.6	1.6	1.6	1.6
F8	0.4	0.8	0.8	0.8	0.8	1.6	1.6	1.6	1.6	1.6	1.6	3.2
E8	0.8	0.8	0.8	0.8	1.6	1.6	1.6	1.6	1.6	3.2	3.2	3.2
D8	0.8	0.8	0.8	1.6	1.6	1.6	1.6	1.6	3.2	3.2	3.2	3.2
H8、N8、M8、K8、J8	0.4	0.8	0.8	0.8	0.8	1.6	1.6	1.6	3.2	3.2	3.2	3.2
H9	0.8	0.8	0.8	0.8	0.8	1.6	1.6	1.6	3.2	3.2	3.2	3.2
F9	0.8	0.8	1.6	1.6	1.6	1.3	3.2	3.2	3.2	3.2	6.3	6.3
D9、D10	0.8	1.6	1.6	1.6	1.6	1.6	3.2	3.2	3.2	6.3	6.3	6.3
H10	1.6	1.6	1.6	1.6	3.2	3.2	3.2	3.2	6.3	6.3	6.3	6.3
H11	1.6	1.6	1.6	3.2	3.2	3.2	3.2	3.2	6.3	6.3	6.3	6.3

而对于工艺编制人员来说，不同的加工方法所能达到的表面粗糙度也不一样。工艺人员需要仔细审图，查看所标明的各个表面粗糙度数值，然后再安排合理的加工工序，编制对应的工艺文件。不同级别的粗糙度与加工方法的选择可参考表7-3。

表7-3　表面粗糙度的参数值与相应加工方法

级别与代号 $Ra/\mu m$	表面状况	加工方法	适用范围
100	除净毛口	铸造、锻、热轧、冷轧、冲压切断	不加工的平滑表面。如：砂型铸造、冷铸、压力铸造、轧材、锻压、热压及各种型锻的表面

级别与代号 Ra/μm	表面状况	加工方法	适用范围
50,25	明显可见刀痕	粗车、镗、刨、钻	工序间加工时所得到的粗糙表面,亦即预先经过机械加工,如粗车、粗铣等的零件表面
12.5	微见刀痕	粗车、刨、铣、钻	
6.3	可见加工痕迹	车、镗、刨、钻、铣、锉、磨、粗铰、铣齿	不重要零件的非配合表面,如支柱、轴、外壳、衬套、盖等表面;紧固零件的自由表面,不要求定心及配合特性的表面,如用钻头钻的螺栓孔等的表面;固定支撑表面,如与螺栓头相接触的表面,键的非结合表面
3.2	微见加工痕迹	车、镗、刨、铣、刮研1~2点/cm²、拉、磨、锉、滚压、铣齿	和其他零件连接而不是配合表面,如外壳凸耳、扳手的支撑表面;要求有定心及配合特性的固定支撑表面,如定心的轴肩、槽等的表面;不重要的紧固螺纹表面
1.6	看不清加工痕迹	车、镗、刨、铣、铰、拉、磨、滚压、刮研1~2点/cm²、铣齿	要求不精确的定心及配合特性的固定支撑表面,如衬套、轴承和定位销的压入孔;不要求定心及配合特性的活动支撑面,如活动关节、花键连接、传动螺纹工作面等;重要零部件的配合表面,如导向件等
0.8	可辨加工痕迹的方向	车、镗、拉、磨、立铣、刮研3~10点/cm²、滚压	要求保证定心及配合特性的表面,如锥形销和圆柱销表面,安装滚动轴承的孔,滚动轴承的轴颈等;不要求保证定心及配合特性的活动支撑表面,如高精度的活动球状接头的表面、支撑垫圈、磨削的轮齿
0.4	微辨加工痕迹的方向	铰、磨、镗、拉、刮研3~10点/cm²、滚压	要求能长期保持所规定的配合特性的轴和孔的配合表面,如导柱、导套的工作表面;要求保证定心及配合特性的表面,如精密球轴承的压入座,轴瓦的工作表面,机床顶尖表面等;工作时承受反复应力的重要零件表面,在不破坏配合特性下工作要保证耐久性和疲劳强度所要求的表面,如曲轴和凸轮轴的工作表面
0.2	不可辨加工痕迹的方向	布轮磨、研磨、珩磨、超级加工	工作时承受反复应力的重要零件表面,保证零件的疲劳强度、防腐性和耐久性,并在工作时不破坏配合特性的表面,如轴颈表面、活塞和柱塞表面;IT5、IT6公差等级配合的表面;圆锥定心表面、摩擦表面
0.1	暗光泽面	超级加工	工作时承受较大反复应力的重要零件表面,保证零件的疲劳强度、防腐性及在活动接头工作中的耐久性表面,如活塞销表面、液压传动用的孔的表面;保证精确定心的圆锥表面
0.05	亮光泽面	超级加工	精密仪器及附件的摩擦面、量具工作面
0.025	镜状光泽面		
0.012	雾状镜面		

（2）图形符号及其含义

我国的机械制图国家标准规定了如表7-4所示的9种粗糙度符号。绘制表面粗糙度一般使用带有属性的块的方法。

表7-4　9种表面粗糙度符号及其含义

符号	意义
√	基本符号,表示用任何方法获得表面粗糙度
▽	表示用去除材料的方法获得参数规定的表面粗糙度
⌀	表示用不去除材料的方法获得表面粗糙度
√ ▽ ⌀	可在横线上标注有关参数或指定获得表面粗糙度的方法
√ ▽ ⌀	表示所有表面具有相同的表面粗糙度要求

（3）图形符号的画法及尺寸

图形符号的画法如图7-3所示，表7-5列出了图形符号的尺寸。

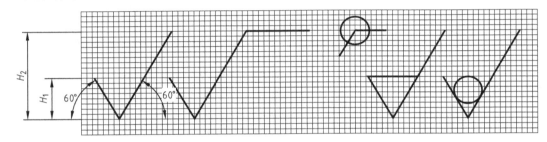

图7-3　图形符号的画法

表7-5　图形符号的尺寸　　　　　　　　　　　　mm

数字与字母的高度 h	2.5	3.5	5	7	10	14	20
高度 H_1	3.5	5	7	10	14	20	28
高度 H_2（最小值）	7.5	10.5	15	21	30	42	60

提示：H_2 取决于标注内容。

7.2　表面粗糙度的放置

实例 131　粗糙度正确的读取方向

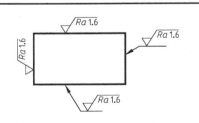

总的原则是根据GB/T 4458.4的规定,使表面粗糙度的注写和读取方向与尺寸的注写和读取方向一致。

难度：☆

素材文件:第7章\实例131 粗糙度正确的读取方向.dwg

视频文件:第7章\实例131 粗糙度正确的读取方向.mp4

① 打开素材文件"第7章\实例131 粗糙度正确的读取方向.dwg"，其中已经绘制好了一个示例图形，并且内置了一个粗糙度的图块，如图7-4所示。

② 接下来对该图形的四条边都添加一个粗糙度标注，简单介绍一下粗糙度的注写和读取方向。

③ 标注上方的和左侧的边线时，可直接将粗糙度图块放置在边线上，如图 7-5 所示。

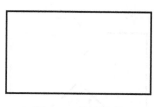

图 7-4　素材图形

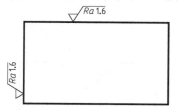

图 7-5　上方和左侧轮廓线的标注效果

④ 如果要标注右侧和底侧的边线，则需要先通过快速引线命令绘制指引箭头，然后将粗糙度符号放置在指引线上，如图 7-6 所示。

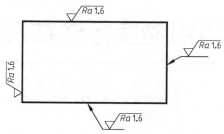

图 7-6　下方和右侧轮廓线的标注效果

实例 132　将粗糙度标注在轮廓线上

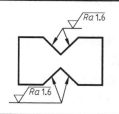

如果零件表面结构比较复杂，比如有沟槽、盲孔等，那么在标注粗糙度时不宜直接放置在表面上，需要通过引线的方式来辅助标注。

难度：☆

💿 素材文件：第 7 章\实例 132　将粗糙度标注在轮廓线上 .dwg

🎞 视频文件：第 7 章\实例 132　将粗糙度标注在轮廓线上 .mp4

① 打开素材文件"第 7 章\实例 132　将粗糙度标注在轮廓线上 .dwg"，其中已经绘制好了一零件图形，上下表面各开有一个 V 形槽，如图 7-7 所示。

② 如果要对上方的 V 形槽标注粗糙度，那么可以先输入"LE"执行快速引线命令，绘制如图 7-8 所示的两条指引线。

图 7-7　素材图形

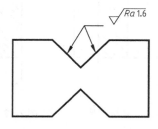

图 7-8　绘制指引线

③ 将粗糙度符号放置在指引线上，即可完成对V形槽粗糙度的标注，如图7-9所示。

④ 下方的V形槽同样使用相同方法标注，即先绘制引线，再放置粗糙度即可，如图7-10所示。

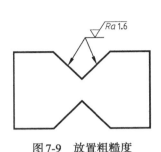

图7-9　放置粗糙度

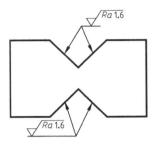

图7-10　标注下方V形槽的粗糙度

实例 133 将粗糙度标注在尺寸线上

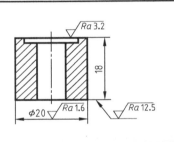

除了放置在轮廓线上外，粗糙度也可以放置在标注的尺寸线上。这种情况一般适用于具有相同表面要求的部分。

难度：☆

素材文件：第7章\实例133 将粗糙度标注在尺寸线上.dwg

视频文件：第7章\实例133 将粗糙度标注在尺寸线上.mp4

① 打开素材文件"第7章\实例133 将粗糙度标注在尺寸线上.dwg"，其中已经绘制好了一简单的零件图形，并标注好了两个尺寸，如图7-11所示。

② 由于零件是一个圆柱形，因此尺寸φ20的表面具有相同的粗糙度要求，那么在不致引起误解时，就可以直接将粗糙度符号放置在标注的尺寸线上，如图7-12所示。

③ 由于尺寸18的上下表面结构并不一样，因此一般来说都会有不同的粗糙度要求，那么就不能使用此种方法标注，而应该使用之前介绍过的方法先绘制引线，然后再进行标注，如图7-13所示。

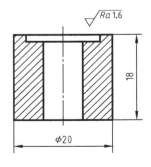

图7-11　素材图形

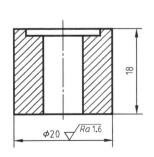

图7-12　标注尺寸φ20的粗糙度

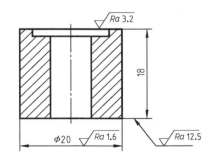

图7-13　标注尺寸18的粗糙度

7.3 特殊情况下的表面粗糙度标注方法

上面已经介绍了常规情况下粗糙度的标注方法，基本可以满足大部分的绘图设计需要。但有时也会遇到一些较特殊的结构或者设计要求，这时的粗糙度标注方法也略有不同，下面进行介绍。

实例 134 零件所有表面具有相同粗糙度的标注方法

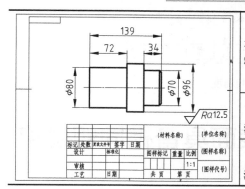

如果零件所有表面都具有相同的表面结构要求,那么就可以在图纸的右下角处,标题栏的上方放置一个粗糙度,即表明该零件所有的表面粗糙度均按此要求。

难度:☆

素材文件:第7章\实例134 零件所有表面具有相同粗糙度的标注方法.dwg

视频文件:第7章\实例134 零件所有表面具有相同粗糙度的标注方法.mp4

① 打开素材文件"第7章\实例134 零件所有表面具有相同粗糙度的标注方法.dwg"，其中已经绘制好了一零件图形，且绘制好了图纸界面和标题栏，如图7-14所示。

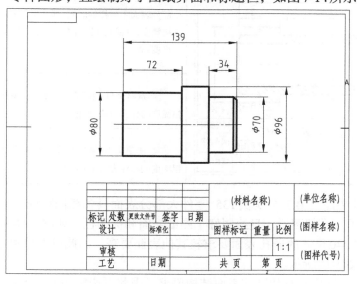

图7-14 素材图形

② 该零件为一毛坯件，因此表面结构要求不高，所有表面都只需简单处理，因此可以在图纸的右下角处、标题栏的上方放置一个粗糙度，如图7-15所示。这样即表明该零件所有的表面粗糙度均按此要求。

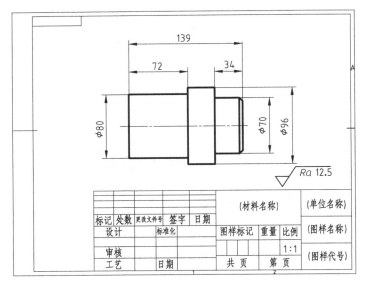

图7-15　在右下角放置粗糙度

实例 135 零件大部分表面具备相同粗糙度的标注方法

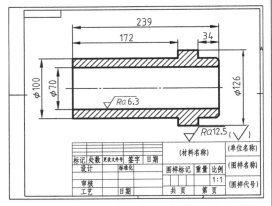

如果一个零件在大部分表面具有相同的表面结构要求,仅有小部分表面不一样的时候,那么可以先单独将小部分的表面添加粗糙度,再视其他所有表面具有相同的粗糙度来进行标注。

难度:☆

💿 素材文件:第7章\实例135 零件大部分表面具备相同粗糙度的标注方法.dwg

🎬 视频文件:第7章\实例135 零件大部分表面具备相同粗糙度的标注方法.mp4

① 打开素材文件"第7章\实例135 零件大部分表面具备相同粗糙度的标注方法.dwg",其中已经绘制好了一零件图形,且绘制好了图纸界面和标题栏,如图7-16所示。

② 该零件中ϕ40尺寸的通孔表面要求较其他表面要高,因此可以单独对该表面添加一个表面粗糙度,如图7-17所示。

③ 其余表面可视作具有相同的表面结构要求,因此可按实例134介绍的方法,在标题栏的上方放置一个粗糙度,如图7-18所示。

④ 最后在该粗糙度的后面绘制一圆括号,可以用样条曲线或者圆弧命令绘制。然后在圆括号内给出无任何其他标注的基本符号(外形为√),如图7-19所示。该方法即相当于以前的"其余"标注。

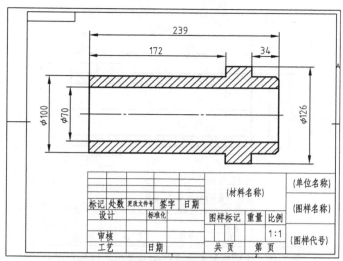

图7-16　素材图形

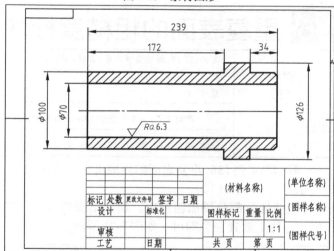

图7-17　先标注单独表面的粗糙度

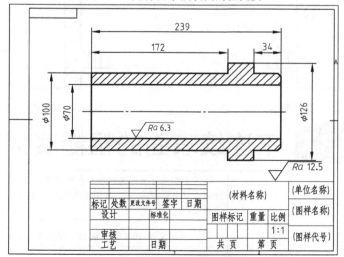

图7-18　在右下角放置粗糙度

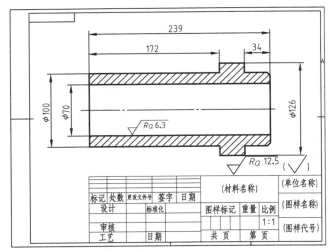

图7-19 用圆括号给出无任何其他标注的基本符号

实例 136 重复表面的粗糙度标注方法

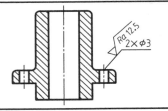

零件连续表面及重复要素(如孔、槽、齿等)的表面,其粗糙度符号只标注一次。

难度:☆

💿 素材文件:第7章\实例136 重复表面的粗糙度标注方法.dwg

📀 视频文件:第7章\实例136 重复表面的粗糙度标注方法.mp4

① 打开素材文件"第7章\实例136 重复表面的粗糙度标注方法.dwg",已标注好通孔部分的尺寸,如图7-20所示。

② 如果要对该零件上的通孔部分添加粗糙度,那么不需要对每个通孔图形都放置一个粗糙度符号,只需在尺寸标注上放置一个即可,如图7-21所示。

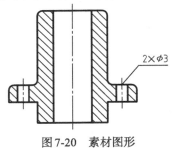

图7-20 素材图形

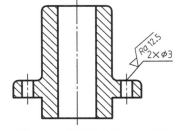

图7-21 在引线上标注粗糙度

实例 137 不连续表面的粗糙度标注方法

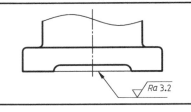

零件上如果有不连续的同一表面,如结构槽的两个面,那么在标注粗糙度时也只需要标注一次,并用细实线连接这两个面即可。

难度:☆

 素材文件:第7章\实例137 不连续表面的粗糙度标注方法.dwg

 视频文件:第7章\实例137 不连续表面的粗糙度标注方法.mp4

① 打开素材文件"第7章\实例137 不连续表面的粗糙度标注方法.dwg"，其中已经绘制好了基座的底部图形，可见基座底面因为结构优化的关系分成了左右两个部分，如图7-22所示。

② 如果要对基座的底部平面注释粗糙度，那么首先应该切换到细实线图层，然后执行"直线"命令，连接基座的底面，如图7-23所示。

③ 通过快速引线命令绘制指引线，再标注粗糙度，最终效果如图7-24所示。

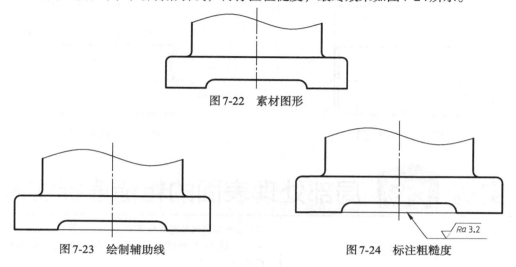

图7-22　素材图形

图7-23　绘制辅助线　　　　　　　图7-24　标注粗糙度

实例 138 同一表面不同位置粗糙度不同时的标注方法

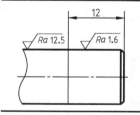

	同一表面有不同的表面粗糙度要求时,须用细实线画出其分界线,并注出相应的表面粗糙度的符号和尺寸。
	难度：☆
	素材文件:第7章\实例138 同一表面不同位置粗糙度不同时的标注方法.dwg
	视频文件:第7章\实例138 同一表面不同位置粗糙度不同时的标注方法.mp4

① 打开素材文件"第7章\实例138 同一表面不同位置粗糙度不同时的标注方法.dwg"，其中已经绘制好了一段轴体，如图7-25所示。该轴的前端要求粗糙度为1.6，而后端可简单处理，实际效果照片如图7-26所示。

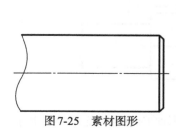

图7-25　素材图形

图7-26　实际效果

② 要标注这样的零件，就需要先切换至细实线图层，然后绘制出分界线，接着对该分段进行标注，表示不同粗糙度的范围，如图7-27所示。

③ 接着采用前面介绍过的方法，对不同的表面各放置一个粗糙度符号，并更改粗糙度数值，最终效果如图7-28所示。

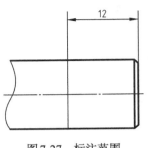

图7-27　标注范围

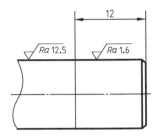

图7-28　标注结果

实例 139 局部处理表面的粗糙度标注方法

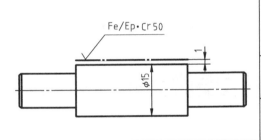

需要表示局部热处理或局部镀涂时，应用粗点画线画出其范围并标注相应的尺寸，也可将其要求注写在表面粗糙度符号内。

难度：☆

素材文件：第7章\实例139 局部处理表面的粗糙度标注方法.dwg

视频文件：第7章\实例139 局部处理表面的粗糙度标注方法.mp4

① 打开素材文件"第7章\实例139 局部处理表面的粗糙度标注方法.dwg"，其中已经绘制好了一活塞杆零件，如图7-29所示。

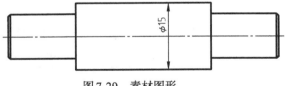

图7-29　素材图形

② 现要求对该活塞杆的φ15尺寸杆体进行表面镀铬处理，那么就需要先用粗点画线在该段杆体的上方绘制一条直线（间距可视图形大小进行调整，一般为1~2），表示镀铬处理的范围，如图7-30所示。

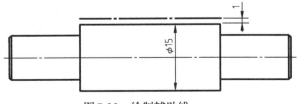

图7-30　绘制辅助线

③ 由于表面处理是一种不去除材质的处理方式，因此它的粗糙度符号会和前面例子中

的有点区别，具体可见表7-4。

④ 接着在该点画线上放置相应的粗糙度符号，并填写镀铬要求，最终效果如图7-31所示。

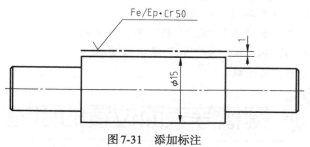

图7-31　添加标注

实例 140 带加工余量的表示方法

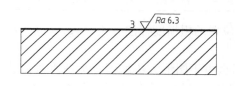

如果零件表面要求有加工余量，那么在标注粗糙度的时候，应该将余量注写在粗糙度符号的左侧，余量单位为毫米。

难度：☆

💿 素材文件：第7章\实例140 带加工余量的表示方法.dwg

🎬 视频文件：第7章\实例140 带加工余量的表示方法.mp4

① 打开素材文件"第7章\实例140 带加工余量的表示方法.dwg"，其中已经绘制好了一零件表面，如图7-32所示。

② 如果该表面在加工时要留有余量，那么可以先按常规方法添加一粗糙度，如图7-33所示。

图7-32　素材图形

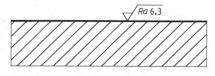

图7-33　标注粗糙度

③ 接着使用单行文字命令，在粗糙度符号的左下方填写加工余量数值，如3，效果如图7-34所示。

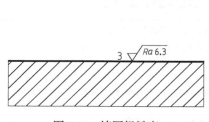

图7-34　填写粗糙度

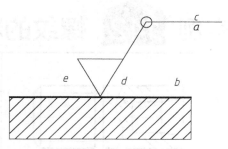

图7-35　粗糙度符号组成

提示：粗糙度符号上不同的位置的注释有不同的含义，如图7-35所示。

➤ *a*：绘图区是AutoCAD的主要工作区域，用户进行的操作和所绘制的图形都会显示在该区域中。而十字光标则是鼠标指针在绘图区的显示效果。

➤ *b*：注写第二表面位置要求，可省略。

➤ *c*：注写加工方法，如"车""铣""磨"等，可省略。

➤ *d*：注写纹理方向，如"=""x""m"等，可省略。

➤ *e*：注写加工余量，可省略。

实例 141　键槽等表面位置的粗糙度标注方法

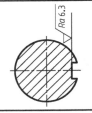

如果要对键槽等结构的工作表面添加粗糙度标注,那么可以绘制一条细实线来延伸平面,然后将粗糙度放置在该细实线上。

难度：☆

素材文件:第7章\实例141　键槽等表面位置的粗糙度标注方法.dwg

视频文件:第7章\实例141　键槽等表面位置的粗糙度标注方法.mp4

① 打开素材文件"第7章\实例141　键槽等表面位置的粗糙度标注方法.dwg"，其中已绘制好了一键槽部分的断面图，如图7-36所示。

② 如果要对该键槽的安装底面添加粗糙度，那么由于图形大小所限，无法直接放置在轮廓线上，因此可以切换到细实线图层，然后用直线命令绘制一条底面的延伸线，如图7-37所示。

③ 按照之前介绍的方法，除了放置在轮廓线上外，还可以放置在相关的尺寸界线上。以表面2为例，如果要对表面2添加形位公差，那么执行快速引线命令后可将箭头指定在上方的尺寸界线上，如图7-38所示。

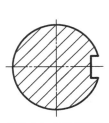 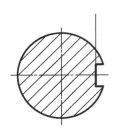 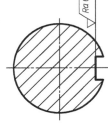

图7-36　素材图形　　　图7-37　绘制辅助线　　　图7-38　标注结果

实例 142　螺纹的粗糙度标注方法

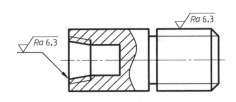

如果带有螺纹的零件采用的是简化画法,即没有绘制牙型,表面粗糙度可以标注在尺寸线或指引线上。

难度：☆

素材文件:第7章\实例142　螺纹的粗糙度标注方法.dwg

视频文件:第7章\实例142　螺纹的粗糙度标注方法.mp4

① 打开素材文件"第7章\实例142 螺纹的粗糙度标注方法.dwg",其中已经绘制好了一螺纹杆图形,其左侧为螺纹孔,右侧为螺纹杆,如图7-39所示。

② 如果要对该零件的螺纹杆部分标注粗糙度,那么可以直接将粗糙度放置在螺纹部分的粗实线上,如图7-40所示。

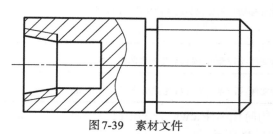

图7-39 素材文件

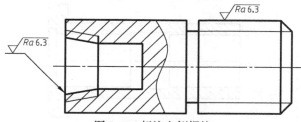

图7-40 标注右侧螺纹

③ 如果要标注左侧螺纹孔部分的粗糙度,那么则可以先通过快速引线命令绘制一指引线,接着将粗糙度放置在指引线上进行标注,如图7-41所示。

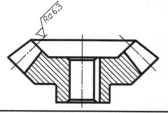

图7-41 标注左侧螺纹

实例 143 齿轮类零件的粗糙度标注

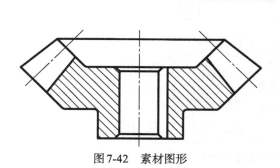 附图 *Ra* 6.3	齿轮、渐开线花键的工作表面没画出齿形时,表面粗糙度代号注在分度线上。
	难度:☆
	素材文件:第7章\实例143 齿轮类零件的粗糙度标注.dwg
	视频文件:第7章\实例143 齿轮类零件的粗糙度标注.mp4

① 打开素材文件"第7章\实例143 齿轮类零件的粗糙度标注.dwg",其中已经绘制好了一个锥齿轮图形,如图7-42所示。

② 如果要对该锥齿轮的齿形部分标注表面粗糙度,那么可以直接标注在其分度线上,一般在绘制齿轮类图形时都需要绘制出分度线,如图7-43所示。

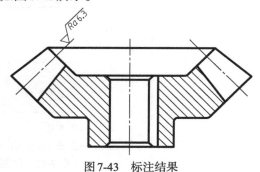

图7-42 素材图形

图7-43 标注结果

实例 144 粗糙度的简化标注

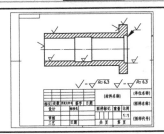

为了简化图纸界面,或标注位置受到限制时,可以标注简化的粗糙度代号,但必须在标题栏附近说明这些简化代号的意义。

难度:☆

素材文件:第7章\实例144 粗糙度的简化标注.dwg

视频文件:第7章\实例144 粗糙度的简化标注.mp4

① 打开素材文件"第7章\实例144 粗糙度的简化标注.dwg",其中已经绘制好了一筒状零件图形,且绘制好了图纸界面和标题栏,如图7-44所示。

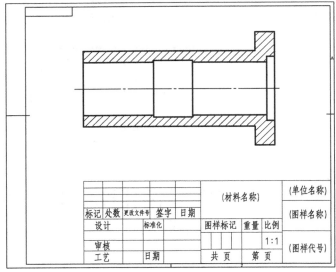

图7-44 素材图形

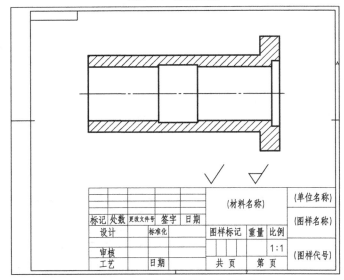

图7-45 绘制简化的粗糙度符号

② 如果要求该筒状零件的所有内壁粗糙度均为1.6，而所有外表面都为6.3，那么由于零件本身结构问题，按照常规方法进行标注的话会显得非常零乱，因此本例可以简化标注表面粗糙度。

③ 输入"L"执行直线命令，根据图7-45给出的尺寸参数，在图纸右下角、标题栏上方绘制两个简化的粗糙度符号，如图7-45所示。

④ 使用插入图块的方式调入两个粗糙度符号，然后通过直线命令绘制等号，以此来说明这两个符号所指代的粗糙度含义，如图7-46所示。

⑤ 将符号"√"添加至零件所有的外表面，然后将"√"符号添加至所有内壁表面，如图7-47所示。这样就通过简化标注的方法为零件的所有表面添加了粗糙度。

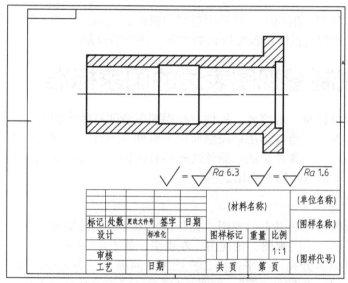

图7-46 完善图形

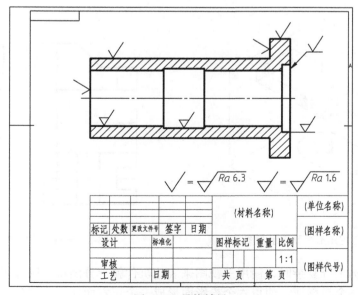

图7-47 最终效果

第**8**章

视图常用的表达方法

机械工程图样是用一组视图，并采用适当的投影方法表达机械零件的内外结构形状。视图是按正投影法即机件向投影面投影得到的图形，视图的绘制必须符合投影规律。

8.1 机械制图视图表达的国家标准

机件向投影面投影时，观察者、机件与投影面三者间有两种相对位置：机件位于投影面和观察者之间时称为第一角投影法；投影面位于机件与观察者之间时称为第三角投影法。我国国家标准规定采用第一角投影法。除此之外还有向视图、局部视图、斜视图、剖视图等多种视图表达方法，下面进行简单介绍。

（1）基本视图

三视图是机械图样中最基本的视图，它是将物体放在三投影面体系中，分别向三个投影面投射所得到的图形，即主视图、俯视图、左视图，如图8-1所示。

将三投影面体系展开在一个平面内，三视图之间满足三等关系，即"主俯视图长对正、主左视图高平齐、俯左视图宽相等"，如图8-2所示，三等关系这个重要的特性是绘图和读图的依据。

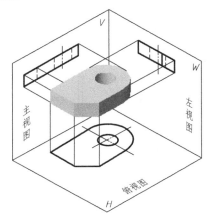

图8-1 三视图形成原理示意图

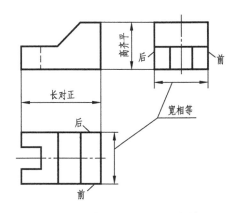

图8-2 三视图之间的投影规律

当机件的结构十分复杂时，使用三视图来表达机件就十分困难。国标规定，在原有的三个投影面上增加三个投影面，使得六个投影面形成一个正六面体，它们分别是：右视图、主视图、左视图、后视图、仰视图、俯视图，如图8-3所示。

- ➤ 主视图：由前向后投影的是主视图。
- ➤ 俯视图：由上向下投影的是俯视图。
- ➤ 左视图：由左向右投影的是左视图。
- ➤ 右视图：由右向左投影的是右视图。
- ➤ 仰视图：由下向上投影的是仰视图。
- ➤ 后视图：由后向前投影的是后视图。
- ➤ 各视图展开后都要遵循"长对正、高平齐、宽相等"的投影原则。

（2）向视图

有时为了便于合理地布置基本视图，可以采用向视图。

向视图是可自由配置的视图，它的标注方法为：在向视图的上方注写"X"（X为大写的英文字母，如"A""B""C"等），并在相应视图的附近用箭头指明投影方向，并注写相同的字母，如图8-4所示。

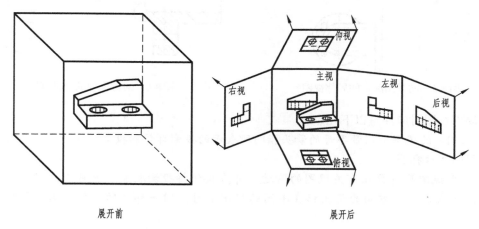

图8-3　6个投影面及展开示意图

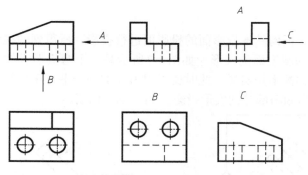

图8-4　向视图示意图

（3）局部视图

当采用一定数量的基本视图时，机件上仍有部分结构形状尚未表达清楚，而又没有必要再画出其他的完整的基本视图时，可采用局部视图来表达。

局部视图是将机件的某一部分向基本投影面投影得到的视图。局部视图是不完整的基本视图，利用局部视图可以减少基本视图的数量，使表达简洁，重点突出。

局部视图一般用于下面两种情况：

➤ 用于表达机件的局部形状。如图8-5所示，画局部视图时，一般可按向视图（指定某个方向对机件进行投影）的配置形式配置。当局部视图按基本视图的配置形式配置时，可省略标注。

➤ 用于节省绘图时间和图幅，对称的零件视图可只画一半或四分之一，并在对称中心线画出两条与其垂直的平行细直线，如图8-6所示。

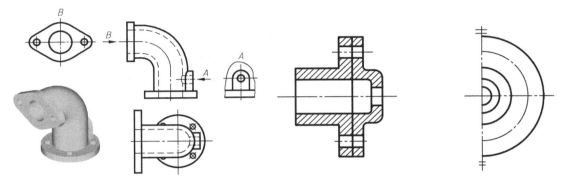

图8-5　向视图配置的局部视图　　　　图8-6　对称零件的局部视图

画局部视图时应注意以下几点：

➤ 在相应的视图上用带字母的箭头指明所表示的投影部位和投影方向，并在局部视图上方用相同的字母标明。

➤ 局部视图尽量画在有关视图的附近，并直接保持投影联系。也可以画在图纸内的其他地方。当表示投影方向的箭头标在不同的视图上时，同一部位的局部视图的图形方向可能不同。

➤ 局部视图的范围用波浪线表示，所表示的图形结构完整且外轮廓线又封闭时，则波浪线可省略。

（4）斜视图

将机件向不平行于任何基本投影面的投影面进行投影，所得到的视图称为斜视图。斜视图适合于表达机件上的斜表面的实形。如图8-7所示是一个弯板形机件，它的倾斜部分在俯视图和左视图上的投影都不是实形。此时就可以另外加一个平行于该倾斜部分的投影面，在该投影面上则可以画出倾斜部分的实形投影，如 "A"向所示。

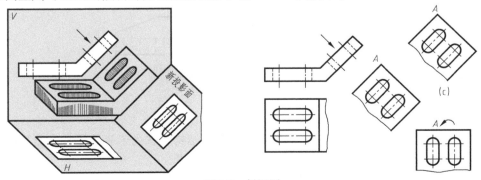

图8-7　斜视图

斜视图的标注方法与局部视图相似，并且应尽可能配置在与基本视图直接保持投影联系的位置，也可以平移到图纸内的适当地方。为了画图方便，也可以旋转。此时应在该斜视图上方画出旋转符号，表示该斜视图名称的大写字面靠近旋转符号的箭头端，如图8-7所示。也允许将旋转角度标注在字母之后。旋转符号为带有箭头的半圆，半圆的线宽等于字体笔画的宽度，半圆的半径等于字体高度，箭头表示旋转方向。

画斜视图时增设的投影面只垂直于一个基本投影面，因此，机件上原来平行于基本投影面的一些结构，在斜视图中最好以波浪线为界而省略不画，以避免出现失真的投影。

（5）剖视图

用剖切平面剖开机件，将处在观察者和剖切平面之间的部分移去，而将其余部分向投影面投射所得的图形称为剖视图，简称剖视，如图8-8所示。

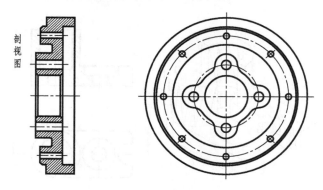

图8-8　剖视图

当剖切面将机件切为两部分后，移走距观察者近的部分，投影的是距观察者远的部分。剖视图将机件剖开，使内部原本不可见的孔、槽可见了，虚线变成了可见线。由此解决了内部虚线问题。

综上所述，"剖视"的概念可以归纳为以下三个字。

➢ 剖——假想用剖切面剖开物体。

➢ 移——将处于观察者与剖切面之间的部分移去。

➢ 视——将其余部分向投影面投射。

为了用较少的图形完整清晰地表达机械结构，就必须使每个图形能较多地表达机件的形状。在同一个视图中将普通视图与剖视图结合使用，能够最大限度地表达更多结构。按剖切范围的大小，剖视图可分为全剖视图、半剖视图、局部剖视图。按剖切面的种类和数量，剖视图可分为阶梯剖视图、旋转剖视图、斜剖视图和复合剖视图。

提示：剖视图的画法应遵循以下原则。

➢ 剖面区域在剖视图中，剖切面与机件接触的部分称为剖面区域。国家标准规定，剖面区域内要画上剖面符号。不同的材料采用不同的剖面符号。

➢ 剖切假想性。由于剖切是假想的，虽然机件的某个视图画成剖视图，但机件仍是完整的，因此机件的其他图形在绘制时不受其影响。

➢ 剖切面位置。为了清楚表达机件内部结构形状，应使剖切面尽量通过机件较多的内部结构（孔、槽等）的轴线、对称面等，且平行于选定的投影面，并用剖切符号表示。

➢ 内外轮廓要完整。机件剖开后，处在剖切平面之后的所有可见轮廓线都应完整画出，不得遗漏。

➤ 要画剖面符号。在剖视图中，凡是被剖切的部分应画上剖面符号。金属材料的剖面符号应画成与水平方向成45°的互相平行、间隔均匀的细实线，同一机件各个视图的剖面符号应相同。但是当图形主要轮廓与水平方向成45°或接近45°时，该图剖面线应画成与水平方向成30°或60°角，其倾斜方向仍应与其他视图的剖面线一致。

➤ 剖切符号和剖视图名称。剖切符号由粗短画和箭头组成，粗短画（长5~10mm）表示剖切位置，箭头（画在粗短画的外端，并与粗短画垂直）表示投射方向。

（6）全剖视图

用剖切平面将机件全部剖开后进行投影所得到的剖视图称为全剖视图，如图8-9所示。全剖视图一般用于表达外部形状比较简单，而内部结构比较复杂的机件。

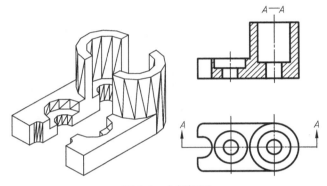

图8-9　全剖视图

提示：当剖切平面通过机件对称平面，且全剖视图按投影关系配置，中间又无其他视图隔开时，可以省略剖切符号标注，否则必须按规定方法标注。

（7）半剖视图

当物体具有对称平面，且向垂直对称平面的投影面上投影时，可以以对称中心线为界，一半画成剖视图，另一半画成普通视图，这种剖视图称为半剖视图，如图8-10所示。

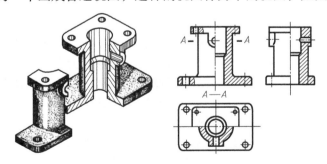

图8-10　半剖视图

半剖视图主要用于内、外形状都需要表达的对称机件。画半剖视图时，剖视图与视图应以点画线为分界线，剖视图一般位于主视图对称线的右侧、俯视图对称线的下方、左视图对称线的右方。

当机件形状接近对称，并且不对称部分已另有图形表达清楚时，亦允许采用半剖视图，如图8-11所示。

（8）局部剖视图

用剖切平面局部地剖开机件所得的剖视图称为局部剖视图，如图8-12所示。局部剖视图一般使用波浪线或双折线分界来表示剖切的范围。

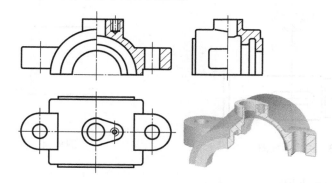

图8-11　不对称图形的半剖视图

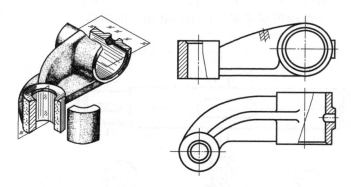

图8-12　局部剖视图

局部剖视是一种比较灵活的表达方法，剖切范围根据实际需要决定。但使用时要考虑看图方便，剖切不要过于零碎。它常用于下列两种情况。

➤ 机件只有局部内部结构要表达，而又不便或不宜采用全部剖视图时。

➤ 不对称机件需要同时表达其内、外形状时，宜采用局部剖视图。

（9）移出断面图

移出断面图的轮廓线用粗实线绘制，画在视图的外面，尽量放置在剖切位置的延长线上，一般情况下只需画出断面的形状。但是，当剖切平面通过回转曲面形成的孔或凹槽时，此孔或凹槽按剖视图画，或当断面为不闭合图形时，要将图形画成闭合的图形。

完整的剖面标记由3部分组成：粗短线表示剖切位置，箭头表示投影方向，拉丁字母表示断面图名称。当移出断面图放置在剖切位置的延长线上时，可省略字母；当图形对称（向左或向右投影得到的图形完全相同）时，可省略箭头；当移出断面图配置在剖切位置的延长线上，且图形对称时，可不加任何标记，如图8-13所示。

（10）重合断面图

剖切后将断面图形重叠在视图上，这样得到的剖面图称为重合断面图。

重合断面图的轮廓线要用细实线绘制，而且当断面图的轮廓线和视图的轮廓线重合时，视图的轮廓线应连续画出，不应间断。当重合断面图形不对称时，要标注投影方向和断面位置标记，如图8-14所示。

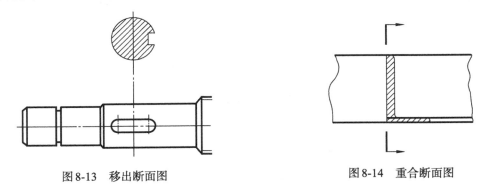

图8-13　移出断面图　　　　　　　图8-14　重合断面图

（11）局部放大视图

为了清楚地表达机件上某个细小的结构，如倒角、圆角或退刀槽、越程槽等，常将机件上的这些结构用大于原图形所采用的比例绘制出来的图形，即为局部放大图，如图8-15所示。

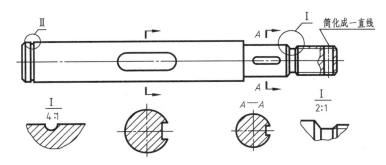

图8-15　局部放大图

绘制局部放大图应注意以下几点。

➢ 局部放大图可画成视图、剖视图，它与被放大部分的表达方式无关。

➢ 局部放大图应尽量配置在被放大部位的附近，在局部放大视图中应标注放大所采用的比例。

➢ 同一机件上不同部位放大视图，当图形相同或对称时，只需要画出一个。

必要时可用多个图形来表达同一被放大部分的结构。

（12）简化视图

在机械制图中，简化视图很多，下面对常用的几种简化视图进行介绍。

➢ 对于机件的肋、轮辐及薄壁等，如纵向剖切，这些结构都不画剖面符号，而用细实线与其邻接部分分开，如图8-16所示。

➢ 在剖视图中的剖面区域中再做一次剖视图，两者剖面线应同方向、同间隔，但要相互错开，并用引出线标注局部视图的名称，如图8-17所示。

➢ 零件的工艺结构（如小圆角、倒角、退刀槽）可不画出。

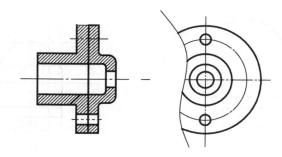

图8-16　简化画法

➤ 若干相同零件组，如螺栓连接等，可仅画一组或几组，其余各组标明其装配位置即可。

➤ 用细实线表示带传动中的带，用点画线表示传动链中的链条，如图8-18所示。

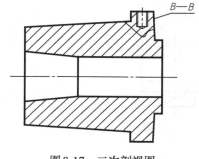

图8-17　二次剖视图

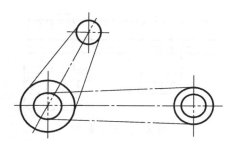

图8-18　带/链传动简化画法

提示： GB/T 17451《技术制图图样法》还规定了多种机件的简化法。读者可以在实际应用中进行查找与参考。

8.2　常规视图

实例 145　向视图的绘制方法

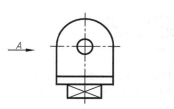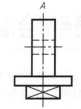

向视图是可自由配置的视图，它的标注方法为：在向视图的上方注写"X"（X为大写的英文字母，如"A""B""C"等)，并在相应视图的附近用箭头指明投影方向，并注写相同的字母。

难度：☆

💿 素材文件：第8章\实例145 向视图的绘制方法.dwg

🎬 视频文件：第8章\实例145 向视图的绘制方法.mp4

① 打开素材文件"第8章\实例145 向视图的绘制方法.dwg"，其中已经创建好了一个简单的零件图形，如图8-19所示。接下来绘制它的A向视图。

② 单击"绘图"面板中的 按钮，激活"构造线"命令，分别通过主视图各特征点绘制水平构造线，如图8-20所示。

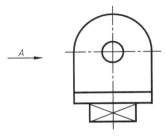

图 8-19   素材文件

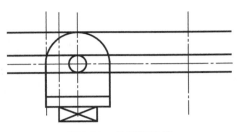

图 8-20   绘制构造线

③ 使用"直线"命令，绘制如图 8-21 所示的轮廓。

④ 使用"修剪"和"删除"命令，对各构造线进行修剪，删除多余的部分，绘制各中心线，结果如图 8-22 所示。

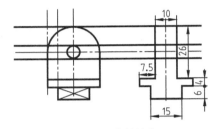

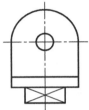

图 8-21   绘制轮廓

图 8-22   偏移轮廓线

⑤ 在所绘制视图的上方输入文字"A"，即可以表示其为左侧零件的A向视图，如图 8-23 所示。

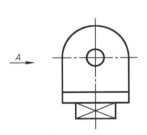

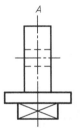

图 8-23   下方和右侧轮廓线的标注效果

实例 146   向视图的局部绘制方法

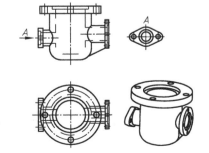

实例 145 中是将零件的整个外形都按指定的方向绘制了出来。但如果零件外形复杂，这种绘制方法则工作量太大。因此可以只绘制出需要表达的、较为特殊的局部部位。

难度:☆

素材文件:第8章\实例146 向视图的局部绘制方法.dwg

视频文件:第8章\实例146 向视图的局部绘制方法.mp4

① 打开素材文件"第8章\实例146 向视图的局部绘制方法.dwg",其中已经绘制好了一零件的主视图和俯视图,右下方还有它的三维效果,如图8-24所示。

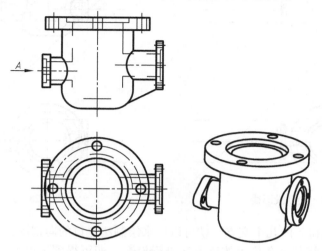

图8-24 素材文件

② 如果要绘制该零件的A向视图,那么工作量会非常巨大。但由于该零件本身外形较为常规,因此A向视图中其实只需绘制出该方向上的法兰接口即可,具体方法就是通过上文介绍的投影法进行绘制。

③ 执行构造线命令,以主视图法兰口的上下端点和中心点为通过点,绘制三条投影线,如图8-25所示。

④ 再执行一次构造线命令,以主视图法兰口的中心点为通过点,绘制一条45°的辅助线,如图8-26所示。

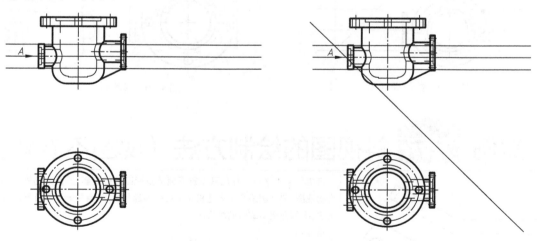

图8-25 绘制投影线   图8-26 绘制45°的辅助线

⑤ 以相同的方法,以俯视图上法兰口的上下端点、中心点为通过点,绘制三条投影线,如图8-27所示。

⑥ 以俯视图的三条投影线与45°辅助线的交点为通过点,使用构造线或者射线命令,向上绘制三条投影线,如图8-28所示。

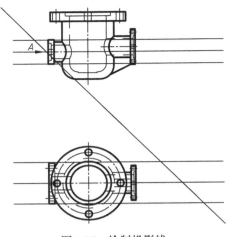

图8-27   绘制投影线

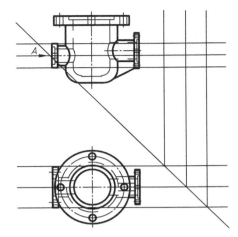

图8-28   投影相接

⑦ 主视图右侧得到的几个交点，就可以用来绘制法兰口的向视图，如图8-29所示。

⑧ 补全细节，将其余孔位也按该方法进行投影，即可得到最终效果，如图8-30所示。

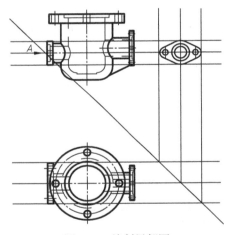

图8-29   绘制局部图

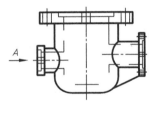

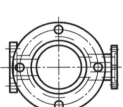

图8-30   最终效果

实例 147 斜视图的绘制方法（视图不旋转）

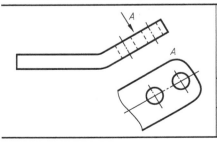

将机件向不平行于任何基本投影面的投影面进行投影，所得到的视图称为斜视图。斜视图适合于表达机件上的斜表面的实形，有旋转和不旋转两种画法，本例介绍不旋转的画法。

难度：☆

素材文件：第8章\实例147 斜视图的绘制方法（视图不旋转）.dwg

视频文件：第8章\实例147 斜视图的绘制方法（视图不旋转）.mp4

① 打开素材文件"第8章\实例147 斜视图的绘制方法（视图不旋转）.dwg"，其中已经绘制好了弯板图形，并配有三维效果供读者参考，如图8-31所示。接下来绘制A向视图的斜视图。

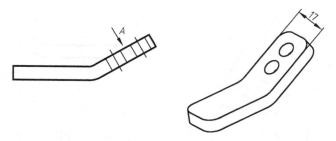

图 8-31 素材文件

② 如果使用视图不旋转的方法进行绘制，那么需要先根据投影规则绘制垂直于斜表面的投影线，然后在投影线的基础之上绘制零件的视图轮廓。

③ 绘制垂直于斜表面的垂线。执行构造线命令，然后按住 Shift 键并单击鼠标右键，在弹出的临时捕捉菜单中选择"垂直"选项，如图 8-32 所示。

④ 将光标移至斜表面上，可见出现垂足点捕捉标记，此时在任意位置单击，都可确保所绘制直线与斜表面垂直，如图 8-33 所示。

图 8-32 选择垂直选项

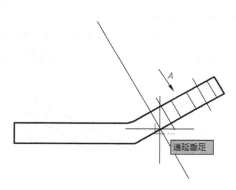

图 8-33 选择垂足

⑤ 使用相同方法绘制其余特征点的投影线，如图 8-34 所示。

⑥ 再绘制一条垂直于投影线的辅助线，此即斜视图的中心线，如图 8-35 所示。

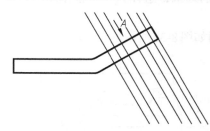

图 8-34 绘制投影线

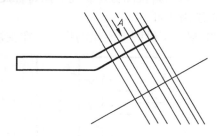

图 8-35 绘制斜视图的中心线

⑦ 将该中心线向两侧各偏移 8.5，即弯板零件的宽度 17，如图 8-36 所示。

⑧ 此时已经得到了斜视图的大致轮廓，接下来补全细节即可，如图 8-37 所示。

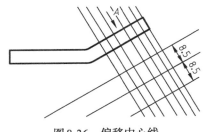

图8-36　偏移中心线

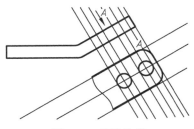

图8-37　最终效果

实例 148 斜视图的绘制方法（视图旋转）

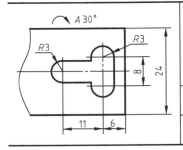

通过上例可知，斜视图如果不旋转的话，需要根据投影规则进行绘制，过程需另行绘制大量投影辅助线，整体来说较为复杂。如果不旋转的话那么绘制过程会简单很多，只需根据零件特征直接绘制即可。

难度：☆

💿 素材文件：第8章\实例148 斜视图的绘制方法（视图旋转）.dwg

🎬 视频文件：第8章\实例148 斜视图的绘制方法（视图旋转）.mp4

① 打开素材文件"第8章\实例148 斜视图的绘制方法（视图旋转）.dwg"，其中已经绘制好了弯板图形，并配有三维效果供读者参考，如图8-38所示。

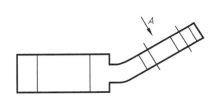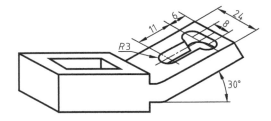

图8-38　素材图形

② 由于该弯板零件较为复杂，采用不旋转的斜视图时需要绘制大量的投影线，因此本例采用旋转的斜视图方法，将A向特征旋转为正视图的效果，这样只需要根据图形的尺寸进行直接绘制即可。

③ 根据三维图上给出的尺寸，在主视图下方绘制如图8-39所示的A向视图。

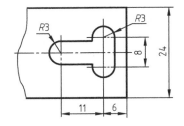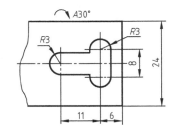

图8-39　绘制向视图　　　　　　　　　　　　图8-40　最终效果

④ 因为是A向视图的斜视图，因此要在图形上方添加文字A，此外应在该斜视图上方画出旋转符号，旋转符号为带有箭头的半圆，半圆的线宽等于字体笔画的宽度，半圆的半径等于字体高度，箭头表示旋转方向，最终效果如图8-40所示。

实例 149 局部放大图的绘制方法

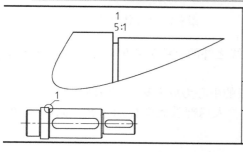

为了清楚地表达机件上的某些细小结构，将这部分结构用大于原图形的比例画出，称为局部放大图。在AutoCAD中可以通过"多重引线""圆""复制"和"缩放"等命令来绘制局部放大图。

难度：☆☆

素材文件：第8章\实例149 局部放大图的绘制方法.dwg

视频文件：第8章\实例149 局部放大图的绘制方法.mp4

① 打开素材文件"第8章\实例149 局部放大图的绘制方法.dwg"，其中已经创建好了一个简单的轴图形，如图8-41所示。

② 将"轮廓线"图层设置为当前图层，单击"绘图"面板上的⊘按钮，以（142，228）为圆心，绘制半径为8的圆，结果如图8-42所示。

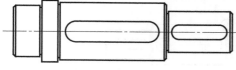

图8-41 素材文件

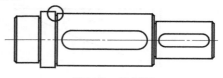

图8-42 绘制圆

③ 将"引线"设置为当前层，显示菜单栏选择菜单"标注"|"多重引线"命令，绘制多重引线，结果如图8-43所示。

④ 选择绘制的引线，单击"选项板"面板上的▤按钮，在弹出的"特性面板"对话框中设置参数，结果如图8-44所示。

⑤ 显示菜单栏，选择菜单"绘图"|"文字"|"多行文字"命令，输入数字1，如图8-45所示。

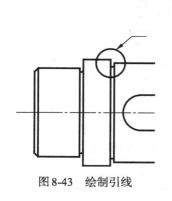

图8-43 绘制引线

图8-44 "特性面板"对话框

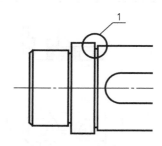

图8-45 指示局部放大位置

⑥ 执行"复制"命令，复制圆内的直线到图形附近的位置，结果如图8-46所示。

⑦ 单击"绘图"面板上的按钮，绘制样条曲线，结果如图8-47所示。

图8-46　复制结果　　　　　　　　　　图8-47　绘制样条曲线

⑧ 使用快捷键"TR"激活修剪命令，以样条曲线之外的直线为修剪对象，修剪多余轮廓，结果如图8-48所示。

⑨ 执行"缩放"命令，以阶梯槽左侧竖直短线段的中心为放大基点，将图形放大5倍。

⑩ 执行"多行文字"命令，在填充图上方复制输入局部放大图标示，文字高度为10，最终结果如图8-49所示。

图8-48　修剪结果　　　　　　　　　　图8-49　局部放大视图

8.3　剖视图

在机械绘图中，三视图可基本表达机件外形，对于简单的内部结构可用虚线表示。但当零件的内部结构较复杂时，视图的虚线也将增多，要清晰地表达机件内部形状和结构，必须采用剖视图的画法。

实例 150 全剖视图的绘制方法

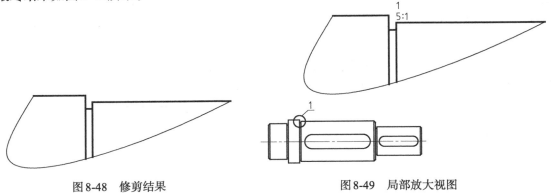

剖视图是用假象的剖切面将零件切开,观察者由剩余部分观察零件的视图,用于表达零件的内部结构,剖切到的零件部分用图案填充表示。全剖视图顾名思义就是将零件整个部分剖开,完全展示其内部特征。一些板、块、圆柱状的零件常使用全剖视图表示。

难度:☆☆☆

素材文件:第8章\实例150 全剖视图的绘制方法.dwg

视频文件:第8章\实例150 全剖视图的绘制方法.mp4

① 打开素材文件"第8章\实例150 全剖视图的绘制方法.dwg"，其中已经绘制好了一零

件图，如图8-50所示。接下来以全剖的方式在其上方绘制主视图。

② 将"轮廓线层"设置为当前图层，在命令行输入"RAY"，由俯视图向上绘制射线，并绘制一条水平直线（线1），如图8-51所示。

③ 将线1向上偏移30、70和75个单位，如图8-52所示，然后绘制加强筋轮廓如图8-53所示。

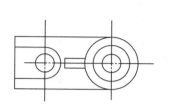

图8-50　素材文件

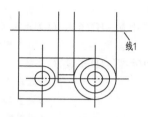

图8-51　绘制射线

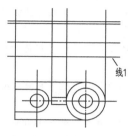

图8-52　偏移线1

④ 在命令行输入"TR"，修剪出主视图的轮廓如图8-54所示。

⑤ 再次使用"射线"命令，由俯视图向上引出射线，如图8-55所示。

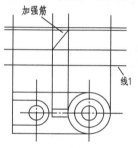

图8-53　绘制筋轮廓

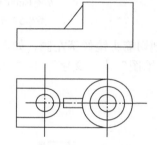

图8-54　修剪图形

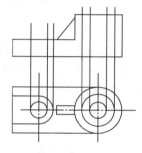

图8-55　绘制射线

⑥ 将主视图底线分别向上偏移20和50个单位，如图8-56所示。然后进行修剪，修剪出孔的轮廓如图8-57所示。

⑦ 将"细实线层"设置为当前图层，单击"绘图"面板中的"图案填充"按钮，使用ANSI31图案，填充区域如图8-58所示。

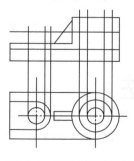

图8-56　偏移水平轮廓线

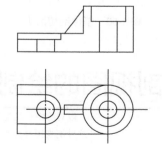

图8-57　修剪孔结构

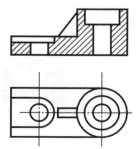

图8-58　图案填充效果

⑧ 单击"绘图"面板中的"多段线"按钮，或者在命令行输入"PL"，绘制剖切符号箭头，命令行操作如下：

命令：PL↙

PLINE

指定起点：   //在俯视图水平中心线延伸线上任意位置指定
            起点

当前线宽为 0.0000

指定下一个点或 [圆弧 (A)/半宽 (H)/长度 (L)/放弃 (U)/宽度 (W)]：@20, 0↙
            //输入相对坐标，完成样条曲线第一段

指定下一点或 [圆弧 (A)/闭合 (C)/半宽 (H)/长度 (L)/放弃 (U)/宽度 (W)]：@0, 15↙
            //输入相对坐标，完成样条曲线第二段

指定下一点或 [圆弧 (A)/闭合 (C)/半宽 (H)/长度 (L)/放弃 (U)/宽度 (W)]：H
            //选择"宽度"选项

指定起点半宽 <0.0000>：4 ↙   //设置起点宽度为4

指定端点半宽 <2.0000>：0↙   //设置终点宽度为0

指定下一点或 [圆弧 (A)/闭合 (C)/半宽 (H)/长度 (L)/放弃 (U)/宽度 (W)]：@0, 12
            //输入相对坐标，确定箭头长度

指定下一点或 [圆弧 (A)/闭合 (C)/半宽 (H)/长度 (L)/放弃 (U)/宽度 (W)]：↙
            //按 Enter 键结束多段线，绘制的剖切箭头如
            图8-59所示。

⑨ 在命令行输入"MI"，将剖切箭头镜像至左侧，如图8-60所示。

⑩ 显示菜单栏，选择菜单"绘图" | "文字" | "单行文字"命令，为剖切视图添加注释，如图8-61所示。

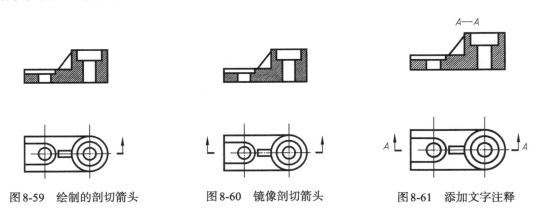

图8-59 绘制的剖切箭头   图8-60 镜像剖切箭头   图8-61 添加文字注释

实例 151 半剖视图的绘制方法

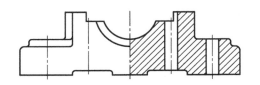   以对称中心线为界，一半画成剖视图，另一半画成普通视图，这种剖视图称为半剖视图。一些箱体、套筒类零件常绘制成半剖视图。

难度：☆☆

 素材文件：第8章\实例151 半剖视图的绘制方法 .dwg

视频文件：第8章\实例151 半剖视图的绘制方法 .mp4

① 打开素材文件，其中已经绘制好了一轴承底座的主视图和俯视图，如图 8-62 所示。通过俯视图可见该轴承底座上开有若干通孔，因此可以通过绘制半剖视图来进行详细表达。

② 要绘制半剖视图，可以先将要剖切的部分删去，腾出绘制剖视图效果的空间。本例对轴承底座的右侧进行剖切，因此执行删除命令将右侧的内部轮廓线全部删去，只保留中心线，如图 8-63 所示。

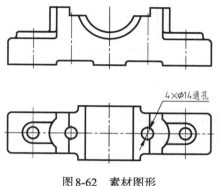

图 8-62　素材图形

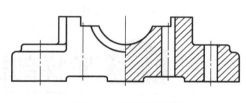

图 8-63　删去右侧内部轮廓线

③ 根据俯视图的注释可知，在中心线位置处各有一个 $\phi14$ 的通孔，因此可将中心线向两侧各偏移 7，然后使用直线命令绘制出通孔轮廓线，效果如图 8-64 所示。

④ 切换至剖切线图层，然后输入"H"执行图案填充命令，对右侧的剖切面进行填充，即可得到如图 8-65 所示的半剖效果。

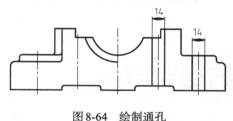

图 8-64　绘制通孔

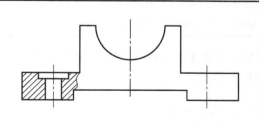

图 8-65　填充剖面线

实例 152 局部剖视图的绘制方法

如果某个零件在单个视图上已经表达得十分清楚，只是部分细节没有很好展示，那么就可以用局部剖视图的方法来进行单独显示。

难度：☆☆

素材文件：第8章\实例152 局部剖视图的绘制方法.dwg

视频文件：第8章\实例152 局部剖视图的绘制方法.mp4

① 打开素材文件"第8章\实例152 局部剖视图的绘制方法.dwg"，其中已经绘制好了一轴承底座，如图 8-66 所示。底座的外形简单，但是左右两侧的安装孔位仍没有表达得很清楚，因此可以考虑单独绘制一局部剖视图来进行表达。

② 切换至细实线图层，然后执行样条曲线命令，在要绘制剖切视图的地方绘制一边界线，如图 8-67 所示。

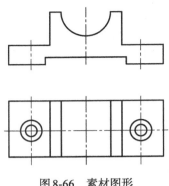

图 8-66　素材图形

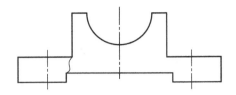

图 8-67　绘制剖切边界

③ 通过投影的方法绘制该剖切部分的安装孔轮廓，如图 8-68 所示。

④ 输入"H"执行图案填充命令，对剖切部分进行填充，即可得到如图 8-69 所示的局部剖效果。

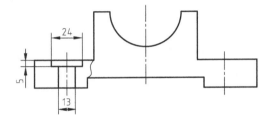

图 8-68　绘制内部孔洞

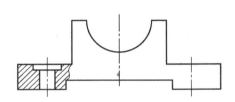

图 8-69　填充剖面线

实例 153　阶梯剖视图的绘制方法

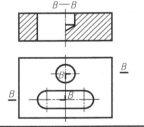

阶梯剖视图主要用于表达机件的局部内部结构或用在不宜采用全剖视图或半剖视图的地方(孔、槽等)。阶梯剖中各剖切平面的转折处必须是直角。

　难度：☆☆☆

素材文件：第 8 章\实例 153　阶梯剖视图的绘制方法 .dwg

视频文件：第 8 章\实例 153　阶梯剖视图的绘制方法 .mp4

① 打开素材文件"第 8 章\实例 153　阶梯剖视图的绘制方法 .dwg"，其中已经绘制好了一块状零件，旁边还绘制有它的三维剖切效果，如图 8-70 所示。

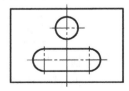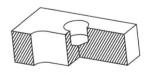

图 8-70　素材图形

② 该零件无论用全剖切还是半剖切方法，都无法准确表达它的内部效果。这时就可以

使用阶梯剖的方法来进行绘制。阶梯剖顾名思义就是以台阶式的剖切平面来划分图形。

③ 零件上具有两个特征，因此以前方的槽为第一级台阶，后方的孔为第二级台阶，以此来绘制剖切面。阶梯剖的剖切线可以使用不连续的粗实线进行绘制，在 AutoCAD 中可以通过执行多次直线命令来完成，效果如图 8-71 所示。

④ 在阶梯剖剖切线的起点、终点、各拐角点通过单行文字命令添加标记文字，如图 8-72 所示。

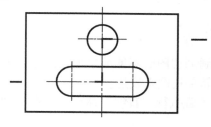

图 8-71　绘制阶梯剖的剖切线

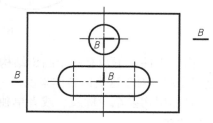

图 8-72　填写剖切符号

⑤ 将绘制过程看作是绘制两次半剖视图，左侧为槽的半剖视图，右侧为孔的半剖视图，最后组合在一起即为该零件的阶梯剖，如图 8-73 所示。

提示： 绘制阶梯剖视图时，要注意剖切线不能与零件的轮廓线重合，如图 8-74 所示。

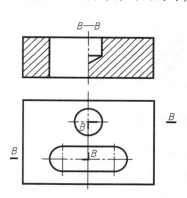

图 8-73　绘制剖面图

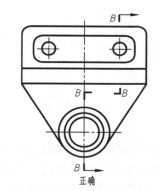 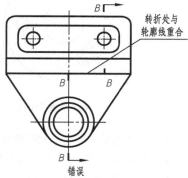

图 8-74　阶梯剖效果

实例 154 旋转剖视图的绘制方法

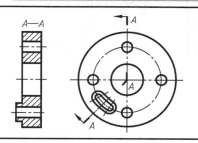

阶梯剖视图中各剖视平面的夹角为90°，并不能满足所有零件图形的表达，因此还有一种更为自由的剖切方法，即旋转剖。旋转剖非常适合用来绘制一些圆盘、圆柱型的零件。

难度：☆☆☆

 素材文件：第8章\实例154 旋转剖视图的绘制方法 .dwg

视频文件：第8章\实例154 旋转剖视图的绘制方法 .mp4

① 打开素材文件"第8章\实例154 旋转剖视图的绘制方法 .dwg"，其中已经绘制好了一压盖零件，旁边还绘制有它的三维剖切效果，如图 8-75 所示。

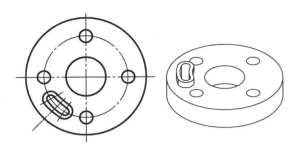

图 8-75　素材图形

　　② 由于零件左下角有一个凸出结构，因此在绘制剖切图时不能简单地使用半剖或者全剖来进行绘制。对于这类回转体来说，一般都使用旋转剖视图来表达。

　　③ 将图层切换至轮廓线，或者单独指定线宽，然后执行"直线"命令，绘制如图 8-76 所示的剖切线。

　　④ 通过单行文字命令和快速引线命令绘制剖切图的指引方向和剖切标注文字，如图 8-77 所示。

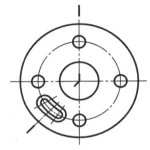

图 8-76　绘制剖切线

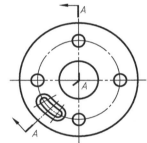

图 8-77　填写剖切符号

　　⑤ 根据投影规则，在零件左侧绘制出剖切图的轮廓，如图 8-78 所示。

　　⑥ 接下来同样可以将绘制过程看作是绘制两次半剖视图，上方为孔的半剖视图，下方为凸起的半剖视图，最后组合在一起即为该零件的阶梯剖，如图 8-79 所示。

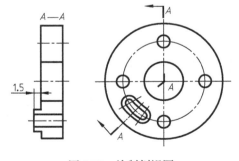

图 8-78　绘制剖视图

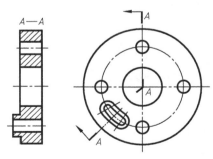

图 8-79　最终效果

8.4　断面图

　　假想用剖切平面将机件在某处切断，只画出切断面形状的投影并画上规定的剖面符号的图形称为断面图。断面一般用于表达机件的某部分的断面形状，如轴、孔、槽等结构。绘制时要注意区分断面图与剖视图，断面图仅画出机件断面的图形，而剖视图则要画出剖切平面以后所有部分的投影。

实例 155 移出断面图的绘制方法

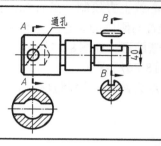

移出断面图也可以画在视图的中断处，此时若剖面图形对称，可不加任何标记；若剖面图形不对称，要标注剖切位置和投影方向。

难度：☆☆

素材文件：第8章\实例155 移出断面图的绘制方法.dwg

视频文件：第8章\实例155 移出断面图的绘制方法.mp4

① 打开素材文件"第8章\实例155 移出断面图的绘制方法.dwg"，已经绘制好了一轴零件图，如图8-80所示。

② 单击"绘图"面板上的⊘按钮，在左侧辅助线的交点处绘制直径分别为70和40的两个同心圆，表示外圆和内圆孔，如图8-81所示。

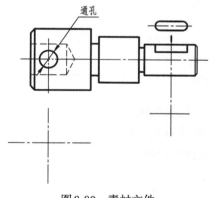

图8-80 素材文件

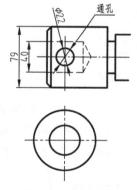

图8-81 绘制同心圆

③ 使用"偏移"命令，将左侧水平中心线分别向上、下两侧偏移11个绘图单位。

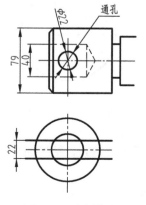

图8-82 绘制直线

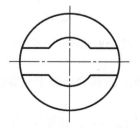

图8-83 修剪结果

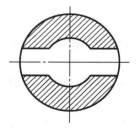

图8-84 填充图案

④ 使用快捷键 "L" 激活直线命令，分别绘制如图8-82所示的两条直线。

⑤ 单击 "修改" 面板中的 ╱ 按钮，修剪两条水平线和水平线之间的内圆弧，并删除偏移的辅助线，结果如图8-83所示。

⑥ 单击 "绘图" 面板上的 ▨ 按钮，选择合适的填充参数，对图案进行填充，结果如图8-84所示。

⑦ 使用 "直线" 命令，在如图8-85所示的圆孔竖直中心线上方绘制一条直线，长度适当即可，然后使用 "多重引线" 命令绘制引线，引线水平位置与刚画的竖直线上端平齐，左端点与竖直线上端点重合，右端点适当放置保证长度合适清晰即可，如图8-85所示。

⑧ 根据上步操作的方法绘制零件下方的引线，结果如图8-86所示。

⑨ 使用快捷键 "C" 激活圆命令，以右侧中心线的交点为圆心，绘制直径为40的圆，表示外圆面，结果如图8-87所示。

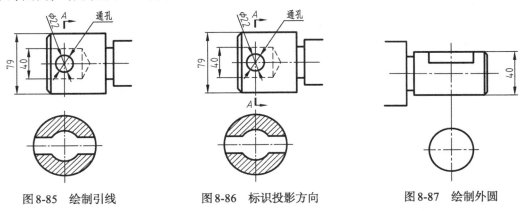

图8-85　绘制引线　　　　图8-86　标识投影方向　　　　图8-87　绘制外圆

⑩ 使用 "直线" 命令，绘制表示键槽深度的直线，结果如图8-88所示。

⑪ 继续使用 "直线" 命令，绘制表示键槽宽度的两条直线，结果如图8-89所示。

⑫ 单击 "修改" 面板上 ╱ 按钮，修剪键槽底线和键槽顶端曲线，结果如图8-90所示。

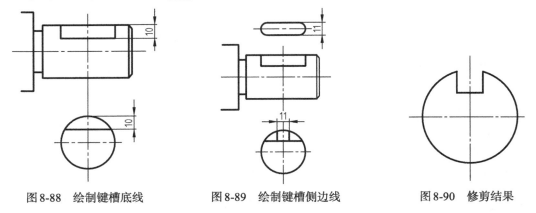

图8-88　绘制键槽底线　　　　图8-89　绘制键槽侧边线　　　　图8-90　修剪结果

⑬ 单击 "绘图" 面板上 ▨ 按钮，选择合适的填充参数，对图形进行填充，结果如图8-91所示。

⑭ 使用 "多重引线" 命令，根据第⑦步的操作方法绘制多重引线表示投影方向，最终结果如图8-92所示。

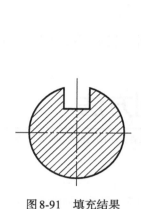

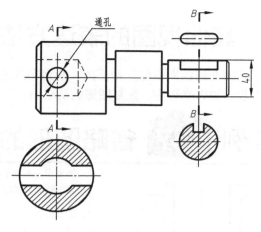

图 8-91　填充结果

图 8-92　最终结果

实例 156 重合断面图的绘制方法

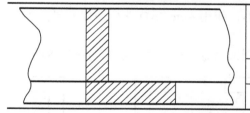

重合断面图就是直接在零件图上绘制出断面图，这种方法较移出断面图要更为直观。

难度：☆

素材文件：第8章\实例156 重合断面图的绘制方法 .dwg

视频文件：第8章\实例156 重合断面图的绘制方法 .mp4

① 打开素材文件"第8章\实例156 重合断面图的绘制方法 .dwg"，其中已经绘制好了一型钢图形，右侧绘制有它的三维效果图，如图 8-93 所示。

② 如果要绘制该零件的重合断面图，那么可以执行直线命令，直接在视图上绘制如图 8-94 所示的部分。

③ 输入"H"执行图案填充命令，即可得到如图 8-95 所示的重合断面图。

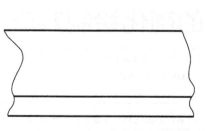

图 8-93　素材图形

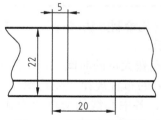

图 8-94　直接绘制断面图

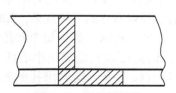

图 8-95　填充剖面线

8.5　其他视图的表达方法

除了前面介绍的向视图、剖面图、断面图等表达方法外，机械制图中还有几种不太常见的表达方法，如省略画法、重复图形的简略画法等。

实例 157　省略图形的绘制方法

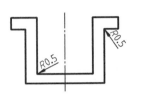

图形中一些细小的结构可以省去不画，如过小的圆角、倒角等。这时候可以用引线的方式标出。

难度：☆

💿 素材文件：第8章\实例157 省略图形的绘制方法.dwg

🎞 视频文件：第8章\实例157 省略图形的绘制方法.mp4

① 打开素材文件"第8章\实例157 省略图形的绘制方法.dwg"，其中已经绘制好了一零件图形，如图8-96所示。

② 该零件在转角处设计有倒角，但是尺寸很小，使用AutoCAD进行创建效果并不明显，如图8-97所示。

③ 因此可以选择不绘制出这些倒角，而是使用引线命令进行标注，效果如图8-98所示。

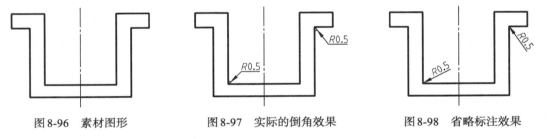

图8-96　素材图形　　　　图8-97　实际的倒角效果　　　　图8-98　省略标注效果

实例 158　重复图形的简化绘制方法

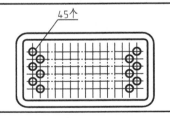

如果零件图中有多个重复出现的特征，如孔、槽等，那么可以只绘制出部分特征，然后用引线的方式注明数量。

难度：☆ ☆

💿 素材文件：第8章\实例158 重复图形的简化绘制方法.dwg

🎞 视频文件：第8章\实例158 重复图形的简化绘制方法.mp4

① 打开素材文件"第8章\实例158 重复图形的简化绘制方法.dwg"，其中已经绘制好了一盒体零件，右侧绘制有它的三维效果，如图8-99所示。

② 零件内有多个孔洞，如果每个都绘制出来要花费大量的时间。由于这些孔洞的位置分布都很规律，因此可以只绘制出中心线，表明它们的布置规律。先将图层切换至中心线图层，然后执行直线命令，绘制出孔的布置中心线，各中心线的交点即为孔的布置位置，如图8-100所示。

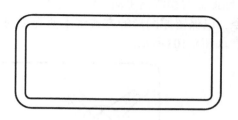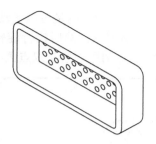

图 8-99　素材图形

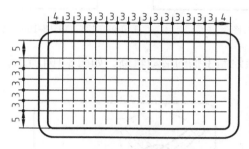

图 8-100　绘制孔洞布置线

③ 可见交点数量极多，如果每个位置都绘制一个圆工作量较大，因此只需绘制少数几个圆，用以表示具体的布置规律，然后添加引线标注数量即可，如图 8-101 所示。

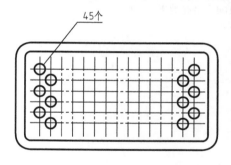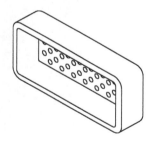

图 8-101　绘制孔洞

实例 159　表示机构运动的过渡线绘制方法

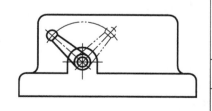

在一些装配图中，如果有部分零件是可以活动的，那么为了表示运动零件的变动和极限状态，可以用细双点画线绘制出极限位置和运动轨迹。

难度：☆

素材文件：第8章\实例159 表示机构运动的过渡线绘制方法.dwg

视频文件：第8章\实例159 表示机构运动的过渡线绘制方法.mp4

① 打开素材文件"第8章\实例159 表示机构运动的过渡线绘制方法.dwg"，其中已经绘制好了一个简单的装配图，如图 8-102 所示。

② 该装配图中的手柄是可以活动的，因此需要绘制出手柄的活动范围。

③ 选择手柄图形，然后执行旋转命令，以保留原图形的方式将手柄旋转到另一侧的极限位置，并将所在图层切换至双点画线层，如图8-103所示。

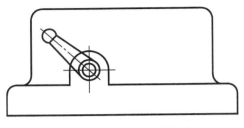

图8-102　素材图形

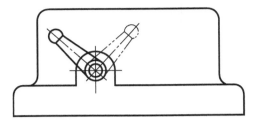

图8-103　绘制极限位置的手柄

④ 使用双点画线图层绘制手柄的活动轨迹，如图8-104所示，这样就完成了机构运动的绘制。

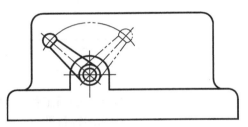

图8-104　最终效果

第3篇 绘制方法篇

第9章
螺纹及螺纹零部件的表达方法

螺纹是在圆柱或圆锥母体表面上制出的螺旋线形的、具有特定截面的连续凸起部分。由于连接可靠、装卸方便，螺纹广泛应用于各行各业，是最常见的一种连接方式。

9.1 螺纹的绘制方法

要了解螺纹的表达方法，就必须先了解螺纹的特征。其中制在零件外表面上的螺纹叫外螺纹，制在零件孔腔内表面上的螺纹叫内螺纹，下面分别介绍各类螺纹的绘制方法。

实例 160 外螺纹的绘制方法

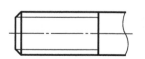	外螺纹即螺纹裸露在外的螺纹，像螺栓、螺钉等连接件就是典型的外螺纹零件。 难度：☆
	素材文件：无
	视频文件：第9章\实例160 外螺纹的绘制方法.mp4

① 新建一空白文件，对于外螺纹，可以用粗实线表示外螺纹的大径线，用细实线表示螺纹的小径线。螺纹终止线用粗实线表示。

② 在投影为圆的视图上，表示牙底的细实线圆只画约3/4圈。

③ 外螺纹的典型画法示例如图9-1所示。

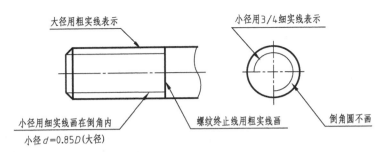

图9-1　外螺纹画法

实例 161 内螺纹的绘制方法

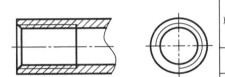	内螺纹即处于零件内部的螺纹,一般需要配合钻孔加工。像螺母、螺孔等就是内螺纹,在绘制方法上和外螺纹有些许区别。
	难度:☆
	素材文件:无
	视频文件:第9章\161 内螺纹的绘制方法.mp4

① 新建一空白文件,对于内螺纹,可以用粗实线表示内螺纹的小径线,用细实线表示螺纹的大径线,和外螺纹是相反的。而螺纹终止线则仍用粗实线表示。

② 投影为圆的视图上,表示大径的细实线圆只画约3/4圈。

③ 内螺纹的典型画法示例如图9-2所示。

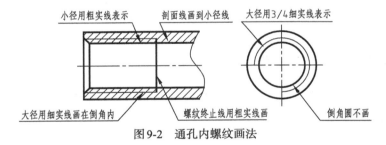

图9-2　通孔内螺纹画法

④ 上述的内螺纹画法,属于通孔画法(即孔直接钻通工件)。除此之外,内螺纹还有一种盲孔画法,在实际工作中经常有人画错,因此需要重点掌握。内螺纹盲孔的画法如图9-3所示。

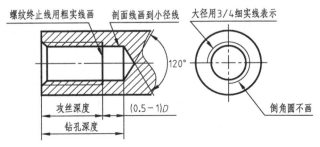

图9-3　盲孔内螺纹画法

提示： 无论是外螺纹还是内螺纹，剖面图中的剖面线应一律终止在粗实线上。而螺纹中的粗实线可以简单记为人用手能触摸到的螺纹部分。

实例 **162** 内螺纹未剖切时的绘制方法

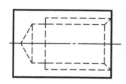

前面例子中介绍的是螺纹在剖切时的绘制方法，下面介绍非剖切状态的内螺纹绘制方法。 难度：☆
素材文件：第9章\实例162 内螺纹未剖切时的绘制方法.dwg
视频文件：第9章\实例162 内螺纹未剖切时的绘制方法.mp4

① 打开素材文件"第9章\实例162 内螺纹未剖切时的绘制方法.dwg"，其中已经绘制好了一螺纹孔图形，如图9-4所示，接下来将其转换为未剖切状态的视图。

② 对于未剖切视图中的螺纹，无论大径、小径，均使用虚线表示。因此只需删去剖面线，然后全选整个螺纹孔部分，将图层改完虚线层即可，如图9-5所示。

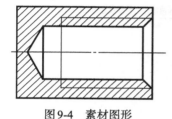

图9-4 素材图形

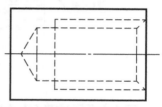

图9-5 最终效果

实例 **163** 螺纹连接的绘制方法

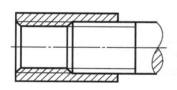

如果要表示螺纹的连接，那么其旋合部分应按外螺纹的画法绘制，其余的部分按各自规定的画法绘制即可。 难度：☆ ☆
素材文件：第9章\实例163 螺纹连接的绘制方法.dwg
视频文件：第9章\实例163 螺纹连接的绘制方法.mp4

① 打开素材文件"第9章\实例163 螺纹连接的绘制方法.dwg"，其中已经绘制好了一螺纹孔和配套的螺杆图形，如图9-6所示。

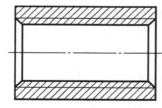
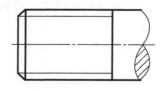

图9-6 素材图形

② 执行移动命令，将右侧的螺杆移动至螺纹孔内，此时效果如图9-7所示。

③ 旋合部分的螺纹按外螺纹的画法绘制，因此选择删去螺纹孔中重合的部分，然后重新调整图形的填充部分，即可得到螺纹的连接效果，如图9-8所示。

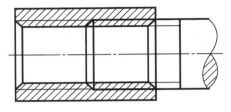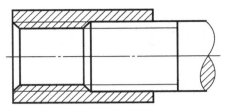

图9-7　通过移动让图形重叠　　　　　　　　图9-8　保留外螺纹

④ 螺纹连接的画法示例如图9-9所示。

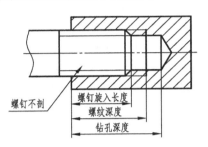

螺钉不剖　螺钉旋入长度　　　　　相邻两零件，剖面线方向相反
　　　　　螺纹深度
　　　　　钻孔深度

图9-9　螺纹连接的画法

9.2　螺纹零部件的绘制方法

螺纹零部件是机械设计中极为常用的零件，衍生出了多种零部件，其中有成制式的标准件，也有非标的自制件。下面介绍典型的螺纹零部件绘制方法。

实例 164　绘制六角螺母

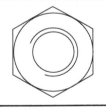

在AutoCAD中可以通过"圆""正多边形""打断"和"旋转"等命令绘制螺母，在具体的操作过程中还需配合"捕捉圆心"和"捕捉象限点"功能。 难度：☆☆	
素材文件：无	
视频文件：第9章\实例164 绘制六角螺母.mp4	

① 新建空白文件，并将捕捉模式设置为"圆心捕捉"和"象限点捕捉"。

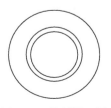

图9-10　绘制同心圆　　　　　　　　　　图9-11　绘制正六边形

② 单击"绘图"面板中的"圆心，半径" 按钮，绘制半径分别为3.4、4和6.5的同心圆，结果如图9-10所示。

③ 使用"正多边形"命令，绘制与外圆相切的正六边形，结果如图9-11所示。

④ 单击"修改"面板中的"打断" 按钮，对中间的圆进行打断。命令行操作过程如下：

命令：_break 选择对象：　　　　　　　　　　　//选择中间的圆图形

指定第二个打断点 或 [第一点（F）]：f↙　　　//选择"第一点（F）"选项

指定第一个打断点：　　　　　　　　　　　　//捕捉圆左侧的象限点

指定第二个打断点：　　　　　　　　　　　　//捕捉圆下边的象限点，打断结果如
　　　　　　　　　　　　　　　　　　　　　　图9-12所示

⑤ 选择菜单"修改"|"旋转"命令，将打断后的圆图形旋转–20°，将外侧的正六边形旋转90°，最终结果如图9-13所示。

提示：由于螺母有成熟的标准体系，因此只需写明对应的国标号与螺纹的公称直径大小，就可以准确地指定某种螺钉。如装配图明细表中写明"M10A—GB/T 6170"，就可知表示的是"1型六角螺母，螺纹公称直径为M10，性能等级A级"，其图形如图9-14所示。

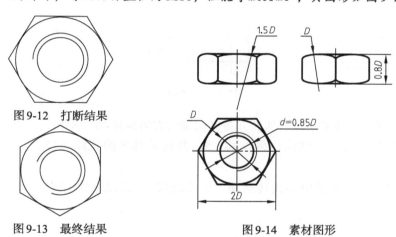

图9-12　打断结果

图9-13　最终结果

图9-14　素材图形

实例 165 绘制六角螺栓

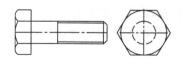

螺栓是机械中重要的紧固件，常与螺母和垫圈配套使用。本实例主要运用"直线""圆弧""偏移""倒角"等命令，绘制螺栓的两个视图。

难度：☆☆

素材文件：无

视频文件：第9章\实例165 绘制六角螺栓.mp4

① 新建空白文件，然后将"轮廓线层"设置为当前图层，绘制一条竖直直线和水平直线，如图9-15所示。

② 将水平直线分别向上偏移10和15个单位，向下偏移同样的距离，将竖直直线分别向右偏移2.5和14，偏移结果如图9-16所示。

③ 绘制直线封闭螺栓轮廓，如图9-17所示。

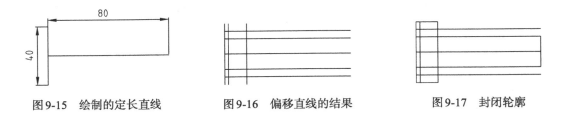

图9-15　绘制的定长直线　　　　图9-16　偏移直线的结果　　　　图9-17　封闭轮廓

④ 单击"绘图"面板中的"圆弧" 按钮，以辅助线为参考，绘制三条圆弧，如图9-18所示。

⑤ 删除多余的辅助线并进行修剪，结果如图9-19所示。

⑥ 单击"绘图"面板中的"倒角" 按钮，两个倒角距离均为1.5，倒角位置和结果如图9-20所示。

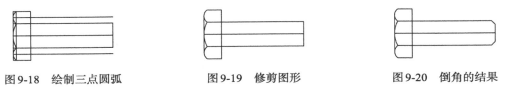

图9-18　绘制三点圆弧　　　　图9-19　修剪图形　　　　图9-20　倒角的结果

⑦ 绘制连接倒角线的竖直直线，并将其向螺帽方向偏移40个单位，如图9-21所示。

⑧ 将螺杆上下两轮廓线向内侧偏移1.5，并将偏移出的直线转换到"细实线层"，如图9-22所示。

⑨ 修剪图形，将水平中心线转换到"中心线层"，完成螺栓的第一个视图，如图9-23所示。

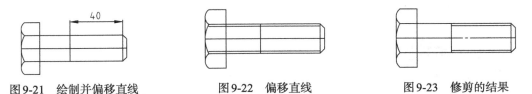

图9-21　绘制并偏移直线　　　　图9-22　偏移直线　　　　图9-23　修剪的结果

⑩ 在主视图右侧绘制两条正交中心线，如图9-24所示。

⑪ 在中心线交点绘制半径为20的圆和与之相切的正六边形，如图9-25所示。

⑫ 将"虚线层"设置为当前图层，在中心线交点绘制半径为10的圆，如图9-26所示。

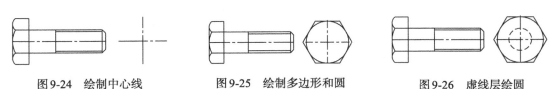

图9-24　绘制中心线　　　　图9-25　绘制多边形和圆　　　　图9-26　虚线层绘圆

实例 166 绘制内六角圆柱头螺钉

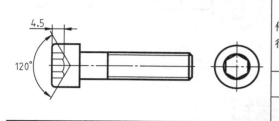

其用途与六角头螺钉相似,但不同的是该螺钉头可以埋入机件中,因此可节省很多装配空间,整体的装配外观效果看起来就很简洁。

难度:☆☆☆

素材文件:第9章\实例166 绘制内六角圆柱头螺钉.dwg

视频文件:第9章\实例166 绘制内六角圆柱头螺钉.mp4

① 打开素材文件"第9章\实例166 绘制内六角圆柱头螺钉.dwg",其中已经绘制好了垂直和水平的中心线,如图9-27所示。

图9-27 绘制中心线

② 切换到"轮廓线"图层,执行"圆"命令和"正多边形"命令,在交叉的中心线上绘制左视图,如图9-28所示。

③ 执行"偏移"命令,将主视图的中心线分别向上、下各偏移5,如图9-29所示。

图9-28 绘制左视图   图9-29 偏移中心线

④ 根据"长对正,高平齐,宽相等"原则,与外螺纹的表达方法,绘制主视图的轮廓线,如图9-30所示。可知螺钉长度40,指的是螺钉头至螺纹末端的长度。

⑤ 执行"倒角"命令,为图形倒角,如图9-31所示。

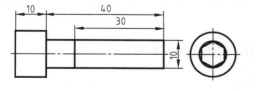

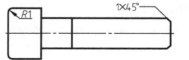

图9-30 绘制主视图的轮廓线   图9-31 为图形添加倒角

⑥ 执行"偏移"命令,按"小径=0.85×大径"的原则偏移外螺纹的轮廓线,然后修剪,从而绘制出主视图上的螺纹小径线,结果如图9-32所示。

⑦ 切换到"虚线"图层,执行"直线"与"圆弧"命令,根据"长对正,高平齐,宽相等"原则,按左视图中的六边形绘制主视图上内六角沉头轮廓,如图9-33所示。

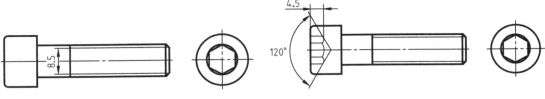

图9-32   绘制螺纹小径线   图9-33   绘制沉头

实例 167 绘制十字螺钉

十字螺钉即顶端开有十字槽的螺钉,其螺纹部分和前面案例所绘制的螺栓无异,因此本例主要介绍其俯视图中十字部分的绘制方法,主要综合练习"多线样式""多线""多线编辑"和"圆"命令。

难度:☆

素材文件:无

视频文件:第9章\实例167 绘制十字螺钉.mp4

① 新建空白文件,然后显示菜单栏,选择"格式"|"多线样式"命令,在打开的"多线样式"对话框中单击 修改(M)... 按钮,如图9-34所示。

② 在打开的"修改多线样式:STANDARD"对话框中设置多线的封口样式,如图9-35所示。

图9-34   "多线样式"对话框   图9-35   "修改多线样式:STANDARD"对话框

③ 单击 确定 按钮返回"多线样式"对话框,单击"多线样式"对话框中的 确定 按钮关闭。

④ 单击"绘图"面板⊙按钮,绘制半径为11.1的圆,如图9-36所示。

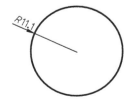

图9-36   绘制圆   图9-37   引出垂直追踪虚线   图9-38   绘制结果

⑤ 在命令行中输入"ML"命令并按回车键，配合"圆心捕捉"和"对象捕捉追踪"功能，绘制内部结构。命令行操作过程如下。

```
命令：_mline
当前设置：对正 = 上，比例 = 20.00，样式 = STANDARD
指定起点或 [对正（J）/比例（S）/样式（ST）]：S✓
                                    //输入"S"，按回车键，激活"比例"选项
输入多线比例 <20.00>：1.8✓          //输入多线比例为1.8，按回车键
当前设置：对正 = 上，比例 = 1.80，样式 = STANDARD
指定起点或 [对正（J）/比例（S）/样式（S）]：J✓
                                    //输入"J"，按回车键，激活"对正"选项
输入对正类型 [上（T）/无（Z）/下（B）] <上>：z✓
                                    //输入"Z"，按回车键，设置"无"对正方式
当前设置：对正 = 无，比例 = 1.80，样式 = STANDARD
指定起点或 [对正（J）/比例（S）/样式（ST）]：5.4✓
                                    //通过圆心向下引出如图9-37所示的追踪虚
                                      线，然后输入5.4按回车键
指定下一点：@0，10.8✓               //输入相对直角坐标，按回车键
指定下一点或 [放弃（U）]：✓          //按回车键，结果如图9-38所示
```

⑥ 使用快捷键"ML"再次激活"多线"命令，绘制水平的多线，结果如图9-39所示。

⑦ 显示菜单栏，选择菜单"修改"|"对象"|"多线"命令，在打开的"多线编辑工具"对话框中激活"十字合并"功能，如图9-40所示。

⑧ 此时根据命令行的操作提示，对两条多线进行十字合并，最终结果如图9-41所示。

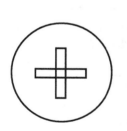  

图9-39 绘制结果　　　图9-40 "多线编辑工具"对话框　　　图9-41 最终结果

实例 168 绘制螺纹圆柱销

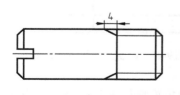

通过螺纹圆柱销的绘制，主要综合练习"直线""修剪"和"倒角"命令，在具体操作过程中还使用了"自"捕捉功能。

难度：☆☆

素材文件：第9章\实例168 绘制螺纹圆柱销.dwg

视频文件：第9章\实例168 绘制螺纹圆柱销.mp4

① 打开素材文件"第9章\实例168 绘制螺纹圆柱销.dwg"，其中已经绘制好了一个矩形，如图9-42所示。

② 执行"倒角"命令，为图形倒角2×45°，结果如图9-43所示。

　　　　　图9-42　绘制轮廓线　　　　　　　　　　　　　图9-43　倒角

③ 执行"直线"命令，绘制连接线，如图9-44所示。

④ 执行"直线"命令，绘制螺纹以及圆柱销顶端，将螺纹线转换到"细实线"图层，如图9-45所示。

⑤ 执行"直线"命令，使用临时捕捉"自"命令，捕捉距离为4的点，绘制直线，如图9-46所示。

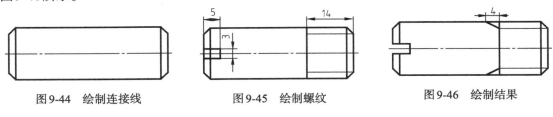

　　图9-44　绘制连接线　　　　　　图9-45　绘制螺纹　　　　　　图9-46　绘制结果

实例 169　绘制螺杆

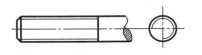

对于长径比很大的零件，以实际的长度表示零件不太方便，一般用打断视图来表示，将零件中间部分截去。本实例综合运用了"直线""样条曲线""倒角""填充"等命令，绘制螺杆的打断视图，并演示了机械螺纹的画法。

　难度：☆☆

 素材文件：无

　 视频文件：第9章\实例169　绘制螺杆.mp4

① 新建一空白文件，然后将"轮廓线层"设置为当前图层，绘制一条长50的水平直线，并向上下各偏移5个单位，如图9-47所示。

② 在上下两直线的端点绘制一条直线，并将该直线向右偏移30，如图9-48所示。

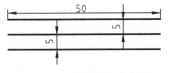　　　　　　　　　　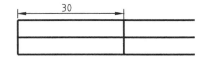

　　图9-47　绘制并偏移直线　　　　　　　　　图9-48　绘制并偏移竖直直线

③ 单击"修改"面板中的"倒角" 按钮，两个倒角距离均为1.5，倒角位置和结果如图9-49所示。

④ 由倒角线的端点绘制竖直直线如图9-50所示。

图9-49 倒角的效果

图9-50 绘制竖直直线

⑤ 将上轮廓线向下偏移1个单位，将下轮廓线向上偏移1个单位，配合"修剪"和"延伸"命令，绘制螺纹的小径，如图9-51所示。

⑥ 将螺纹小径直线转换到"细实线层"，将水平中心线转换到"中心线层"。

⑦ 将"细实线层"设置为当前图层，单击"绘图"面板中的"拟合点" 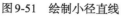 按钮，在上下两轮廓线之间绘制样条曲线，样条曲线的终点捕捉到样条曲线上，形成闭合区域，如图9-52所示。

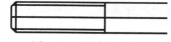

图9-51 绘制小径直线

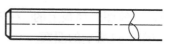

图9-52 绘制样条曲线

⑧ 裁剪上下轮廓线的多余部分，然后单击"绘图"面板中的"图案填充" 按钮，将样条曲线的封闭区域填充，图案类型为ANSI31，填充比例为0.2，如图9-53所示。

⑨ 将"中心线层"设置为当前图层，在螺杆的右侧绘制正交中心线，如图9-54所示。

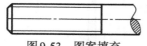

图9-53 图案填充

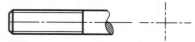

图9-54 绘制左视图中心线

⑩ 以中心线交点为圆心，绘制半径为4和5的两个同心圆，然后将半径4的圆转换到细实线层，将半径为5的圆转换到轮廓线层，如图9-55所示。

⑪ 单击"修改"面板中的"修剪" 按钮，半径4的圆修剪四分之一，如图9-56所示。

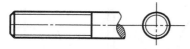

图9-55 绘制同心圆

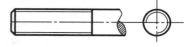

图9-56 修剪小径圆

实例 170 绘制平垫圈

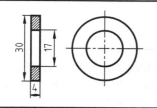

	垫圈虽然不是螺纹件，但经常和螺钉、螺母配合使用。通过圆形垫圈的绘制，主要对"圆""构造线""修剪""图案填充"和"圆心标记"命令进行综合练习。
	难度：☆
素材文件：无
视频文件：第9章\实例170 绘制平垫圈.mp4

① 新建空白文件，并设置捕捉模式为"捕捉圆心"和"捕捉象限点"。单击"绘图"面板上的 按钮，分别绘制直径为30和17的同心圆，如图9-57所示。

② 单击"绘图"面板上的 按钮，配合捕捉功能，绘制如图9-58所示的水平构造线。

③ 重复"构造线"命令，在侧视图的左侧绘制一条垂直的构造线，然后偏移复制4个绘

图单位，如图9-59所示。

图9-57　绘制同心圆

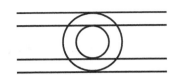

图9-58　绘制水平构造线

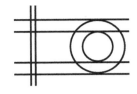

图9-59　绘制垂直构造线

④ 单击"修改"面板上的 ⚋ 按钮，激活"修剪"命令，将图形修剪成如图9-60所示效果。

⑤ 单击"绘图"面板上的 ▨ 按钮，设置填充图案以及填充参数，如图9-61所示，为主视图填充如图9-62所示的图案。

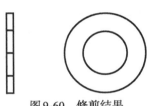

图9-60　修剪结果

图9-61　设置填充参数

图9-62　填充结果

⑥ 执行"标注样式"命令，对当前标注样式进行参数修改，如图9-63所示。

⑦ 单击"标注"面板中的 ⊕ 按钮，为侧视图标注中心线，结果如图9-64所示。

⑧ 选择主视图水平中心线，然后将其改为"CENTER"层，最终结果如图9-65所示。

图9-63　修改参数

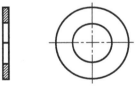

图9-64　标注圆心标记

图9-65　最终结果

实例 171 绘制止动垫圈

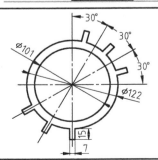

除了简单的平垫圈外，还有外形较为复杂的止动垫圈，止动垫圈在装配后可以通过弯曲其上的凸出部分，嵌入螺母来达到止动的目的。通过绘制螺母止动垫圈，主要对"直线""圆""偏移""阵列"和"拉长"命令进行综合练习。

难度：☆☆

💿 素材文件：无

🐾 视频文件：第9章\实例171 绘制止动垫圈.mp4

① 新建空白文件，将"点画线"设置为当前图层，使用"直线"命令，绘制中心线。

② 使用快捷键"O"激活"偏移"命令，将垂直中心线分别向左右两边偏移3.5个绘图单位，结果如图9-66所示。

③ 将"轮廓线"设置为当前层，使用"圆"命令，以中间竖直中心线与水平中心线交点为圆心，绘制直径分别为50.5、61和76的圆，如图9-67所示。

④ 使用"直线"命令，绘制如图9-68所示的垂直直线。

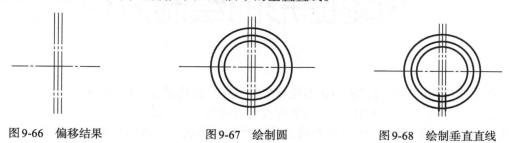

图9-66 偏移结果   图9-67 绘制圆   图9-68 绘制垂直直线

⑤ 单击"修改"面板中的"环形阵列" ⊡ 按钮，对刚绘制的两条线段进行三次环形阵列，第一次阵列总数为3，填充角度设置为-60°；第二次阵列总数为2，填充角度设置为105°；第三次阵列选择第二次阵列后得到的直线作为阵列对象，阵列总数设置为3，填充角度设置为60°；三次阵列的中心都选择中心线的交点，结果如图9-69所示。

⑥ 使用"修剪"和"删除"命令，对图形进行修剪操作，结果如图9-70所示。

⑦ 使用"拉长"命令，将中心线向两端拉长3个绘图单位，最终结果如图9-71所示。

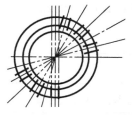

图9-69 阵列结果   图9-70 操作结果   图9-71 最终结果

第10章
齿轮图形的绘制方法

扫码享受
全方位沉浸式学AutoCAD

齿轮是依靠齿的啮合传递扭矩的轮状机械零件。齿轮通过与其他齿状机械零件（如另一齿轮、齿条、蜗杆）之间的传动，可实现改变转速与扭矩、改变运动方向和改变运动形式等功能。由于传动效率高、传动比准确、功率范围大等优点，齿轮机构在工业产品中广泛应用，其设计与制造水平直接影响工业产品的质量。齿轮轮齿相互啮合，主动齿轮通过带动从动齿轮转动来传送动力。将两个齿轮分开，也可以应用链条、履带、皮带来带动两边的齿轮而传送动力。

实例 172 齿轮的图形结构

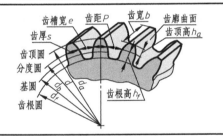

由于齿轮的外形复杂，因此在绘制齿轮类零件时，一般都会使用简化画法，而不会绘制出真实的齿形状。因此在开始绘制齿轮图形之前，需要先了解齿轮的图形结构。

难度：☆

💿 素材文件：无

🎬 视频文件：第10章\实例172 齿轮的图形结构.mp4

① 齿轮零件一般包括轮齿、齿槽、端面、法面、齿顶圆、齿根圆、基圆、分度圆等，如图10-1所示。

② 各位置介绍如下。

➢ 轮齿（齿）：齿轮上的每一个用于啮合的凸起部分。一般说来，这些凸起部分呈辐射状排列。配对齿轮上轮齿互相接触，使齿轮持续啮合运转。

➢ 齿槽：齿轮上两相邻轮齿之间的空间。

➢ 端面：在圆柱齿轮或圆柱蜗杆上垂直于齿轮或蜗杆轴线的平面。

➢ 法面：在齿轮上，法面指的是垂直于轮齿齿线的平面。

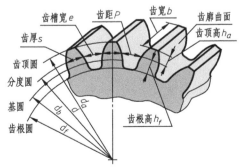

图10-1 齿轮结构图

➢ 齿顶圆：齿顶端所在的圆。

➢ 齿根圆：槽底所在的圆。

➢ 基圆：形成渐开线的发生线在其上作纯滚动的圆。

➢ 分度圆：在端面内计算齿轮几何尺寸的基准圆，对于直齿轮，在分度圆上模数和压力角均为标准值。

> 齿面：轮齿上位于齿顶圆柱面和齿根圆柱面之间的侧表面。
> 齿廓：齿面被一指定曲面（对圆柱齿轮是平面）所截的截线。
> 齿线：齿面与分度圆柱面的交线。
> 端面齿距 p_t：相邻两同侧端面齿廓之间的分度圆弧长。
> 模数 m：齿距除以圆周率 π 所得到的商，以毫米计。
> 径节 p：模数的倒数，以英寸计。
> 齿厚 s：在端面上，一个轮齿两侧齿廓之间的分度圆弧长。
> 槽宽 e：在端面上，一个齿槽的两侧齿廓之间的分度圆弧长。
> 齿顶高 h_a：齿顶圆与分度圆之间的径向距离。
> 齿根高 h_f：分度圆与齿根圆之间的径向距离。
> 全齿高 h：齿顶圆与齿根圆之间的径向距离。
> 齿宽 b：轮齿沿轴向的尺寸。
> 端面压力角 a_t：过端面齿廓与分度圆的交点的径向线与过该点的齿廓切线所夹的锐角。
> 基准齿条：指基圆、齿形、全齿高、齿冠高及齿厚等的尺寸均合乎标准正齿轮规格的齿条，依其标准齿轮规格所切削出来的齿条称为基准齿条。
> 分度圆：用来决定齿轮各部分尺寸的基准圆，分度圆直径=齿数×模数。
> 基准节线：齿条上一条特定节线或沿此线测定的齿厚，为节距的二分之一。
> 作用节圆：一对正齿轮啮合作用时，各有一相切的滚动圆。
> 基准节距：以选定标准节距作基准者，与基准齿条节距相等。
> 节圆：两齿轮连心线上啮合接触点在各齿轮上留下的轨迹称为节圆。
> 节径：节圆直径。
> 有效齿高：一对正齿轮齿冠高之和，又称工作齿高。
> 齿冠高：齿顶圆与节圆半径差。
> 齿隙：两齿咬合时，齿面与齿面间隙。
> 齿顶隙：两齿咬合时，一齿轮齿顶圆与另一齿轮底间空隙。
> 节点：一对齿轮咬合与节圆相切点。
> 节距：相邻两齿间相对应点弧线距离。
> 法向节距：渐开线齿轮沿特定断面同一垂线所测节距。

实例 173 直齿圆柱齿轮的绘制方法

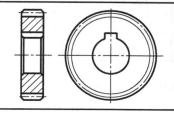

前面已经全面介绍了齿轮的特征,而齿轮的绘图方法,就是将这些特征表示出来的方法。 难度:☆
素材文件:第10章\实例173 直齿圆柱齿轮的绘制方法 .dwg
视频文件:第10章\实例173 直齿圆柱齿轮的绘制方法 .mp4

齿轮绘制时一般需要先根据齿轮参数表确定尺寸。这些参数取决于设计人员的具体计算与实际的设计要求。本案例便根据图 10-2 所示的参数来绘制一直齿圆柱齿轮。

① 打开素材文件"第10章\实例173 直齿圆柱齿轮的绘制方法 .dwg"，如图 10-3 所示，已经绘制好了对应的中心线。

齿廓	渐开线	齿顶高系数h_a	1
齿数z	29	顶隙系数c	0.25
模数m	2	齿宽b	15
螺旋角β	0°	中心距a	87±0.027
螺旋角方向	—	配对　图号	
压力角α	20°	齿轮　齿数z	58
公法线长度尺寸W	$21.48_{-0.155}^{-0.105}$	跨齿数K	3

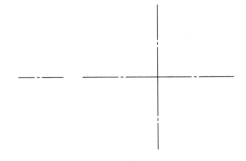

图10-2　齿轮参数　　　　　　　　　　　　　图10-3　素材图形

② 绘制左视图。切换至"中心线"图层，在交叉的中心线交点处绘制分度圆，尺寸可以根据参数表中的数据算得："分度圆直径=模数×齿数"，即ϕ58mm，如图10-4所示。

③ 绘制齿顶圆。切换至"轮廓线"图层，在分度圆圆心处绘制齿顶圆，尺寸同样可以根据参数表中的数据算得："齿顶圆直径=分度圆直径+2×齿轮模数"，即ϕ62mm，如图10-5所示。

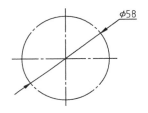

图10-4　绘制分度圆

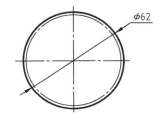

图10-5　绘制齿顶圆

④ 绘制齿根圆。切换至"细实线"图层，在分度圆圆心处绘制齿根圆，尺寸同样根据参数表中的数据算得："齿根圆直径=分度圆直径−2×1.25×齿轮模数"，即ϕ53mm，如图10-6所示。

⑤ 根据三视图基本准则"长对正，高平齐，宽相等"绘制齿轮主视图轮廓线，齿宽根据参数可知为15mm，如图10-7所示。要注意主视图中齿顶圆、齿根圆与分度圆的线型。

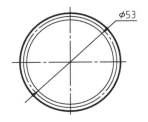

图10-6　绘制齿根圆

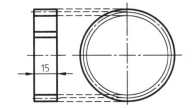

图10-7　绘制主视图

⑥ 根据齿轮参数表可以绘制出上述图形，接着需要根据装配的轴与键来绘制轮毂部分，绘制的具体尺寸如图10-8所示。

⑦ 根据三视图基本准则"长对正，高平齐，宽相等"绘制主视图中轮毂的轮廓线，如图10-9所示。

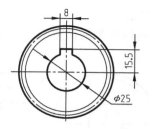

图 10-8　绘制轮毂部分

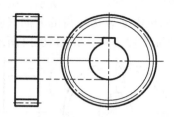

图 10-9　绘制主视图中的轮毂

⑧ 执行"倒角"命令，为图形主视图倒角，如图 10-10 所示。

⑨ 执行"图案填充"命令，选择图案为 ANSI31，比例为 0.8，角度为 0°，填充图案，结果如图 10-11 所示。

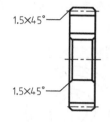

图 10-10　添加倒角

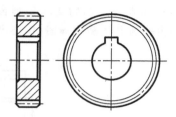

图 10-11　添加剖面线

提示：单个齿轮图的典型画法如图 10-12 所示，主要需表示出齿顶圆、分度圆、齿根圆这 3 个要素。

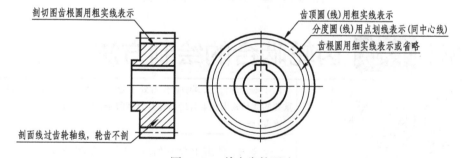

图 10-12　单个齿轮画法

实例 174　斜齿齿轮的绘制方法

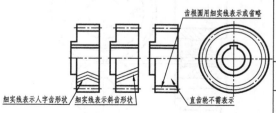

齿轮按齿线的形状可分为直齿轮、斜齿轮、人字齿轮等，分别有不同的画法，本例对此进行介绍。

难度：☆

素材文件：第10章\实例174 斜齿齿轮的绘制方法 .dwg

视频文件：第10章\实例174 斜齿齿轮的绘制方法 .mp4

① 打开素材文件"第10章\实例174 斜齿齿轮的绘制方法 .dwg"，其中已经绘制好了一

　　直齿齿轮图形，如图10-13所示，接下来将其转换为斜齿齿轮。

　　② 如果需要表达轮齿的方向（斜齿、人字齿等），则可以在半剖视图中用三条与轮齿方向一致的细实线表示，如图10-14所示。

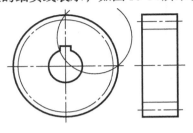

图10-13　素材图形

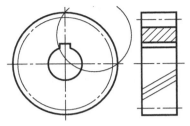

图10-14　标注轮齿方向

　　提示：如果要绘制的是人字形齿轮，那么就将斜线改为人字形即可。直齿齿轮、斜齿轮、人字齿轮的具体画法如图10-15所示。

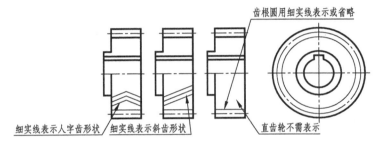

图10-15　单个齿轮上表示轮齿方向

实例 175　齿轮啮合的绘制方法

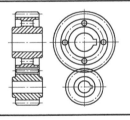

由于啮合的齿轮，其啮合位置处于分度圆上，因此在绘制啮合齿轮时，最重要的就是画出相啮合的齿轮其分度圆是相接触的。

难度：☆

素材文件:第10章\实例175 齿轮啮合的绘制方法.dwg

视频文件:第10章\实例175 齿轮啮合的绘制方法.mp4

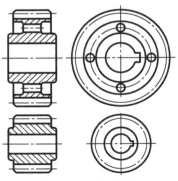

图10-16　素材图形

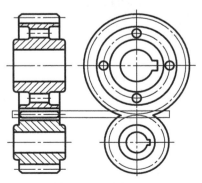

图10-17　移动图形

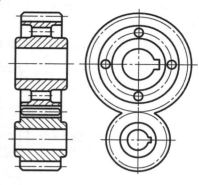

① 打开素材文件"第10章\实例175 齿轮啮合的绘制方法.dwg",其中已经绘制好了上下两个齿轮,如图10-16所示。

② 单个齿轮需要表示出齿顶圆、分度圆、齿根圆这3个要素,而齿轮的啮合同样如此。由于啮合的齿轮,其啮合位置处于分度圆上,因此在啮合图上分度圆(线)是重合的,所以执行移动命令,移动任意齿轮图形,使其分度圆重合,此时效果如图10-17所示。

③ 执行修剪命令,将重叠的部分进行修剪,即可得到啮合效果图,如图10-18所示。

提示:绘制齿轮啮合图时,只需记住要具体表示5根线即可,典型的啮合画法如图10-19所示。

图10-18　修剪重叠部分

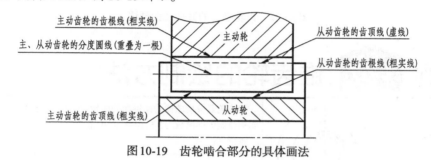

主动齿轮的齿根线(粗实线)
主、从动齿轮的分度圆线(重叠为一根)
主动轮
从动齿轮的齿顶线(虚线)
从动齿轮的齿根线(粗实线)
从动轮
主动齿轮的齿顶线(粗实线)

图10-19　齿轮啮合部分的具体画法

实例 176　斜齿齿轮的啮合画法

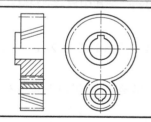

如果是斜齿、人字齿齿轮的啮合,那么除了上面介绍的让分度圆(线)重叠外,还需单独表示出它们的齿形走向。

难度:☆

素材文件:第10章\实例176 斜齿齿轮的啮合画法.dwg

视频文件:第10章\实例176 斜齿齿轮的啮合画法.mp4

① 打开素材文件"第10章\实例176 斜齿齿轮的啮合画法.dwg",其中创建好了相啮合的两个齿轮,如图10-20所示。

② 从当前的图形中无法看出这两个齿轮是斜齿轮,因此可以先各自删去非啮合侧的视图,如图10-21所示。

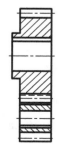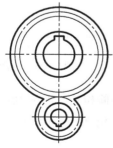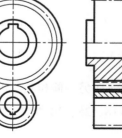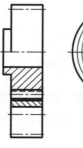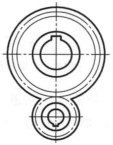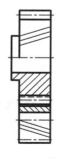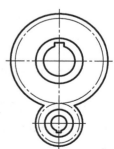

图10-20　素材文件　　　　图10-21　删去非啮合部分的图形　　　　图10-22　最终效果

③ 在各自的半边视图中绘制斜线，注意绘制的方向也彼此相反，最终效果如图10-22所示。

提示： 相应地，主视图与表达轮齿方向的视图画法则如图10-23所示。

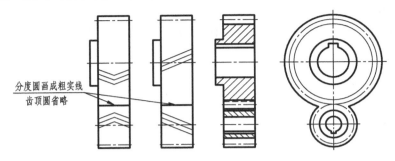

图10-23　齿轮啮合的其他视图画法

实例 177 锥齿轮的绘制方法

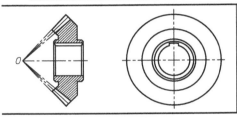

锥齿轮是分度曲面为圆锥面的齿轮，多用于两个正交方向的传动。本实例绘制大端模数为3.5、齿数为30、节锥角为45°的直齿圆锥齿轮。

难度：☆

💿 素材文件：第10章\实例177 锥齿轮的绘制方法.dwg

🐾 视频文件：第10章\实例177 锥齿轮的绘制方法.mp4

① 打开素材文件"第10章\实例177 锥齿轮的绘制方法.dwg"，其中已经绘制好了3条辅助线，如图10-24所示。

② 单击"修改"面板中的"旋转" ↻ 按钮，将线3分别绕 O 点旋转复制2.70°和–3.24°，复制结果如图10-25所示。

③ 以线3与线2交点为端点，配合约束功能，绘制线3的垂线线4，如图10-26所示。

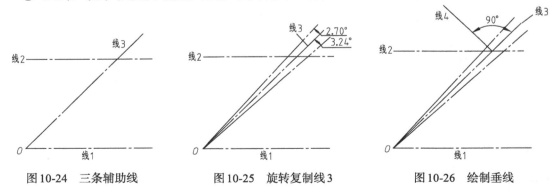

图10-24　三条辅助线　　　　图10-25　旋转复制线3　　　　图10-26　绘制垂线

④ 单击"修改"面板中的"拉长" ⬈ 按钮，将线4向另一侧拉长，如图10-27所示。

⑤ 将线4向 O 点方向偏移24，将线1分别向上偏移18、25、30和42，偏移结果如图10-28所示。

⑥ 将"轮廓线层"设置为当前图层，绘制齿轮轮廓线，如图10-29所示。

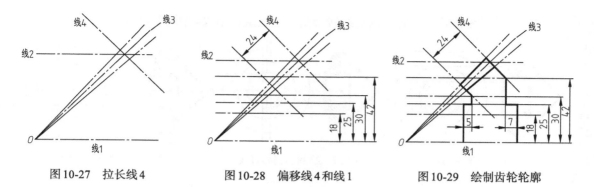

图 10-27　拉长线 4　　　　图 10-28　偏移线 4 和线 1　　　图 10-29　绘制齿轮轮廓

⑦　执行"修剪"命令修剪多余的线条，并根据实际转换线条图层，结果如图 10-30 所示。

⑧　执行"倒角"命令，对图形倒角，如图 10-31 所示。

⑨　执行"镜像"命令，将齿轮图形镜像到水平线以下，如图 10-32 所示。

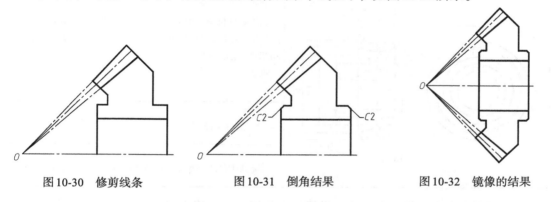

图 10-30　修剪线条　　　　　图 10-31　倒角结果　　　　图 10-32　镜像的结果

⑩　使用"偏移"命令，配合"延伸"和"修剪"命令，绘制键槽结构，如图 10-33 所示。

⑪　将"细实线层"设置为当前图层，执行"图案填充"命令，使用 ANSI31 图案，填充区域如图 10-34 所示。

⑫　执行"射线"命令，从主视图向右引出水平射线，如图 10-35 所示。

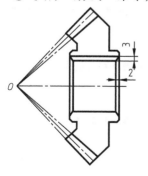
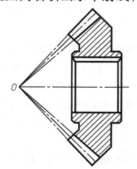
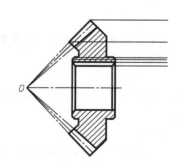

图 10-33　绘制键槽结构　　　　图 10-34　图案填充结果　　　　图 10-35　绘制水平射线

⑬　以最下方构造线上任意一点为圆心，绘制与构造线相切的同心圆，如图 10-36 所示，注意键槽引出的射线位置不绘圆。

⑭　删除不需要的构造线，绘制过圆心的竖直直线，并向两侧偏移 5 个单位，如图 10-37 所示。

⑮ 修剪出键槽轮廓，并将构造线转换到中心线层，结果如图10-38所示。

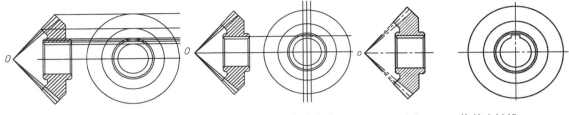

图10-36　绘制圆　　　　　　图10-37　绘制和偏移直线　　　　　　图10-38　修剪出键槽

实例 178 蜗轮的绘制方法

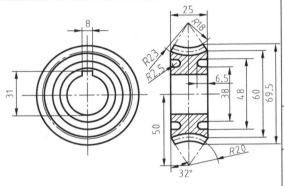

蜗轮蜗杆机构常用来传递两交错轴之间的运动和动力,通过蜗轮的绘制,主要综合练习了"多段线""圆""修剪""偏移"和"图案填充"命令。

难度:☆

素材文件:无

视频文件:第10章\实例178　蜗轮的绘制方法.mp4

① 新建空白文件，将"中心线"设置为当前层，然后使用"构造线"和"偏移"命令，绘制如图10-39所示的辅助线。

② 在无命令执行的前提下，选择图10-39所示的定位线 M 进行夹点编辑，命令行操作过程如下：

```
命令:                                    //单击其中的一个夹点，进入夹点编辑模式
** 拉伸 **
指定拉伸点或 [基点 (B)/复制 (C)/放弃 (U)/退出 (X)]: ✓
                                         //按回车键，进入夹点移动模式
** 移动 **
指定移动点或 [基点 (B)/复制 (C)/放弃 (U)/退出 (X)]: ✓
                                         //按回车键，进入夹点旋转模式
** 旋转 **
指定旋转角度或 [基点 (B)/复制 (C)/放弃 (U)/参照 (R)/退出 (X)]: c✓
** 旋转（多重）**
指定旋转角度或 [基点 (B)/复制 (C)/放弃 (U)/参照 (R)/退出 (X)]: b✓
指定基点:                                //捕捉图10-39所示的 A 点
** 旋转（多重）**
指定旋转角度或 [基点 (B)/复制 (C)/放弃 (U)/参照 (R)/退出 (X)]: 32✓
                                         //设置角度为32
```

** 旋转（多重）**
指定旋转角度或［基点（B）/复制（C）/放弃（U）/参照（R）/退出（X）］：-32✓
//设置角度为-32
** 旋转（多重）**
指定旋转角度或［基点（B）/复制（C）/放弃（U）/参照（R）/退出（X）］：✓
//按回车键，并取消夹点显示，结果如图10-40所示

图10-39 绘制辅助线

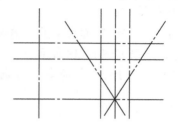

图10-40 夹点编辑

③ 将"轮廓线"设置为当前图层，打开线宽功能。单击"绘图"面板 按钮，绘制半径分别为18、20和23的同心圆，如图10-41所示。

④ 单击"修改"面板中的"修剪" 按钮，对辅助线和同心圆进行修剪，结果如图10-42所示。

⑤ 使用"直线"命令，配合"对象捕捉"功能，绘制如图10-43所示的轮廓线。

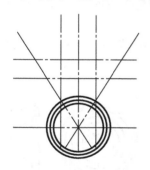

图10-41 绘制同心圆

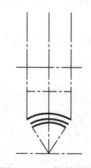

图10-42 修剪结果

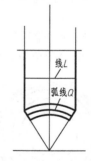

图10-43 绘制轮廓线

图10-44 修改对象特性

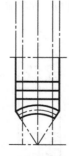

图10-45 偏移

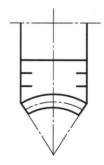

图10-46 修剪

⑥ 修改图10-43所示轮廓线L的图层为"轮廓线"，修改弧线Q的图层为"点画线"，结

果如图10-44所示。

　　⑦ 使用快捷键"O"激活"偏移"命令，将图10-44所示的轮廓线L分别向下偏移5和10个绘图单位，将垂直辅助线分别向左右偏移8.5个绘图单位，如图10-45所示。

　　⑧ 综合使用"修剪"和"删除"命令，对偏移后的轮廓线进行修剪，并删除不需要的辅助线，结果如图10-46所示。

　　⑨ 将修剪后的4条水平轮廓线进行分解，然后对其两两添加圆角，半径为2.5，圆角结果如图10-47所示。

　　⑩ 单击"修改"面板中的"镜像" 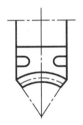按钮，将下侧的图形镜像复制，创建出左视图的上半部分，结果如图10-48所示。

　　⑪ 使用"构造线"命令，分别通过左视图特征点绘制水平辅助线，结果如图10-49所示。

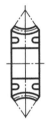 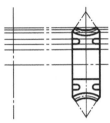

图10-47　圆角结果　　　　　图10-48　镜像复制　　　　　图10-49　绘制辅助线

　　⑫ 以左下侧辅助线交点作为圆心，以其他交点作为圆半径的另一端点，绘制如图10-50所示的同心圆。

　　⑬ 执行"偏移"命令，将最下侧水平辅助线向上偏移17个绘图单位，将垂直辅助线对称偏移4个绘图单位，结果如图10-51所示。

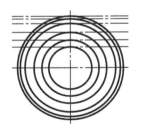  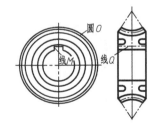

图10-50　绘制同心圆　　　　　图10-51　偏移辅助线　　　　　图10-52　修剪操作

 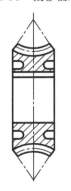 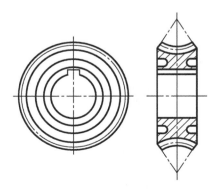

图10-53　设置填充参数　　　　　图10-54　填充图案　　　　　图10-55　最终结果

⑭ 综合使用"修剪"和"删除"命令，对各辅助线进行修剪，删除不需要的辅助线，结果如图 10-52 所示。

⑮ 修改如图 10-52 所示轮廓线 W 和 Q 的图层为"轮廓线"，圆 O 的图层为"点画线"。

⑯ 单击"绘图"面板中的"图案填充" 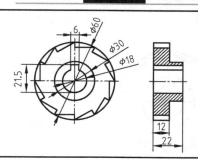 按钮，设置填充参数及填充图案，如图 10-53 所示，对左视图填充剖面图案，填充结果如图 10-54 所示。

⑰ 使用"拉长"命令，将中心线向两端拉长 3 个绘图单位，最终结果如图 10-55 所示。

实例 179 棘轮的绘制方法

棘轮是一种外缘或内缘上具有刚性齿形表面或摩擦表面的齿轮，是组成棘轮机构的重要构件。由棘爪推动作步进运动，这种啮合运动的特点是棘轮只能向一个方向旋转，而不能倒转。

难度：☆

素材文件：无

视频文件：第 10 章\实例 179 棘轮的绘制方法.mp4

① 新建空白文件，然后使用"直线"和"圆"命令，绘制如图 10-56 所示的中心线和圆。

② 使用"旋转"命令，将垂直中心线复制旋转 –30°，并将"轮廓线"设置为当前层，使用"直线"命令绘制如图 10-57 所示的直线。

③ 使用快捷键"TR"激活"修剪"命令，并删除角度为 30° 的斜线，用"直线"命令，绘制短直线，如图 10-58 所示。

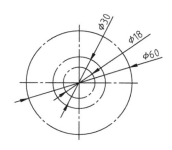
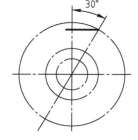
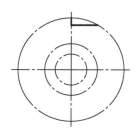

图 10-56　绘制中心线和圆　　图 10-57　旋转并绘制直线　　图 10-58　修剪整理

④ 使用"图层特性"命令，将圆置换为"轮廓线"层，并单击"修改"面板 按钮，激活"阵列"命令，进行环形阵列，阵列中心为圆心，项目总数为 12，项目间填充角度设置为 360°，阵列结果如图 10-59 所示。

⑤ 单击"修改"面板中的"偏移" 按钮，将垂直中心线左右分别偏移 3 个单位，水平中心线向上偏移 12.5 个绘图单位，并将偏移的中心线更改为"轮廓线"。

⑥ 使用"直线"命令，根据主视图轮廓绘制左视图中的对应直线与辅助线，结果如图 10-60 所示。

⑦ 单击"修改"面板中的"修剪" 按钮，对图形进行修剪，结果如图 10-61 所示。

⑧ 使用快捷键"H"激活"图案填充"命令，采取默认比例，为左视图填充"ANSI31"

图案，结果如图10-62所示。

⑨ 使用快捷键"LEN"激活"拉长"命令，将两视图中心线两端拉长3个绘图单位，最终结果如图10-63所示。

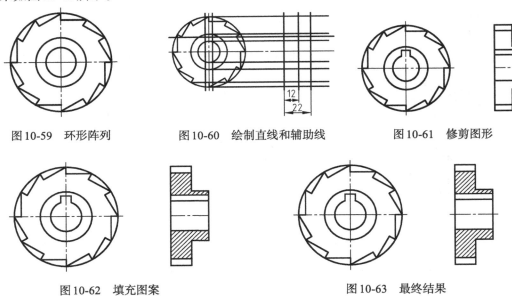

图10-59　环形阵列　　　　图10-60　绘制直线和辅助线　　　　图10-61　修剪图形

图10-62　填充图案　　　　　　　　　　图10-63　最终结果

第11章

平键、花键的绘制方法

扫码享受
全方位沉浸式学AutoCAD

键主要用于轴和轴上零件之间的轴向固定以传递扭矩，有些键还可实现轴上零件的轴向固定或轴向移动，如减速器中齿轮与轴的联结。键分为平键、半圆键、楔键、切向键和花键等。

实例 180 平键的绘制方法

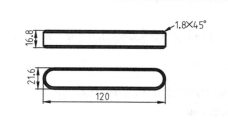

平键的两侧是工作面，上表面与轮毂槽底之间留有间隙。其定心性能好，拆装方便。 难度：☆☆	
素材文件：无	
视频文件：第11章\实例180 平键的绘制方法.mp4	

① 新建空白文件，并设置捕捉追踪功能。单击"绘图"面板中的"矩形" □ 按钮，绘制长度为120、宽度为16.8、倒角距离为1.8的倒角矩形，作为平键主视图外轮廓，命令行操作过程如下。

```
命令：_rectang
指定第一个角点或 [倒角（C）/标高（E）/圆角（F）/厚度（T）/宽度（W）]：C✓
                               //选择"倒角（C）"选项
指定矩形的第一个倒角距离 <0.0000>：1.8✓    //设置倒角距离为1.8
指定矩形的第二个倒角距离 <1.8000>： ✓      //默认当前设置
指定第一个角点或 [倒角（C）/标高（E）/圆角（F）/厚度（T）/宽度（W）]：
                               //在适当位置拾取一点作为起点
指定另一个角点或 [面积（A）/尺寸（D）/旋转（R）]：D✓
                               //选择"尺寸（D）"选项
指定矩形的长度 <10.0000>：120✓           //设置矩形长度为120
指定矩形的宽度 <10.0000>：16.8✓          //设置矩形宽度为16.8
指定另一个角点或 [面积（A）/尺寸（D）/旋转（R）]：✓
                               //单击左键，绘制结果如图11-1所示
```

② 使用快捷键 "L" 激活 "直线" 命令，配合 "捕捉端点" 功能，绘制如图11-2所示的轮廓线。

图11-1　绘制倒角矩形 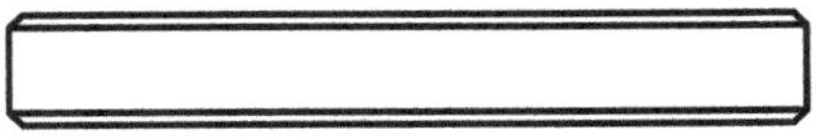　　　　　　　　　　　　图11-2　绘制直线

③ 单击 "绘图" 面板中的 "多段线" ⤴按钮，配合 "捕捉中点" 和 "对象追踪" 功能，绘制俯视图外轮廓。命令行操作过程如下。

```
命令：_pline
指定起点：                          //配合中点捕捉和对象追踪功能，引出如图11-3所
                                    示的追踪虚线，在此方向矢量拾取一点作为起点

当前线宽为 0.0000
指定下一个点或 [圆弧 (A)/半宽 (H)/长度 (L)/放弃 (U)/宽度 (W)]：@49.2, 0✓
                                    //输入相对直角坐标，按回车键确定第二点

指定下一点或 [圆弧 (A)/闭合 (C)/半宽 (H)/长度 (L)/放弃 (U)/宽度 (W)]：A✓

指定圆弧的端点或 [角度 (A)/圆心 (CE)/闭合 (CL)/方向 (D)/半宽 (H)/直线 (L)/半径 (R)/第二个
点 (S)/放弃 (U)/宽度 (W)]：@0, -21.6✓

指定圆弧的端点或 [角度 (A)/圆心 (CE)/闭合 (CL)/方向 (D)/半宽 (H)/直线 (L)/半径 (R)/第二个
点 (S)/放弃 (U)/宽度 (W)]：L✓
                                    //选择 "直线 (L)" 选项

指定下一点或 [圆弧 (A)/闭合 (C)/半宽 (H)/长度 (L)/放弃 (U)/宽度 (W)]：@-98.4, 0✓
                                    //输入相对直角坐标按回车键
指定下一点或 [圆弧 (A)/闭合 (C)/半宽 (H)/长度 (L)/放弃 (U)/宽度 (W)]：a✓
                                    //选择 "圆弧" 选项，按回车键

指定圆弧的端点或 [角度 (A)/圆心 (CE)/闭合 (CL)/方向 (D)/半宽 (H)/直线 (L)/半径 (R)/第二个
点 (S)/放弃 (U)/宽度 (W)]：@0, 21.6✓
                                    //输入圆弧另一端点相对坐标
指定圆弧的端点或 [角度 (A)/圆心 (CE)/闭合 (CL)/方向 (D)/半宽 (H)/直线 (L)/半径 (R)/第二个
点 (S)/放弃 (U)/宽度 (W)]：c1✓
                                    //选择闭合选项，闭合图形如图11-4所示
```

④ 单击 "修改" 面板中的 "偏移" ⤴按钮，将刚绘制的多段线向内偏移1.8个绘图单位，平键绘制完成，如图11-5所示。

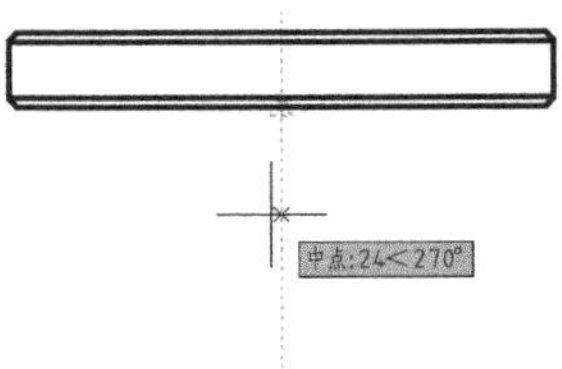

图11-3　捕捉追踪 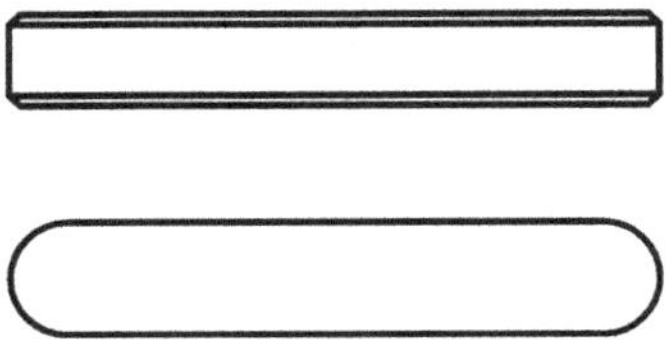　　　　　　　图11-4　绘制多段线　　　　　　　图11-5　偏移

实例 181 花键的绘制方法

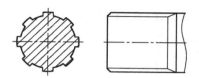

在机械制图中，花键的键齿作图比较烦琐。为提高制图效率，许多国家都制订了花键画法标准，国际上也制订有ISO标准。中国机械制图国家标准规定：对于矩形花键，其外花键在平行于轴线的投影面的视图中，大径用粗实线、小径用细实线绘制，并用剖面画出一部分或全部齿形；其内花键在平行于轴线的投影面的剖视图中，大径和小径都用粗实线绘制，并用局部视图画出一部分或全部齿形。花键的工作长度的终止端和尾部长度的末端均用细实线绘制。

难度：☆☆

素材文件：第11章\实例181 花键的绘制方法.dwg

视频文件：第11章\实例181 花键的绘制方法.mp4

① 打开素材文件"第11章\实例181 花键的绘制方法.dwg"，其中已经绘制好了对应的中心线，如图11-6所示。

② 将"轮廓线"图层设置为当前图层。执行"圆"命令，以交叉的中心线交点为圆心分别绘制半径为16、18的两个圆，如图11-7所示。

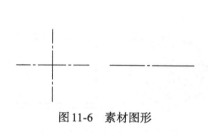

图11-6　素材图形

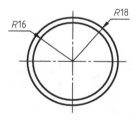

图11-7　绘制圆

③ 执行"偏移"命令，将竖直中心线向左、右偏移3，如图11-8所示。

④ 执行"修剪"命令，修剪多余偏移线，并将修剪后的偏移线转换到"轮廓线"图层，如图11-9所示。

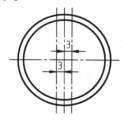

图11-8　偏移中心线

图11-9　修剪并转换图层

⑤ 单击"修改"工具栏中的"环形阵列"按钮，选择上一步修剪出的直线作为阵列对象，选择中心线的交点作为阵列中心点，项目数为8，如图11-10所示。

⑥ 执行"修剪"命令，修剪多余圆弧，如图11-11所示。

⑦ 执行"图案填充"命令，选择图案为ANSI31，比例为1，角度为0°，填充图案，结果如图11-12所示。

⑧ 执行"直线"命令，绘制左视图中心线，并根据"高平齐"的原则绘制左视图边线，如图11-13所示。

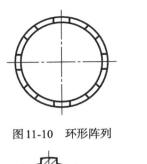

图 11-10　环形阵列

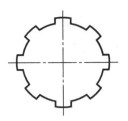

图 11-11　修剪圆弧

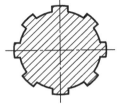

图 11-12　图案填充

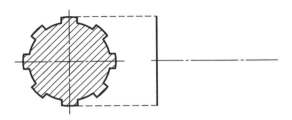

图 11-13　绘制左视图

⑨ 执行"偏移"命令，将左视图边线向右分别偏移35、40，结果如图11-14所示。

⑩ 执行"直线"命令，根据"高平齐"的原则绘制左视图的水平轮廓线，如图11-15所示。

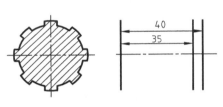

图 11-14　偏移直线

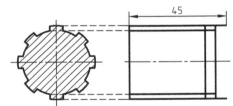

图 11-15　绘制左视图轮廓线

⑪ 执行"倒角"命令，设置倒角距离为2，倒角结果如图11-16所示。

⑫ 执行"直线"命令，连接交点；执行"修剪"命令修剪图形，将内部线条转换到细实线图层，结果如图11-17所示。

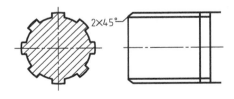

图 11-16　倒斜角

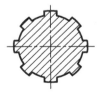

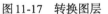

图 11-17　转换图层

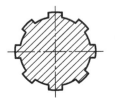

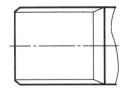

图 11-18　最终结果

⑬ 执行"样条曲线拟合"命令，绘制断面边界，如图11-18所示。

实例 182 内花键的绘制方法

和螺纹一样,花键也有外花键和内花键之分,在绘制上有些许不同,下面进行介绍。

难度:☆☆

素材文件:无

视频文件:第11章\实例182 内花键的绘制方法.mp4

① 新建一空白图形，然后按上例的方法，绘制出如图11-19所示的花键图形。

② 内花键本质上是一个孔，因此如果不对该图形添加剖面线，即可表示该图形为一内花键。

③ 如果内花键的键数较多，则可以只绘制出单个键位，其余未画出的键位用细实线表示大径，小径用粗实线表示，如图11-20所示。

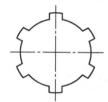

图11-19 绘制花键图形

图11-20 编辑图形得到最终效果

实例 183 花键的标注方法

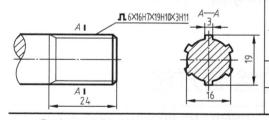

花键外形复杂,因此在标注时有特殊的标注方法,和半径、直径一样,花键也有专门的代号。

难度:☆☆

素材文件:第11章\实例183 花键的标注方法.dwg

视频文件:第11章\实例183 花键的标注方法.mp4

① 打开素材文件"第11章\实例183 花键的标注方法.dwg"，其中已经绘制好了一花键图形，如图11-21所示，接下来对其进行标注。

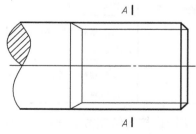

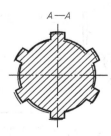

图11-21 素材图形

② 花键主要的尺寸是大径D、小径d、键宽B和齿长L，因此只需标注出这四个尺寸，即可完成花键的标注，如图11-22所示。该图所标注的就是一个大径为19、小径为16、键宽为3、齿长为24的花键。

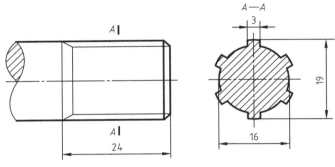

图11-22　对花键进行尺寸标注

③ 此外还可以通过代号的方式对花键进行标注，代号的写法为冂N×d×D×B，其中冂为花键符号，N为键数，d、D、B的数字后面均应添加公差带代号，如本例的花键用代号表示即为：冂6×16H7×19H10×3，如图11-23所示。

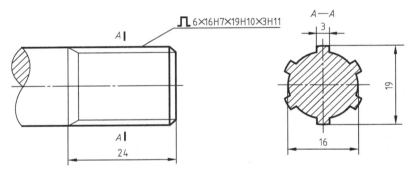

图11-23　对花键进行代号标注

提示：花键符号冂需自行绘制。

实例 184 花键连接的绘制方法

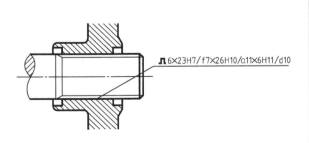

花键连接按一般画法进行编辑即可，只是在使用代号标注时需标注上内外花键的公差带代号。此外如果用剖视图表示，其连接部分按外花键绘制。

难度：☆☆☆

素材文件：第11章\实例184 花键连接的绘制方法 .dwg

视频文件：第11章\实例184 花键连接的绘制方法 .mp4

① 打开素材文件"第11章\实例184 花键连接的绘制方法 .dwg"，其中已经绘制好了两个零件，用以演示花键连接，如图11-24所示。

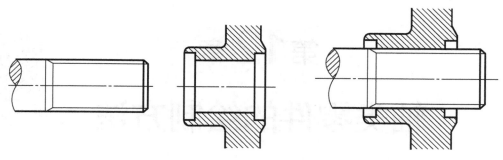

图 11-24 素材文件   图 11-25 通过移动让花键进行重叠

② 执行移动命令，将左侧的花键移动至右侧的花键孔，然后删去重合线段，得到如图 11-25 所示的花键连接图形。

③ 执行快速引线命令，对该花键连接图形进行标注，如图 11-26 所示。

提示：剖视图中的花键连接如图 11-27 所示。

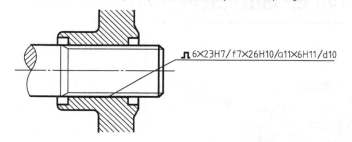

6×23H7/f7×26H10/a11×6H11/d10

图 11-26 通过代号对花键连接部分进行标注

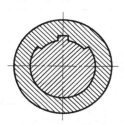

图 11-27 花键连接部分的剖视图画法

第12章

轴类零件的绘制方法

扫码享受
全方位沉浸式学AutoCAD

　　轴是组成机器的一种非常重要的零件，一般用来支撑旋转的机械零件（如带轮、齿轮等）、传递运动和动力。本章将详细介绍轴类零件的概念、特点以及各类轴零件图的绘制。

实例 185 普通阶梯轴的绘制方法

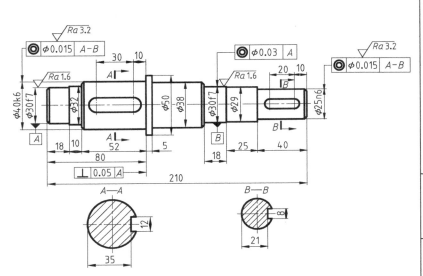

阶梯轴在机器中常用来支承齿轮、带轮等传动零件，以传递转矩或运动。下面就以减速箱中的传动轴为例，介绍阶梯轴的设计与绘制方法。阶梯轴的设计需要考虑它的加工工艺，而阶梯轴的加工又较为典型，能整体反映出轴类零件加工的大部分内容与基本规律，因此需要重点掌握。

难度：☆☆☆

　素材文件：第12章\实例185 普通阶梯轴的绘制方法.dwg

　视频文件：第12章\实例185 普通阶梯轴的绘制方法.mp4

　　① 打开素材文件"第12章\实例185 普通阶梯轴的绘制方法.dwg"，如图12-1所示，已经绘制好了对应的中心线。

图12-1　素材图形

　　② 使用快捷键"O"激活"偏移"命令，根据图12-2所示的尺寸，对垂直的中心线进行多重偏移。

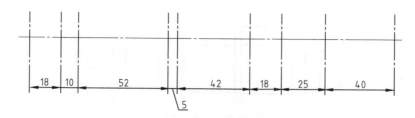

图 12-2 偏移中心线

③ 将"轮廓线"设置为当前图层，使用"直线"命令绘制如图12-3所示轮廓线（尺寸见效果图）。

图 12-3 绘制轮廓线

④ 根据上一步的步骤操作，使用"直线"命令，配合"正交追踪"和"对象捕捉"功能绘制其他位置的轮廓线，结果如图12-4所示。

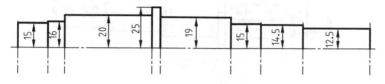

图 12-4 绘制其他轮廓线

⑤ 单击"修改"面板中的□按钮，激活"倒角"命令，对轮廓线进行倒角，倒角尺寸为C2，然后使用"直线"命令，配合捕捉与追踪功能，绘制倒角的连接线，结果如图12-5所示。

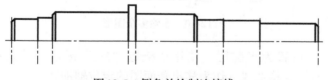

图 12-5 倒角并绘制连接线

⑥ 使用快捷键"MI"激活"镜像"命令，对轮廓线进行镜像复制，结果如图12-6所示。

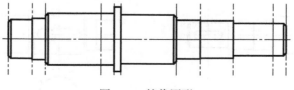

图 12-6 镜像图形

⑦ 绘制键槽。使用快捷键"O"激活"偏移"命令，创建如图12-7所示的垂直辅助线。

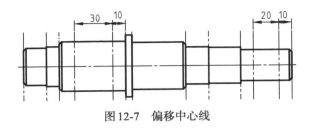

图 12-7　偏移中心线

⑧ 将"轮廓线"设置为当前图层，使用"圆"命令，以偏移的垂直辅助线的交点为圆心，分别绘制直径为12和8的圆，如图12-8所示。

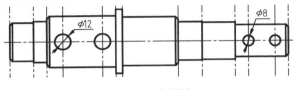

图 12-8　绘制圆

⑨ 使用"直线"命令，配合"捕捉切点"功能，绘制键槽轮廓，如图12-9所示。

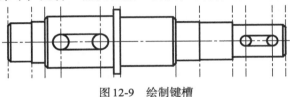

图 12-9　绘制键槽

⑩ 使用"修剪"命令，对键槽轮廓进行修剪，并删除多余的辅助线，结果如图12-10所示。

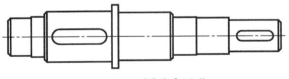

图 12-10　删除多余图形

⑪ 将"中心线"设置为当前层，使用快捷键"XL"激活"构造线"命令，绘制如图12-11所示的水平和垂直构造线，作为移出断面图的定位辅助线。

⑫ 将"轮廓线"设置为当前图层，使用"圆"命令，以构造线的交点为圆心，分别绘制直径为40和25的圆，结果如图12-12所示。

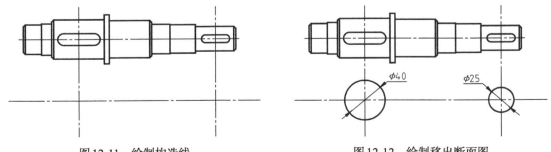

图 12-11　绘制构造线　　　　　　　图 12-12　绘制移出断面图

⑬ 单击"修改"面板中的"偏移" 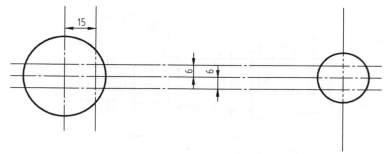 按钮,对 $\phi 40$ 圆的水平和垂直构造线进行偏移,结果如图 12-13 所示。

图 12-13 偏移中心线得到辅助线

⑭ 将"轮廓线"设置为当前图层,使用"直线"命令,绘制键深,结果如图 12-14 所示。

⑮ 综合使用"删除"和"修剪"命令,去掉不需要的构造线和轮廓线,如图 12-15 所示。

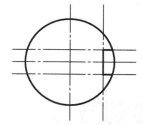

图 12-14 绘制 $\phi 40$ 圆的键槽轮廓

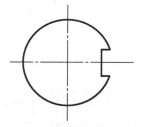

图 12-15 修剪 $\phi 40$ 圆的键槽

⑯ 按相同方法绘制 $\phi 25$ 圆的键槽图,如图 12-16 所示。

⑰ 将"剖面线"设置为当前图层,单击"绘图"面板中的"图案填充" 按钮,为此剖面图填充 ANSI31 图案,填充比例为 1.5,角度为 0,填充结果如图 12-17 所示。

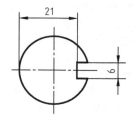

图 12-16 绘制 $\phi 25$ 圆的键槽

图 12-17 填充剖面线

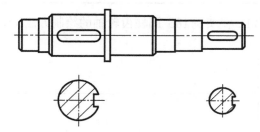

图 12-18 阶梯轴的轮廓图

⑱ 绘制好的图形如图12-18所示。

⑲ 标注图形，并添加相应的粗糙度与形位公差，最终图形如图12-19所示。

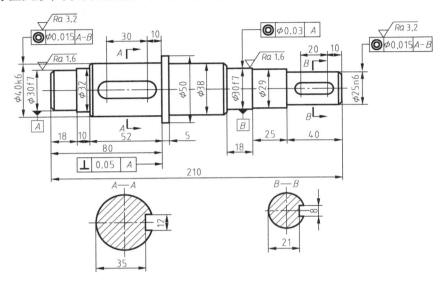

图12-19　最终零件图

实例 186　圆柱齿轮轴的绘制方法

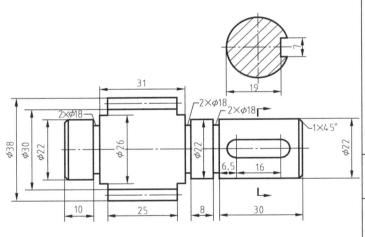

齿轮轴，即是指具有齿轮特征的轴体。在实际的工作中，齿轮轴一般用于小齿轮（齿数少的齿轮），或是在高速级（也就是低扭矩级）的情况。因为齿轮轴是轴和齿轮合成一个整体的，因此，在设计时，还是要尽量缩短轴的长度，太长了一是不利于上滚齿机加工，二是轴的支撑太长导致轴要加粗而增加机械强度（如刚性、挠度、抗弯等）。

难度：☆ ☆ ☆

素材文件：第12章\实例186　圆柱齿轮轴的绘制方法.dwg

视频文件：第12章\实例186　圆柱齿轮轴的绘制方法.mp4

① 打开素材文件"第12章\实例186 圆柱齿轮轴的绘制方法.dwg"，如图12-20所示，已经绘制好了对应的中心线。

图12-20　素材图形

② 切换到"轮廓线"图层，以左侧中心线为起点，执行"直线"命令，绘制轴的轮廓线，如图12-21所示。

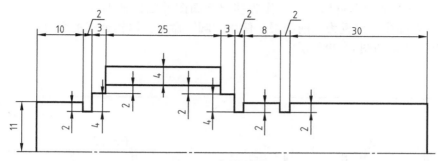

图12-21 绘制轮廓线

③ 执行"镜像"命令，以水平中心线作为镜像线镜像图形，结果如图12-22所示。

④ 执行"直线"命令，捕捉端点，绘制沟槽的连接线，并绘制分度圆的线，注意图层的转换，如图12-23所示。

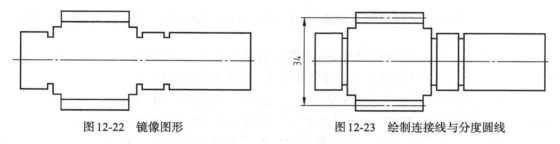

图12-22 镜像图形   图12-23 绘制连接线与分度圆线

⑤ 执行"倒角"命令，设置两个倒角距离均为1，在轴两端进行倒角，并绘制倒角连接线，如图12-24所示。

⑥ 绘制键槽。执行"圆"命令，在右端绘制两个直径为7的圆，如图12-25所示。

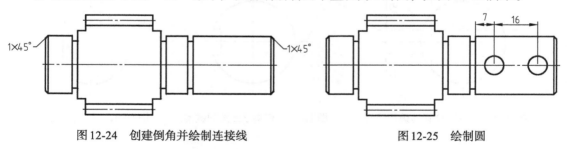

图12-24 创建倒角并绘制连接线   图12-25 绘制圆

⑦ 执行"直线"命令，捕捉圆象限点绘制连接直线，如图12-26所示。

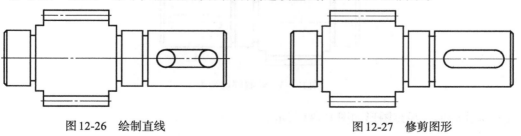

图12-26 绘制直线   图12-27 修剪图形

⑧ 执行"修剪"命令，修剪图形，结果如图 12-27 所示。

⑨ 将"中心线"设置为当前层，使用快捷键"XL"激活"构造线"命令，绘制如图 12-28 所示的水平和垂直构造线，作为移出断面图的定位辅助线。

⑩ 将"轮廓线"设置为当前图层，使用"圆"命令，以构造线的交点为圆心，绘制直径为 22 的圆，结果如图 12-29 所示。

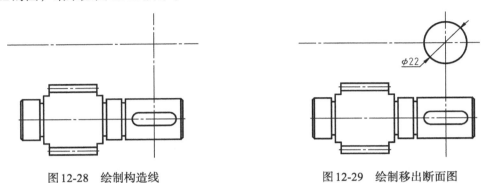

图 12-28　绘制构造线　　　　　　　　　　图 12-29　绘制移出断面图

⑪ 单击"修改"面板中的"偏移" ![] 按钮，对 $\phi22$ 圆的水平和垂直构造线进行偏移，结果如图 12-30 所示。

⑫ 将"轮廓线"设置为当前图层，使用"直线"命令，绘制键深，再综合使用"删除"和"修剪"命令，去掉不需要的构造线和轮廓线，结果如图 12-31 所示。

⑬ 将"剖面线"设置为当前图层，单击"绘图"面板中的"图案填充" ![] 按钮，为此剖面图填充"ANSI31"图案，填充比例为 1.5，角度为 0，填充结果如图 12-32 所示。

⑭ 执行"多段线"命令，利用命令行中的"宽度"选项绘制剖切箭头，如图 12-33 所示。

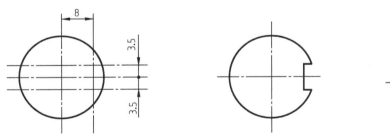
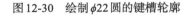
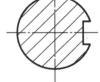

图 12-30　绘制 $\phi22$ 圆的键槽轮廓　　图 12-31　修剪 $\phi25$ 圆的键槽　　图 12-32　填充剖面线

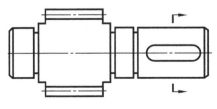

图 12-33　绘制剖切箭头

⑮ 标注图形，最终图形如图 12-34 所示。

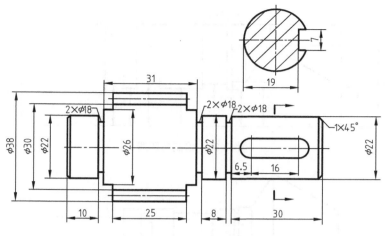

图12-34 阶梯轴的轮廓图

实例 187 圆锥齿轮轴的绘制方法

锥齿轮用来传递两相交轴之间的运动和动力,在一般机械中,锥齿轮两轴之间的交角等于90°(但也可以不等于90°)。圆锥齿轮轴就是添加有圆锥齿轮特征的轴体。圆锥齿轮轴的加工比较困难,但是传动稳定。

难度:☆☆☆

素材文件:第12章\实例187 圆锥齿轮轴的绘制方法 .dwg

视频文件:第12章\实例187 圆锥齿轮轴的绘制方法 .mp4

① 打开素材文件"第12章\实例187 圆锥齿轮轴的绘制方法 .dwg",如图12-35所示,已经绘制好了对应的中心线。

图12-35 素材图形

② 切换到"轮廓线"图层,以左侧中心线为起点,执行"直线"命令,绘制轴的轮廓线,如图12-36所示。

③ 执行"直线"命令,捕捉端点,绘制连接直线,结果如图12-37所示。

④ 执行"直线"命令,绘制直线的垂线;然后执行"偏移"命令,将最左端轮廓线向右偏移4,结果如图12-38所示。

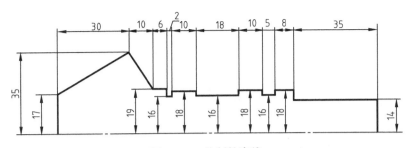

图 12-36　绘制轮廓线

图 12-37　绘制连接线

图 12-38　绘制垂线、偏移

⑤ 执行"修剪"命令，修剪绘制的垂线和偏移线，如图 12-39 所示。

⑥ 执行"直线"命令，捕捉中点绘制连接直线，将锥齿线切换至"虚线"图层，结果如图 12-40 所示。

⑦ 执行"镜像"命令，以水平中心线作为镜像线，镜像图形，结果如图 12-41 所示。

图 12-39　修剪线条

图 12-40　绘制锥齿轮齿根线与分度圆线

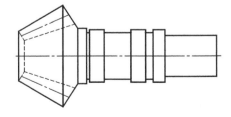

图 12-41　镜像图形

⑧ 执行"倒角"命令，设置两个倒角距离均为 2，对图形进行倒角，并绘制倒角连接线，如图 12-42 所示。

⑨　绘制键槽。执行"圆"命令，绘制两个直径为10的圆，如图12-43所示。

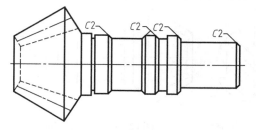
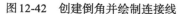

图12-42　创建倒角并绘制连接线

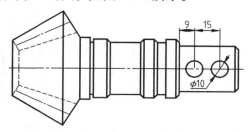

图12-43　绘制圆

⑩　执行"直线"命令，捕捉圆象限点绘制连接直线，如图12-44所示。

⑪　执行"修剪"命令，修剪图形，结果如图12-45所示。

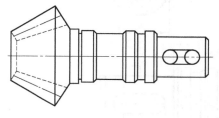

图12-44　绘制直线

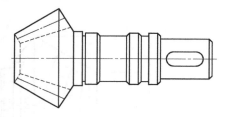

图12-45　修剪图形

⑫　将"中心线"设置为当前层，使用快捷键"XL"激活"构造线"命令，绘制如图12-46所示的水平和垂直构造线，作为移出断面图的定位辅助线。

⑬　将"轮廓线"设置为当前图层，使用"圆"命令，以构造线的交点为圆心，绘制直径为28的圆，结果如图12-47所示。

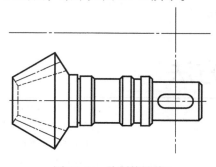

图12-46　绘制构造线

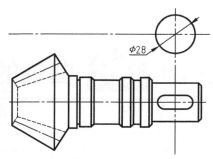

图12-47　绘制移出断面图

⑭　单击"修改"面板中的"偏移" 按钮，对φ28圆的水平和垂直构造线进行偏移，结果如图12-48所示。

⑮　将"轮廓线"设置为当前图层，使用"直线"命令，绘制键深，再综合使用"删除"和"修剪"命令，去掉不需要的构造线和轮廓线，结果如图12-49所示。

⑯　将"剖面线"设置为当前图层，单击"绘图"面板中的"图案填充" 按钮，为此剖面图填充"ANSI31"图案，填充比例为1，角度为0，填充结果如图12-50所示。

⑰　执行"多段线"命令，利用命令行中的"宽度"选项绘制剖切箭头，如图12-51所示。

⑱ 标注图形，最终图形如图12-52所示。

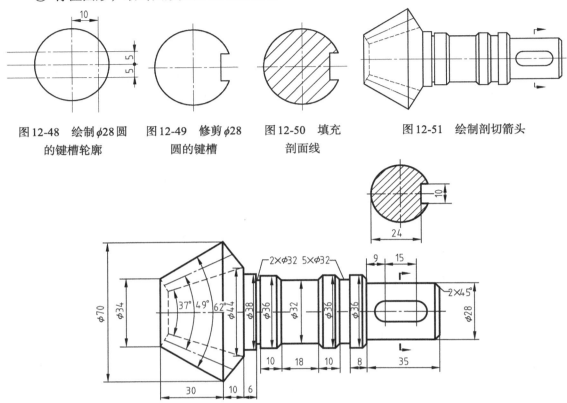

图12-48　绘制φ28圆　　图12-49　修剪φ28　　图12-50　填充　　　图12-51　绘制剖切箭头
　　　的键槽轮廓　　　　　　圆的键槽　　　　　剖面线

图12-52　最终图形

实例 188 曲轴的绘制方法

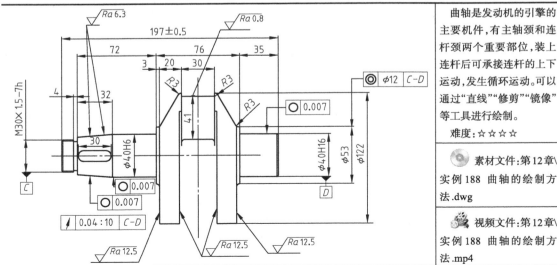

曲轴是发动机的引擎的主要机件，有主轴颈和连杆颈两个重要部位，装上连杆后可承接连杆的上下运动，发生循环运动。可以通过"直线""修剪""镜像"等工具进行绘制。

难度：☆ ☆ ☆ ☆

素材文件：第12章\
实例188 曲轴的绘制方法.dwg

视频文件：第12章\
实例188 曲轴的绘制方法.mp4

① 打开素材文件"第12章\实例188 曲轴的绘制方法.dwg",已经绘制好了如图12-53所示的中心线。

图12-53 绘制中心线

② 绘制矩形。选择"绘图"|"矩形"命令绘制一个10.6×30的矩形,并选择"移动"命令将其一边的中点移动到中心线上,如图12-54所示。

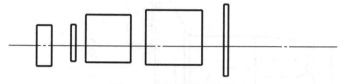

图12-54 绘制矩形

③ 添加轴轮廓。调用"矩形"命令绘制另外4个矩形,分别为3.5×27、32×35、40×40、3×53,结果如图12-55所示。

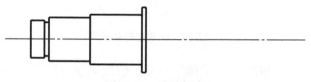

图12-55 绘制其余轮廓

④ 移动轮廓。调用"移动"命令,按照绘制的先后顺序选择矩形,然后将其移动到右端中点位置。选择"修改"|"分解"命令分解所有的矩形,并删除重合的线段,结果如图12-56所示。

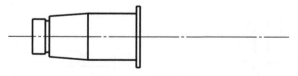

图12-56 移动轮廓

⑤ 绘制斜线。调用"直线"命令将图中第三个矩形与第四个矩形的边线用直线连接起来,结果如图12-57所示。

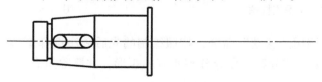

图12-57 绘制斜线

⑥ 绘制键槽。选择"绘图"|"圆"与"直线"命令,绘制距离轴左侧边20与40、半径为5的两个圆,调用"直线"命令绘制其切线,结果如图12-58所示。

图12-58 绘制键槽

⑦ 修剪键槽。调用"修剪"命令对之前所绘制的键槽进行修剪，结果如图12-59所示。

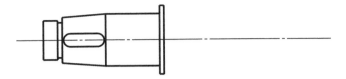

图12-59 修剪键槽

⑧ 绘制连杆颈大致轮廓。调用"直线"命令，以右侧中点为起点绘制连杆颈轮廓图形，具体参数如图12-60所示。

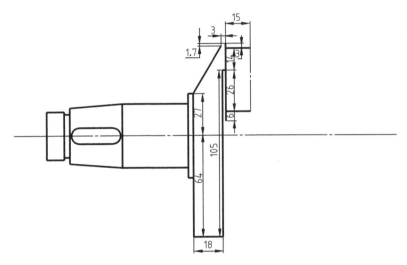

图12-60 绘制连杆颈轮廓

⑨ 镜像轮廓。选择"修改"|"镜像"命令，使用该命令以最右侧直线为参考，镜像之前所绘制的连杆颈，结果如图12-61所示。

⑩ 绘制轴轮廓。调用"矩形"命令绘制2个矩形，分别为3×53、35×40，结果如图12-62所示。

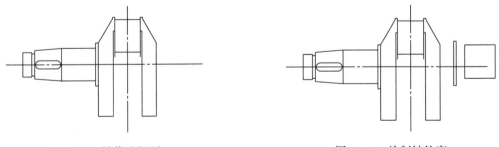

图12-61 镜像连杆颈　　　　　　　　　　　图12-62 绘制轴轮廓

⑪ 移动轮廓。调用"移动"命令，按照绘制的先后顺序选择矩形，将其移动到右端中点位置。选择"修改"|"分解"命令分解所有的矩形，并删除重合的线段，结果如图12-63所示。

⑫ 绘制圆角与倒角。选择"修改"|"圆角"与"倒角"命令，对图的两端还有中间部位绘制圆角与倒角，圆角半径为3，倒角为1×45°，结果如图12-64所示。

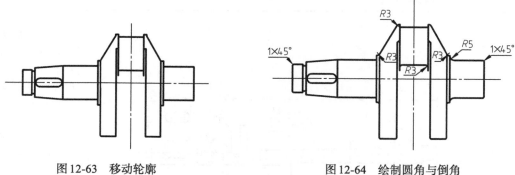

图12-63　移动轮廓　　　　　　　　图12-64　绘制圆角与倒角

⑬ 添加辅助线。选择"绘图"|"直线"命令，绘制剩余的辅助直线等，结果如图12-65所示。

⑭ 添加其他标注与公差。最后使用"尺寸标注"命令与"公差"命令为图形添加尺寸标注与公差标注等（这里不详细说明），最终结果如图12-66所示。

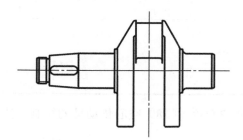

图12-65　添加辅助线

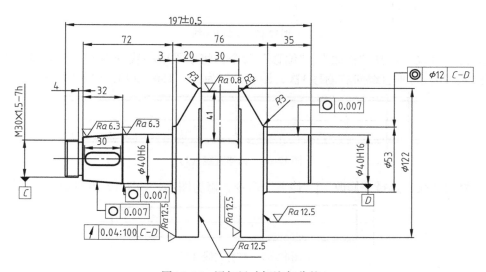

图12-66　添加尺寸标注与公差

实例 189 空心传动轴的绘制方法

本实例绘制的是空心传动轴,该轴虽然属于空心轴,但是也有阶梯轴的特点。在绘制时,首先使用"直线"命令绘制中心线,使用"偏移"命令偏移中心线,使用"修剪"命令修剪出基本线框。然后使用"填充"命令填充主视图剖面区域。最后添加尺寸标注、粗糙度、公差与技术要求等。

难度:☆☆☆

💿 素材文件:第12章\实例189 空心传动轴的绘制方法.dwg

🎞 视频文件:第12章\实例189 空心传动轴的绘制方法.mp4

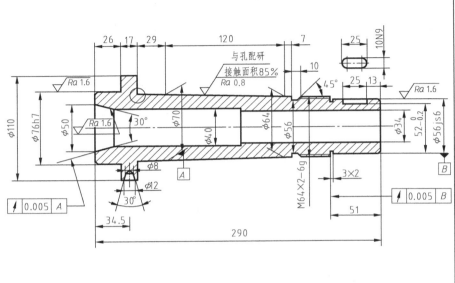

① 打开素材文件"第12章\实例189 空心传动轴的绘制方法.dwg",其中已经绘制好了辅助线,如图12-67所示。

图12-67　绘制中心线

② 偏移直线。选择"修改"|"偏移"命令,将水平中心线分别上、下偏移2次,距离分别是17、20。将垂直线向右偏移3次,距离分别为20、150、290,如图12-68所示。

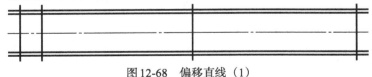

图12-68　偏移直线(1)

③ 修剪直线。选择"修改"|"修剪"命令,修剪图形,如图12-69所示。

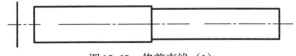

图12-69　修剪直线(1)

④ 连接线段。选择"绘图"|"直线"命令,捕捉直线端点绘制连接线段,如图12-70所示。

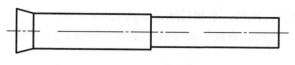

图12-70 连接线段（1）

⑤ 绘制轴架线框。选择"绘图"|"直线"命令，绘制一条长约110、距左端直线距离为26的垂直直线，如图12-71所示。

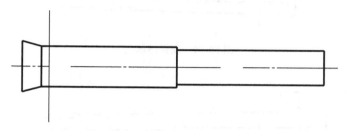

图12-71 绘制垂直直线

⑥ 偏移直线。选择"修改"|"偏移"命令，将中心线分别向上、下偏移5次，距离分别为28、32、35、38、55。将上步骤绘制的竖直线向右偏移6次，距离分别为17、46、166、173、183、213，再将偏移后的直线移至"轮廓线"层，如图12-72所示。

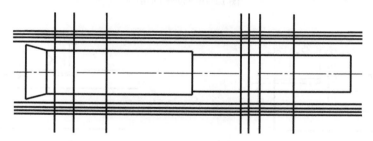

图12-72 偏移直线（2）

⑦ 修剪线段。选择"修改"|"修剪"命令，修剪图形，结果如图12-73所示。

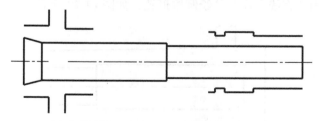

图12-73 修剪线段（2）

⑧ 连接线段。选择"绘图"|"直线"命令，捕捉端点连接断开的线段，结果如图12-74所示。

⑨ 创建倒角。选择"修改"|"倒角"命令，在轴体两端创建2×45°的倒角，如图12-75所示。

⑩ 绘制键槽与退刀槽。使用"直线"命令，绘制键槽与退刀槽特征线条，并使用"镜

像"命令对绘制的键槽进行镜像，绘制后结果如图12-76所示。

⑪ 绘制螺纹符号。使用"直线"命令和"偏移"命令，绘制螺纹符号线条，如图12-77所示。

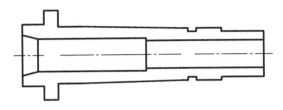

图12-74　连接线段（2）

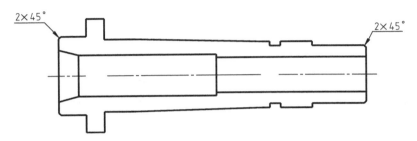

图12-75　创建倒角

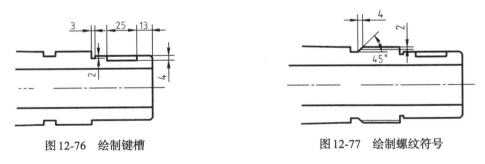

图12-76　绘制键槽　　　　　　　　　　图12-77　绘制螺纹符号

⑫ 绘制孔。使用"直线"命令，绘制锥形孔，如图12-78所示。

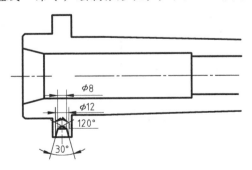

图12-78　绘制锥形孔

⑬ 填充剖面。选择"绘图"|"图案填充"命令，选择"ANSI31"图案填充剖面，填充比例设置为1，如图12-79所示。

⑭ 绘制辅助视图。选择"直线"与"圆"命令绘制键槽辅助视图，结果如图12-80所示。

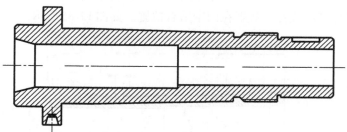

图12-79 填充图案

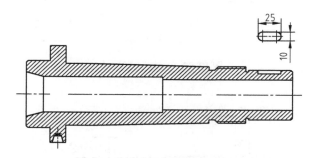

图12-80 绘制键槽辅助视图

⑮ 创建水平标注。选择"标注"|"线性"命令，为图形添加水平尺寸标注。在需要添加直径符号的尺寸上双击，并手动输入直径代号"%%C"即可，如图12-81所示。

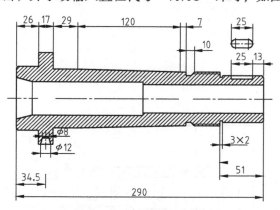

图12-81 添加水平标注

⑯ 添加竖直尺寸。选择"标注"|"线性"命令，标注图中所有的竖直尺寸。在需要添加直径符号或尺寸公差的尺寸上双击，进入修改状态并手动输入直径代号"%%C"或者公差值即可，如图12-82所示。

⑰ 标注角度尺寸。选择"标注"|"角度"命令，对图中的角度尺寸进行标注，结果如图12-83所示。

⑱ 添加形位公差标注。选择"标注"|"多重引线"命令绘制公差引线，选择"公差"

命令添加形位公差符号，结果如图12-84所示。

⑲ 添加基准符号。选择"直线"与"圆"命令，绘制基准符号轮廓，再利用"单行文字"命令在圆内添加基准代号，放置在图中适合位置。如图12-85所示。

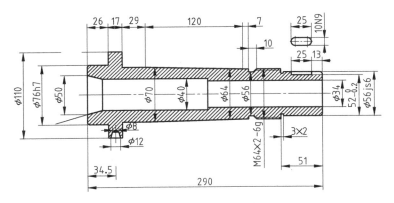

图12-82　添加竖直尺寸

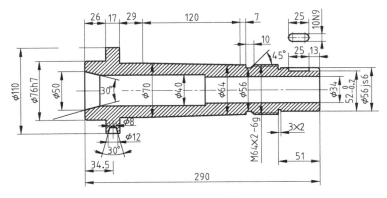

图12-83　添加角度标注

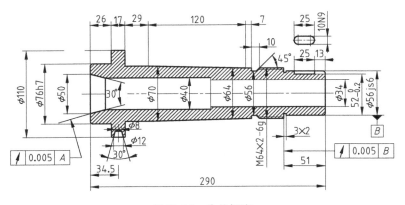

图12-84　公差标注

⑳ 添加粗糙度。选择"插入"|"块"命令，插入"粗糙度符号"属性块，放置在图中合适位置，并输入粗糙度数值，如图12-86所示。

㉑ 添加技术要求，选择"绘图"|"文字"|"多行文字"命令，在图中的合适位置添加技术要求文本，最终结果如图 12-87 所示。

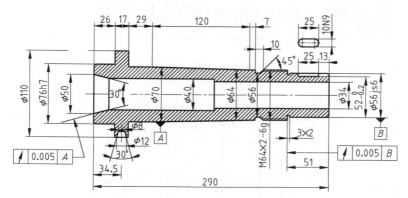

图 12-85　添加基准符号

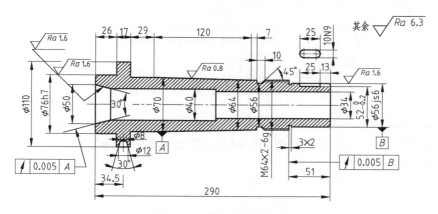

图 12-86　添加粗糙度符号

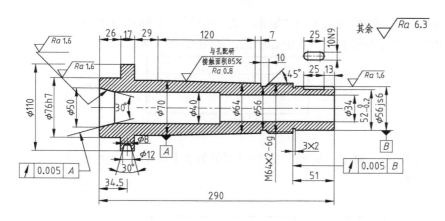

技术要求

1. 未注倒角 2×45°。

2. 表面渗碳，渗碳层厚度 1～1.2，
　淬火硬度 58～62HRC。

图 12-87　空心传动轴最终效果

实例 190 偏心轴的绘制方法

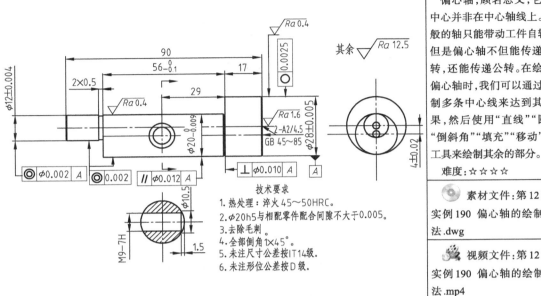

偏心轴,顾名思义,它的中心并非在中心轴线上。一般的轴只能带动工件自转,但是偏心轴不但能传递自转,还能传递公转。在绘制偏心轴时,我们可以通过绘制多条中心线来达到其效果,然后使用"直线""圆""倒斜角""填充""移动"等工具来绘制其余的部分。

难度:☆☆☆☆

素材文件:第12章\实例190 偏心轴的绘制方法.dwg

视频文件:第12章\实例190 偏心轴的绘制方法.mp4

技术要求
1. 热处理:淬火45～50HRC。
2. φ20h5与相配零件配合间隙不大于0.005。
3. 去除毛刺。
4. 全部倒角1×45°。
5. 未注尺寸公差按IT14级。
6. 未注形位公差按D级。

① 打开素材文件"第12章\实例190 偏心轴的绘制方法.dwg",其中已经绘制好了辅助线,如图12-88所示。

图12-88 素材文件

② 绘制矩形。选择"绘图"|"矩形"命令绘制一个56×20的矩形,并调用"移动"命令将其一边的中点移动到下侧一条中心线上,如图12-89所示。

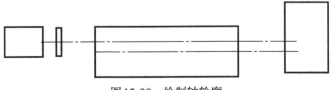

图12-89 绘制矩形

③ 添加轴轮廓。调用"矩形"命令绘制另外3个矩形,分别为17×28、15×12、2×11,结果如图12-90所示。

图12-90 绘制轴轮廓

④ 移动轴轮廓线。选择"修改"|"移动"命令,按照从右到左的先后顺序选择矩形,

利用该命令将其移动到图形的中点位置。选择"修改"|"分解"命令分解所有的矩形，并删除重合的线段，结果如图12-91所示。

　⑤ 绘制退刀槽。选择"绘图"|"直线"命令在图中的右侧两个矩形之间绘制深度为1、宽度为2的退刀槽，结果如图12-92所示。

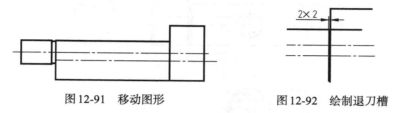

图12-91　移动图形　　　　　　　图12-92　绘制退刀槽

　⑥ 创建孔。选择"绘图"|"圆"命令，以靠下侧的一条中心线为轴心往右27的位置为圆心，绘制两个圆，直径分别为10、8，结果如图12-93所示。

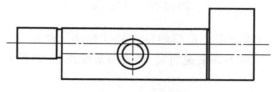

图12-93　绘制孔

　⑦ 创建倒角。选择"修改"|"倒角"命令，在轴体左侧与键槽处创建1×45°的倒角，并使用"直线"工具为倒角处绘制竖直线，结果如图12-94所示。

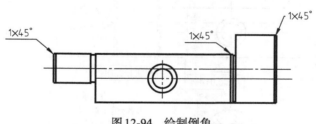

图12-94　绘制倒角

　⑧ 绘制辅助视图。选择"直线"与"圆"命令，按照"高平齐、宽相等"的原则绘制其他辅助视图，结果如图12-95所示。

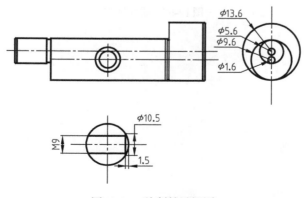

图12-95　绘制辅助视图

⑨ 填充区域。选择"绘图"|"图案填充"命令，选择"ANSI31"图案为填充图案，选择需要填充的区域进行图案填充，结果如图12-96所示。

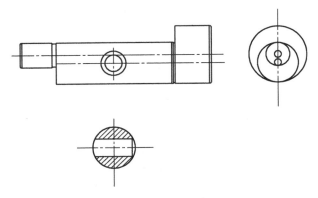

图 12-96　填充图案

⑩ 添加其他标注与技术要求。最后使用"尺寸标注"命令与"文字"命令为图形添加尺寸标注与公差标注等（这里不详细说明），最终结果如图12-97所示。

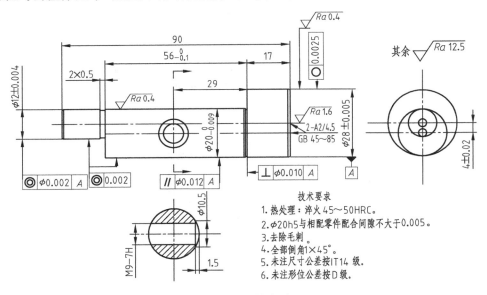

技术要求

1. 热处理：淬火 45～50HRC。
2. φ20h5与相配零件配合间隙不大于0.005。
3. 去除毛刺。
4. 全部倒角1×45°。
5. 未注尺寸公差按IT14 级。
6. 未注形位公差按D 级。

图 12-97　添加标注

第13章

轴承的绘制方法

扫码享受
全方位沉浸式学AutoCAD

　　轴承是当代机械设备中一种重要零部件。它的主要功能是支撑机械旋转体，降低其运动过程中的摩擦系数，并保证其回转精度。轴承种类繁多，其中较为常见的一种为滚动轴承，本例以深沟球轴承为例介绍轴承的几种画法。

实例 191 深沟球轴承的实物画法

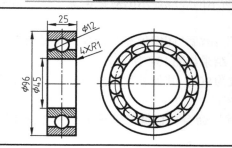

如果要真实的表示轴承形状，那么可以按实际的外形进行绘制。由于轴承一般都是标准的零部件，因此不推荐这种画法，但在一些特殊情况下仍可以用到。

难度：☆☆

素材文件：第13章\实例191　深沟球轴承的实物画法.dwg

视频文件：第13章\实例191　深沟球轴承的实物画法.mp4

　　① 打开素材文件"第13章\实例191　深沟球轴承的实物画法.dwg"，其中已经绘制好了一个矩形，如图13-1所示。

　　② 用快捷键"X"激活"分解"命令，选择所绘制的圆角矩形，将其分解为各个单独的对象。

　　③ 使用快捷键"O"激活"偏移"命令，分别将偏移距离设置为8、17和25，对矩形上侧的边向下偏移复制，结果如图13-2所示。

　　④ 单击"修改"面板上的 ⊸√ 按钮，激活"延伸"命令，以图13-2所示的边 L 和边 M 作为延伸边界，对偏移出的线 B 和线 C 进行延伸操作，结果如图13-3所示。

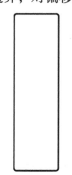

图13-1　绘制圆角矩形

图13-2　偏移结果

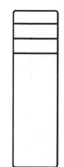

图13-3　延伸操作

⑤ 单击"修改"面板上的 ▢ 按钮，激活"圆角"命令，将圆角半径设置为1，对轮廓线*A*、*L*和*M*进行圆角，结果如图13-4所示。

⑥ 使用快捷键"C"激活"圆"命令，配合捕捉自功能以图13-4所示的轮廓线*B*的中点作为偏移基点，以点"@0，4.5"作为偏移目标点，绘制一个直径为12的圆，结果如图13-5所示。

⑦ 使用快捷键"TR"激活"修剪"命令，以所绘制的圆作为剪切边界，修剪掉圆内部的轮廓线，结果如图13-6所示。

图13-4　圆角操作　　　　图13-5　绘制圆（1）　　　　图13-6　修剪操作

⑧ 单击"修改"面板上的 ◩ 按钮，选择图13-7所示的虚线显示的对象镜像复制，结果如图13-8所示。

⑨ 将"剖面线"设置为当前层，使用快捷键"H"激活"图案填充"命令，设置图案为"ANSI31"，比例设置为0.8，对主视图填充剖面图案，结果如图13-9所示。

⑩ 重复执行"图案填充"命令，将填充角度修改为90°，其他参数保持不变，对主视图进行填充，结果如图13-10所示。

⑪ 将"点画线"设置为当前图层，执行"构造线"命令，根据球轴承主视图各轮廓线的位置，绘制如图13-11所示的构造线作为辅助线。

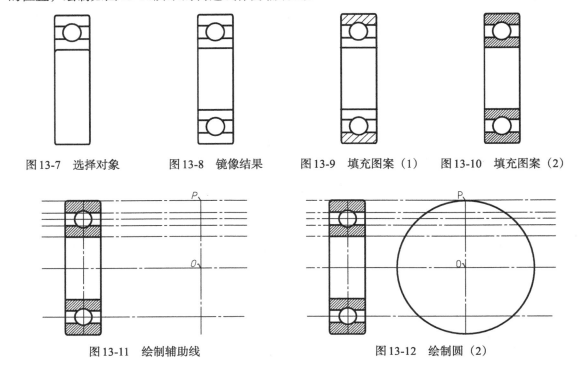

图13-7　选择对象　　　图13-8　镜像结果　　　图13-9　填充图案（1）　　　图13-10　填充图案（2）

图13-11　绘制辅助线　　　　　　　　图13-12　绘制圆（2）

⑫ 设置"轮廓线"层作为当前图层，使用快捷键"C"激活"圆"命令，以图13-11所示的点 O 为圆心，以线段 OP 为半径画圆，结果如图13-12所示。

⑬ 重复执行"圆"命令，以 O 点为圆心，分别捕捉各水平构造线与右侧垂直构造线的交点作为半径的另一端点，绘制同心圆，结果如图13-13所示。

⑭ 单击"绘图"面板上的 按钮，激活"圆"命令，以图13-13所示的圆3与垂直构造线的交点 W 作为圆心，绘制直径为12的圆，作为滚珠轮廓线，结果如图13-14所示。

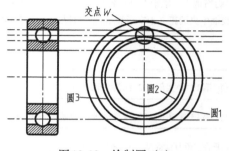

图13-13 绘制圆（3）

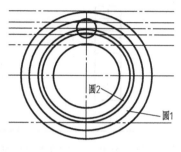

图13-14 绘制圆（4）

⑮ 使用快捷键"TR"激活"修剪"命令，以图13-14所示的圆1和圆2为修剪边界，对刚绘制的圆进行修剪，结果如图13-15所示。

⑯ 单击"修改"面板中的"环形阵列" 按钮，设置项目总数为15，角度为360°，选择修剪后的两段圆弧，以大圆的圆心为中心点，进行环形阵列，结果如图13-16所示。

⑰ 选择图13-16所示的圆4，使其夹点显示，单击"图层"面板中的"图层控制"列表，在展开的下拉列表中选择"点画线"，修改其图层特性。

⑱ 综合使用"删除"和"修剪"命令，删除和修剪掉不需要的辅助线，结果如图13-17所示。

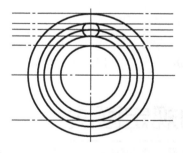

图13-15 修剪结果

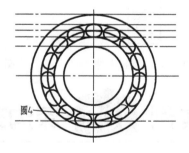

图13-16 阵列结果

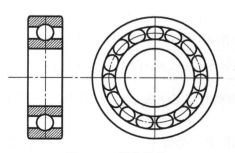

图13-17 操作结果

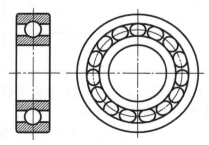

图13-18 最终结果

⑲ 最后使用"拉长"命令，将所有位置的中心线的两端拉长4.5个绘图单位，结果如图13-18所示。

实例 192 深沟球轴承的通用画法

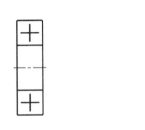

由上例可知轴承的实际外形图较为复杂，因此在绘制机械设计图时，如果不需要确切地表示轴承的外形轮廓、载荷特性、结构特征，可用线框及位于线框中央的正立十字形表示，十字符号不应与矩形线框接触。

难度：☆

素材文件：第13章\实例192 深沟球轴承的通用画法.dwg

视频文件：第13章\实例192 深沟球轴承的通用画法.mp4

① 打开素材文件"第13章\实例192 深沟球轴承的通用画法.dwg"，也可以延续上例进行绘制，其中已经创建好了深沟球轴承的剖视图，如图13-19所示。

② 如果不需要表示轴承的结构特征，那么可以删除轴承的剖面部分，只保留线框，如图13-20所示。

③ 执行直线命令，在矩形框内用粗实线绘制如图13-21所示的十字符号，即可表示该轴承。

 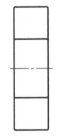 

图13-19　素材文件　　　图13-20　删去剖面部分　　　图13-21　绘制十字符号

实例 193 深沟球轴承的规定画法

在滚动轴承的产品图样、产品样品、用户手册和说明书中，可以采用规定画法。

难度：☆☆

素材文件：第13章\实例193 深沟球轴承的规定画法.dwg

视频文件：第13章\实例193 深沟球轴承的规定画法.mp4

① 打开素材文件"第13章\实例193 深沟球轴承的规定画法.dwg"，其中已经绘制好了一个矩形，如图13-22所示。

② 将"中心线"设置为当前层，单击按钮配合"捕捉中点"功能，绘制中心线，如图13-23所示。

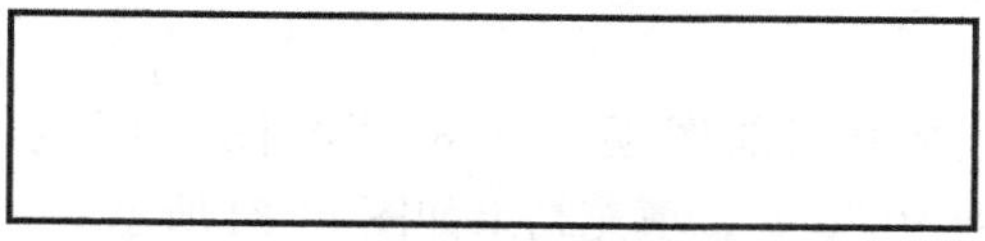

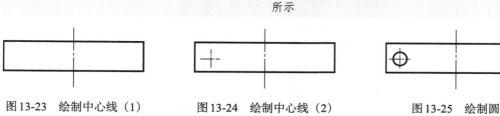

图13-22 绘制矩形

③ 重复"直线"命令，配合"捕捉自"功能，绘制中心线，命令行操作过程如下：

命令：_line 指定第一点：_from 基点：	//捕捉外轮廓左下角点
<偏移>：@1.5，4.5✓	//输入相对直角坐标确定第1点
指定下一点或［放弃（U）］：@5.5，0✓	//输入相对直角坐标确定第2点
指定下一点或［放弃（U）］：✓	//按回车键结束命令
命令：✓	//按回车键重复命令
_line 指定第一点：_from 基点：	//捕捉外轮廓左下角点
<偏移>：@4.25，1.75✓	//输入相对直角坐标确定第1点
指定下一点或［放弃（U）］：@0，5.5✓	//输入相对直角坐标确定第2点
指定下一点或［放弃（U）］：✓	//按回车键，绘制结果如图13-24所示

④ 将"轮廓线"设置为当前层，单击"绘图"面板 ⊘ 按钮，以中心点交点为圆心，绘制半径为2.125的圆，如图13-25所示。

⑤ 将"细实线"设置为当前图层，单击 ╱ 按钮绘制辅助线。命令行操作过程如下：

命令：L✓ LINE 指定第一点：	//捕捉圆心
指定下一点或［放弃（U）］：@10<60✓	//输入相对极坐标
指定下一点或［放弃（U）］：✓	//按回车键，结束命令，结果如图13-26所示

图13-23 绘制中心线（1）　　　　图13-24 绘制中心线（2）　　　　图13-25 绘制圆

⑥ 将"轮廓线"设置为当前图层，单击 ╱ 按钮，以辅助线和圆的交点为起点绘制轮廓线，结果如图13-27所示。

⑦ 单击"修改"面板 ⚏ 按钮，激活"镜像"命令，将步骤⑦中绘制的直线分别沿圆的两条中心线镜像复制，如图13-28所示。

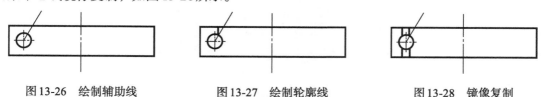

图13-26 绘制辅助线　　　　图13-27 绘制轮廓线　　　　图13-28 镜像复制

⑧ 将"轮廓线"设置为当前图层，使用"直线"命令，配合"捕捉自"功能，以右侧垂直线段上端点为基点，以"@-33.5，0"为目标点，绘制内轮廓线，结果如图13-29所示。

⑨ 重复使用"直线"命令，配合"捕捉自"功能绘制另一端的结构，结果如图13-30

所示。

⑩ 将"细实线"设置为当前图层，单击"绘图"面板 按钮填充图案，使用 "ANSI31"图案，填充比例为"0.4"，填充结果如图13-31所示。

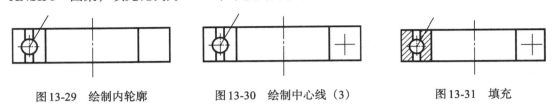

图13-29 绘制内轮廓   图13-30 绘制中心线（3）   图13-31 填充

第14章

盘类零件的绘制方法

盘盖类零件包括调节盘、法兰盘、端盖、泵盖等。这类零件基本形体一般为回转体或其他几何形状的扁平的盘状体。本章主要介绍盘盖类零件的特点及常见盘盖零件的绘制方法。

实例 194 带轮的绘制方法

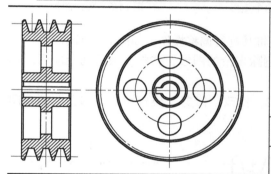

带轮主要用于远距离传送动力的场合,例如小型柴油机动力的输出、农用车、拖拉机、汽车、矿山机械、机械加工设备、纺织机械、包装机械、农业机械动力的传动等。

难度:☆

素材文件:第14章\实例194 带轮的绘制方法.dwg

视频文件:第14章\实例194 带轮的绘制方法.mp4

① 打开素材文件"第14章\实例194 带轮的绘制方法.dwg",其中已经绘制好了两条辅助直线,如图14-1所示。

② 调用"偏移"命令,将新绘制的水平直线和垂直直线分别进行偏移操作,如图14-2所示。

③ 将"粗实线"图层置为当前。调用"多段线"和"移动"命令,绘制多段线,尺寸如图14-3所示。

图14-1 绘制直线

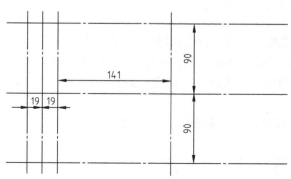

图14-2 偏移图形（1）

图14-3 绘制多段线

④ 调用"镜像"命令，将新绘制的多段线进行镜像操作，如图14-4所示。

⑤ 调用"矩形""移动"和"镜像"命令，结合"对象捕捉"功能，绘制两个矩形，如图14-5所示。

⑥ 调用"圆角"命令，修改圆角半径为2，将新绘制矩形的合适直线进行圆角操作，如图14-6所示。

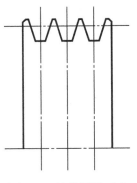
图14-4　镜像图形（1）

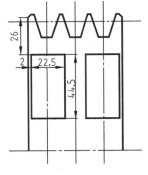
图14-5　绘制两个矩形

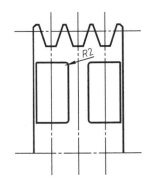
图14-6　圆角图形

⑦ 调用"偏移"命令，选择合适的中心线，将其进行偏移操作，如图14-7所示。

⑧ 调用"修剪"和"删除"命令，修剪并删除多余的图形，并将修改后的相应图形修改至"粗实线"图层，如图14-8所示。

⑨ 调用"倒角"命令，修改倒角距离均为2，修改"修剪"模式为"不修剪"倒角图形，如图14-9所示。

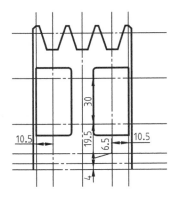

图14-7　偏移图形（2）

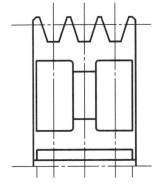
图14-8　修改图形

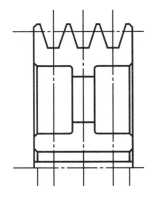
图14-9　倒角图形

⑩ 调用"镜像"命令，选择合适的图形将其进行镜像操作，如图14-10所示。

⑪ 调用"修剪"命令，修剪多余的中心线图形，并调整中心线长度如图14-11所示。

⑫ 将"剖面线"图层置为当前。调用"图案填充"命令，选择"ANSI31"图案，填充图形，如图14-12所示。

⑬ 将"中心线"图层置为当前。调用"圆"命令，结合"对象捕捉"功能，在右侧交点处绘制圆，如图14-13所示。

⑭ 将"粗实线"图层置为当前。调用"圆"命令，结合"圆心捕捉"功能，绘制圆，如图14-14所示。

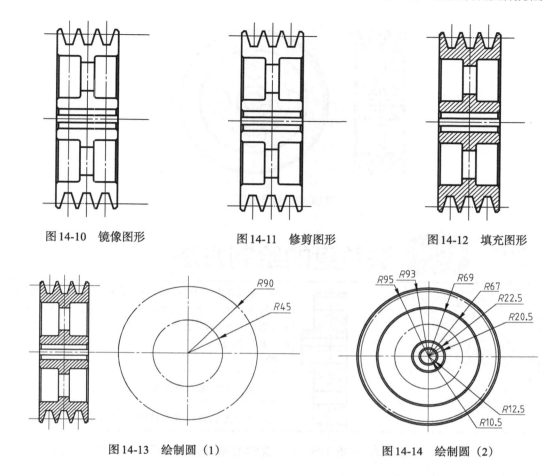

图 14-10 镜像图形　　　　图 14-11 修剪图形　　　　图 14-12 填充图形

图 14-13 绘制圆（1）　　　　　　　图 14-14 绘制圆（2）

⑮ 调用"圆"和"复制"命令，在半径为 45 的圆的各个象限点上，绘制半径为 15 的圆，如图 14-15 所示。

⑯ 调用"偏移"命令，选择合适的水平直线将其进行偏移操作，然后选择合适的垂直直线将其进行偏移操作，如图 14-16 所示。

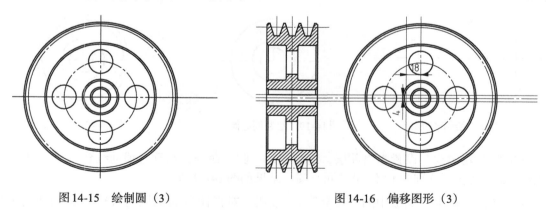

图 14-15 绘制圆（3）　　　　　　图 14-16 偏移图形（3）

⑰ 调用"修剪"和"删除"命令，修剪并删除图形，并将修剪后的图形修改至"粗实线"图层，得到最终效果，如图 14-17 所示。

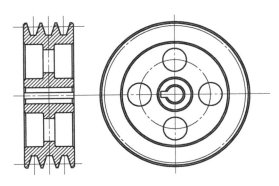

图 14-17　最终效果

实例 195　法兰盘的绘制方法

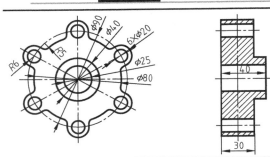

法兰盘简称法兰,只是一个统称,通常是指在一个类似盘状的金属体的周边开上几个固定用的孔用于连接其他东西。法兰盘在机械上应用很广泛,所以样子也是千奇百怪的,其名字来源于英文"flange"。

难度:☆

素材文件:第14章\实例195 法兰盘的绘制方法.dwg

视频文件:第14章\实例195 法兰盘的绘制方法.mp4

　① 打开素材文件"第14章\实例195 法兰盘的绘制方法.dwg",其中已经绘制好了如图 14-18 所示的定位辅助线。

　② 将"轮廓线"设置为当前图层,然后使用"圆"命令,绘制直径分别为40、25和80的同心圆,结果如图 14-19 所示。

　③ 将"点画线"设置为当前层,重复"圆"命令,绘制直径为90的圆,结果如图 14-20 所示。

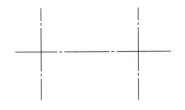

图 14-18　绘制辅助线

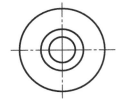

图 14-19　绘制同心圆（1）

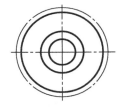

图 14-20　绘制圆

　④ 将"轮廓线"设置为当前层,继续使用"圆"命令,在垂直辅助线和直径为90的圆的交点处绘制直径分别为12和20的同心圆,结果如图 14-21 所示。

　⑤ 单击"修改"面板中的"修剪" ⊹ 按钮,对直径为80的圆与直径为20的圆的相交处进行修剪,结果如图 14-22 所示。

　⑥ 单击"修改"面板中的"圆角" ⬜ 按钮,激活"圆角"命令,在图形中两弧相交处创建半径为5的圆角,如图 14-23 所示。

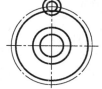
图14-21 绘制同心圆（2）

图14-22 修剪圆

图14-23 创建圆角

⑦ 单击"修改"面板中的 按钮，将图形中上方的圆弧、圆角、小圆以及垂直中心线环形阵列6份，结果如图14-24所示。

⑧ 使用快捷键"TR"激活"修剪"命令，对图形进行修剪，得到如图14-25所示的结果。

⑨ 使用"偏移"命令，将右侧的垂直构造线，向左偏移15个绘图单位，并且向右分别偏移15和25个绘图单位，结果如图14-26所示。

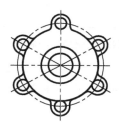
图14-24 环形阵列

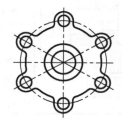
图14-25 修剪（1）

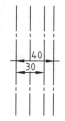
图14-26 偏移构造线

提示： 在偏移垂直构造线之前，需要激活命令中的"图层"选项功能，然后设置偏移对象的所在图层为"当前"，这样可以在偏移对象的过程中，修改其图层特性。

⑩ 使用"直线"命令，配合"对象捕捉"功能，绘制如图14-27所示的直线。

⑪ 使用"修剪"命令，对图形进行完善，并绘制轮廓线，结果如图14-28所示。

⑫ 将"点画线"设置为当前层，绘制中心线，并删除多余的辅助线，结果如图14-29所示。

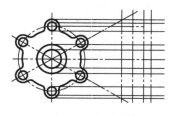
图14-27 绘制直线

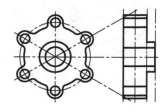
图14-28 修剪（2）

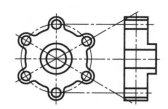
图14-29 绘制中心线

⑬ 使用"修剪"命令，对辅助线进行修剪，结果如图14-30所示。

⑭ 设置"剖面线"为当前图层，然后使用"图案填充"命令，为此剖面图填充"ANSI31"图案，填充比例为1.5，角度为0，结果如图14-31所示。

⑮ 使用快捷键"LEN"激活"拉长"命令，将两视图中心线向两端拉长5个绘图单位，最终结果如图14-32所示。

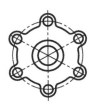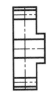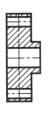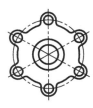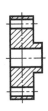

图14-30　修剪辅助线　　　　图14-31　填充结果　　　　图14-32　最终结果

实例 196 联轴器的绘制方法

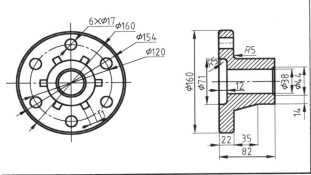

联轴器是指连接两轴或轴与回转件,在传递运动和动力过程中一同回转,在正常情况下不脱开的一种装置。有时也作为一种安全装置用来防止被连接机件承受过大的载荷,起过载保护的作用。一般成对使用。

难度:☆

💿　素材文件:第14章\实例196 联轴器的绘制方法.dwg

🎬　视频文件:第14章\实例196 联轴器的绘制方法.mp4

① 打开素材文件"第14章\实例196 联轴器的绘制方法.dwg",其中已经绘制好了中心线,如图14-33所示。

② 设置"轮廓线"为当前图层,在命令行输入"C"激活"圆"命令,配合"交点捕捉"功能,绘制如图14-34所示的同心圆。

③ 将直径为120的圆转换到"中心线"图层,结果如图14-35所示。

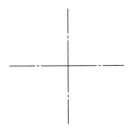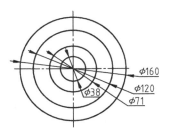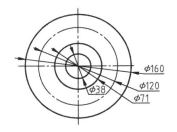

图14-33　绘制中心线　　　　图14-34　绘制同心圆　　　　图14-35　转换图层

④ 单击"修改"面板中的"偏移" 🔧 按钮,分别将水平中心线向上、下偏移5个绘图单位,再选择直径为71的圆向外偏移10个绘图单位,如图14-36所示。

⑤ 使用"修剪"命令,对上一步偏移出来的圆和直线进行修剪,结果如图14-37所示。

⑥ 在命令行输入"C"激活"圆"命令,配合"交点捕捉"功能,绘制如图14-38所示的圆。

⑦ 在命令行输入"AR",激活"阵列"命令,使用"极轴"阵列方式,以绘制的小圆及修剪对象为阵列对象,以中心线交点为中心进行阵列,项目数为6,结果如图14-39所示。

⑧ 单击"修改"面板中的"偏移" 按钮，选择直径为38的圆向外偏移3个绘图单位，再选择直径为160的圆向内偏移3个绘图单位，如图14-40所示。

⑨ 单击"绘图"面板中的"构造线" 按钮，配合"对象捕捉"功能，绘制如图14-41所示的水平和垂直构造线，作为定位辅助线。

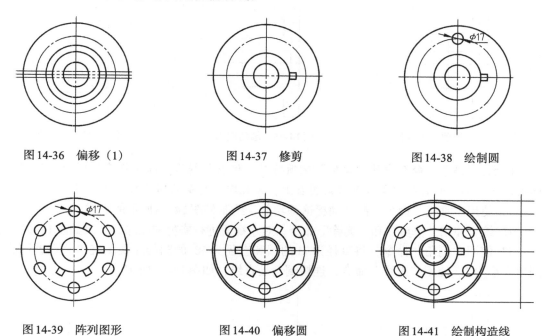

图14-36　偏移（1）　　　　　　　图14-37　修剪　　　　　　　图14-38　绘制圆

图14-39　阵列图形　　　　　　　图14-40　偏移圆　　　　　　　图14-41　绘制构造线

⑩ 单击"修改"面板中的"偏移" 按钮，将垂直构造线向分别右偏移12、22、57、82个绘图单位，如图14-42所示。

⑪ 综合使用"修剪"和"删除"命令，对辅助线进行修剪和清理，结果如图14-43所示。

⑫ 在命令行输入"O"激活"偏移"命令，将左视图中心位置的水平中心线分别向上、向下偏移19、32.5个绘图单位，结果如图14-44所示。

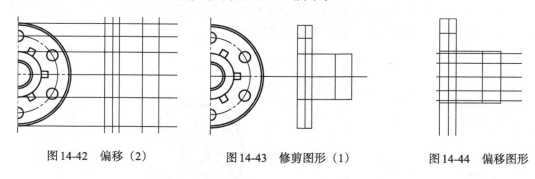

图14-42　偏移（2）　　　　　　　图14-43　修剪图形（1）　　　　　　　图14-44　偏移图形

⑬ 综合使用"修剪"和"删除"命令，对左视图进行修剪和删除，结果如图14-45所示。

⑭ 在命令行输入"F"激活"圆角"命令，将沉孔部位倒圆角，圆角大小为R5，再将

左视图右上角进行圆角，圆角大小结果如图14-46所示。

⑮ 在命令行输入"O"激活"偏移"命令，将左视图中直径为17孔的中心线分别向上、下偏移8.5个绘图单位，再选择直径为71的圆的边缘投影直线向下偏移10个绘图单位，水平辅助线向上偏移10.5个绘图单位，结果如图14-47所示。

图14-45　修剪图形（2）　　　　图14-46　圆角图形　　　　图14-47　偏移直线

提示："偏移"命令中的"删除"选项将对象偏移复制后，源对象将被删除；而"图层"选项则是将偏移的目标对象放到当前图层上，系统默认的是放到源对象所在层上。

⑯ 使用"直线"命令，配合捕捉追踪功能，绘制如图14-48所示的直线。

⑰ 综合使用"修剪"和"删除"命令，对左视图进行修剪和删除，结果如图14-49所示。

⑱ 使用"倒角"命令，将直径为71的圆和直径为38 的圆的左视图直角分别进行倒角，倒角大小为3。使用"直线"命令，连接倒角处直线，如图14-50所示。

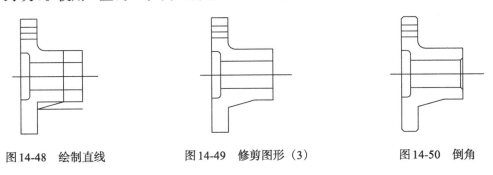

图14-48　绘制直线　　　　图14-49　修剪图形（3）　　　　图14-50　倒角

⑲ 改变相关线型图层，并调整中心线到适合长度，如图14-51所示。

⑳ 设置"剖面线"为当前层，执行"图案填充"命令，设置图案类型和填充比例，如图14-52所示，对左视图进行填充，结果如图14-53所示。

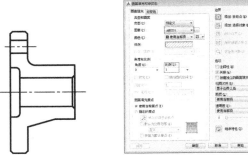

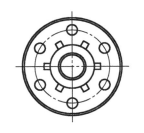
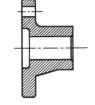

图14-51　修改线型图层　　　图14-52　设置填充参数　　　　图14-53　填充结果

实例 197 链轮的绘制方法

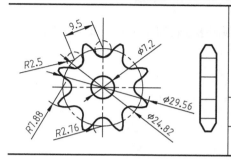

链轮是与链条相啮合的带齿的轮形机械零件,用于链传动的机构中。链轮的尺寸与链条滚子直径和节距相关,本实例绘制齿数为8的链轮,与之配合的链条滚子直径为5,节距为9.5。

难度:☆

素材文件:无

视频文件:第14章\实例197 链轮的绘制方法.mp4

① 新建空白文件,将"中心线层"设置为当前图层,绘制正交中心线和直径为24.82的分度圆,如图14-54所示。

② 将"轮廓线层"设置为当前图层,在分度圆的上象限点绘制半径为2.76的齿根圆,如图14-55所示。

③ 将"细实线层"设置为当前图层,从齿根圆圆心绘制两条直线,两线夹角为118.75°,此角度即为齿沟角,如图14-56所示。

④ 单击"修改"面板中的"拉长" 按钮,将右侧半径直线拉长7.88个单位,如图14-57所示。

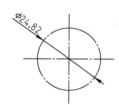

图14-54 绘制中心线和
分度圆

图14-55 绘制齿根圆

图14-56 绘制辅助线

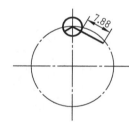

图14-57 拉长线段

⑤ 将"轮廓线层"设置为当前图层,以拉长后的直线端点为圆心,绘制半径为7.88的齿面圆,如图14-58所示。

⑥ 以中心线的交点为圆心,绘制直径为29.56的齿顶圆,如图14-59所示。

⑦ 单击"修改"面板中的"修剪" 按钮,将多余的线条修剪,结果如图14-60所示。

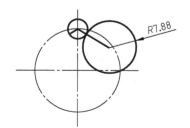

图14-58 绘制齿面圆

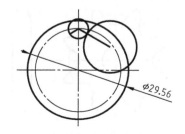

图14-59 绘制齿顶圆

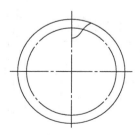

图14-60 修剪的结果

⑧ 单击"修改"面板中的"镜像" 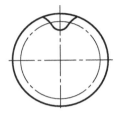 按钮，将齿形轮廓镜像到左侧，如图14-61所示。

⑨ 单击"修改"面板中的"环形阵列" 按钮，选择圆心为阵列中心，项目数量为8，阵列结果如图14-62所示。

⑩ 单击"修改"面板中的"修剪" 按钮，将齿顶圆多余的部分修剪，结果如图14-63所示。

图14-61　镜像的结果　　　　图14-62　阵列的结果　　　　图14-63　修剪齿顶圆

⑪ 以中心线交点为圆心绘制半径为3.6的圆，如图14-64所示，完成链轮的主视图。

⑫ 将"细实线层"设置为当前图层，单击"绘图"面板中的"射线" 按钮，从主视图向右引出水平射线，并绘制竖直直线1，如图14-65所示。

⑬ 将直线1向左偏移2.5和1，向右偏移同样的距离，如图14-66所示。

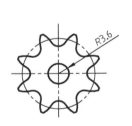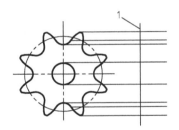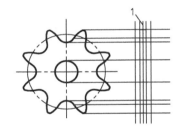

图14-64　绘制的圆　　　　图14-65　绘制构造线　　　　图14-66　偏移竖直构造线

⑭ 由构造线交点绘制直线，如图14-67所示。然后裁剪直线并设置线条的图层，结果如图14-68所示。

⑮ 将"虚线层"设置为当前图层，在齿根圆圆心绘制半径为2.5的滚子圆，并标注滚子间距，此距离即为链条的节距，如图14-69所示。

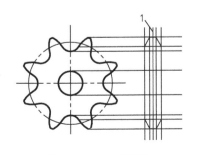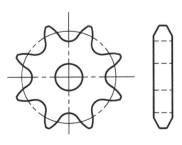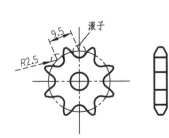

图14-67　连接线段　　　　图14-68　裁剪的结果　　　　图14-69　最终结果

实例 198 调节盘的绘制方法

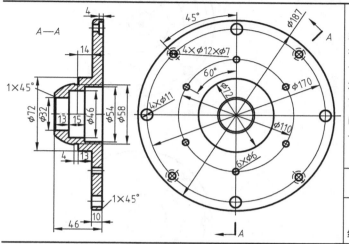

调节盘为某模具上的产品零件,属于典型的盘类零件。本例所绘制的调节盘有两个重要的径向尺寸:φ187圆柱段、Sφ60球体部。上述各尺寸在生产中均有精度公差和几何形位公差要求。零件重要的轴向尺寸为:φ187圆柱段左端面,距球体中心的轴向长度为14mm。零件两端的中心孔倒是实现加工上述部位的基准,必须予以保证。

难度:☆

素材文件:无

视频文件:第14章\实例198 调节盘的绘制方法.mp4

① 新建 AutoCAD 图形文件,在"选择样板"对话框中,浏览到素材文件夹中的"acad.dwt"样板文件,单击"打开"按钮,进入绘图界面。

② 将"中心线"图层置为当前图层,执行"直线"命令,绘制中心线,如图14-70所示。

③ 切换到"轮廓线"图层,执行"圆"命令,以中心线交点为圆心,绘制直径分别为32、35、72、110、170、187的圆,结果如图14-71所示。

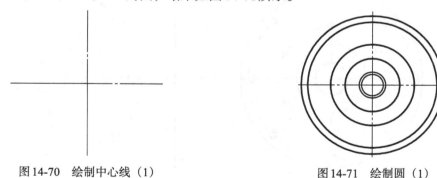

图14-70 绘制中心线(1)　　　　　　图14-71 绘制圆(1)

④ 开启极轴追踪,设置追踪角分别为45°和30°,绘制直线与圆相交,结果如图14-72所示。

⑤ 执行"圆"命令,捕捉交点,在φ170的圆与中心线的交点绘制直径为11的圆,在该圆与45°直线的交点上绘制直径为7和12的圆,结果如图14-73所示。

⑥ 执行"圆"命令,捕捉交点,在φ110的圆上绘制直径为6的圆,结果如图14-74所示。

⑦ 将各构造圆和构造直线至"中心线"图层,结果如图14-75所示。

⑧ 将"中心线"图层设置为当前图层,执行"直线"命令,绘制与主视图对齐的水平中心线,如图14-76所示。

⑨ 将"轮廓线"图层设置为当前图层,执行"直线"命令,根据三视图"高平齐"的原则,绘制轮廓线,如图14-77所示。

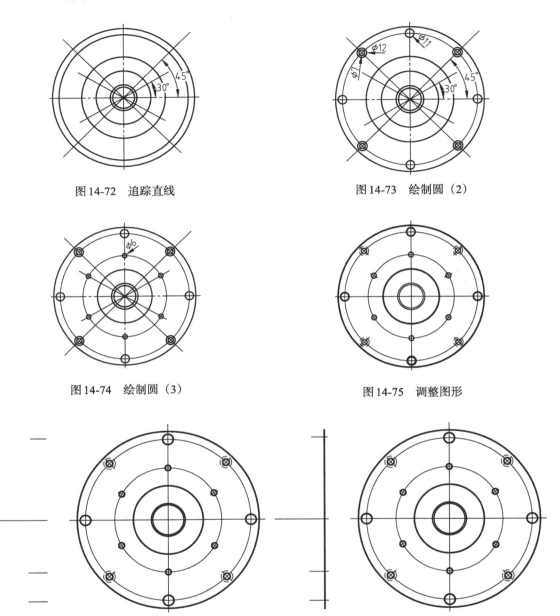

图 14-72　追踪直线　　　　　　　　　　　　图 14-73　绘制圆（2）

图 14-74　绘制圆（3）　　　　　　　　　　　图 14-75　调整图形

图 14-76　绘制中心线（2）　　　　　　　　　图 14-77　绘制轮廓线（1）

⑩ 执行"偏移"命令，将轮廓线向左偏移10、23、24、27、46，将水平中心线向上、下各偏移29、72，结果如图14-78所示。

⑪ 执行"圆"命令，以偏移24的直线与中心线的交点为圆心作 R30 的圆，连接直线；执行"修剪"命令，修剪图形，结果如图14-79所示。

⑫ 执行"圆角"命令，设置圆角半径为3，在左上角创建圆角。然后执行"倒角"命令，激活"角度"选项，创建边长为1、角度为45°的倒角，结果如图14-80所示。

⑬ 执行"直线"命令，根据三视图"高平齐"的原则，绘制螺纹孔和沉孔的轮廓线，如图14-81所示。

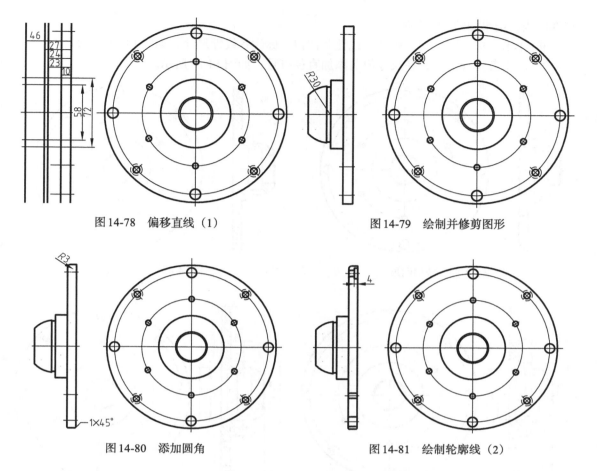

图14-78　偏移直线（1）　　　　　图14-79　绘制并修剪图形

图14-80　添加圆角　　　　　图14-81　绘制轮廓线（2）

⑭ 执行"偏移"命令，将水平中心线向上、下各偏移16、23、27。将最左端廓线向右偏移14、29，如图14-82所示。

⑮ 执行"直线"命令，绘制连接线；然后执行"修剪"命令，修剪图形，结果如图14-83所示。

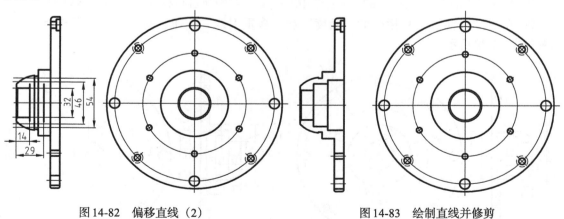

图14-82　偏移直线（2）　　　　　图14-83　绘制直线并修剪

⑯ 执行"倒角"命令，设置倒角距离为1、角度为45°，结果如图14-84所示。

⑰ 将"细实线"图层设置为当前图层。执行"图案填充"命令，选择ANSI31图案，填

充剖面线，结果如图14-85所示。

⑱ 单击"标注"工具栏中的"线性"按钮，标注各线性尺寸，如图14-86所示。

⑲ 双击各直径尺寸，在尺寸值前添加直径符号，如图14-87所示。

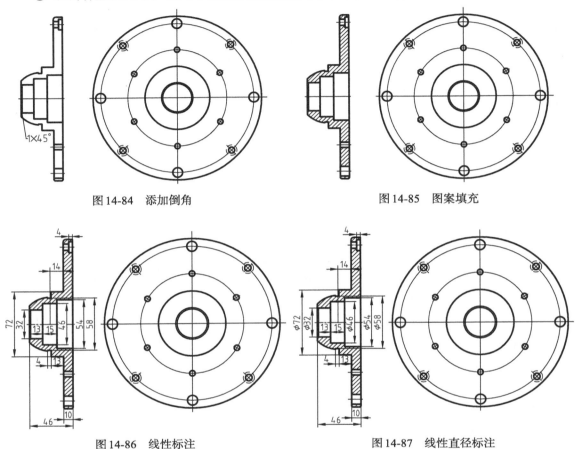

图14-84　添加倒角　　　　　　　　　　　　　　图14-85　图案填充

图14-86　线性标注　　　　　　　　　　　　　　图14-87　线性直径标注

⑳ 单击"标注"工具栏中的"直径"按钮 ，对圆弧进行标注，如图14-88所示。

㉑ 单击"标注"工具栏中的"角度"和"多重引线"按钮，对角度和倒角进行标注。结果如图14-89所示。

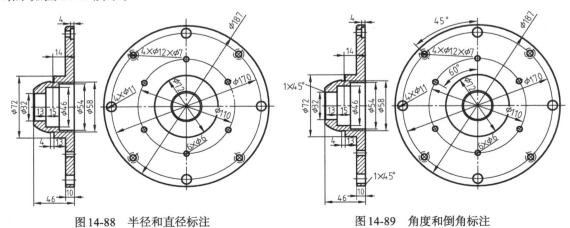

图14-88　半径和直径标注　　　　　　　　　　　图14-89　角度和倒角标注

㉒ 执行"多段线"命令，利用命令行的"线宽"选项绘制剖切箭头，并利用"单行文字"命令输入剖切序号，结果如图 14-90 所示。

㉓ 选择"文件""保存"命令，保存文件，完成绘制。

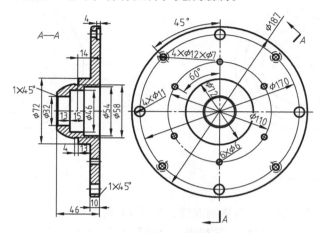

图14-90 绘制结果

实例 199 压盖的绘制方法

压盘是一个金属圆盘，正常的状态是同离合器片紧密结合，成为一个整体，随发动机一起旋转，并把动力传递给变速箱。绘制图形时需要调用"直线""圆""阵列""修剪""分解"等命令。

难度：☆

素材文件：第14章\实例199 压盖的绘制方法.dwg

视频文件：第14章\实例199 压盖的绘制方法.mp4

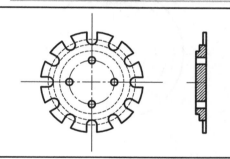

① 打开素材文件"第14章\实例199 压盖的绘制方法.dwg"，其中已经绘制好了中心辅助线，如图14-91所示。

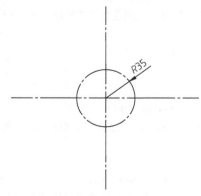

图14-91 绘制中心辅助线

② 切换"粗实线"为当前图层，调用"圆"命令，绘制圆，如图14-92所示。

③ 选中其中三个圆,将其切换至"虚线"图层,如图14-93所示。

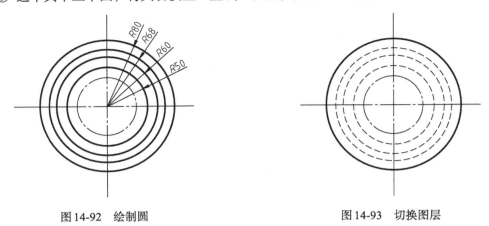

图14-92　绘制圆　　　　　　　　　　图14-93　切换图层

④ 单击"偏移"按钮 🔩,偏移辅助线,如图14-94所示。

⑤ 根据辅助线的交点绘制圆,并利用"直线"工具绘制连接直线,如图14-95所示。

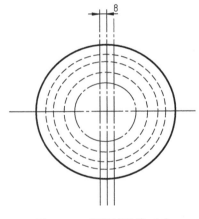
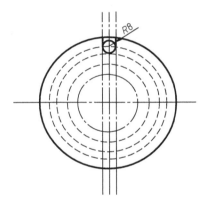

图14-94　偏移辅助线(1)　　　　　　　图14-95　绘制直线与圆

⑥ 调用"修剪"命令,对图形进行修剪,如图14-96所示。

⑦ 对修剪完后的图形进行阵列,如图14-97所示,命令行操作如下。

```
命令: _arraypolar↙                                  //调用"阵列"命令
选择对象: 找到 1 个, 总计 3 个                         //选择对象
选择对象: ↙
类型 = 极轴　关联 = 是
指定阵列的中心点或 [基点 (B)/旋转轴 (A)]:
选择夹点以编辑阵列或 [关联 (AS)/基点 (B)/项目 (I)/项目间角度 (A)/填充角度 (F)/行 (ROW)/层
(L)/旋转项目 (ROT)/退出 (X)] <退出>: I↙
                                                    //激活"项目 (I)"选项
输入阵列中的项目数或 [表达式 (E)] <6>: 12↙            //输入阵列数目
选择夹点以编辑阵列或 [关联 (AS)/基点 (B)/项目 (I)/项目间角度 (A)/填充角度 (F)/行 (ROW)/层
(L)/旋转项目 (ROT)/退出 (X)] <退出>: ↙
                                                    //按Enter键完成阵列
```

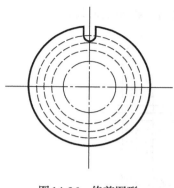

图 14-96 修剪图形

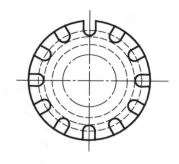

图 14-97 阵列图形

⑧ 对图形分解后进行修剪，如图 14-98 所示。

⑨ 在辅助线上绘制小圆，并进行阵列，如图 14-99 所示。至此，主视图绘制完成。

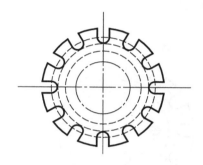

图 14-98 修剪外轮廓

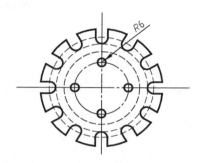

图 14-99 绘制圆并阵列

⑩ 切换"中心线"为当前图层，根据主视图绘制辅助线，如图 14-100 所示。

⑪ 根据"长对正，高平齐，宽相等"的原则，调用"构造线"命令绘制辅助线，如图 14-101 所示。

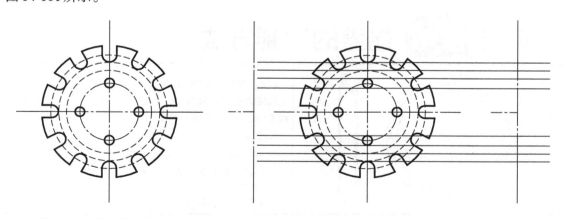

图 14-100 绘制辅助线（1）

图 14-101 绘制辅助线（2）

⑫ 调用"偏移"命令，偏移辅助线，如图 14-102 所示。

⑬ 切换"粗实线"为当前图层，根据辅助线绘制轮廓线，如图 14-103 所示。

⑭ 切换"剖面线"为当前图层。删除多余辅助线之后，绘制剖面线，如图14-104所示。至此，剖视图绘制完成。

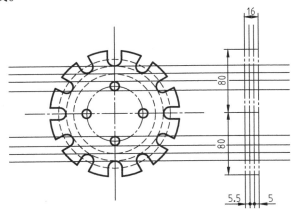

图14-102　偏移辅助线（2）

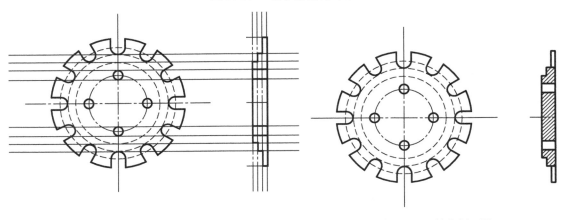

图14-103　绘制轮廓线　　　　　　　　　　图14-104　填充剖面线

实例 200 端盖的绘制方法

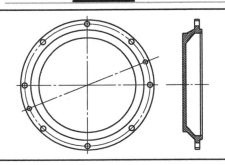

端盖主要用于零件的外部，起密封的作用，所以在机械中只起到辅助的功能，对机械稳定运行影响不大。绘制图形时需要调用"直线""圆""阵列""偏移"等命令。

难度：☆

素材文件：第14章\实例200 端盖的绘制方法.dwg

视频文件：第14章\实例200 端盖的绘制方法.mp4

① 打开素材文件"第14章\实例200 端盖的绘制方法.dwg"，其中已经绘制好了中心线，如图14-105所示。

② 切换"粗实线"为当前图层，调用"圆"命令绘制圆，如图14-106所示。

③ 将其中一个圆切换至"中心线"图层，如图14-107所示。

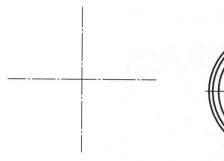

图14-105　绘制中心辅助线（1）

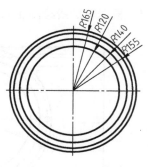

图14-106　绘制圆

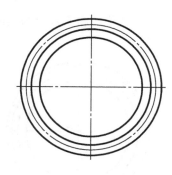

图14-107　切换图层

④ 利用"极轴追踪"绘制角度为22的直线，如图14-108所示。

⑤ 根据辅助线与辅助圆的交点绘制圆，并将其中较大一个圆切换至"细实线"图层然后进行修剪，如图14-109所示。

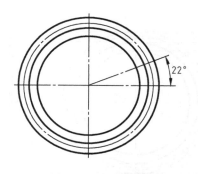

图14-108　绘制直线

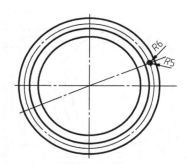

图14-109　绘制圆并修剪

⑥ 调用"镜像"命令，镜像绘制的圆，如图14-110所示。

⑦ 根据辅助线的交点，继续绘制圆并进行阵列，如图14-111所示。

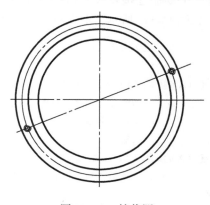

图14-110　镜像圆

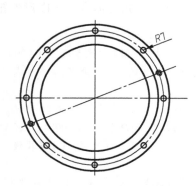

图14-111　绘制圆并阵列

⑧ 切换"中心线"为当前图层。根据主视图绘制中心线，如图14-112所示。

⑨ 根据"长对正，高平齐，宽相等"的原则，调用"构造线"命令绘制辅助线，如图14-113所示。

⑩ 调用"偏移"命令，对中心辅助线进行偏移，如图14-114所示。

⑪ 切换"粗实线"为当前图层。根据辅助线绘制轮廓线，如图14-115所示。

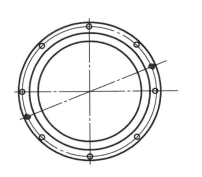

图14-112　绘制辅助线

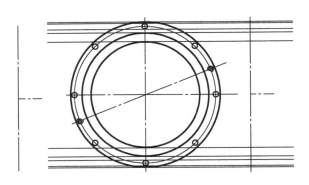

图14-113　绘制中心辅助线（2）

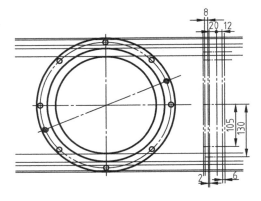

图14-114　偏移辅助线

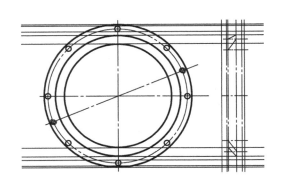

图14-115　绘制轮廓线

⑫ 删除多余的辅助线。向左偏移最后一根辅助线，并绘制连接直线，如图14-116所示。

⑬ 调用"倒角"命令，对图形外轮廓进行倒角，如图14-117所示，命令行操作如下。

命令：_chamfer↙　　　　　　　　　　　　　　　　　//调用"倒角"命令
（"修剪"模式）当前倒角长度 = 0.0000，角度 = 0
选择第一条直线或［放弃（U）/多段线（P）/距离（D）/角度（A）/修剪（T）/方式（E）/多个（M）]：D↙
　　　　　　　　　　　　　　　　　　　　　　　　　//激活"距离（D）"选项
指定 第一个 倒角距离 <0.0000>：1↙　　　　　　　　//输入倒角距离
指定 第二个 倒角距离 <1.0000>：1↙　　　　　　　　//输入倒角距离
选择第一条直线或［放弃（U）/多段线（P）/距离（D）/角度（A）/修剪（T）/方式（E）/多个（M）]：T↙
　　　　　　　　　　　　　　　　　　　　　　　　　//激活"修剪（T）"选项
输入修剪模式选项［修剪（T）/不修剪（N）] <修剪>：N↙
　　　　　　　　　　　　　　　　　　　　　　　　　//激活"不修剪（N）"选项
选择第一条直线或［放弃（U）/多段线（P）/距离（D）/角度（A）/修剪（T）/方式（E）/多个（M）]：
　　　　　　　　　　　　　　　　　　　　　　　　　//选择需要倒角的直线
选择第二条直线，或按住 Shift 键选择直线以应用角点或［距离（D）/角度（A）/方法（M）]：

⑭ 单击"图案填充"按钮，填充剖面线，如图14-118所示。至此，剖视图绘制完成。

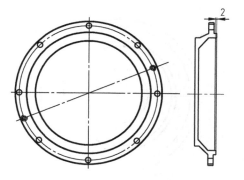

图14-116 偏移并绘制连接直线

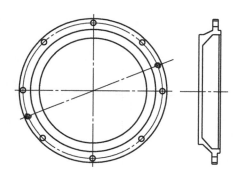

图14-117 倒角图形

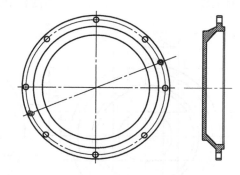

图14-118 填充剖面

实例 201 轴承盖的绘制方法

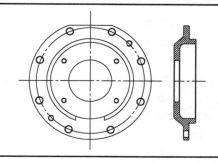

轴承盖是用在齿轮箱体的外侧,挡住轴承外圈,或者挡住轴承孔的端盖。绘制图形时需要调用"直线""圆""阵列""偏移""修剪"等命令。

难度:☆

素材文件:第14章\实例201 轴承盖的绘制方法.dwg

视频文件:第14章\实例201 轴承盖的绘制方法.mp4

① 打开素材文件"第14章\实例201 轴承盖的绘制方法.dwg",其中已经绘制好了中心线,如图14-119所示。

② 调用"圆"命令,绘制圆,如图14-120所示。

③ 将其中一个圆切换至"中心线"图层,如图14-121所示。

④ 单击"偏移"按钮,偏移中心辅助线,如图14-122所示。

⑤ 根据辅助线的位置绘制连接直线并进行修剪,如图14-123所示。

⑥ 在辅助线的交点上绘制圆,半径分别为4和5。将其中较大的圆切换至"细实线"图层,并进行修剪,如图14-124所示。

⑦ 调用"矩形阵列"命令,阵列上一步绘制的圆,如图14-125所示,命令行操作如下。

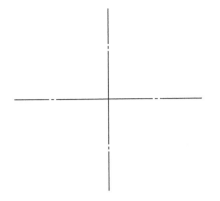

图14-119　绘制中心辅助线

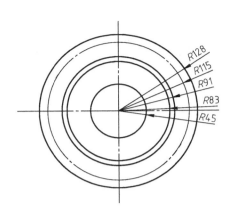

图14-120　绘制圆（1）

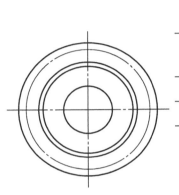

图14-121　切换图层

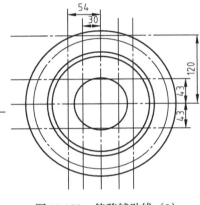

图14-122　偏移辅助线（2）

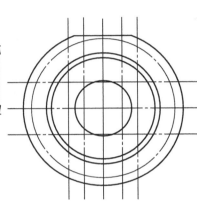

图14-123　绘制直线（1）

命令：_arrayrect ↙　　　　　　　　　　　　　　//调用"阵列"命令

找到 2 个 ↙　　　　　　　　　　　　　　　　//选择对象

类型 = 矩形 关联 = 是

选择夹点以编辑阵列或［关联（AS）/基点（B）/计数（COU）/间距（S）/列数（COL）/行数（R）/层数（L）/退

出（X）］<退出>：COL↙　　　　　　　　　　//激活"列数（COL）"选项

　输入列数数或［表达式（E）］<4>：2↙　　　　//输入列数

　指定 列数 之间的距离或［总计（T）/表达式（E）］<15>：110↙

　　　　　　　　　　　　　　　　　　　　　//指定列距

选择夹点以编辑阵列或［关联（AS）/基点（B）/计数（COU）/间距（S）/列数（COL）/行数（R）/层数（L）/

退出（X）］<退出>：R↙　　　　　　　　　　//激活"行数（R）"选项

　输入行数数或［表达式（E）］<3>：2↙　　　　//输入行数

　指定 行数 之间的距离或［总计（T）/表达式（E）］<15>：−86↙

　　　　　　　　　　　　　　　　　　　　　//输入行距

　指定 行数 之间的标高增量或［表达式（E）］<0>：↙

选择夹点以编辑阵列或［关联（AS）/基点（B）/计数（COU）/间距（S）/列数（COL）/行数（R）/层数（L）/退

出（X）］<退出>：↙　　　　　　　　　　　　//按 Enter 键完成绘制

　⑧ 调用"直线"命令，绘制圆与圆之间的连接直线并删除多余直线，如图14-126所示。

⑨ 继续调用"圆"命令，在辅助线的交点处绘制圆，半径分别为5和6。将半径为6的圆切换至"细实线"图层并进行剪切，如图14-127所示。

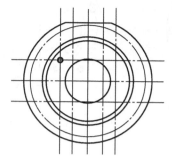

图14-124 绘制圆（2）

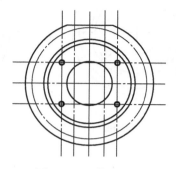

图14-125 阵列图形

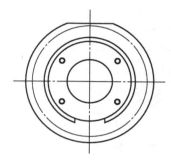

图14-126 绘制直线（2）

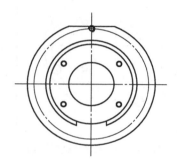

图14-127 绘制圆（3）

⑩ 调用"旋转"命令，将圆旋转−45°，如图14-128所示。

⑪ 再通过"镜像"命令，进行圆镜像，如图14-129所示。

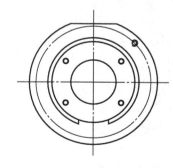

图14-128 旋转圆

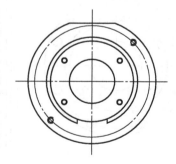

图14-129 镜像圆

⑫ 继续调用"圆"命令，绘制圆。半径分别为7、8，如图14-130所示。

⑬ 调用"环形阵列"命令阵列圆，如图14-131所示。

⑭ 调用"旋转"命令，将阵列之后的圆旋转22°，如图14-132所示。至此，主视图绘制完成。

⑮ 切换至"中心线"图层，根据主视图绘制中心线，如图14-133所示。

⑯ 调用"偏移"命令，偏移竖直辅助线，如图14-134所示。

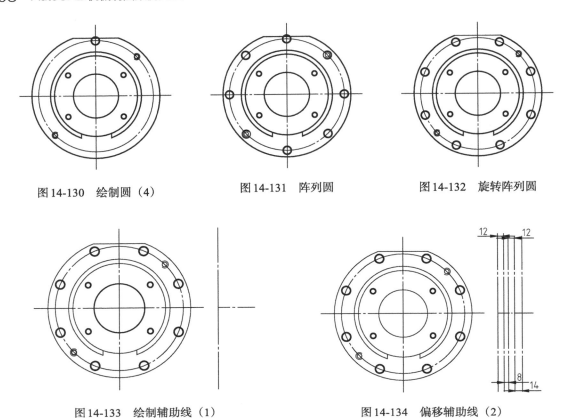

图 14-130　绘制圆（4）　　　　图 14-131　阵列圆　　　　图 14-132　旋转阵列圆

图 14-133　绘制辅助线（1）　　　　　　　　图 14-134　偏移辅助线（2）

⑰ 调用"复制"命令，复制半径分别为 7 和 8 的圆至交点上，如图 14-135 所示。
⑱ 调用"构造线"命令，绘制辅助线，如图 14-136 所示。

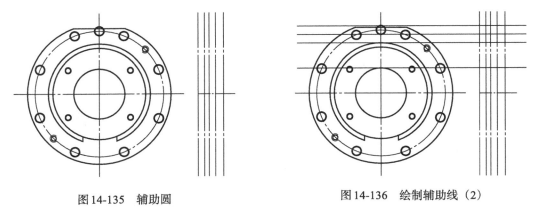

图 14-135　辅助圆　　　　　　　　图 14-136　绘制辅助线（2）

⑲ 调用"偏移"命令，偏移水平辅助线，如图 14-137 所示。
⑳ 切换"粗实线"为当前图层，根据辅助线绘制轮廓线，如图 14-138 所示。
㉑ 利用"极轴追踪"，绘制角度为 50° 的直线，如图 14-139 所示。
㉒ 删除多余辅助线。调用"镜像"命令对图形进行镜像，如图 14-140 所示。
㉓ 调用"直线"命令，绘制连接直线，如图 14-141 所示。
㉔ 调用"倒角"命令，对轮廓线进行倒角，角度为 45°，距离为 1，如图 14-142 所示。

图14-137　偏移辅助线（3）

图14-138　绘制轮廓线

图14-139　绘制直线（1）

图14-140　镜像图形

图14-141　绘制直线（2）

图14-142　倒角图形

图14-143　绘制连接直线

图14-144　整理图形

㉕ 调用"直线"命令，绘制连接直线，并删除多余部分，如图14-143所示。

㉖ 绘制辅助线，对相应的部分进行修剪，如图14-144所示。

㉗ 调用"圆角"命令，对轮廓线倒圆角，如图14-145所示。

㉘ 切换至"细实线"图层。调用"图案填充"命令，填充剖面线如图14-146所示。至此剖视图绘制完成。

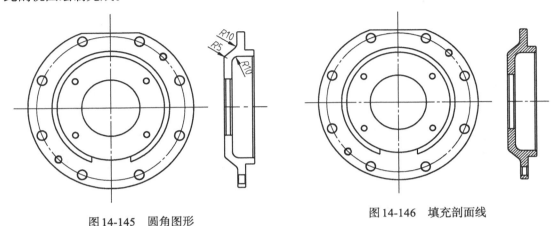

图14-145　圆角图形　　　　　　　　图14-146　填充剖面线

实例 202 弹性挡圈的绘制方法

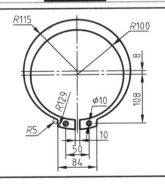

弹性挡圈分为轴用与孔用两种，均是用来紧固轴或孔上的圈形机件，可以防止装在轴或孔上其他零件的窜动。弹性挡圈的应用非常广泛，在各种工程机械与农业机械上都很常见。弹性挡圈通常采用65Mn板料冲切制成，截面呈矩形。本例绘制一轴用的弹性挡圈。

难度：☆

素材文件：无

视频文件：第14章\实例202 弹性挡圈的绘制方法.mp4

① 绘制如图14-147所示的3条中心线。

② 绘制圆弧。单击"绘图"面板中的"圆"按钮 ⊙ ，分别在上方的中心线交点处绘制半径为R115、R129的圆，在下方的中心线交点处绘制半径为R100的圆，结果如图14-148所示。

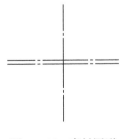

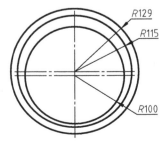

图14-147　素材图形　　　　　　　　图14-148　绘制圆

③ 修剪图形。单击"修改"面板中的"修剪"按钮 ✂，修剪左侧的圆弧，如图14-149所示。

④ 偏移图形。单击"修改"面板中的"偏移"按钮 ⊑，将垂直中心线分别向右偏移5、42，结果如图14-150所示。

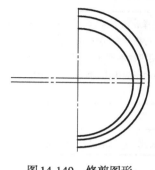

图14-149　修剪图形

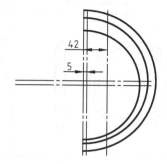

图14-150　偏移复制

⑤ 绘制直线。单击"绘图"面板中的"直线"按钮 ╱，绘制直线，删除辅助线，结果如图14-151所示。

⑥ 偏移中心线。单击"修改"面板中的"偏移"按钮 ⊑，将竖直中心线向右偏移25，将下方的水平中心线向下偏移108，如图14-152所示。

⑦ 绘制圆。单击"绘图"面板中的"圆"按钮 ⊙，在偏移出的辅助中心线交点处绘制直径为10的圆，如图14-153所示。

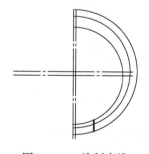

图14-151　绘制直线

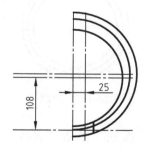

图14-152　偏移中心线

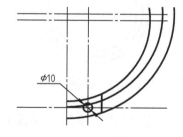

图14-153　绘制圆

⑧ 修剪图形。单击"修改"面板中的"修剪"按钮 ✂，修剪出右侧图形，如图14-154所示。

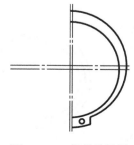

图14-154　修剪的结果

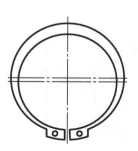

图14-155　镜像图形

⑨ 镜像图形。单击"修改"面板中的"镜像"按钮 ，以垂直中心线作为镜像线，镜像图形，结果如图14-155所示。

实例 203 O形圈的绘制方法

O形圈是一种截面为圆形的橡胶密封圈，因其截面为O形，故称其为O形橡胶密封圈，也叫O形圈。因为价格便宜，制造简单，功能可靠，并且安装要求简单，O形环是最常见的密封用机械零件。O形环可用于静态的应用中，也可以用在部件之间有相对运动的动态应用中，例如旋转泵的轴和液压缸活塞。

难度：☆

素材文件：无

视频文件：第14章\实例203 O形圈的绘制方法.mp4

① 新建空白文件，并设置捕捉模式为"捕捉圆心"和"捕捉象限点"。

② 单击"绘图"面板上的 按钮，分别绘制直径为20、22.5和25的同心圆，如图14-156所示。

③ 重复"圆"命令，配合捕捉功能，绘制如图14-157所示的两个小圆。

④ 单击"修改"面板上的 按钮，激活"移动"命令，将两个小圆向右移动，如图14-158所示。

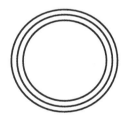

图14-156　绘制同心圆

图14-157　绘制圆

图14-158　移动圆

⑤ 单击"绘图"面板上的 按钮，激活"直线"命令，捕捉象限点绘制直线，如图14-159所示。

⑥ 单击"绘图"面板上的 按钮，设置填充图案以及填充参数，如图14-160所示，填充如图14-161所示的图案。O形圈零件图绘制完成。

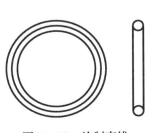

图14-159　绘制直线

图14-160　设置填充参数

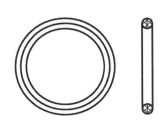

图14-161　最终结果

第15章
弹簧图形的绘制方法

弹簧是一种利用弹性来工作的机械零件。用弹性材料制成的零件在外力作用下发生形变，除去外力后又恢复原状。一般用弹簧钢制成。弹簧的种类复杂多样，按形状分，主要有螺旋弹簧、涡卷弹簧、板弹簧、异型弹簧等。

实例 204 圆柱螺旋压缩弹簧的绘制方法

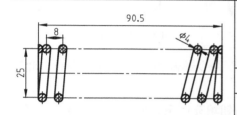

圆柱螺旋压缩弹簧是指承受压缩力的圆柱螺旋弹簧。从外观上看，它的特点是两端均有磨平特征。在AutoCAD中可以通过"圆""直线""偏移""修剪"和"复制"命令进行绘制。

难度：☆

素材文件：第15章\实例204 圆柱螺旋压缩弹簧的绘制方法.dwg

视频文件：第15章\实例204 圆柱螺旋压缩弹簧的绘制方法.mp4

① 打开素材文件"第15章\实例204 圆柱螺旋压缩弹簧的绘制方法.dwg"，其中已经绘制好了三条辅助线，如图15-1所示。

② 将"轮廓线"设置为当前层，单击"绘图"面板上的 ✎ 按钮，绘制垂直直线，并将其向右偏移90.5个单位，如图15-2所示。

③ 将"点画线"切换成当前图层，使用"直线"命令，配合"捕捉自"功能，绘制中心线。命令行操作过程如下：

命令：1 LINE 指定第一点：_from 基点：	//单击图15-2所示的 C 点
<偏移>：@2, -3✓	
指定下一点或 [放弃（U）]：@0, 6✓	
指定下一点或 [放弃（U）]：✓	//按回车键结束命令
命令：✓	//按回车键，重复直线命令
LINE 指定第一点：_from 基点：	//单击图15-2所示的 D 点
<偏移>：@4, 3✓	
指定下一点或 [放弃（U）]：@0, -6✓	
指定下一点或 [放弃（U）]：✓	//按回车键，结束命令，结果如图15-3所示

图15-1　偏移中心线　　　　　图15-2　绘制并偏移　　　　　图15-3　绘制中心线

④ 将"轮廓线"设置为当前层,单击"绘图"面板上的 ⊘ 按钮,绘制半径为2的圆,如图15-4所示。

⑤ 单击"修改"面板上的 ⊶ 按钮,修剪多余的圆弧,如图15-5所示。

⑥ 单击"修改"面板上的 ⚎ 按钮,激活"镜像"命令,将上述步骤中绘制的中心线和圆相对于水平中心线中点水平镜像,结果如图15-6所示。

图15-4　绘制圆(1)　　　　　图15-5　修剪圆弧　　　　　图15-6　镜像复制

⑦ 单击"修改"面板中的"复制" ⊡ 按钮,选择如图15-7所示的2个圆,将其水平向右复制8个单位,如图15-8所示。

⑧ 重复步骤⑦,复制另一端的断面圆,结果如图15-9所示。

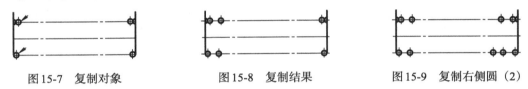

图15-7　复制对象　　　　　图15-8　复制结果　　　　　图15-9　复制右侧圆(2)

⑨ 使用"修剪"命令,修剪图形,并使用"直线"命令绘制相切线,将弹簧的轮廓连接起来,结果如图15-10所示。

⑩ 将"剖面线"图层设置为当前图层,单击 ▨ 按钮填充图案,使用"ANSI31"图案,比例为0.2,结果如图15-11所示。至此,弹簧图形绘制完成。

图15-10　绘制中心线　　　　　　　　　　图15-11　绘制圆(2)

实例 205 圆柱螺旋拉伸弹簧的绘制方法

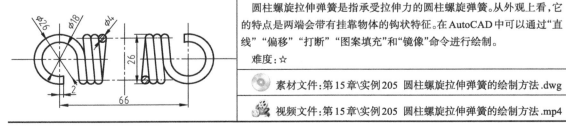

圆柱螺旋拉伸弹簧是指承受拉伸力的圆柱螺旋弹簧。从外观上看,它的特点是两端会带有挂靠物体的钩状特征。在AutoCAD中可以通过"直线""偏移""打断""图案填充"和"镜像"命令进行绘制。

难度:☆

素材文件:第15章\实例205 圆柱螺旋拉伸弹簧的绘制方法.dwg

视频文件:第15章\实例205 圆柱螺旋拉伸弹簧的绘制方法.mp4

① 打开素材文件"第15章\实例205 圆柱螺旋拉伸弹簧的绘制方法.dwg",其中已经绘制好了中心线如图15-12所示的,作为定位辅助线。

② 设置"轮廓线"为当前图层。在命令行输入"C",激活"圆"命令,绘制$R9$、$R13$

的两个圆，如图15-13所示。

③ 使用"偏移"命令，将垂直中心线向右偏移2，结果如图15-14所示。

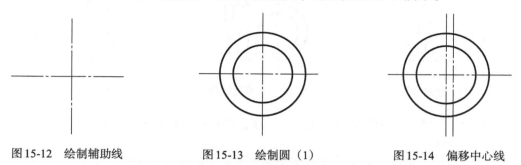

图15-12 绘制辅助线 　　　　图15-13 绘制圆（1）　　　　图15-14 偏移中心线

④ 单击"修改"面板中的"打断" 按钮，选择外侧圆为打断对象，在命令行输入"F"，指定第一个打断点和第二个打断点，结果如图15-15所示。

⑤ 使用同样的方法，将另一个圆进行打断，并闭合线段，结果如图15-16所示。

⑥ 单击"修改"面板中的"偏移" 按钮，将水平中心线向上、向下偏移，再将垂直中心线向右偏移，结果如图15-17所示。

图15-15 打断圆 　　　　图15-16 打断另一个圆　　　　图15-17 偏移中心线

⑦ 在命令行输入"C"激活"圆"命令，结合"对象捕捉"功能，绘制如图15-18所示的半径为2的两个圆。

⑧ 使用"直线"命令，选择水平中心线与圆的交点为起点，按住"Shift"键右击选择"切点"命令，捕捉小圆上的切点为直线的端点，结果如图15-19所示。

⑨ 单击"修改"面板中的"复制" 按钮，复制小圆，结果如图15-20所示。

图15-18 绘制圆（2）　　　　图15-19 绘制切线　　　　图15-20 复制小圆

⑩ 使用"直线"命令，使用前面相同的方法，绘制切线，结果如图15-21所示。

⑪ 在命令行输入"TR"激活"修剪"命令，修剪并删除多余线段，结果如图15-22所示。

⑫ 单击"修改"面板中的"偏移" 按钮，选择垂直中心线，将其向右偏移33个绘图

单位，结果如图15-23所示。

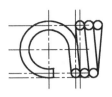

图15-21　绘制直线　　　　　图15-22　修剪线段　　　　　图15-23　偏移中心线

⑬ 在命令行输入"MI"激活"镜像"命令，以偏移得到的中心线为对称轴，进行镜像，结果如图15-24所示。

⑭ 重复使用"镜像"命令，将右侧弹簧沿水平中心线进行镜像，并删除源对象，结果如图15-25所示。

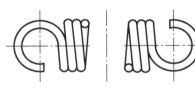

图15-24　镜像（1）　　　　　　　　　　　图15-25　镜像（2）

⑮ 选择"剖面线"为当前图层，单击"绘图"面板中的"图案填充" 按钮，对弹簧的剖切截面进行图案填充，最终结果如图15-26所示。弹簧零件图绘制完成。

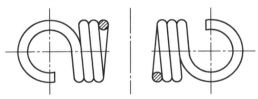

图15-26　最终结果

实例 206　碟形弹簧的绘制方法

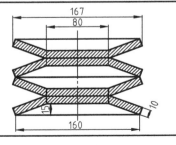

碟形弹簧是形状如碟形的弹簧，用于承受轴向载荷，一般成组使用。本实例绘制一组碟形弹簧，主要用到"偏移""镜像"等命令。

难度：☆

素材文件：无

视频文件：第15章\实例206 碟形弹簧的绘制方法.mp4

① 新建空白文件，将"轮廓线层"设置为当前图层，绘制一条长160的水平直线，然后将"中心线层"设置为当前图层，绘制一条竖直中心线，如图15-27所示。

② 将水平直线向上偏移15，将竖直中心线向两侧各偏移40，偏移结果如图15-28所示。

③ 将"轮廓线层"设置为当前图层，使用快捷键命令"L"，绘制直线如图15-29所示。

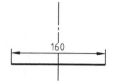

图15-27　绘制直线和中心线

图15-28　偏移直线

图15-29　绘制直线

④ 在命令行输入"TR"激活"修剪"命令，修剪结果如图15-30所示。

⑤ 单击"修改"面板中的"合并" ╫ 按钮，或在命令行输入"J"快捷命令，选择梯形的顶边和两腰为合并对象，将其合并为一条多段线。

⑥ 将合并后的多段线向上偏移10个单位，偏移结果如图15-31所示。

⑦ 绘制连接直线，将直线两端封闭，如图15-32所示。

图15-30　修剪图形

图15-31　偏移多段线

图15-32　绘制连接线

⑧ 将"细实线层"设置为当前图层，单击"绘图"面板中的"图案填充" ◳ 按钮，或在命令行输入"H"快捷命令，使用ANSI31图案，填充效果如图15-33所示。

⑨ 单击"修改"面板中的"镜像" ◢◣ 按钮，将单片弹簧镜像，如图15-34所示。

⑩ 重复使用镜像命令，生成一组弹簧如图15-35所示。

图15-33　图案填充效果

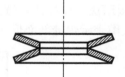

图15-34　镜像图形的结果

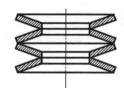

图15-35　再次镜像的结果

第16章

焊接图形的绘制方法

焊接图是进行焊接加工时所用的图样，应能清晰地表示出各焊接件的相对位置、焊接形式、焊接要求以及焊接尺寸等。在图样中简易地绘制焊缝时，可用视图、剖面图和断面图表示，也可以用轴测图示意地表示，通常还应同时标注焊缝符号。

实例 207 焊接符号与焊接的标注

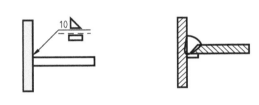

在学习焊接图的绘制之前,需要对焊接符号和焊接的标注方法进行简单了解。

难度:☆

素材文件:无

视频文件:第16章\实例207 焊接符号与焊接的标注.mp4

① 焊接图的表示有两种方法，分别为符号法和图示法，如图16-1所示。焊缝标注以符号标注法为主，在必要时允许辅以图示法。比如用连续或断续的粗线表示连续或断续焊缝；在需要时绘制焊缝局部剖视图或放大图表示焊缝剖面形状；用细实线绘制焊前坡口形状等。

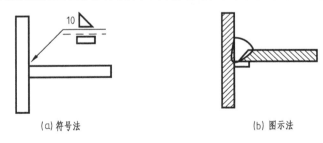

(a) 符号法   (b) 图示法

图16-1 焊接图的两种表示法

② 焊接符号是用来表示图样上焊缝的基本形式和尺寸等的一些符号。焊接符号可以表示以下内容。

➤ 所焊焊缝的位置。

➤ 焊缝横截面形状（坡口形状）及坡口尺寸。

➤ 焊缝表面形状特征。

➤ 焊缝某些特征或其他要求。

③ 焊缝基本符号是表示焊缝截面形状的符号，它采用近似于焊缝横剖面形状的符号来

表示。GB 324—1988中规定了13种焊缝形式的符号，见表16-1。

表16-1　焊缝基本符号

序号	名称	示意图	符号
1	卷边焊缝（卷边完全熔化）	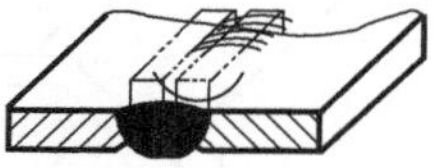	 八
2	I形焊缝	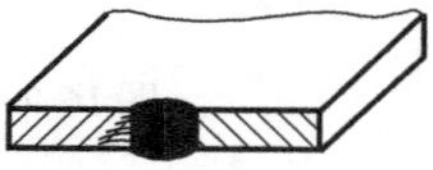	‖
3	V形焊缝		∨
4	单边V形焊缝		∠
5	带钝边V形焊缝		Y
6	带钝边单边V形焊缝		Ⱶ
7	带钝边U形焊缝		Y
8	带钝边J形焊缝	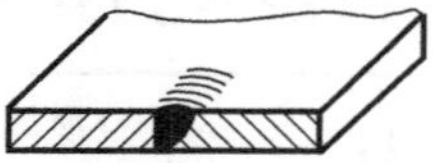	Ⱶ
9	封底焊缝		 �>⌣
10	角焊缝	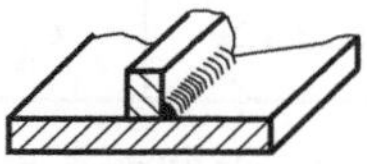	 △
11	塞焊缝或槽焊缝		⊓
12	点焊缝	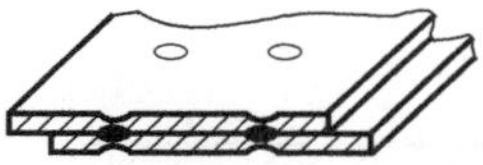	○
13	缝焊缝	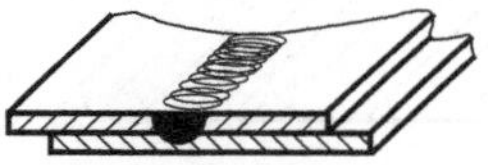	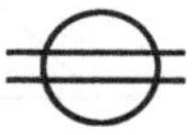 ⊕

④ 完整的焊缝表示方法除了上面的符号外，还包括指引线、一些尺寸符号及数据等，如图16-2所示。

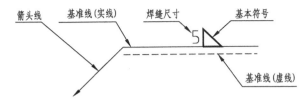

图16-2　焊缝指引线

⑤ 基准线的虚线可在基准线的实线上侧或下侧，如果焊缝在接头的箭头侧，则基本符号标在基准线的实线侧；如果焊缝在接头非箭头侧，则将基本符号标在基准线的虚线侧。标注对称焊缝或双面焊缝可不加虚线，如图16-3所示。

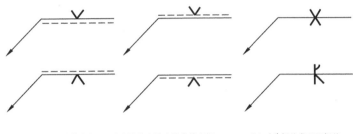

(a) 焊缝在接头的箭头侧　　(b) 焊缝在接头的非箭头侧　　(c) 对称焊缝或双面焊缝

图16-3　基本符号相对于基准线的位置

实例 208 I形对接焊缝的绘制与标注

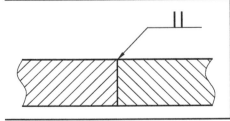

	I形焊缝就是不开坡口,直接在接缝上施焊,焊缝在箭头侧。一般作用在薄板零件的焊接上,焊完后可能焊道背面也会有微微的凸起。 难度:☆
素材文件:第16章\实例208 I形对接焊缝的绘制与标注.dwg	
视频文件:第16章\实例208 I形对接焊缝的绘制与标注.mp4	

① 打开素材文件"第16章\实例208 I形对接焊缝的绘制与标注.dwg"，其中已经绘制好了如图16-4所示的两块板状零件。

② 如果要表示这两个板状零件焊接，那么可以通过图案填充的方式来进行表达。首先绘制两段圆弧连接这两个板状零件的端点，在两个零件之间形成一个封闭部分，如图16-5所示。

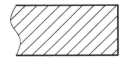
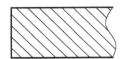
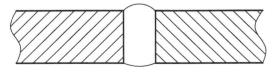

图16-4　素材图形　　　　　　　　　　　图16-5　绘制圆弧辅助线

③ 执行图案填充命令，对中间的封闭部分进行填充，注意填充的图案应选择SOLID实体填充，效果如图16-6所示。

④ 如果要对该焊缝进行标注，则可以先对接两块零件，然后添加焊接符号，如图16-7所示。

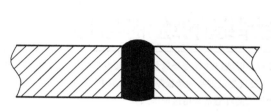

图16-6　以图案填充的方式表示焊接

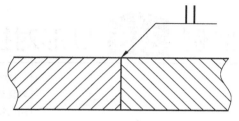

图16-7　符号法表示I形对接焊缝

实例 209　V形焊缝的绘制与标注

	一般情况下，手工电弧焊焊接6 mm以下和自动焊焊接14 mm的焊件时，采用V形坡口，V形坡口加工较方便，是保证焊缝能够焊透的工艺措施之一。难度：☆
	素材文件：第16章\实例209 V形焊缝的绘制与标注.dwg
	视频文件：第16章\实例209 V形焊缝的绘制与标注.mp4

① 打开素材文件"第16章\实例209 V形焊缝的绘制与标注.dwg"，其中已经绘制好了如图16-8所示的两块板状零件。

② 如果要创建V形焊缝，那么零件上需要先设计有V形坡口，一般取60°（两块母材各开30°角）。因此可以通过修剪命令编辑出如图16-9所示的V形坡口。注意底部应留有至少2mm的对接位置。

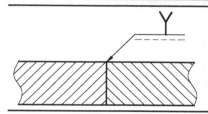

图16-8　素材图形

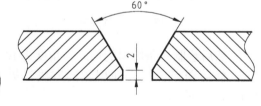

图16-9　绘制V形坡口

③ 绘制两段圆弧连接这两个板状零件的端点，在两个零件之间形成一个封闭部分，然后对接零件，再执行图案填充命令，即可得到如图16-10所示的焊接图。

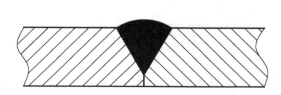

图16-10　焊接图示效果

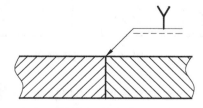

图16-11　符号法表示V形焊缝

④ 如果要对该焊缝进行标注，则可以不绘制坡口，直接对接两个零件，然后通过焊接符号进行表示，如图16-11所示。

提示： 注意此处的符号是 Y，而不是 V。因为本例绘制的是带有钝边（即坡口）的V形焊缝。

实例 210　U形对接焊缝的绘制与标注

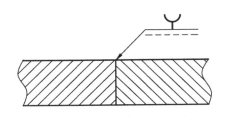

U形及双U形坡口的焊着金属量少，焊接变形也小，但这种坡口加工较复杂，一般只在较重要的及板厚较大的结构中采用，如电站锅炉锅筒用电弧焊焊接的环缝常采用这种形式。

难度：☆

素材文件：第16章\实例210 U形对接焊缝的绘制与标注.dwg

视频文件：第16章\实例210 U形对接焊缝的绘制与标注.mp4

① 打开素材文件"第16章\实例210 U形对接焊缝的绘制与标注.dwg"，其中已经绘制好了如图16-12所示的两个板状零件。

② 如果要创建U形焊缝，那么零件上需要先设计有U形坡口。在AutoCAD中可以通过绘制辅助圆和辅助线的方式来得到U形坡口。

③ 先在零件一侧的角点绘制一个圆，半径一般在3~5mm之间，然后移动至如图16-13所示的位置。

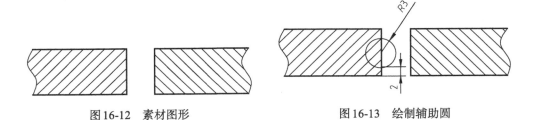

图16-12　素材图形　　　　图16-13　绘制辅助圆

④ 然后绘制一条倾斜的切线，角度为10°，如图16-14所示。

⑤ 修剪图形，然后使用相同方法对另一侧的板件也进行相同操作，得到U形坡口，如图16-15所示。

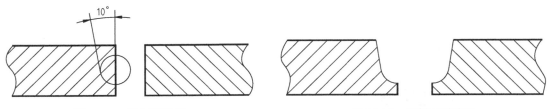

图16-14　绘制辅助线　　　　图16-15　绘制U形坡口

⑥ 绘制两段圆弧连接这两个板状零件的端点，在两个零件之间形成一个封闭部分，然后对接零件，再执行图案填充命令，即可得到如图16-16所示的焊接图。

⑦ 如果要对该焊缝进行标注，则可以不绘制坡口，直接对接两块零件，然后通过焊接符号进行表示，如图16-17所示。

图16-16　U形焊缝效果

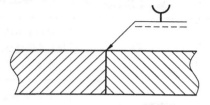

图16-17　符号法表示U形焊缝

实例 211 单边V形对接焊缝的绘制与标注

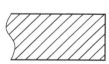

前面的案例中已经介绍了几种常见的焊接类型，但基本都是双边的焊缝，而本例便介绍单边焊缝的绘制和标注方法。

难度：☆

素材文件：第16章\实例211　单边V形对接焊缝的绘制与标注.dwg

视频文件：第16章\实例211　单边V形对接焊缝的绘制与标注.mp4

① 打开素材文件"第16章\实例211　单边V形对接焊缝的绘制与标注.dwg"，其中已经绘制好了如图16-18所示的两个板状零件。

② 如果单边焊缝，那么只需要在其中一个零件上绘制相应的焊接坡口即可，如本例要绘制单边的V形焊缝，效果如图16-19所示。

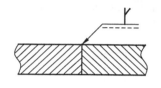

图16-18　素材图形

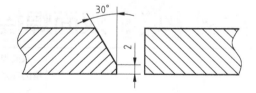

图16-19　绘制单边V形焊缝

③ 对接零件，再执行图案填充命令，即可得到如图16-20所示的焊接图。

④ 如果要对该焊缝进行标注，则可以不绘制坡口，直接对接两个零件，然后通过焊接符号进行表示，如图16-21所示。

图16-20　单边V形焊缝效果

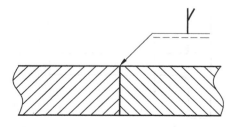

图16-21　符号法表示单边V形焊缝

实例 212 角焊缝的绘制与标注

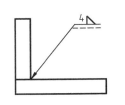

角焊是指两个焊面互相垂直时的焊接,区别于平焊(平焊是指两个焊面水平焊接),角焊缝是三角形剖面。

难度:☆

素材文件:第16章\实例212 角焊缝的绘制与标注.dwg

视频文件:第16章\实例212 角焊缝的绘制与标注.mp4

① 打开素材文件"第16章\实例212 角焊缝的绘制与标注.dwg",其中已经绘制好了两块垂直堆叠的零件,如图16-22所示。需要对其添加角焊标注,并注释其焊角高度为4。

② 如果要使用图示法进行表示,那么只需要在夹角处绘制一斜线,构建出一个三角形的封闭区域,然后进行填充即可,如图16-23所示,该三角形的高度即为焊角高度。

③ 如果要使用符号法进行标注,那么不需要绘制三角形和图案填充,而是执行快速引线命令,绘制如图16-24所示的焊接符号并进行注释。

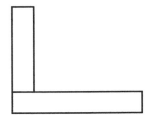
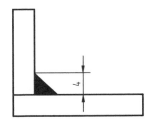
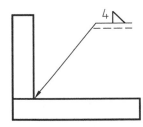

图16-22 素材图形　　　　图16-23 通过图案填充表示焊缝　　　图16-24 符号法表示角焊缝

实例 213 双面焊接的标注

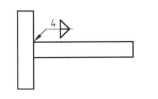

双面焊接,就是在第一个面焊完后,再在工件背面施焊。前面案例介绍的都是单面焊接,由于绘制方法基本类似,因此本例仅介绍双面焊接的标注。

难度:☆

素材文件:第16章\实例213 双面焊接的标注.dwg

视频文件:第16章\实例213 双面焊接的标注.mp4

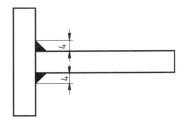
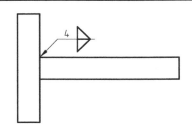

图16-25 素材图形　　　　　　　　图16-26 双面角焊缝的符号法标注

① 打开素材文件"第16章\实例213 双面焊接的标注.dwg",其中已经创建好了如图16-25所示的图形,通过观察素材图形可知,该零件由两块方板焊接而成,图中通过实体填充的方式表示出了焊缝的位置和高度。

② 由于这两处焊接均为角焊,而且焊高一致,因此可以使用简化的指引线符号。

③ 删去图案填充的部分,绘制指引线,标注效果如图16-26所示。

第17章

装配图的绘制与拆分

扫码享受
全方位沉浸式学AutoCAD

装配图是表示产品及其组成部分的连接、装配关系的图样，是设计思想表达及技术交流的工具，是指导生产的基本技术文件。无论是在设计机器还是在测绘机器时必须画出装配图。

17.1 装配图的绘制

在设计过程中，一般应先根据要求画出装配图用以表达机器或者零部件的工作原理、传动路线和零件间的装配关系。通过装配图表达各组零件在机器或部件上的作用和结构，以及零件之间的相对位置和连接方式。

实例 214 直接绘制法绘制装配图

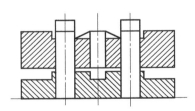

直接绘制法即根据装配体结构直接绘制整个装配图，适用于绘制比较简单的装配图。

难度：☆☆☆

素材文件：第17章\实例214 直接绘制法绘制装配图.dwg

视频文件：第17章\实例214 直接绘制法绘制装配图.mp4

① 打开素材文件"第17章\实例214 直接绘制法绘制装配图.dwg"，其中已经绘制好了中心线，如图17-1所示。

② 在命令行中输入"O"，将垂直中心线向右偏移2、6、11、12、20，偏移后图形如图17-2所示。

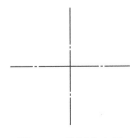

图17-1 绘制中心线

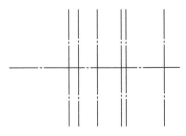

图17-2 偏移水平中心线

③ 重复调用"偏移"命令，将水平中心线向上偏移5、7、8、16、18、21，偏移后如图17-3所示。

④ 在命令行中输入"TR"，对图形进行修整，如图17-4所示。

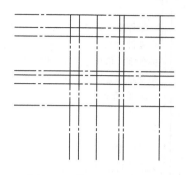

图17-3　偏移竖直中心线

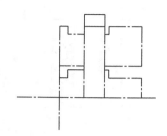

图17-4　修剪图形

⑤ 在命令行中输入"MI"，将水平线右边的所有图形元素以竖直中心线为镜像轴镜像至左侧，如图17-5所示。

⑥ 将直线转换为"轮廓线"层，在命令行中输入"L"，绘制轮廓线，并调整好中心线位置，结果如图17-6所示。

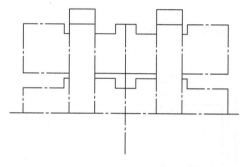

图17-5　镜像图形

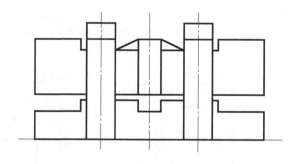

图17-6　转换图层

⑦ 将"剖面线"图层置为当前层，在命令行中输入"H"，对图形进行填充，填充效果如图17-7所示。

⑧ 重复调用"图案填充"命令，填充后图形如图17-8所示，完成整个装配图的绘制。

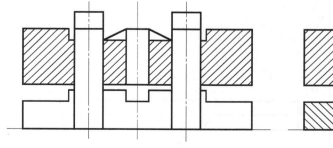

图17-7　填充后图形

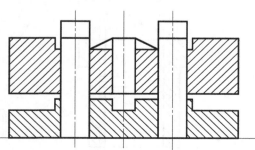

图17-8　完成后的图形

实例 215 图块插入法绘制装配图

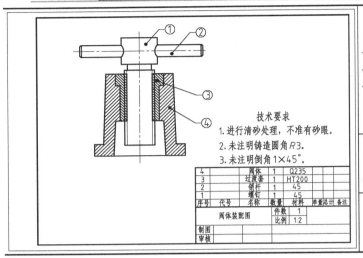

技术要求
1. 进行清砂处理，不准有砂眼。
2. 未注明铸造圆角R3。
3. 未注明倒角1×45°。

4		阀体	1	Q235		
3		过渡套	1	HT200		
2		销杆	1	45		
1		螺钉	1	45		
序号	代号	名称	数量	材料	单重总计	备注
阀体装配图			件数	1		
			比例	1:2		
制图						
审核						

零件插入法是指首先绘制装配图中的各个零件,然后选择其中一个主体零件,将其他各零件依次通过"移动""复制""粘贴"等命令插入主体零件中完成绘制。

难度:☆☆☆☆

素材文件:第17章\实例215 图块插入法绘制装配图.dwg

视频文件:第17章\实例215 图块插入法绘制装配图.mp4

(1) 外部块创建

① 新建AutoCAD图形文件，绘制如图17-9所示的零件图形。执行"写块"命令，将该图形创建为"阀体"外部块，保存在计算机中。

② 绘制如图17-10所示的零件图形，并创建为"螺钉"外部块。

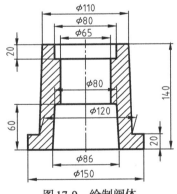

图17-9　绘制阀体

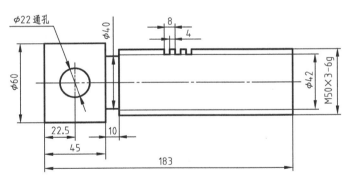

图17-10　绘制螺钉

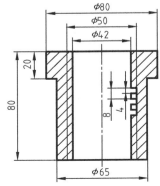

图17-11　绘制过渡套

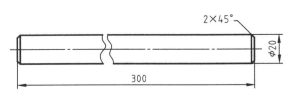

图17-12　绘制销杆

③ 绘制如图17-11所示的零件图形，并创建为"过渡套"外部块。

④ 绘制如图17-12所示的零件图形，并创建为"销杆"外部块。

（2）插入零件图块并创建装配图

① 单击快速访问工具栏中的"新建"按钮，在"选择样板"对话框中选择素材文件夹中的"第17章\机械制图样板.dwt"样板文件，新建图形。

② 执行"插入块"命令，弹出"插入"对话框，单击"浏览"按钮，弹出"选择图形文件"对话框，选择"阀体.dwg"文件，设置插入比例为0.5，单击"打开"按钮，将其插入绘图区中，结果如图17-13所示。

③ 执行"插入块"命令，设置插入比例为0.5，插入"过渡套块.dwg"文件，以A作为配合点，结果如图17-14所示。

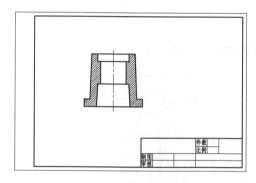

图17-13　插入阀体块

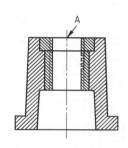

图17-14　插入过渡套块

④ 执行"插入块"命令，设置插入比例为0.5，旋转角度为–90°，插入"螺钉.dwg"，并执行"移动"命令，以螺纹配合点为基点装配到阀体上，结果如图17-15所示。执行"插入块"命令，设置插入比例为0.5，插入"销杆.dwg"，然后执行"移动"命令使销杆中心与螺钉圆心重合，结果如图17-16所示。

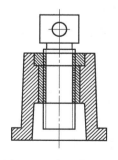

图17-15　插入螺钉块

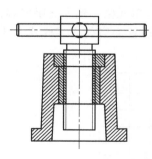

图17-16　插入销杆块

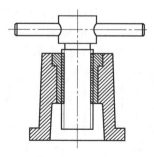

图17-17　修剪图形

⑤ 执行"分解"命令，分解图形，然后执行"修剪"命令，修剪整理图形，结果如图17-17所示。

（3）绘制明细表

① 将"零件序号引线"多重引线样式设置为当前引线样式，执行"多重引线"命令标注零件序号，如图17-18所示。

② 执行"插入表格"命令，设置表格参数，如图17-19所示，单击"确定"按钮，然后在绘图区指定宽度范围与标题栏对齐，向上拖动调整表格的高度为5行。

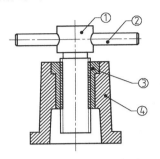

图17-18　标注零件序号

图17-19　设置表格参数

③ 创建的表格如图17-20所示。

④ 选中创建的表格，拖动表格夹点，修改各列的宽度，如图17-21所示。

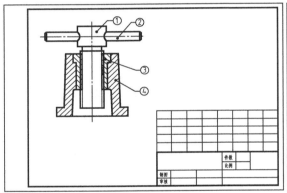

| 图17-20　插入的表格 | 图17-21　调整明细表宽度 |

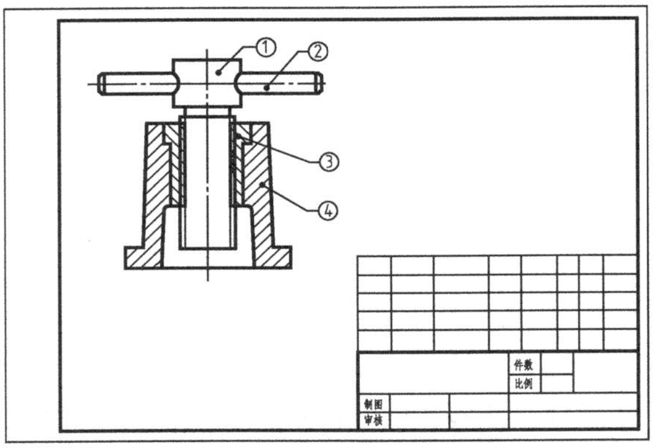

⑤ 分别双击标题栏和明细表各单元格，输入文字内容，填写结果如图17-22所示。

⑥ 将"机械文字"文字样式设置为当前文字样式，执行"多行文字"命令，填写技术要求，如图17-23所示。

4		阀体	1	Q235			
3		过渡套	1	HT200			
2		销杆	1	45			
1		螺钉	1	45			
序号	代号	名称	数量	材料	单重	总计	备注
阀体装配图			件数	1			
			比例	1:2			
制图							
审核							

图17-22　填写明细表和标题栏

技术要求

1.进行清砂处理，不允许有砂眼。
2.未注明铸造圆角 $R3$。
3.未注明倒角 $1×45°$。

图17-23　填写技术要求

⑦ 调整装配图图形和技术要求文字的位置，如图17-24所示。按快捷键Ctrl+S保存文件，完成阀体装配图的绘制。

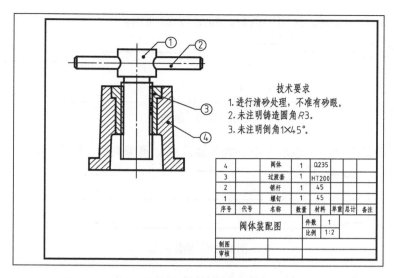

图17-24 装配图结果

实例 216 零件插入法绘制装配图

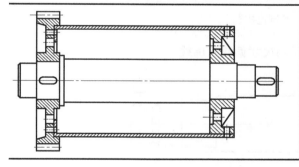

零件插入法是指首先绘制装配图中的各个零件,然后选择其中一个主体零件,将其他各零件依次通过"移动""复制""粘贴"等命令插入主体零件中来完成绘制。

难度:☆☆☆☆

 素材文件:无

视频文件:第17章\实例216 零件插入法绘制装配图.mp4

(1) 绘制轴零件

① 单击快速访问工具栏中的"新建"按钮 □ ,以"第17章\机械制图样板.dwt"为样板,新建一个图形文件。

② 将"中心线"图层设置为当前图层,执行"直线"命令,绘制中心线,如图17-25所示。

———————————————————————————————————————

图17-25 绘制中心线

③ 将"轮廓线"图层设置为当前图层,执行"直线"命令,绘制轴上半部分的轮廓线,如图17-26所示。

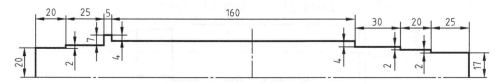

图17-26 绘制轮廓线

④ 执行"倒角"命令，为图形倒角，如图17-27所示。

图17-27　倒角

⑤ 执行"镜像"命令，以水平中心线为镜像线，镜像图形，结果如图17-28所示。

图17-28　镜像图形

⑥ 执行"直线"命令，捕捉端点绘制倒角连接线，结果如图17-29所示。

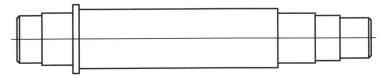

图17-29　绘制连接线

⑦ 执行"偏移"命令，按如图17-30所示的尺寸偏移轮廓线。

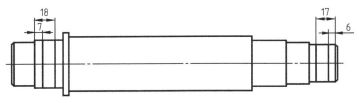

图17-30　偏移直线

⑧ 执行"圆"命令，以偏移线与中心线交点为圆心绘制 $\phi8$ 的圆，然后执行"直线"命令，绘制圆连接线，如图17-31所示。

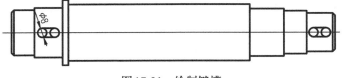

图17-31　绘制键槽

⑨ 执行"修剪"命令，修剪出键槽轮廓，如图17-32所示。

图17-32　轴的零件图

（2）绘制齿轮

① 将"中心线"图层设置为当前图层，执行"直线"命令，在空白处绘制中心线，如图 17-33 所示。

② 执行"偏移"命令，将垂直中心线对称偏移 22、32、44、56、64、72、76、80，将水平中心线向上偏移 10、19、25，结果如图 17-34 所示。

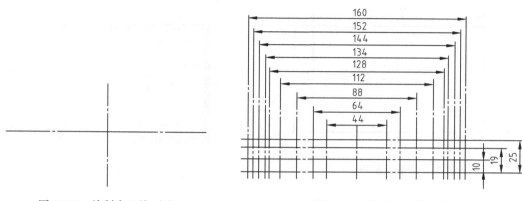

图 17-33　绘制中心线（1）　　　　图 17-34　偏移中心线（1）

③ 执行"修剪"命令，修剪图形，结果如图 17-35 所示。

④ 将相关线条切换至"轮廓线"图层，然后执行"直线"命令，绘制两段连接斜线，如图 17-36 所示。

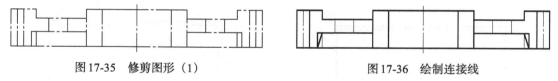

图 17-35　修剪图形（1）　　　　图 17-36　绘制连接线

⑤ 执行"修剪"命令，修剪图形，如图 17-37 所示。

⑥ 执行"偏移"命令，偏移中心线，如图 17-38 所示。

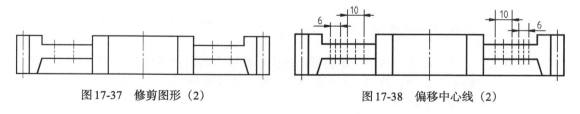

图 17-37　修剪图形（2）　　　　图 17-38　偏移中心线（2）

⑦ 将偏移出的线条切换到"轮廓线"图层，然后执行"修剪"命令，修剪出孔轮廓，如图 17-39 所示。

⑧ 切换至"剖面线"图层，执行"图案填充"命令，选择填充图案为 ANSI31，比例为 1，角度为 0°，填充剖面线，结果如图 17-40 所示。

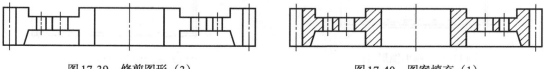

图 17-39　修剪图形（3）　　　　图 17-40　图案填充（1）

（3）绘制箱体

① 将"轮廓线"图层设置为当前图层，执行"矩形"命令，绘制一个矩形；执行"直线"命令，绘制中心线，如图17-41所示。

② 执行"分解"命令，将矩形分解；执行"偏移"命令，偏移矩形的边线和中心线，如图17-42所示。

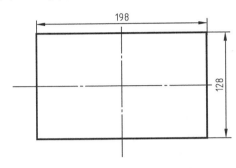

图17-41　绘制矩形和中心线

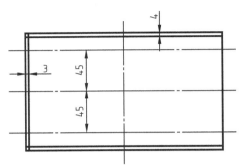

图17-42　偏移轮廓和中心线

③ 执行"修剪"命令，修剪箱体轮廓，将相关线条切换到"轮廓线"图层，如图17-43所示。

④ 执行"偏移"命令，将水平中心线向两侧偏移56，将竖直中心线向右偏移91，如图17-44所示。

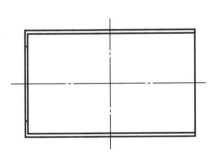

图17-43　修剪图形（4）

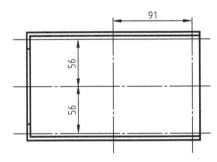

图17-44　偏移中心线（3）

⑤ 重复"偏移"命令，将上一步偏移出的中心线再次向两侧偏移3，如图17-45所示。

⑥ 执行"修剪"命令，修剪出4个孔轮廓，然后将孔边线切换到"轮廓线"图层，并调整中心线长度，如图17-46所示。

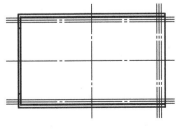

图17-45　修剪图形（5）

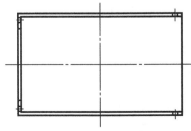

图17-46　偏移中心线（4）

⑦ 将"剖面线"图层设置为当前图层，执行"图案填充"命令，选择ANSI31图案，填充剖面线，如图17-47所示。

（4）绘制端盖

① 将"中心线"图层设置为当前图层，执行"直线"命令，在空白处绘制中心线，结果如图17-48所示。

② 执行"偏移"命令，将垂直中心线向右偏移4、13、19、27，将水平中心线对称偏移21、31、41、52、60，结果如图17-49所示。

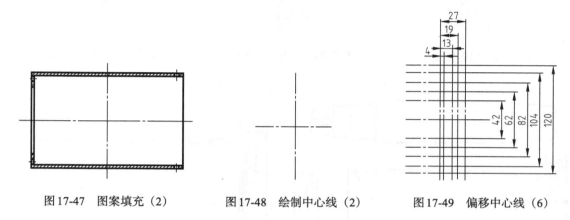

图17-47　图案填充（2）　　　图17-48　绘制中心线（2）　　　图17-49　偏移中心线（6）

③ 执行"修剪"命令，修剪图形，将线条切换至"轮廓线"图层，结果如图17-50所示。

④ 执行"直线"命令，绘制连接线，如图17-51所示。

图17-50　绘制中心线（3）　　　　　　图17-51　偏移中心线（7）

⑤ 执行"偏移"命令，偏移中心线，如图17-52所示。

⑥ 执行"修剪"命令，修剪图形，然后将孔边线切换到"轮廓线"图层，如图17-53所示。

⑦ 执行"图案填充"命令，选择填充图案为ANSI31，填充剖面线，结果如图17-54所示。

（5）创建装配图

① 执行"复制"命令，复制以上创建的零件到图纸空白位置，如图17-55所示。

② 执行"移动"命令，选择齿轮作为移动的对象，选择齿轮的 A 点作为移动基点，选择箱体的 A' 点作为移动目标，移动结果如图17-56所示。

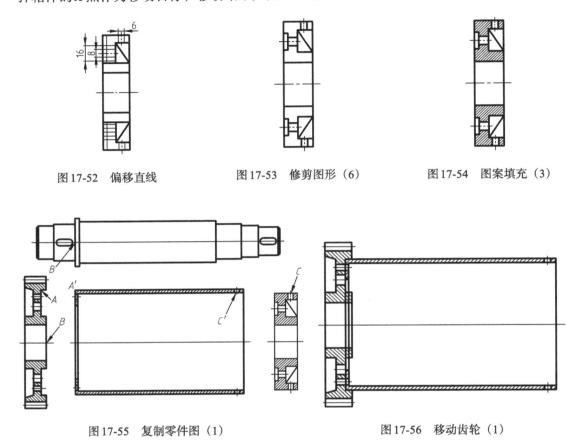

图17-52　偏移直线　　　　图17-53　修剪图形（6）　　　　图17-54　图案填充（3）

图17-55　复制零件图（1）　　　　　　图17-56　移动齿轮（1）

③ 重复执行"移动"命令，选择轴作为移动对象，选择轴的 B 点作为移动基点，选择齿轮的 B' 点作为移动的目标点，移动结果如图17-57所示。

④ 重复执行"移动"命令，选择端盖作为移动对象，选择端盖的 C 点作为移动基点，选择箱体的 C' 点作为移动的目标点，移动结果如图17-58所示。

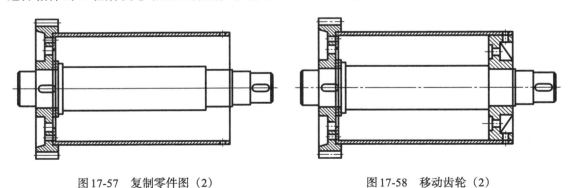

图17-57　复制零件图（2）　　　　　　图17-58　移动齿轮（2）

⑤ 执行"修剪"命令，修剪箱体被遮挡的线条，结果如图17-59所示。

⑥ 选择"文件"|"保存"命令，保存文件，完成装配图的绘制。

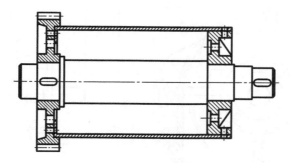

图 17-59　修剪多余线条

实例 217 装配图的标注

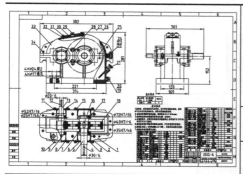

装配图中的标注包括标明序列号、填写明细表，以及标注一些必要的尺寸，如重要的配合尺寸、总长、总高、总宽等外形尺寸，以及安装尺寸等。本例以一个减速器的装配图为例进行介绍，详细讲解装配图在标注时需要注意的地方。

难度：☆☆☆☆

素材文件：第 17 章\实例 217 装配图的标注 .dwg

视频文件：第 17 章\实例 217 装配图的标注 .mp4

（1）标注外形尺寸

由于减速器的上、下箱体均为铸造件，因此总的尺寸精度不高，而且减速器对于外形也无过多要求，因此减速器的外形尺寸只需注明大致的总体尺寸即可。

① 将标注样式设置为"ISO-25"，可自行调整标注的"全局比例"，用以控制标注文字的显示大小。

② 标注总体尺寸。切换到"标注线"图层，执行"线性标注"等命令，按之前介绍的方法标注减速器的外形尺寸，主要集中在主视图与左视图上，如图 17-60 所示。

（2）标注安装尺寸

安装尺寸即减速器在安装时所涉及的尺寸，包括减速器上地脚螺栓的尺寸、轴的中心高度以及吊环的尺寸等。这部分尺寸有一定的精度要求，需参考装配精度进行标注。

① 标注主视图上的安装尺寸。主视图上可以标注地脚螺栓的尺寸，执行"线性标注"命令，选择地脚螺栓剖视图处的端点，标注该孔的尺寸，如图 17-61 所示。

② 标注左视图的安装尺寸。左视图上可以标注轴的中心高度，此即所连接联轴器与带轮的工作高度，标注如图 17-62 所示。

③ 标注俯视图的安装尺寸。俯视图中可以标注高、低速轴的末端尺寸，即与联轴器、带轮等的连接尺寸，标注如图 17-63 所示。

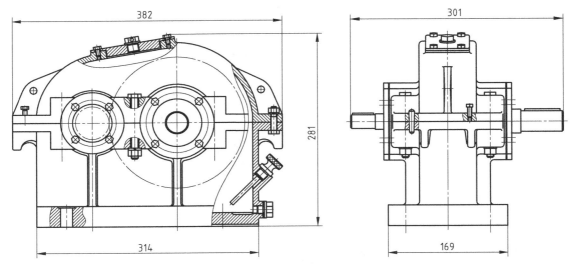

图17-60　视图布置参考图

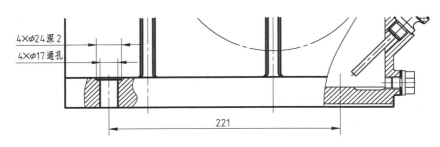

图17-61　标注主视图上的安装尺寸

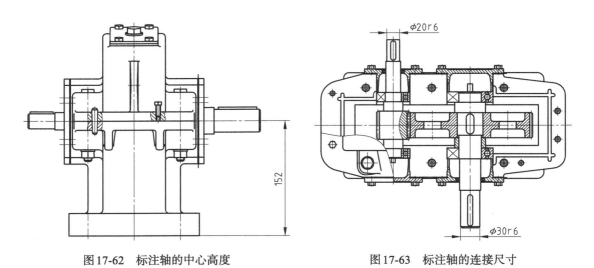

图17-62　标注轴的中心高度　　　　　　　图17-63　标注轴的连接尺寸

（3）标注配合尺寸

　　配合尺寸即零件在装配时需保证的配合精度，对于减速器来说，即轴与齿轮、轴承，轴承与箱体之间的配合尺寸。

① 标注轴与齿轮的配合尺寸。执行"线性"标注命令，在俯视图中选择低速轴与大齿轮的配合段，标注尺寸，并输入配合精度，如图17-64所示。

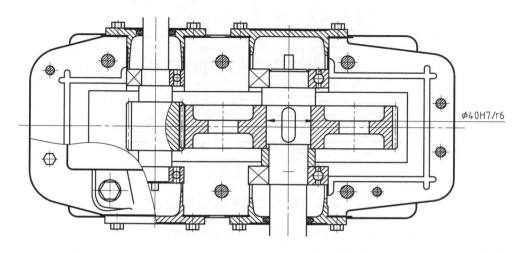

图17-64　标注轴、齿轮的配合尺寸

② 标注轴与轴承的配合尺寸。高、低速轴与轴承的配合尺寸均为 **H7/k6**，标注效果如图17-65所示。

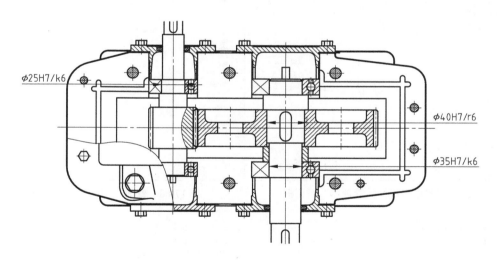

图17-65　标注轴、轴承的配合尺寸

③ 标注轴承与轴承安装孔的配合尺寸。为了安装方便，轴承一般与轴承安装孔取间隙配合，因此可取配合公差为 **H7/f6**，标注效果如图17-66所示。

（4）添加序列号

装配图中的所有零件和组件都必须编写序号。装配图中一个相同的零件或组件只编写一个序号，同一装配图中相同的零件编写相同的序号，而且一般只注明一次。另外，零件序号还应与事后的明细表中序号一致。

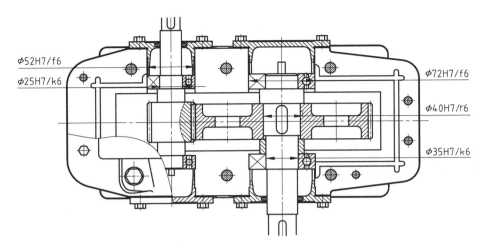

图17-66　标注轴承、轴承安装孔的配合尺寸

① 设置引线样式。单击"注释"面板中的"多重引线样式"按钮，打开"多重引线样式管理器"对话框，如图17-67所示。

② 单击其中的"修改"按钮，打开"修改多重引线样式：Standard"对话框，设置其中的"引线格式"选项卡如图17-68所示。

图17-67　"多重引线样式管理器"对话框

图17-68　修改"引线格式"选项卡

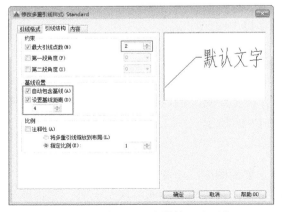

图17-69　修改"引线结构"选项卡

图17-70　修改"内容"选项卡

③ 切换至"引线结构"选项卡,设置其中参数如图17-69所示。

④ 切换至"内容"选项卡,设置其中参数如图17-70所示。

⑤ 标注第一个序号。将"细实线"图层设置为当前图层,单击"注释"面板中的"引线"按钮![icon],然后在俯视图的箱座处单击,引出引线,然后输入数字"1",即表明该零件为序号为1的零件,如图17-71所示。

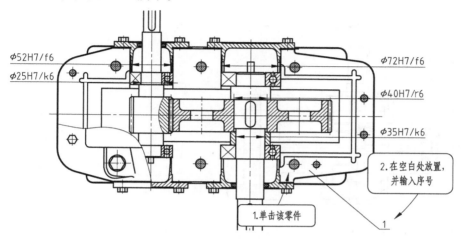

φ52H7/f6
φ25H7/k6
φ72H7/f6
φ40H7/r6
φ35H7/k6

2.在空白处放置,并输入序号

1.单击该零件

1

图17-71 标注第一个序号

⑥ 按此方法,对装配图中的所有零部件进行引线标注,最终效果如图17-72所示。

(5)绘制并填写明细表

① 单击"绘图"面板中的"矩形"按钮,按本书前面所介绍的装配图标题栏,进行绘制,也可以打开素材文件"第1章\标题栏.dwg"直接进行复制,如图17-73所示。

4							
3							
2							
1							
序 号	代 号	名 称	数量	材 料	单件 总计 重量		备 注

图17-73 复制素材中的标题栏

② 将该标题栏缩放至合适A0图纸的大小,然后按所上步骤添加的序列号顺序填写对应明细表中的信息。如上步骤序列号1对应的零件为"箱座",便在序号1的明细表中填写信息如图17-74所示。

1	JSQ-4-01	箱座	1	HT200			

图17-74 按添加的序列号填写对应的明细表

提示: "JSQ-4"即表示为题号4所对应的减速器,而后面的"-01",则表示为该减速器中,代号为01的零件。代号只是为了方便生产,由设计人员自行拟订的,与装配图上的序列号并无直接关系。

③ 按相同方法,填写明细表上的所有信息如图17-75所示。

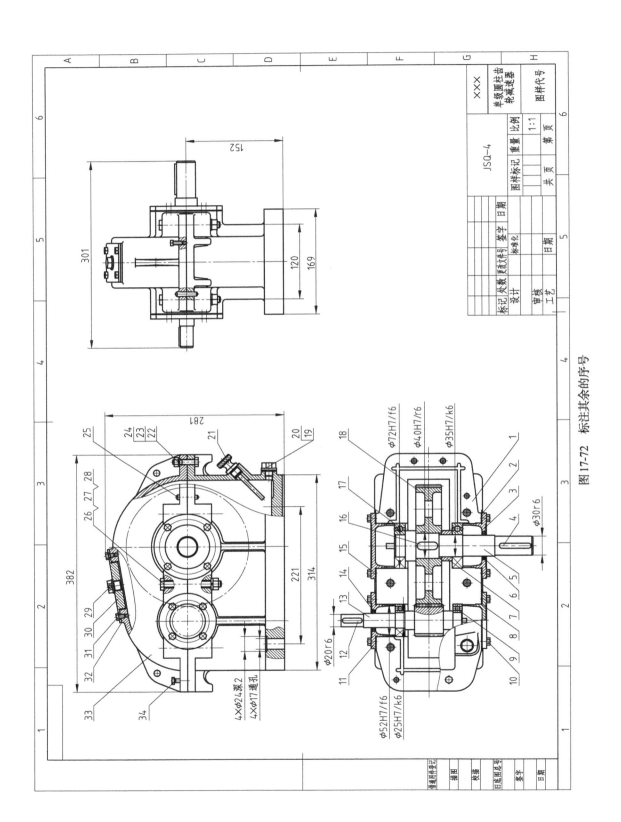

图17-72　标注其余的序号

20		封油圈	1	耐油橡胶		装配自制
19	JSQ-4-10	M12油口塞	1	45		
18	JSQ-4-09	大齿轮	1	45		m=2,z=96
17	GB/T 276	深沟球轴承6207	2	成品		外购
16	GB/T 1096	键C12×32	1	45		外购
15	JSQ-4-08	轴承端盖(6207闷)	1	HT150		
14		封油毡圈(小)	1	半粗羊毛毡		外购
13	JSQ-4-07	高速齿轮轴	1	45		m=2,z=24
12	GB/T 1096	键C8×50	1	45		外购
11	JSQ-4-06	轴承端盖(6207通)	1	HT150		
10	GB/T 5783	外六角螺钉M6×25	16	8.8级		外购
9	GB/T 276	深沟球轴承6205	2	成品		外购
8	JSQ-4-05	轴承端盖(6205闷)	1	HT150		
7	JSQ-4-04	隔套φ45×33	1	45		
6		封油毡圈φ45×φ33	1	半粗羊毛毡		外购
5	JSQ-4-03	低速轴	1	45		
4	GB/T 1096	平键C8×50	1	45		外购
3	JSQ-4-02	轴承端盖(6207通)	1	HT150		
2		调整垫片	2组	08F		装配自制
1	JSQ-4-01	箱座	1	HT200		
序号	代 号	名 称	数量	材 料	单件 总计 重量	备 注

		JSQ-4		单级圆柱齿轮减速器
标记 处数 更改文件号 签字 日期 设计 标准化		图样标记 重量 比例 1:2		图样代号
审核 工艺 日期		共 页 第 页		

34	GB/T 5782	起盖螺钉	1	10.9级		外购
33	JSQ-4-14	箱盖	1	HT200		
32		视孔垫片	1	软钢纸板		装配自制
31	GB/T 5783	外六角螺钉M6×10	4	8.8级		外购
30	JSQ-4-13	视孔盖	1	45		
29	JSQ-4-12	通气器	1	45		
28	GB 93	弹性垫圈10	6	65Mn		外购
27	GB/T 6170	六角螺母M10	6	10级		外购
26	GB/T 5782	外六角螺钉M10×90	6	8.8级		外购
25	GB/T 117	圆锥销8×35	2	45		外购
24	GB 93	弹性垫圈8	2	65Mn		外购
23	GB/T 6170	六角螺母M8	2	10级		外购
22	GB/T 5782	外六角螺钉M8×35	2	8.8级		外购
21	JSQ-4-11	油标	1	组合件		
序号	代 号	名 称	数量	材 料	单件 总计 重量	备 注

图17-75 填写明细表

提示：在对照序列号填写明细表的时候，可以选择"视图"选项卡，然后在"视口配置"下拉选项中选择"两个：水平"选项，模型视图便从屏幕中间一分为二，且两个视图都可以独立运作。这时将一个视图移动至模型的序列号上，另一个视图移动至明细表处进行填写，如图17-76所示，这种填写方式就显得十分便捷了。

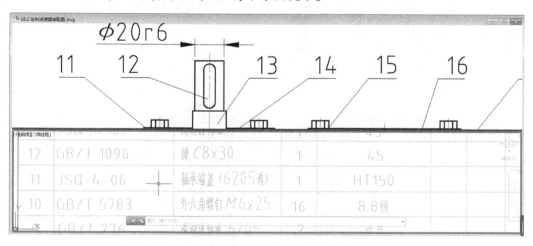

图17-76 多视图对照填写明细表

（6）填写技术要求

减速器的装配图中，除了常规的技术要求外，还要有技术特性，即写明减速器的主要参数，如输入功率、传动比等，类似与齿轮零件图中的技术参数表。

① 填写技术特性。绘制一简易表格，然后在其中输入

技术特性

输入功率 /kW	输入轴转速 /(r/min)	传动比
2.09	376	4

图17-77 输入技术特性

文字如图17-77所示，尺寸大小任意。

② 单击"默认"选项卡中"注释"面板上的"多行文字"按钮，在图标题栏上方的空白部分插入多行文字，输入技术要求如图17-78所示。

技术要求

1.装配前，滚动轴承用汽油清洗，其他零件用煤油清洗，箱体内不允许有任何杂物存在，
 箱体内壁涂耐磨油漆；

2.齿轮副的测隙用铅丝检验，测隙值应不小于0.14mm；

3.滚动轴承的轴向调整间隙均为0.05～0.1mm；

4.齿轮装配后，用涂色法检验齿面接触斑点，沿齿高不小于45%，沿齿长不小于60%；

5.减速器剖面分面涂密封胶或水玻璃，不允许使用任何填料；

6.减速器内装 L-AN15(GB443-89)，油量达到规定高度；

7.减速器外表面涂绿色油漆。

图17-78　输入技术要求

③ 减速器的装配图绘制完成，最终的效果如图17-79所示。

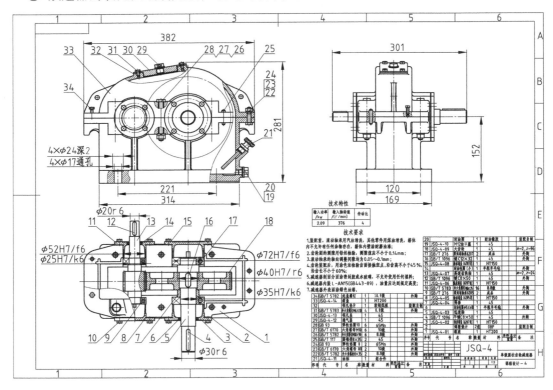

图17-79　减速器装配图

17.2　从装配图中拆画零件图

在设计部件时，需要根据装配图拆画零件图，简称拆图。拆图时应该对所拆零件的作用

进行分析，然后从装配图中分离出该零件的轮廓（即把零件从装配图中与其组装的其他零件中分离出来）。具体方法是在各视图的投影轮廓中划出该零件的范围，结合分析，补齐所缺的轮廓线。有时还需要根据零件图的视图表达方法重新安排视图。选定和画出视图以后，应按零件图的要求，标注公差尺寸与技术要求。

实例 218 由减速器装配图拆画箱座零件图

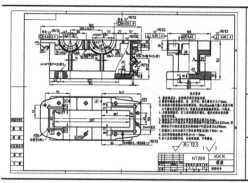

箱座是减速器的基本零件，其主要作用就是为其他所有的功能零件提供支撑和固定作用，同时盛装润滑散热的油液。在所有的零件中，其结构最复杂，绘制也最困难。下面便介绍由装配图拆画箱座零件图的方法。

难度：☆☆☆☆☆

素材文件：第17章\实例218 由减速器装配图拆画箱座零件图.dwg

视频文件：第17章\实例218 由减速器装配图拆画箱座零件图.mp4

（1）由装配图的俯视图拆画箱座零件的俯视图

① 打开素材文件"第17章\实例218 由减速器装配图拆画箱座零件图.dwg"，素材中已经绘制好了一个1：1大小的A1图框，如图17-80所示。

② 使用"复制""粘贴"命令从装配图的主视图中分离出箱座的主视图轮廓，然后放置在图框的主视图位置上，如图17-81所示。

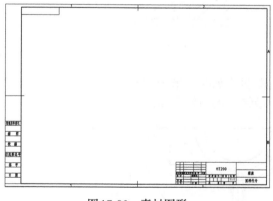

图17-80 素材图形

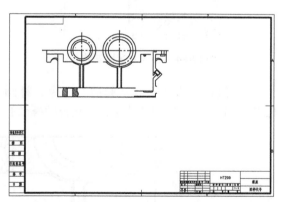

图17-81 从装配图中分离出来的箱座主视图

③ 将"轮廓线"图层设置为当前图层，执行"直线"命令，连接所缺的线段，并且绘制完整的螺栓孔，如图17-82所示。

④ 然后单击"绘图"面板中的"样条曲线"按钮 ，在螺栓通孔旁边绘制剖切边线，并按该边线进行修剪，最后执行"图案填充"命令，选择图案为ANSI31，比例为1，角度为90°，填充图案，结果如图17-83所示。

⑤ 执行"直线"和"修剪"命令，修缮油标尺安装孔，注意螺纹的画法，如图17-84所示。

⑥ 执行"直线"和"修剪"命令，修缮放油孔，注意螺纹的画法，如图17-85所示。

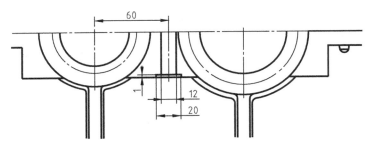

图 17-82　绘制轴承旁螺栓通孔

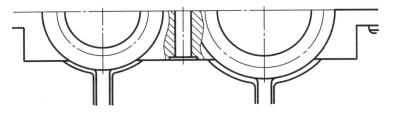

图 17-83　填充剖面线

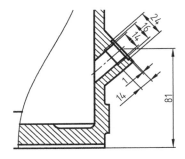

图 17-84　绘制油标尺安装孔

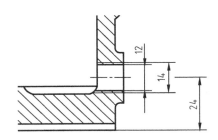

图 17-85　绘制放油孔

⑦ 执行"直线"和"修剪"命令，补画主视图轮廓线，形成完整的箱体顶面，补画销孔以及和轴承端盖上的连接螺钉配合的螺纹孔，最终主视图效果如图 17-86 所示。

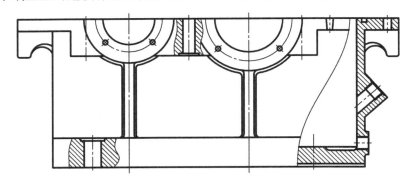

图 17-86　补全主视图

(2) 由装配图的左视图拆画箱座零件的左视图

① 使用"复制"和"粘贴"命令从装配图的主视图中分离出箱座的主视图轮廓，然后

放置在图框的主视图位置上，如图17-87所示。

　② 切换到"轮廓线"图层，执行"直线"命令，修补左视图的轮廓，再执行"修剪"命令，修剪多余图形，结果如图17-88所示。

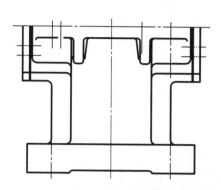

图17-87　从装配图中分离出来的箱座左视图

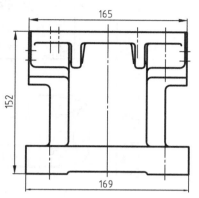

图17-88　补画并修剪图形

　③ 将图17-89中的竖直中心线右面部分进行剖切，并删除多余的部分，然后执行"直线"命令，绘制右半部分剖切后的轮廓线，如图17-89所示。

　④ 执行"图案填充"命令，选择图案为ANSI31，比例为1，角度为90°，填充图案，结果如图17-90所示。

图17-89　绘制剖切轮廓

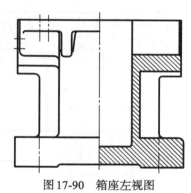

图17-90　箱座左视图

　⑤ 将创建好的箱座三视图放置在图框合适的位置处，注意按"长对正，高平齐，宽相等"的原则对齐，如图17-91所示。

（3）标注箱座零件图

　① 将标注样式设置为"ISO-25"，可自行调整标注的"全局比例"，用以控制标注文字的显示大小。

　② 标注主视图尺寸。切换到"标注线"图层，执行"线性""直径"等标注命令，按之前介绍的方法标注主视图图形，最终如图17-92所示。

　③ 标注主视图的精度尺寸。主视图中仅轴承安装孔孔径（52、72）、中心距（120）等三处重要尺寸需要添加精度，而轴承的安装孔公差为H7，中心距可以取双向公差，对这些尺寸添加精度，如图17-93所示。

　④ 标注俯视图尺寸。俯视图的标注相对于主视图来说比较简单，没有很多重要尺寸，主要需标注一些在主视图上不好表示的轴、孔中心距尺寸，最后的标注效果如图17-94所示。

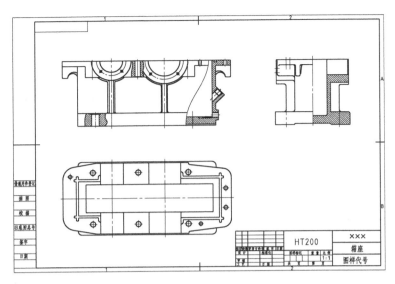

图17-91 箱座零件的三视图

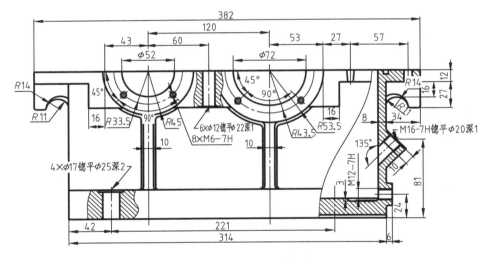

图17-92 标注主视图尺寸

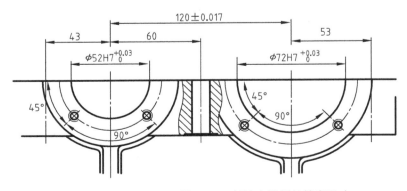

图17-93 标注主视图的精度尺寸

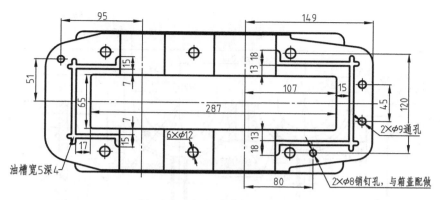

图 17-94　标注俯视图尺寸

⑤ 标注左视图尺寸。左视图主要需标注箱座零件的高度尺寸，比如零件总高、底座高度等，具体标注如图 17-95 所示。

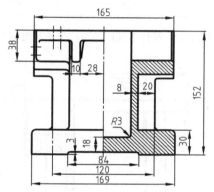

图 17-95　标注左视图尺寸

⑥ 标注俯视图形位公差与粗糙度。由于主视图上尺寸较多，因此此处选择俯视图作为放置基准符号的视图，具体标注效果如图 17-96 所示。

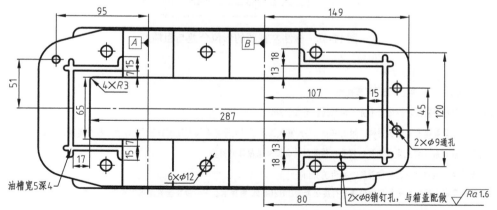

图 17-96　为俯视图添加形位公差与粗糙度

⑦ 标注主视图形位公差与粗糙度。按相同方法，标注箱座零件主视图上的形位公差与粗糙度，最终效果如图 17-97 所示。

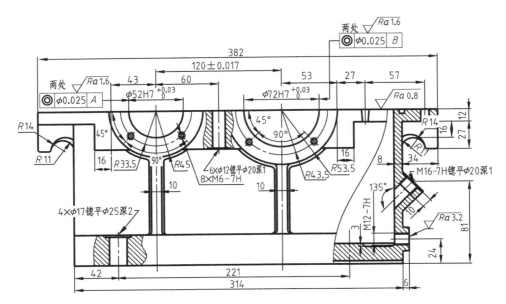

图17-97　标注主视图的形位公差与粗糙度

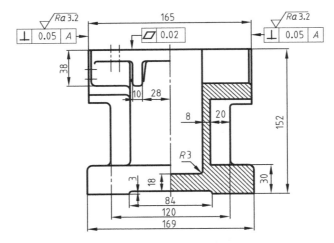

图17-98　标注左视图的形位公差与粗糙度

技术要求

1. 箱座铸成后，应清理并进行实效处理。

2. 箱盖和箱座合箱后，边缘应平齐，相互错位不大于2mm。

3. 应检查与箱盖接合面的密封性，用0.05mm塞尺塞入深度不得大于接合面宽度的1/3。用涂色法检查接触面积达一个斑点。

4. 与箱盖联接后，打上定位销进行镗孔，镗孔时结合面处禁放任何衬垫。

5. 轴承孔中心线对剖分面的位置度公差为0.3mm。

6. 两轴承孔中心线在水平面内的轴线平行度公差为0.020mm，两轴承孔中心线在垂直面内的轴线平行度公差为0.010mm。

7. 机械加工未注公差尺寸的公差等级为GB/T1804-m。

8. 未注明的铸造圆角半径R=3～5mm。

9. 加工后应清除污垢，内表面涂漆，不得漏油。

图17-99　输入技术要求

⑧ 标注主视图形位公差与粗糙度。按相同方法，标注箱座零件主视图上的形位公差与粗糙度，最终效果如图17-98所示。

⑨ 单击"默认"选项卡中"注释"面板上的"多行文字"按钮，在图标题栏上方的空白部分插入多行文字，输入技术要求，如图17-99所示。

⑩ 箱座零件图绘制完成，最终的图形效果如图17-100所示。

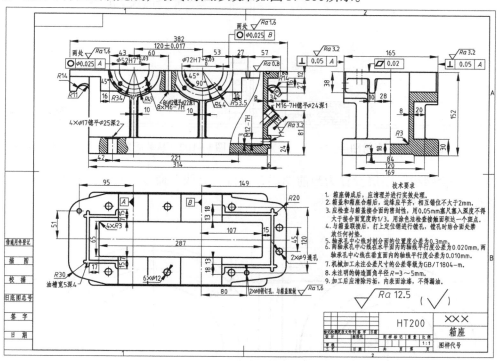

图17-100 箱座零件图

实例 219 由减速器装配图拆画箱盖零件图

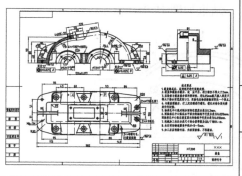

箱盖与箱座一起构成了减速器的箱体，为减速器的基本结构，其主要作用便是封闭整个减速器，使里面的齿轮在一个密闭的工作空间中运动，以免外界的灰尘等污染物干扰齿轮运转，从而影响传动性能。下面便按照拆画箱座零件图的方法，从装配图中拆画箱盖零件图。

难度：☆☆☆☆☆

素材文件：第17章\实例219 由减速器装配图拆画箱盖零件图.dwg

视频文件：第17章\实例219 由减速器装配图拆画箱盖零件图.mp4

（1）由装配图的主视图拆画箱盖零件的主视图

① 打开素材文件"第17章\实例219 由减速器装配图拆画箱盖零件图.dwg"，素材中已经绘制好了一个1：1大小的A1图框，如图17-101所示。

② 使用"复制"和"粘贴"命令从装配图的主视图中分离出箱座的主视图轮廓，然后

放置在图框的主视图位置上，如图17-102所示。

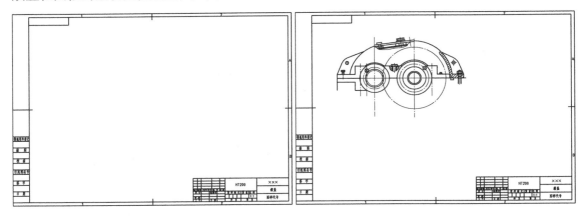

图17-101　素材图形　　　　　图17-102　从装配图中分离出来的箱盖主视图

③ 将"轮廓线"图层设置为当前图层，执行"直线"命令，连接所缺的线段，并且绘制完整的螺栓孔，如图17-103所示。

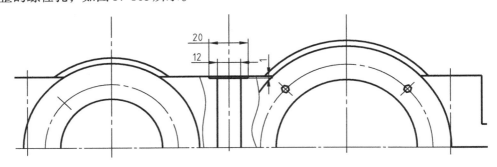

图17-103　绘制轴承旁螺栓通孔

④ 将"细实线"图层设置为当前图层，然后单击"绘图"面板中的"样条曲线"按钮 ▧ ，在螺栓通孔旁边绘制剖切边线，并按该边线进行修剪，最后执行"图案填充"命令，选择图案为ANSI31，比例为1，角度为0°，填充图案，结果如图17-104所示。

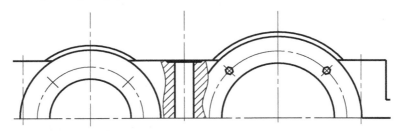

图17-104　填充剖面线

⑤ 先删除多余部分，然后将"轮廓线"图层设置为当前图层，执行"偏移"命令，将箱盖外轮廓向内偏移8mm，绘制出箱盖的内壁轮廓，观察口部分偏移12mm，如图17-105所示。

⑥ 执行"样条曲线"命令重新绘制观察孔部分的剖切边线，然后使用"直线"绘制出

观察孔部分的截面图，并使用"删除"命令删除多余图形，如图17-106所示。

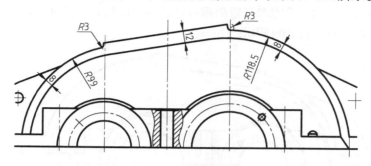

图 17-105　绘制箱盖内壁轮廓

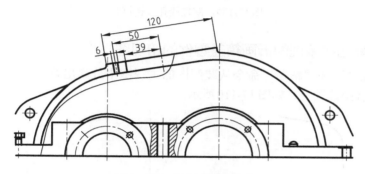

图 17-106　绘制观察孔细节

⑦ 将"轮廓线"图层设置为当前图层，执行"图案填充"命令，选择图案为ANSI31，比例为1，角度为0°，填充图案，并将非剖切位置的内壁轮廓转换为"虚线"层，如图17-107所示。

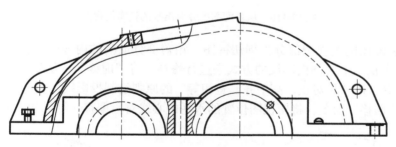

图 17-107　填充观察孔的剖面线

⑧ 将"轮廓线"图层设置为当前图层，执行"圆"命令，绘制轴承安装孔上的4个M6螺纹孔，如图17-108所示。

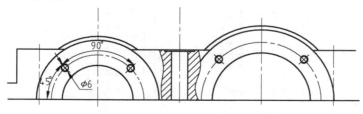

图 17-108　绘制螺钉孔

⑨ 使用"延伸"工具，延伸主视图左侧的螺钉，然后使用"修剪"命令，删除多余的线段，最后绘制剖切边线，填充即可得到螺钉孔的剖面图形，再按此方法操作得到右侧的销钉孔图形，最终效果如图17-109所示。

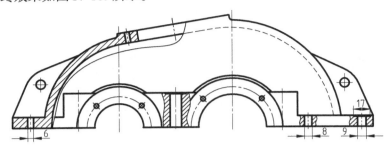

图17-109　制螺栓孔及销钉孔

（2）由装配图的俯视图拆画箱盖零件的俯视图

① 使用"复制"和"粘贴"命令从装配图的主视图中分离出箱座的主视图轮廓，然后放置在图框的主视图位置上，如图17-110所示。

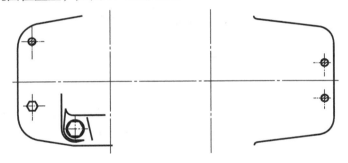

图17-110　从装配图中分离出来的箱座俯视图

② 由于装配图的俯视图部分为剖切视图，箱盖部分遗漏的内容较多，因此需要通过从绘制好的箱盖主视图上绘制投影线的方式来进行修补。将"虚线"图层设置为当前图层，执行"直线"命令，按"长对正，高平齐，宽相等"的原则绘制投影线，如图17-111所示。

③ 执行"偏移"命令，将俯视图位置的水平中心线对称偏移，结果如图17-112所示。

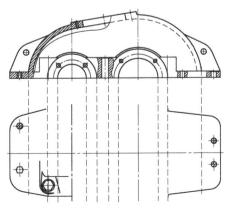

图17-111　绘制观察孔投影线

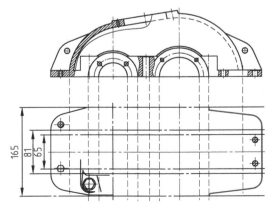

图17-112　偏移水平中心线

④ 切换到"轮廓线"图层，执行"直线"命令，绘制俯视图的轮廓，再执行"修剪"命令，修剪多余的辅助线，得到俯视图的大致轮廓如图17-113所示。

⑤ 补画俯视图的观察孔。按同样方法，将图层切换至"虚线"，然后执行"直线"命令，绘制观察孔部分的投影线，并偏移水平中心线，如图17-114所示。

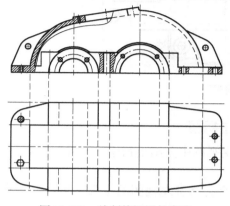

图 17-113 绘制俯视图轮廓线

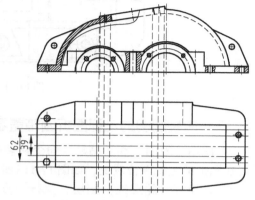

图 17-114 绘制观察孔投影线

⑥ 切换到"轮廓线"图层，执行"直线"命令，绘制观察孔的轮廓，再执行"修剪"命令，修剪多余的辅助线，得到观察孔的投影图形如图17-115所示。

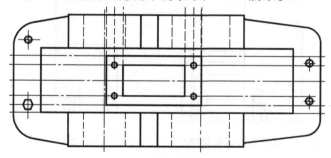

图17-115 绘制俯视图中的观察孔

⑦ 按相同方法，通过绘制投影辅助线的方式，补全俯视图上面的掉环、外壁、内壁等细节，如图17-116所示。

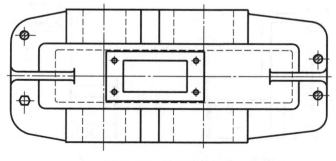

图 17-116 绘制其他细节

⑧ 按相同方法，通过绘制投影辅助线的方式，补全俯视图上面的螺栓孔、轴承安装孔拔模角度等细节，如图17-117所示。

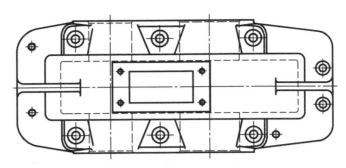

图 17-117　箱盖俯视图

（3）由装配图的左视图拆画箱盖零件的左视图

① 使用"复制"和"粘贴"命令从装配图的主视图中分离出箱座的主视图轮廓，然后放置在图框的主视图位置上，如图 17-118 所示。

② 切换到"轮廓线"图层，执行"直线"命令，修补左视图的轮廓，再执行"修剪"命令，修剪多余图形，结果如图 17-119 所示。

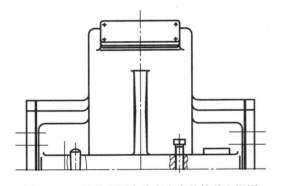

图 17-118　从装配图中分离出来的箱盖左视图

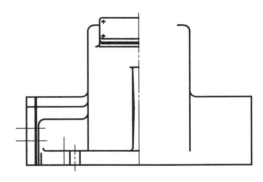

图 17-119　补画并修剪图形

③ 执行"直线"命令，绘制右半部分的剖切边线，如图 17-120 所示。

④ 执行"图案填充"命令，选择图案为 ANSI31，比例为 1，角度为 0°，填充图案，并删除多余的图形，结果如图 17-121 所示。

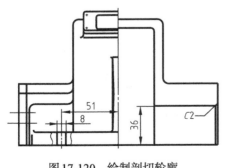

图 17-120　绘制剖切轮廓

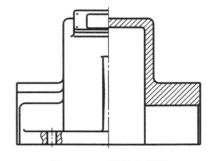

图 17-121　箱盖左视图

⑤ 将创建好的箱盖三视图放置在图框合适的位置处，注意按"长对正，高平齐，宽相等"的原则对齐，如图 17-122 所示。

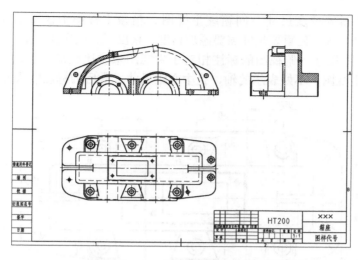

图 17-122 箱盖零件的三视图

（4）标注箱盖零件图

① 将标注样式设置为"ISO-25"，可自行调整标注的"全局比例"，用以控制标注文字的显示大小。

② 标注主视图尺寸。切换到"标注线"图层，执行"线性""直径"等标注命令，按之前介绍的方法标注主视图图形，最如图 17-123 所示。

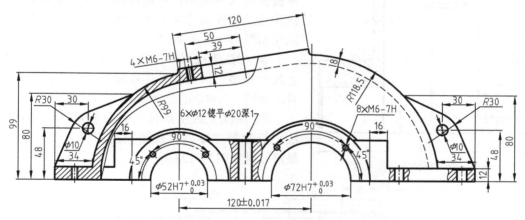

图 17-123 标注主视图尺寸

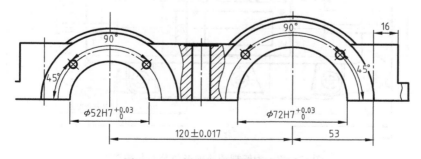

图 17-124 标注主视图的精度尺寸

③ 标注主视图的精度尺寸。同箱座主视图，箱盖主视图中仅轴承安装孔孔径（52、72）、中心距（120）等三处重要尺寸需要添加精度，精度尺寸同箱座，如图17-124所示。

④ 标注俯视图尺寸。俯视图的标注相对于主视图来说比较简单，没有很多重要尺寸，主要标注一些在主视图上不好表示的轴、孔中心距尺寸，最后的标注效果如图17-125所示。

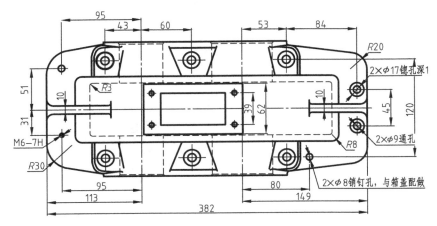

图17-125　标注俯视图尺寸

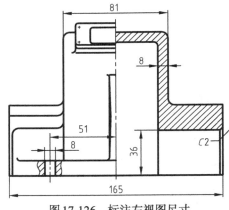

图17-126　标注左视图尺寸

⑤ 标注左视图尺寸。由于箱盖零件的外围轮廓是一段圆弧，很难精确检测它的高度尺寸，所以在左视图可以不注明；因此在箱盖的左视图上，主要标注箱盖零件的总宽尺寸以及其他的标高等，具体标注如图17-126所示。

⑥ 标注俯视图形位公差与粗糙度。由于主视图上尺寸较多，因此此处选择俯视图作为放置基准符号的视图，具体标注效果如图17-127所示。

⑦ 标注主视图形位公差与粗糙度。按相同方法，标注箱盖零件主视图上的形位公差与粗糙度，最终效果如图17-128所示。

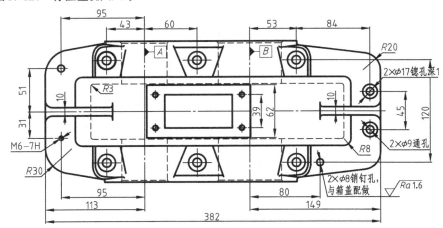

图17-127　为俯视图添加形位公差与粗糙度

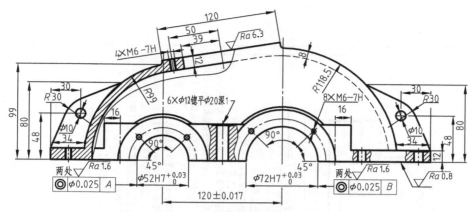

图17-128 标注主视图的形位公差与粗糙度

⑧ 标注主视图形位公差与粗糙度。按相同方法，标注箱盖零件主视图上的形位公差与粗糙度，最终效果如图17-129所示。

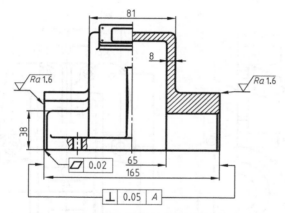

图17-129 标注左视图的形位公差与粗糙度

⑨ 单击"默认"选项卡中"注释"面板上的"多行文字"按钮，在图标题栏上方的空白部分插入多行文字，输入技术要求如图17-130所示。

⑩ 箱盖零件图绘制完成，最终的图形效果如图17-131所示。

技术要求

1．箱盖铸成后，应清理并进行实效处理。

2．箱盖和箱座合箱后，边缘应平齐，相互错位不得大于2mm。

3．应检查与箱座接合面的密封性，用0.05mm塞尺塞入深度不得大于接合面宽度的1/3。用涂色法检查接触面积达一个斑点。

4．与箱座联接后，打上定位销进行镗孔，镗孔时结合面处禁放任何衬垫。

5．轴承孔中心线对剖分面的位置度公差为0.3mm。

6．两轴承孔中心线在水平面内的轴线平行度公差为0.020mm，两轴承孔中心线在垂直面内的轴线平行度公差为0.010mm。

7．机械加工未注公差尺寸的公差等级为GB/T1804—m。

8．未注明的铸造圆角半径R=3～5mm。

9．加工后应清除污垢，内表面涂漆，不得漏油。

图17-130 输入技术要求

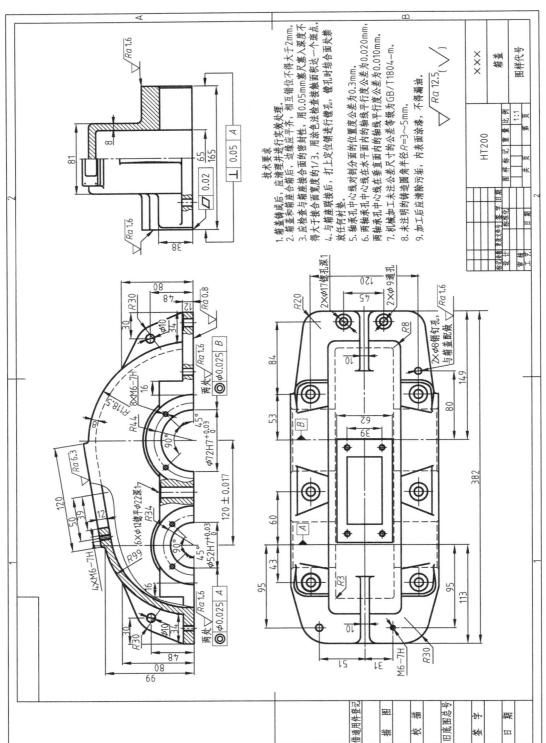

图17-131 箱盖零件图

技术要求
1. 箱盖铸成后，应清理并进行实效处理。
2. 箱盖和箱座合箱后，相互错位不得大于2mm。
3. 应检查与箱座接合面的密封性，边缘平齐，用0.05mm塞尺塞入深度不得大于接合面宽度的1/3。用涂色法检查接触面积达一个斑点。
4. 与箱座联接后，打上定位销进行镗孔，镗孔时结合面处禁放任何衬垫。
5. 轴承孔中心线对剖分面的位置度公差为0.3mm。
6. 两轴承孔中心线在水平面内的轴线平行度公差为0.020mm，两轴承孔中心线在垂直面内的轴线平行度公差级为GB/T1804—m。
7. 机械加工未注公差尺寸的公差等级为GB/T1804—m。
8. 未注明的铸造圆角半径R=3~5mm。
9. 加工后应清除污垢，内表面涂漆，不得漏油。

实例 **220** 由减速器装配图绘制高速齿轮轴

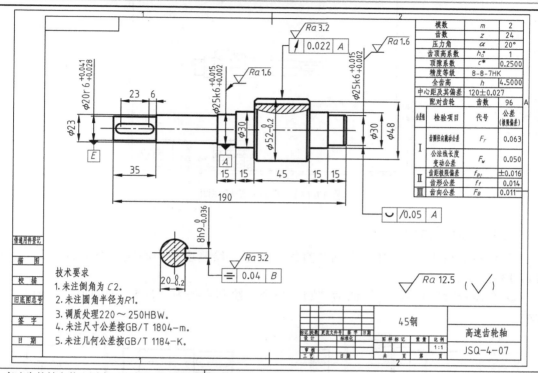

高速齿轮轴在装配图中图形完整，而且轴类零件本身也不需要太多视图，因此拆分起来相对简单，只需补充断面图、尺寸标注即可。

难度：☆☆☆

素材文件：第17章\实例220 由减速器装配图绘制高速齿轮轴.dwg

视频文件：第17章\实例220 由减速器装配图绘制高速齿轮轴.mp4

（1）由装配图的俯视图拆画齿轮轴

① 打开素材文件"第17章\实例220 由减速器装配图绘制高速齿轮轴.dwg"，素材中已经绘制好了一个图框，如图17-132所示。

② 使用"复制"和"粘贴"命令从装配图的主视图中分离出齿轮轴的轮廓，然后放置在图框的视图位置上，如图17-133所示。

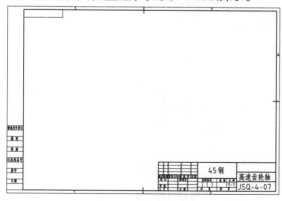

图17-132　素材图形

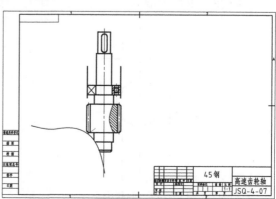

图17-133　从装配图中分离出来的轴体

③ 删除多余的线条，并将轴图形旋转90°，得到如图17-134所示的效果。

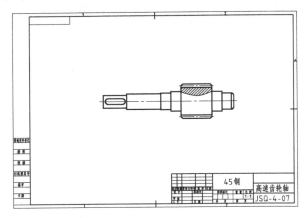

图17-134　修剪并旋转视图

（2）绘制断面图

① 在命令行中输入"L"激活"直线"命令，绘制水平中心线以及垂直中心线，如图17-135所示。

② 在命令行中输入"C"激活"圆"命令，绘制半径为"11.5"的圆形，如图17-136所示。

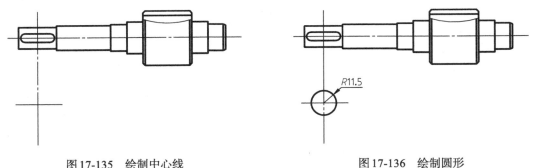

图17-135　绘制中心线　　　　　　　　　　　　图17-136　绘制圆形

③ 绘制键深。在命令行中输入"O"激活"偏移"命令，偏移中心线如图17-137所示。

④ 在命令行中输入"L"激活"直线"命令，绘制轮廓线，如图17-138所示。

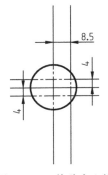

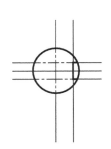

图17-137　偏移中心线　　　　　　　　　　　　图17-138　绘制轮廓线

⑤ 在命令行中输入"TR"，启用"修剪"命令，修剪圆形；输入"E"，启用"删除"命令，删除多余的中心线，如图17-139所示。

⑥ 在图形中拾取填充区域，填充图案的效果如图17-140所示。

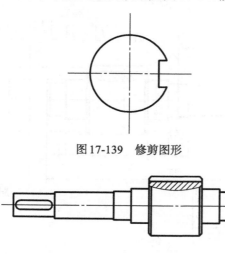

图17-139　修剪图形

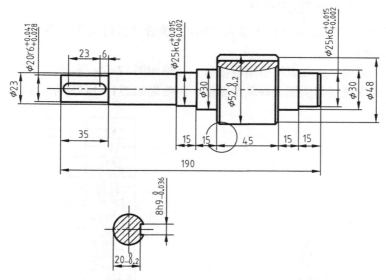

图17-140　填充图案

（3）标注图形

① 切换到"标注线"图层，执行"线性标准""直径标准"等命令，按之前介绍的方法标注图形，最终如图17-141所示。

图17-141　齿轮轴的标注效果

② 标注主视图形位公差与粗糙度。按相同方法，标注齿轮轴上的形位公差与粗糙度，最终效果如图17-142所示。

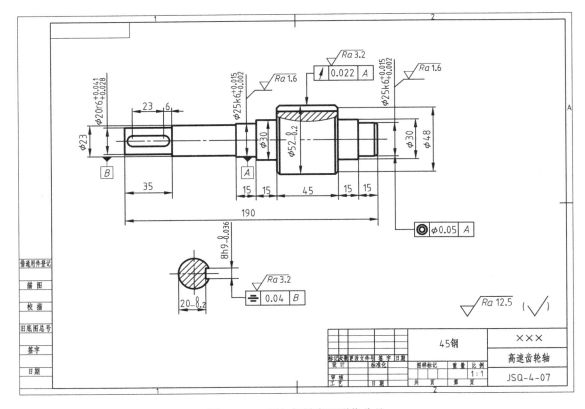

图 17-142   添加粗糙度和形位公差

（4）填写技术要求与明细表

① 填写技术要求。在命令行中输入"MT"激活"多行文字"命令，输入技术要求文字，如图 17-143 所示。

② 绘制一张表格，并在表格中填写信息，结果如图 17-144 所示。

③ 将技术要求文字与明细表移动至图框中，效果如图 17-145 所示，结束绘制。

技术要求

1. 未注倒角为 C2。
2. 未注圆角半径为 R1。
3. 调质处理 220～250HBW。
4. 未注尺寸公差按 GB/T 1804-m。
5. 未注几何公差按 GB/T 1184-K。

图 17-143   绘制技术要求文字

模数	m	2	
齿数	z	24	
压力角	α	20°	
齿顶高系数	h_a^*	1	
顶隙系数	c^*	0.2500	
精度等级	8-8-7HK		
全齿高	h	4.5000	
中心距及其偏差	120±0.027		
配对齿轮	齿数	96	
公差组	检验项目	代号	公差（极限偏差）
Ⅰ	齿圈径向跳动公差	F_r	0.063
	公法线长度变动公差	F_w	0.050
Ⅱ	齿距极限偏差	f_{pt}	±0.016
	齿形公差	f_f	0.014
Ⅲ	齿向公差	F_β	0.011

图 17-144   绘制明细表

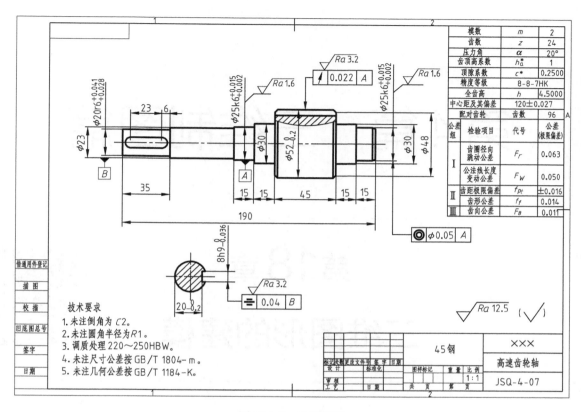

模数	m	2
齿数	z	24
压力角	α	20°
齿顶高系数	h_a^*	1
顶隙系数	c^*	0.2500
精度等级		8-8-7HK
全齿高	h	4.5000
中心距及其偏差		120±0.027
配对齿轮	齿数	96

公差组	检验项目	代号	公差（极限偏差）
I	齿圈径向跳动公差	F_r	0.063
I	公法线长度变动公差	F_W	0.050
II	齿距极限偏差	f_{pt}	±0.016
II	齿形公差	f_f	0.014
III	齿向公差	F_β	0.011

技术要求
1. 未注倒角为 C2。
2. 未注圆角半径为 R1。
3. 调质处理 220～250HBW。
4. 未注尺寸公差按 GB/T 1804－m。
5. 未注几何公差按 GB/T 1184－K。

借通用件登记									
描图							45钢		×××
校描									高速齿轮轴
旧底图总号	标记 处数 更改文件号 签字 日期				图样标记		重量	比例	
签字	设计		标准化					1:1	JSQ-4-07
日期	审核 工艺		日期		共 页	第 页			

图 17-145　绘制结果

第4篇 三维制图篇

第18章

扫码享受
全方位沉浸式学AutoCAD

三维图形的建模

随着AutoCAD技术的发展与普及，越来越多的用户已不满足于传统的二维绘图设计，因为二维绘图需要想象模型在各方向的投影，需要一定的抽象思维。相比而言，三维设计更符合人们的直观感受。

18.1 三维建模的基础

本节先介绍AutoCAD三维绘图的基础知识，包括三维绘图的基本环境、坐标系以及视图的观察等。在开始学习三维建模之前，需要先了解一下AutoCAD中三维建模的工作空间和模型种类。AutoCAD支持三种类型的三维模型——线框模型、表面模型和实体模型。每种模型都有各自的创建和编辑方法，以及不同的显示效果，如图18-1~图18-3所示。

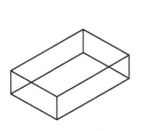

图18-1 线框模型

图18-2 曲面模型

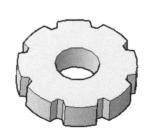

图18-3 实体模型

实例 221 切换至世界坐标系

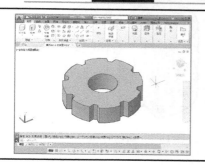

用户新建一个AutoCAD文件进入绘图界面之后,为了使用户的绘图具有定位基准,系统提供了一个默认的坐标系,这样的坐标系称为"世界坐标系",简称WCS。在AutoCAD 中,世界坐标系是固定不变的,不能更改其位置和方向。

难度:☆☆

素材文件:第18章\实例221 切换至世界坐标系.dwg

视频文件:第18章\实例221 切换至世界坐标系.mp4

① 打开素材文件"第18章\实例221 切换至世界坐标系.dwg",如图18-4所示。

② 在命令行输入"UCS"并按Enter键,将坐标系恢复到世界坐标系的位置,即绘图区的左下角,如图18-5所示。命令行操作如下。

命令:UCS✓　　　　　　　　　　　　　　　　　　　　//调用"新建UCS"命令

当前 UCS 名称:*没有名称*

指定 UCS 的原点或［面（F)/命名（NA)/对象（OB)/视图（V)/世界（W)/X/Y/Z/Z 轴（ZA)］<世界>:W✓　　　　　　　　　　　　//选择"世界"选项

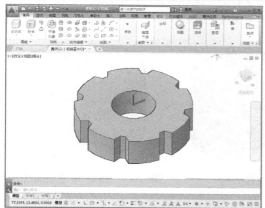

图18-4 素材图形

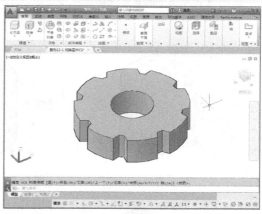

图18-5 切换至WCS

实例 222 创建用户坐标系

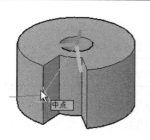

用户坐标系简称UCS,是用户创建的,用于临时绘图定位的坐标系。通过重新定义坐标原点的位置以及XY平面和Z轴的方向,即可创建一个UCS坐标系,UCS使三维建模中的绘图、视图观察更为灵活。

难度:☆☆

素材文件:第18章\实例222 创建用户坐标系.dwg

视频文件:第18章\实例222 创建用户坐标系.mp4

① 打开素材文件"第18章\实例222 创建用户坐标系.dwg",如图18-6所示。
② 在命令行输入"UCS"并按Enter键,创建一个UCS,如图18-7所示。

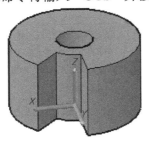

图18-6 素材图形

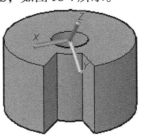

图18-7 新建的UCS

③ 创建UCS的命令行操作如下。

命令:UCS↙ 　　　　　　　　　　　　　　//调用"新建UCS"命令
当前 UCS 名称:*世界*
指定 UCS 的原点或 [面(F)/命名(NA)/对象(OB)/上一个(P)/视图(V)/世界(W)/X/Y/Z/Z 轴
(ZA)] <世界>:↙ 　　　　　　　　　　　//捕捉到零件顶面圆心,如图18-8所示
　指定 X 轴上的点或 <接受>:↙ 　　　　　//捕捉到0°极轴方向任意位置单击,如
　　　　　　　　　　　　　　　　　　　　　图18-9所示
　指定 XY 平面上的点或 <接受>:↙ 　　　//指定图18-10所示的边线中点作为XY平
　　　　　　　　　　　　　　　　　　　　　面的通过点

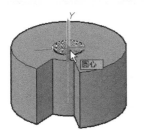

图18-8 指定坐标原点

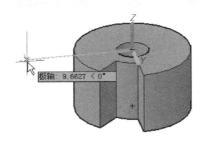

图18-9 指定X轴方向

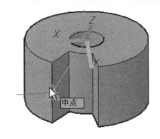

图18-10 指定XY平面通过点

实例 223 显示用户坐标系

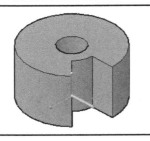

UCS图标有两种显示位置:一是显示在坐标原点,即用户定义的坐标位置;二是显示在绘图区左下角,此位置的图标并不表示坐标系的位置,仅指示了当前各坐标轴的方向。

难度:☆☆

 素材文件:第18章\实例223 显示用户坐标系.dwg

视频文件:第18章\实例223 显示用户坐标系.mp4

① 打开素材文件"第18章\实例223 显示用户坐标系.dwg",如图18-11所示。
② 在命令行输入"UCSICON"并按Enter键,设置UCS图标的显示位置,使其在当前UCS位置显示,如图18-12所示。命令行操作如下。

命令: UCSICON✓ //调用"显示UCS图标"命令
输入选项 [开（ON）/关（OFF）/全部（A）/非原点（N）/原点（OR）/可选（S）/特性（P）] <开>: OR✓
//选择在原点显示UCS

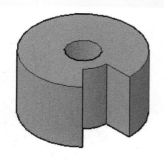

图18-11 素材图形

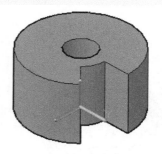

图18-12 显示UCS的效果

提示：命令行各主要选项介绍如下。

➤ 开（ON）/关（OFF）：这两个选项可以控制UCS图标的显示与隐藏。

➤ 全部（A）：可以将对图标的修改应用到所有活动视口，否则"显示UCS图标"命令只影响当前视口。

➤ 非原点（N）：此时不管UCS原点位于何处，都始终在视口的左下角处显示UCS图标。

➤ 原点（OR）：UCS图标将在当前坐标系的原点处显示，如果原点不在屏幕上，UCS图标将显示在视口的左下角处。

➤ 特性（P）：在弹出的"UCS图标"对话框中，可以设置UCS图标的样式、大小和颜色等特性，如图18-13所示。

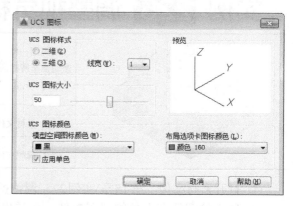

图18-13 "UCS图标"对话框

实例 224 调整视图方向

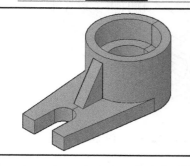

通过AutoCAD自带的视图工具，可以很方便地将模型视图调节至标准方向，如俯视、仰视、右视、左视、主视、后视、西南等轴测、东南等轴测、东北等轴测和西北等轴测10个方向。

难度：☆☆

 素材文件：第18章\实例224 调整视图方向.dwg

 视频文件：第18章\实例224 调整视图方向.mp4

① 单击"快速访问"工具栏中的"打开"按钮 📂，打开素材文件"第18章\实例224 调整视图方向.dwg"，如图18-14所示。

② 单击绘图区左上角的视图控件，在弹出的菜单中选择"西南等轴测"选项，如图18-15所示。

③ 模型视图转换至西南等轴测视图，结果如图18-16所示。

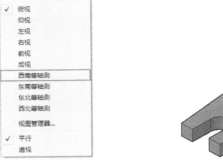

图18-14　素材图形　　　　图18-15　选择"西南等轴测"选项　　　　图18-16　西南等轴测视图

实例 225 调整视觉样式

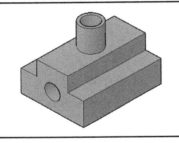

同视图一样，AutoCAD也提供了多种视觉样式，选择对应的选项，即可快速切换至所需的样式。

难度：☆☆

 素材文件：第18章\实例225　调整视觉样式.dwg

 视频文件：第18章\实例225　调整视觉样式.mp4

① 打开素材文件"第18章\实例225　调整视觉样式.dwg"，如图18-17所示。

② 单击绘图区左上角的视图控件，在弹出的菜单中选择"西南等轴测"选项，将视图调整到西南等轴测方向，如图18-18所示。

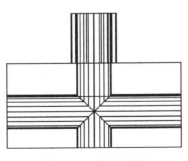

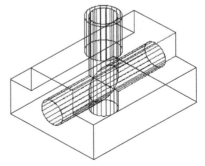

图18-17　素材图形　　　　　　　　图18-18　选择"西南等轴测"选项

③ 在单击绘图区左上角的视觉样式控件，在弹出的菜单中选择"概念"视觉样式，如图18-19所示。

④ 调整为"概念"视觉样式的效果如图18-20所示。

提示：各种视觉样式的含义如下。

➢ 二维线框：显示用直线和曲线表示边界的对象。光栅和OLE对象、线型和线宽均可见，如图18-21所示。

➢ 概念：着色多边形平面间的对象，并使对象的边平滑化。着色使用古氏面样式，一种冷色和暖色之间的过渡，而不是从深色到浅色的过渡。效果缺乏真实感，但是可以更方便地查看模型的细节，如图18-22所示。

图18-19 选择视觉样式

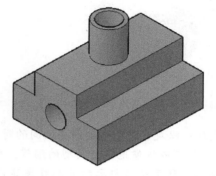

图18-20 "概念"视觉样式效果

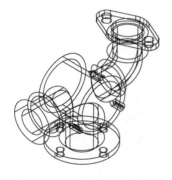

图18-21 二维线框视觉样式

图18-22 概念视觉样式

➢ 隐藏：显示用三维线框表示的对象并隐藏表示后向面的直线，效果如图18-23所示。

➢ 真实：对模型表面进行着色，并使对象的边平滑化。将显示已附着到对象的材质，效果如图18-24所示。

图18-23 隐藏视觉样式

图18-24 真实视觉样式

➢ 着色：该样式与真实样式类似，但不显示对象轮廓线，效果如图18-25所示。

➤ 带边框着色：该样式与着色样式类似，对其表面轮廓线以暗色线条显示，效果如图18-26所示。

图18-25　着色视觉样式

图18-26　带边框着色视觉样式

➤ 灰度：以灰色着色多边形平面间的对象，并使对象的边平滑化。着色表面不存在明显的过渡，同样可以方便地查看模型的细节，效果如图18-27所示。

➤ 勾画：利用手工勾画的笔触效果显示用三维线框表示的对象并隐藏表示后向面的线条，效果如图18-28所示。

图18-27　灰度视觉样式

图18-28　勾画视觉样式

➤ 线框：显示用直线和曲线表示边界的对象，效果与三维线框类似，如图18-29所示。

➤ X射线：以X光的形式显示对象效果，可以清楚地观察到对象背面的特征，效果如图18-30所示。

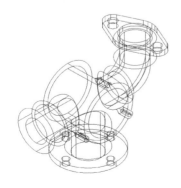
图18-29　线框视觉样式

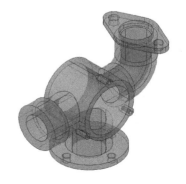
图18-30　X射线视觉样式

实例 226 动态观察模型

AutoCAD 提供了一个交互的三维动态观察器,该命令可以在当前视口中添加一个动态观察控标,用户可以使用鼠标实时地调整控标以得到不同的观察效果。使用三维动态观察器,既可以查看整个图形,又可以查看模型中任意的对象。

难度:☆☆

 素材文件:第18章\实例226 动态观察模型.dwg

 视频文件:第18章\实例226 动态观察模型.mp4

① 打开素材文件"第18章\实例226 动态观察模型.dwg",如图18-31所示。

② 在"视图"选项卡中,单击"导航"面板上的"动态观察"按钮 ⚓,如图18-32所示,可以快速执行三维动态观察。

图18-31 素材模型

图18-32 "导航"面板中的"动态观察"按钮

③ 此时"绘图区"光标呈 形状。按住鼠标左键并拖动光标可以对视图进行受约束三维动态观察,如图18-33所示。

图18-33 通过"动态观察"观察模型

实例 227 自由动态观察模型

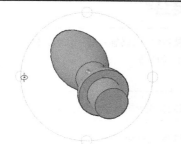

利用此工具可以对视图中的图形进行任意角度的动态观察,此时选择图形并在转盘的外部拖动光标,这将使视图围绕延长线通过转盘的中心并垂直于屏幕的轴旋转。

难度:☆☆

 素材文件:第18章\实例227 自由动态观察模型.dwg

视频文件:第18章\实例227 自由动态观察模型.mp4

① 延续"实战226"进行操作，也可以打开素材文件"第18章\实例227 自由动态观察模型.dwg"。

② 单击"导航"面板中的"自由动态观察"按钮 ，此时在"绘图区"显示出一个导航球，如图18-34所示。

③ 当在弧线球内拖动光标进行图形的动态观察时，光标将变成 形状，此时观察点可以在水平、垂直以及对角线等任意方向上移动任意角度，即可以对观察对象做全方位的动态观察，如图18-35所示。

图18-34　导航球

图18-35　光标在弧线球内拖动

④ 当光标在弧线外部拖动时，光标呈 形状，此时拖动光标图形将围绕着一条穿过弧线球球心且与屏幕正交的轴（即弧线球中间的绿色圆心 ）进行旋转，如图18-36所示。

⑤ 当光标置于导航球顶部或者底部的小圆上时，光标呈 形状，按鼠标左键并上下拖动将使视图围绕着通过导航球中心的水平轴进行旋转。当光标置于导航球左侧或者右侧的小圆时，光标呈 形状，按鼠标左键并左右拖动将使视图围绕着通过导航球中心的垂直轴进行旋转，如图18-37所示。

图18-36　光标在弧线球内拖动

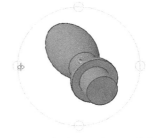
图18-37　光标在左右侧小圆内拖动

实例 228 连续动态观察模型

利用此工具可以使观察对象绕指定的旋转轴和以一定的旋转速度连续做旋转运动，从而对其进行连续动态的观察。

难度：☆☆

 素材文件：第18章\实例228 连续动态观察模型.dwg

 视频文件：第18章\实例228 连续动态观察模型.mp4

① 延续"实战226"进行操作，也可以打开素材文件"第18章\实例228 连续动态观察模型.dwg"。

② 单击"导航"面板中的"连续动态观察"按钮，如图18-38所示。

③ 此时在绘图区光标呈形状，在单击鼠标左键并拖动光标，使对象沿拖动方向开始移动。释放鼠标后，对象将在指定的方向上继续运动，如图18-39所示。光标移动的速度决定了对象的旋转速度。

图18-38 "导航"面板中的"连续动态观察"按钮 　　图18-39 连续动态观察效果

实例 229 使用相机观察模型

在AutoCAD中，通过在模型空间中放置相机，并根据需要调整相机设置，可以定义三维视图。

难度：☆☆

素材文件：第18章\实例229 使用相机观察模型.dwg

视频文件：第18章\实例229 使用相机观察模型.mp4

① 打开素材文件"第18章\实例229 使用相机观察模型.dwg"，如图18-40所示。

② 在命令行中输入"CAM"执行"相机"命令，按Enter键确认，在绘图区出现一个相机外形的光标，然后在模型的右上区域单击放置该相机，接着拖动鼠标，使相机的观察范围覆盖整个模型，如图18-41所示。

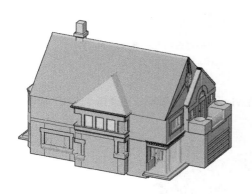

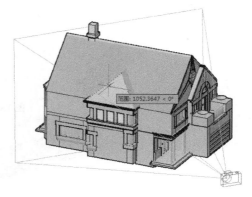

图18-40 素材模型 　　图18-41 调整相机方位与焦距

③ 连按两次Enter键退出命令，完成"相机"命令，在绘图区出现一个相机图形，单击即可打开"相机预览"对话框，在对话框中选择"视觉样式"为"概念"，如图18-42所示。

④ 可从对话框中观察到相机方位的模型效果，如图18-43所示。

图18-42　"相机预览"对话框

图18-43　"相机"观察效果

实例 230　切换透视投影视图

透视投影模式可以直观地表达模型的真实投影状况，具有较强的立体感。透视投影视图取决于理论相机和目标点之间的距离。

难度：☆☆

素材文件：第18章\实例230 切换透视投影视图.dwg

视频文件：第18章\实例230 切换透视投影视图.mp4

① 打开素材文件"第18章\实例230 切换透视投影视图.dwg"，如图18-44所示。

② 将光标移至绘图区右上角的ViewCube，然后单击鼠标右键，在弹出的快捷菜单中选择"透视"选项，如图18-45所示。

图18-44　素材模型　　　图18-45　在ViewCube的快捷菜单中选择"透视"选项

图18-46　透视投影视图效果（近大远小）

③ 上述操作完毕即可得到透视投影的模型效果，如图18-46所示。

实例 231 切换平行投影视图

平行投影模式是平行的光源照射到物体上所得到的投影，可以准确地反映模型的实际形状和结构，是默认的投影效果。

难度：☆☆

💿 素材文件：第18章\实例231 切换平行投影视图.dwg

📹 视频文件：第18章\实例231 切换平行投影视图.mp4

① 延续"实战230"进行操作，也可以打开素材文件"第18章\实例231 切换透视投影视图.dwg"。

② 将光标移至绘图区右上角的ViewCube，然后单击鼠标右键，在弹出的快捷菜单中选择"平行"选项。

③ 上述操作完毕即可得到透视投影的模型效果，如图18-47所示。

图18-47 平行投影视图效果（远近一致）

18.2 创建线框模型

三维空间中的点和线是构成三维实体模型的最小几何单元，创建方法与二维对象的点和直线类似，但相比之下，多出一个定位坐标。在三维空间中，三维点和直线不仅可以用来绘制特征截面继而创建模型，还可以构造辅助直线或辅助平面来辅助实体创建。一般情况下，三维线段包括直线、射线、构造线、多段线、螺旋线以及样条曲线等类型；而点则可以根据其确定方式分为特殊点和坐标点两种类型。

实例 232 输入坐标创建三维点

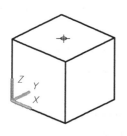

利用三维空间的点可以绘制直线、圆弧、圆、多段线及样条曲线等基本图形，也可以标注实体模型的尺寸参数，还可以作为辅助点间接创建实体模型。

难度：☆☆

 素材文件：第18章\实例232 输入坐标创建三维点.dwg

 视频文件：第18章\实例232 输入坐标创建三维点.mp4

① 打开素材文件"第18章\实例232 输入坐标创建三维点.dwg",如图18-48所示。

② 要绘制三维空间点,在"三维建模"空间中,展开"常用"选项卡中的"绘图"下拉面板,单击"多点"按钮 ，如图18-49所示。

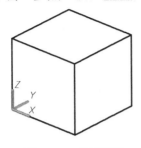

图18-48　素材模型

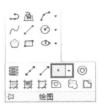

图18-49　"绘图"面板中的"多点"按钮

③ 然后在命令行内输入三维坐标(50,50,100),即可确定三维点,三维空间绘制点的效果如图18-50所示。在AutoCAD中绘制点,如果省略输入Z方向的坐标,系统默认Z坐标为0,即该点在XY平面内。

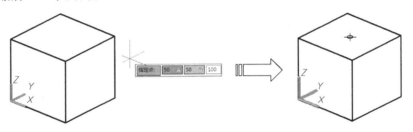

图18-50　利用坐标绘制空间点

实例 233 对象捕捉创建三维点

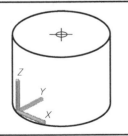

三维实体模型上的一些特殊点,如交点、端点以及中点等,可通过启用"对象捕捉"功能来确定位置。

难度:☆☆

素材文件:第18章\实例233 对象捕捉创建三维点.dwg

视频文件:第18章\实例233 对象捕捉创建三维点.mp4

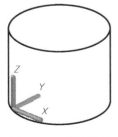

图18-51　素材模型

① 打开素材文件"第18章\实例233 对象捕捉创建三维点.dwg",如图18-51所示。

② 在"三维建模"空间中,展开"常用"选项卡中的"绘图"下拉面板,单击"多点"按钮 ，执行"绘制点"命令。

③ 将光标移动至素材模型的圆心处,捕捉至圆心,单击即可在该处创建点,如图18-52所示。

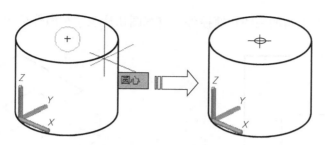

图 18-52 利用对象捕捉绘制空间点

实例 234 创建三维直线

	三维直线的绘制方法与二维直线基本一致，只是多了一个 Z 轴方向的参数而已，在绘制时仍按二维进行处理即可。 难度：☆☆☆☆
素材文件：无	
视频文件：第18章\实例234 创建三维直线.mp4	

本例使用三维直线来绘制如图 18-53 所示的线架模型。

① 单击"快速访问"工具栏中的"新建"按钮 ⬜，系统弹出"选择样板"对话框，选择"acadiso.dwt"样板，单击"打开"按钮，进入 AutoCAD 绘图模式。

② 单击绘图区左上角的视图快捷控件，将视图切换至"东南等轴测"，此时绘图区呈三维空间状态，其坐标显示如图 18-54 所示。

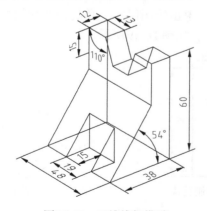

图 18-53 三维线架模型

图 18-54 坐标系显示状态

③ 调用"直线"命令，根据命令行的提示，在绘图区空白处单击一点确定第一点，鼠标向左移动输入14.5，鼠标向上移动输入15，鼠标向左移动输入19，鼠标向下移动输入15，鼠标向左移动输入14.5，鼠标向上移动输入38，鼠标向右移动输入48，输入"C"激活"闭合"选项，完成如图 18-55 所示线架底边线条的绘制。

④ 单击绘图区左上角的视图快捷控件，将视图切换至"东南等轴测"，查看所绘制的图形，如图18-56所示。

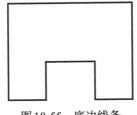

图18-55 底边线条

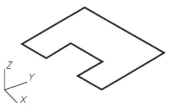

图18-56 图形状态

⑤ 单击"坐标"面板中的"Z轴矢量"按钮![]，在绘图区选择两点以确定新坐标系的Z轴方向，如图18-57所示。

⑥ 单击绘图区左上角的视图快捷控件，将视图切换至"右视"，进入二维绘图模式，以绘制线架的侧边线条。

⑦ 用鼠标右键单击"状态栏"中的"极轴追踪"，在弹出的快捷菜单中选择"设置"命令，添加极轴角为126°。

⑧ 调用"直线"命令，绘制如图18-58所示的侧边线条，其命令行提示如下。

```
命令：LINE ↙
指定第一点：                          //在绘图区指定直线的端点"A点"
指定下一点或［放弃（U）]：60↙
指定下一点或［放弃（U）]：12↙          //利用极轴追踪绘制直线
指定下一点或［闭合（C)/放弃（U）]：      //在绘图区指定直线的终点
指定下一点或［放弃（U）]：*取消*         //按Esc键，结束绘制直线操作
命令：LINE ↙                          //再次调用直线命令，绘制直线
指定第一点：                          //在绘图区单击确定直线一端点"B点"
指定下一点或［放弃（U）]：              //利用极轴绘制直线
```

⑨ 调用"修剪"命令，修剪掉多余的线条，单击绘图区左上角的视图快捷控件，将视图切换至"东南等轴测"，查看所绘制的图形状态，如图18-59所示。

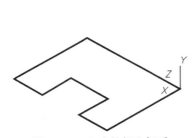

图18-57 生成的新坐标系

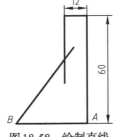

图18-58 绘制直线

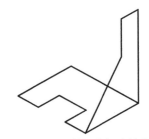

图18-59 绘制的右侧边线条

⑩ 调用"复制"命令，在三维空间中选择要复制的右侧线条。

⑪ 单击鼠标右键或按Enter键，然后选择基点位置，拖动鼠标在合适的位置单击放置复制图形，按Esc键或Enter键完成复制操作，复制效果如图18-60所示。

⑫ 单击"坐标"面板中的"三点"按钮![]，在绘图区选择三点以确定新坐标系的Z轴方向，如图18-61所示。

⑬ 单击绘图区左上角的视图快捷控件，将视图切换至"后视"，进入二维绘图模式，绘制线架的后方线条，其命令行提示如下。

```
命令：LINE↙
指定第一点：
指定下一点或［放弃（U）］：13↙
指定下一点或［放弃（U）］：@20<290↙
指定下一点或［闭合（C）/放弃（U）］：*取消*        //利用极坐标方式绘制直线，按
                                                   Esc键，结束直线绘制命令
命令：LINE ↙
指定第一点：
指定下一点或［放弃（U）］：13↙
指定下一点或［放弃（U）］：@20<250↙
指定下一点或［闭合（C）/放弃（U）］：*取消*        //用同样的方法绘制直线
```

⑭ 调用"偏移"命令，将底边直线向上偏移45，如图18-62所示。

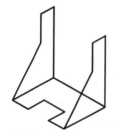

图18-60 复制图形（1）

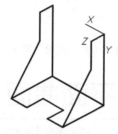

图18-61 新建坐标系（1）

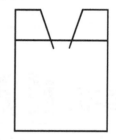

图18-62 绘制的直线图形

⑮ 调用"修剪"命令，修剪掉多余的线条，如图18-63所示。

⑯ 利用同第⑨和⑩步的方法，复制图形，其复制效果如图18-64所示。

⑰ 单击"坐标"面板中的"UCS"按钮，移动鼠标在要放置坐标系的位置单击，按空格键或Enter键，结束操作，生成如图18-65所示的坐标系。

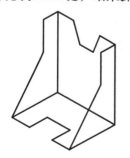

图18-63 修剪后的图形

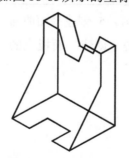

图18-64 复制图形（2）

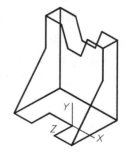

图18-65 新建坐标系（2）

⑱ 单击绘图区左上角的视图快捷控件，将视图切换至"前视"，进入二维绘图模式，绘制二维图形，向上距离为15，两侧直线中间相距19，如图18-66所示。

⑲ 单击绘图区左上角的视图快捷控件，将视图切换至"东南等轴测"，查看所绘制的图形状态，如图18-67所示。

⑳ 调用"直线"命令，将三维线架中需要连接的部分用直线连接，其效果如图18-68所示，完成三维线架绘制。

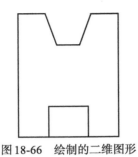

图 18-66　绘制的二维图形

图 18-67　图形的三维状态

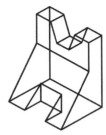

图 18-68　三维线架

18.3　创建曲面模型

曲面是不具有厚度和质量特性的壳形对象。曲面模型也能够进行隐藏、着色和渲染。AutoCAD 中曲面的创建和编辑命令集中在功能区的"曲面"选项卡中，如图 18-69 所示。

图 18-69　"曲面"选项卡

实例 235　创建平面曲面

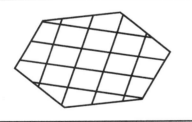

	平面曲面是以平面内某一封闭轮廓创建一个平面内的曲面。在Au-toCAD中，既可以用指定角点的方式创建矩形的平面曲面，又可用指定对象的方式创建复杂边界形状的平面曲面。
	难度：☆☆
	素材文件：第 18 章\实例 235　创建平面曲面 .dwg
	视频文件：第 18 章\实例 235　创建平面曲面 .mp4

① 打开素材文件"第 18 章\实例 235　创建平面曲面 .dwg"，如图 18-70 所示。

② 在"曲面"选项卡中，单击"创建"面板上的"平面"按钮，如图 18-71 所示，执行"平面曲面"命令。

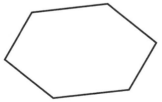

图 18-70　素材图形

图 18-71　"创建"面板中的"平面"按钮

③ 由多边形边界创建平面曲面，如图 18-72 所示。命令行操作如下。

```
命令：_Planesurf                              //调用"平面曲面"命令
指定第一个角点或 [对象 (O)] <对象>：o✓        //选择"对象"选项
选择对象：找到 1 个                           //选择多边形边界
选择对象：                                    //按 Enter 键完成创建
```

④ 选中创建的曲面，按Ctrl+1组合键打开"特性"面板，将曲面的U素线设置为4，V素线设置为4，效果如图18-73所示。

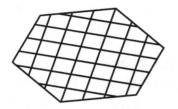
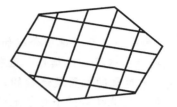

图18-72 创建的平面曲面　　　　图18-73 修改素线数量的效果

实例 236 创建过渡曲面

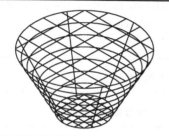

在两个现有曲面之间创建连续的曲面称为过渡曲面。将两个曲面融合在一起时，需要指定曲面连续性和凸度幅值。

难度：☆☆

 素材文件：第18章\实例236 创建过渡曲面.dwg

 视频文件：第18章\实例236 创建过渡曲面.mp4

① 打开素材文件"第18章\实例236 创建过渡曲面.dwg"，如图18-74所示。

② 在"曲面"选项卡中，单击"创建"面板上的"过渡"按钮，创建过渡曲面，如图18-75所示。命令行操作如下。

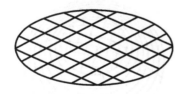

图18-74 素材图形　　　　　　图18-75 过渡曲面

```
命令：_SURFBLEND
连续性 = G1-相切，凸度幅值 = 0.5
选择要过渡的第一个曲面的边或 [链（CH）]：找到 1 个      //选择上面的曲面的边线
选择要过渡的第一个曲面的边或 [链（CH）]：✓           //按Enter键结束选择
选择要过渡的第二个曲面的边或 [链（CH）]：找到 1 个     //选择下面的曲面边线
选择要过渡的第二个曲面的边或 [链（CH）]：✓           //按Enter键结束选择
按 Enter 键接受过渡曲面或 [连续性（CON）/凸度幅值（B）]：B✓
                                                //选择"凸度幅值"选项
第一条边的凸度幅值 <0.5000>：0✓                  //输入凸度幅值
```

第二条边的凸度幅值 <0.5000>: 0✓
按 Enter 键接受过渡曲面或 [连续性（CON）/凸度幅值（B）]:

//按 Enter 键接受创建的过渡
曲面

提示： 命令行各主要选项介绍如下。

➢ 连续性：选择"连续性"选项时，有 G0、G1、G2 三种连接形式。G0 意味着两个对象相连或两个对象的位置是连续的；G1 意味着两个对象光顺连接，一阶微分连续，或者是相切连续的。G2 意味着两个对象光顺连接，二阶微分连续，或者两个对象的曲率是连续的。

➢ 凸度幅值：指曲率的取值范围。

实例 **237** 创建修补曲面

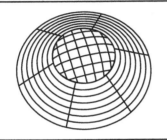

曲面"修补"即在创建新的曲面或封口时，闭合现有曲面的开放边，也可以通过闭环添加其他曲线，以约束和引导修补曲面。

难度：☆ ☆

素材文件：第18章\实例237 创建修补曲面.dwg

视频文件：第18章\实例237 创建修补曲面.mp4

① 打开素材文件"第18章\实例237 创建修补曲面.dwg"，如图18-76所示。

② 在"曲面"选项卡中，单击"创建"面板上的"修补"按钮，创建修补曲面，如图18-77所示。命令行操作如下。

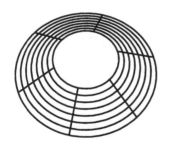

图18-76 素材图形

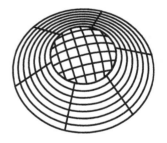

图18-77 创建的修补曲面

命令：_SURFPATCH　　　　　　　　　　　　　//调用"修补曲面"命令
连续性 = G0-位置，凸度幅值 = 0.5
选择要修补的曲面边或 [链（CH）/曲线（CU）] <曲线>: 找到 1 个
　　　　　　　　　　　　　　　　　　　　　//选择上部的圆形边线
选择要修补的曲面边或 [链（CH）/曲线（CU）] <曲线>: ✓
　　　　　　　　　　　　　　　　　　　　　//按 Enter 键结束选择
按 Enter 键接受修补曲面或 [连续性（CON）/凸度幅值（B）/导向（G）]: CON ✓
　　　　　　　　　　　　　　　　　　　　　//选择"连续性"选项
修补曲面连续性 [G0（G0）/G1（G1）/G2（G2）] <G0>: G1✓

//选择连续曲率为G1

按 Enter 键接受修补曲面或〔连续性（CON）/凸度幅值（B）/导向（G）〕：✓

//按Enter键接受修补曲面

实例 238 创建偏移曲面

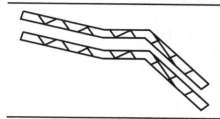

偏移曲面可以创建与原始曲面平行的曲面，类似于二维对象的"偏移"操作，在创建过程中需要指定偏移距离。

难度：☆☆

💿 素材文件：第18章\实例238 创建偏移曲面.dwg

🎬 视频文件：第18章\实例238 创建偏移曲面.mp4

① 打开素材文件"第18章\实例238 创建偏移曲面.dwg"，如图18-78所示。

② 在"曲面"选项卡中，单击"创建"面板上的"偏移"按钮，创建偏移曲面，如图18-79所示。命令行操作如下。

命令：_SURFOFFSET //调用"偏移曲面"命令
连接相邻边 = 否
选择要偏移的曲面或面域：找到 1 个 //选择要偏移的曲面
选择要偏移的曲面或面域：✓ //按Enter键结束选择
指定偏移距离或〔翻转方向（F）/两侧（B）/实体（S）/连接（C）/表达式（E）〕<20.0000>：1✓ //指定偏移距离

1 个对象将偏移。
1个偏移操作成功完成。

图18-78 素材图形

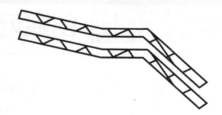

图18-79 偏移曲面的结果

实例 239 创建圆角曲面

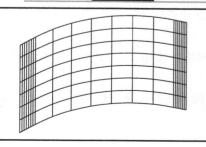

使用"圆角曲面"命令可以在现有曲面之间的空间中创建新的圆角曲面，圆角曲面具有固定半径轮廓，且与原始曲面相切。

难度：☆☆

💿 素材文件：第18章\实例239 创建圆角曲面.dwg

🎬 视频文件：第18章\实例239 创建圆角曲面.mp4

① 打开素材文件"第18章\实例239 创建圆角曲面.dwg"，如图18-80所示。

② 在"曲面"选项卡中，单击"创建"面板上的"圆角"按钮，创建圆角曲面，如图18-81所示。命令行提示如下。

```
命令：_SURFFILLET
半径 = 1.0000，修剪曲面 = 是
选择要圆角化的第一个曲面或面域或者 [半径（R）/修剪曲面（T）]：R↙
                                         //选择"半径"选项
指定半径或 [表达式（E）] <1.0000>：2↙      //指定圆角半径
选择要圆角化的第一个曲面或面域或者 [半径（R）/修剪曲面（T）]：
                                         //选择要圆角的第一个曲面
选择要圆角化的第二个曲面或面域或者 [半径（R）/修剪曲面（T）]：
                                         //选择要圆角的第二个曲面
按 Enter 键接受圆角曲面或 [半径（R）/修剪曲面（T）]：↙
                                         //按 Enter 键完成圆角
```

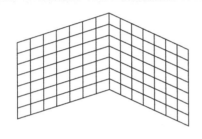

图18-80　素材图形

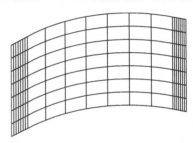

图18-81　创建的圆角曲面

实例 240 创建网络曲面

"网络曲面"命令可以在U方向和V方向（包括曲面和实体边子对象）的几条曲线之间的空间中创建曲面，是曲面建模最常用的方法之一。

难度：☆☆

素材文件：第18章\实例240 创建网络曲面.dwg

视频文件：第18章\实例240 创建网络曲面.mp4

① 单击"快速访问"工具栏中的"打开"按钮，打开素材文件"第18章\实例240创建网络曲面.dwg"，如图18-82所示。

② 在"曲面"选项卡中，单击"创建"面板上的"网络"按钮，选择横向的3根样条曲线为第一方向曲线，如图18-83所示。

③ 选择完毕后单击Enter键确认，然后再根据命令行提示选择左右两侧的样条曲线为第二方向曲线，如图18-84所示。

④ 鼠标曲面创建完成，如图18-85所示。

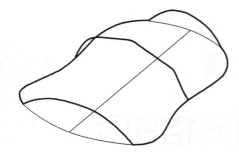

图 18-82　素材文件

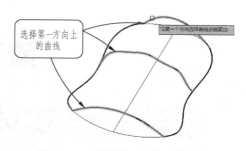

图 18-83　选择第一方向上的曲线

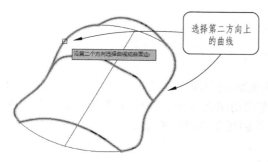

图 18-84　选择第二方向上的曲线

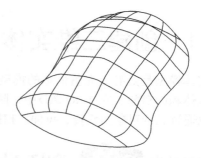

图 18-85　完成的网络曲面

第19章
创建三维实体和网格曲面

扫码享受
全方位沉浸式学AutoCAD

19.1 创建三维实体

实体模型是具有更完整信息的模型，不再像曲面模型那样只是一个"空壳"，而是具有厚度和体积的对象。在 AutoCAD 中，除了可以直接创建长方体、圆柱等基本的实体模型外，还可以通过二维对象的旋转、拉伸、扫掠和放样等创建非常规的模型。

实例 241 创建长方体

长方体具有长、宽、高三个尺寸参数,可以创建各种方形基体,例如创建零件的底座、支撑板、建筑墙体及家具等。

难度:☆☆

 素材文件:无

 视频文件:第19章\实例241 创建长方体.mp4

① 启动 AutoCAD，单击"快速访问"工具栏中的"新建"按钮 🗋，建立一个新的空白图形。

② 在"常用"选项卡中，单击"建模"面板上"长方体"按钮 🗖，如图 19-1 所示，绘制一个长方体，其命令行提示如下。

命令：_box	//调用"长方体"命令
指定第一个角点或 [中心 (C)]：C✓	//选择定义长方体中心
指定中心：0，0，0✓	//输入坐标，指定长方体中心
指定其他角点或 立方体 (C)/长度 (L)]：L✓	//由长度定义长方体
指定长度：40✓	//捕捉到 X 轴正向，然后输入长度为 40
指定宽度：20✓	//输入长方体宽度为 20
指定高度或 [两点 (2P)]：20✓	//输入长方体高度为 20
指定高度或 [两点 (2P)] <175>：	//指定高度

③ 通过操作即可完成如图 19-2 所示的长方体。

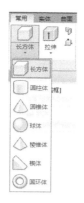

图19-1 "建模"面板中的"长方体"按钮

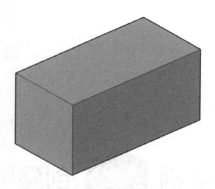

图19-2 完成效果

实例 242 创建圆柱体

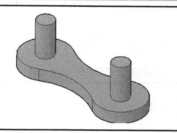

圆柱体是以面或圆为截面形状,沿该截面法线方向拉伸所形成的实体,常用于绘制各类轴类零件、建筑图形中的各类立柱等特征。

难度:☆☆

💿 素材文件:第19章\实例242 创建圆柱体.dwg

🎬 视频文件:第19章\实例242 创建圆柱体.mp4

① 单击"快速访问"工具栏中的"打开"按钮 📂,打开素材文件"第19章\实例242 创建圆柱体.dwg",如图19-3所示。

② 在"常用"选项卡中,单击"建模"面板上的"圆柱体"工具按钮 📦,在底板上面绘制两个圆柱体,命令行提示如下。

```
命令: _cylinder                                            //调用"圆柱体"命令
指定底面的中心点或 [三点 (3P)/两点 (2P)/切点、切点、半径 (T)/椭圆 (E)]:
                                                          //捕捉到圆心为中心点
指定底面半径或 [直径 (D)] <50.0000>: 7✓                    //输入圆柱体底面半径
指定高度或 [两点 (2P)/轴端点 (A)] <10.0000>: 30✓           //输入圆柱体高度
```

③ 通过以上操作,即可绘制一个圆柱体,如图19-4所示。

④ 重复以上操作,绘制另一边的圆柱体,即可完成连接板的绘制,其效果如图19-5所示。

图19-3 素材图样

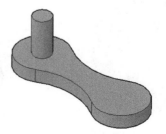

图19-4 绘制圆柱体

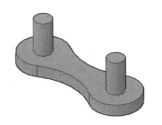

图19-5　创建的圆柱体效果

实例 243　创建圆锥体

圆锥体是指以圆或椭圆为底面形状,沿其法线方向并按照一定锥度向上或向下拉伸而形成的实体。使用"圆锥体"命令可以创建"圆锥""平截面圆锥"两种类型的实体。

难度:☆☆

素材文件:第19章\实例243 创建圆锥体.dwg

视频文件:第19章\实例243 创建圆锥体.mp4

① 单击"快速访问"工具栏中的"打开"按钮 ⮌,打开"第19章\实例243 创建圆锥体.dwg"文件,如图19-6所示。

② 在"默认"选项卡中,单击"建模"面板上"圆锥体"按钮 △,绘制一个圆锥体,命令行提示如下。

```
命令: _cone                                        //调用"圆锥体"命令
指定底面的中心点或 [三点 (3P)/两点 (2P)/切点、切点、半径 (T)/椭圆 (E)]:
                                                   //指定圆锥体底面中心
指定底面半径或 [直径 (D)]: 6✓                       //输入圆锥体底面半径值
指定高度或 [两点 (2P)/轴端点 (A)/顶面半径 (T)]: 7✓   //输入圆锥体高度
```

③ 通过以上操作,即可绘制一个圆锥体,如图19-7所示。

④ 调用"移动"命令,将圆锥体移动到圆柱顶面。其效果如图19-8所示。

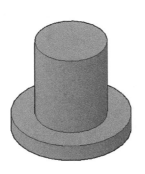

图19-6　素材图样

图19-7　圆锥体

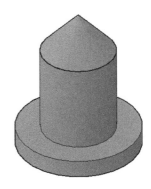

图19-8　最终图形效果

实例 244 创建球体

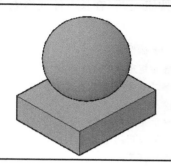

球体是在三维空间中,到一个点(即球心)距离相等的所有点的集合形成的实体,它广泛应用于机械、建筑等制图中,如创建档位控制杆、建筑物的球形屋顶等。

难度:☆☆

💿 素材文件:第19章\实例244 创建球体.dwg

📹 在线视频:第19章\实例244 创建球体.mp4

① 单击"快速访问"工具栏中的"打开"按钮 📂,打开素材文件"第19章\实例244 创建球体.dwg",如图 19-9所示。

② 在"常用"选项卡中,单击"建模"面板上的"球体"按钮 ⬤,在底板上绘制一个球体,命令行提示如下。

命令:_sphere   //调用"球体"命令
指定中心点或 [三点(3P)/两点(2P)/切点、切点、半径(T)]:2p↙
                                       //指定绘制球体方法
指定直径的第一个端点: //捕捉到长方体上表面的中心
指定直径的第二个端点:120↙   //输入球体直径,绘制完成

③ 通过以上操作即可完成球体的绘制,其效果如图 19-10所示。

图19-9 素材图样

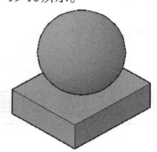

图19-10 绘制球体

实例 245 创建楔体

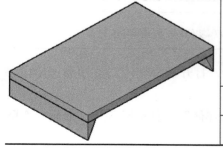

楔体可以看作是以矩形为底面,其一边沿法线方向拉伸所形成的具有楔状特征的实体。该实体通常用于填充物体的间隙,如安装设备时用于调整设备高度及水平度的楔体和楔木。

难度:☆☆

💿 素材文件:第19章\实例245 创建楔体.dwg

📹 在线视频:第19章\实例245 创建楔体.mp4

① 单击"快速访问"工具栏中的"打开"按钮 📂，打开素材文件"第19章\实例245 创建楔体.dwg"，如图19-11所示。

② 在"常用"选项卡中，单击"建模"面板上"楔体"按钮 ◁，在长方体底面创建两个支撑，命令行提示如下。

命令：_wedge   //调用"楔体"命令
指定第一个角点或 [中心（C）]：   //指定底面矩形的第一个角点
指定其他角点或 [立方体（C）/长度（L）]：L✓   //指定第二个角点的输入方式为
                                       长度输入
指定长度：5✓   //输入底面矩形的长度
指定宽度：50✓   //输入底面矩形的宽度
指定高度或 [两点（2P）]：10✓   //输入楔体高度

③ 通过以上操作，即可绘制一个楔体，如图19-12所示。

④ 重复以上操作绘制另一个楔体，调用"对齐"命令将两个楔体移动到合适位置，其效果如图 19-13所示。

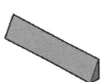

图19-11   素材图样   图19-12   绘制楔体   图19-13   绘制座板

实例 246 创建圆环体

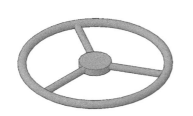

圆环体可以看作是在三维空间内，圆轮廓线绕与其共面直线旋转所形成的实体特征。该直线即圆环的中心线；直线和圆心的距离即圆环的半径；圆轮廓线的直径即圆环的直径。

难度：☆ ☆

💿 素材文件：第19章\实例246 创建圆环体.dwg

📹 视频文件：第19章\实例246 创建圆环体.mp4

① 单击"快速访问"工具栏中的"打开"按钮 📂，打开素材文件"第19章\实例246 创建圆环体.dwg"，如图 19-14所示。

② 在"常用"选项卡中，单击"建模"面板上"圆环体"工具按钮 ，绘制一个圆环体，命令行提示如下。

命令：_torus	//调用"圆环"命令
指定中心点或［三点（3P）/两点（2P）/切点、切点、半径（T）］：	
	//捕捉到圆心
指定半径或［直径（D）］<20.0000>：45↙	//输入圆环半径值
指定圆管半径或［两点（2P）/直径（D）］：2.5↙	//输入圆管半径值

③ 通过以上操作，即可绘制一个圆环体，其效果如图19-15所示。

图19-14 素材图样

图19-15 创建的圆环体效果

实例 247 创建棱锥体

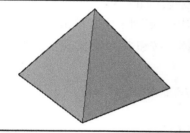

棱锥体常用于创建建筑屋顶，其底面平行于 *XY* 平面，轴线平行于 *Z* 轴。绘制圆锥体需要输入的参数有底面大小和棱锥高度。

难度：☆☆

💿 素材文件：无

🎬 视频文件：第19章\实例247 创建棱锥体.mp4

① 启动 AutoCAD，单击"快速访问"工具栏中的"新建"按钮□，建立一个新的空白图形。

② 在"默认"选项卡中，单击"建模"面板上的"棱锥体"按钮△，绘制一个棱锥体，如图19-16所示，其命令行提示如下。

命令：_pyramid	//调用"棱锥体"命令
4 个侧面 外切	
指定底面的中心点或［边（E）/侧面（S）］：	//指定底面中心点
指定底面半径或［内接（I）］<135.6958>：100↙	//指定底面半径
指定高度或［两点（2P）/轴端点（A）/顶面半径（T）］<-254.5365>：180↙	
	//指定高度

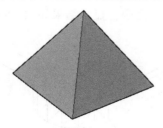

图19-16 创建的棱锥体效果

实例 248 创建多段体

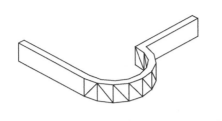

多段体常用于创建三维墙体。其底面平行于 *XY* 平面，轴线平行于 *Z* 轴。多段体的创建方法与多段线类似。

难度：☆☆

素材文件：无

视频文件：第 19 章\实例 248 创建多段体.mp4

① 启动 AutoCAD 2021，单击"快速访问"工具栏中的"新建"按钮 ▭，建立一个新的空白图形。

② 单击 ViewCube 上的西南等轴测角点，将视图切换到西南等轴测方向。

③ 在命令行输入"PL"并按 Enter 键，绘制一条二维多段线，如图 19-17 所示。

④ 在"常用"选项卡中，单击"建模"面板上的"多段体"按钮 🗇，以多段线为对象创建多段体。命令行操作如下。

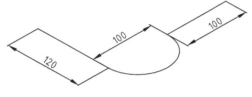

图 19-17　二维多段线

```
命令：_Polysolid                                        //调用"多段体"命令
高度 = 80.0000，宽度 = 5.0000，对正 = 居中
指定起点或［对象（O）/高度（H）/宽度（W）/对正（J）］<对象>：H↙
指定高度 <80.0000>：30↙                                 //输入多段体高度
高度 = 30.0000，宽度 = 5.0000，对正 = 居中
指定起点或［对象（O）/高度（H）/宽度（W）/对正（J）］<对象>：W↙
指定宽度 <5.0000>：10↙                                  //输入多段体宽度
高度 = 50.0000，宽度 = 10.0000，对正 = 居中
指定起点或［对象（O）/高度（H）/宽度（W）/对正（J）］<对象>：J↙
输入对正方式［左对正（L）/居中（C）/右对正（R）］<居中>：C↙
                                                       //选择"居中"对正方式
高度 = 50.0000，宽度 = 10.0000，对正 = 居中
指定起点或［对象（O）/高度（H）/宽度（W）/对正（J）］<对象>：O↙
选择对象：                                              //选择绘制的多段线，完成多段体
```

⑤ 选择"视图"下的"消隐"命令，显示结果如图 19-18 所示。

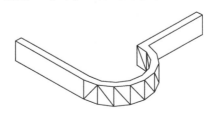

图 19-18　创建的多段体

实例 249 创建面域

	面域实际上就是厚度为0的实体,是用闭合的形状创建的二维区域。面域的边界由端点相连的曲线组成,曲线上每个端点仅连接两条边。 难度:☆☆
💿	素材文件:第19章\实例249 创建面域.dwg
🎬	视频文件:第19章\实例249 创建面域.mp4

① 打开素材文件"第19章\实例249 创建面域.dwg",其中已绘制好一封闭图形,如图19-6所示。

② 在"草图与注释"工作空间中单击"绘图"面板上的"面域"按钮 🖼️,如图19-20所示,执行"面域"命令。

③ 选择素材文件中的封闭轮廓,即可创建面域如图19-21所示。如果要通过"拉伸""旋转"等命令创建三维实体,那必须先将所选截面转换为面域。

图19-19 素材图样

图19-20 "绘图"面板中的"面域"按钮

图19-21 创建的面域效果

实例 250 拉伸创建实体

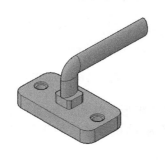

	"拉伸"命令可以将二维图形沿其所在平面的法线方向扫描,而形成三维实体。该二维图形可以是多段线、多边形、矩形、圆、椭圆、闭合的样条曲线、圆环和面域等。拉伸命令常用于创建某一方向上截面固定不变的实体,例如机械中的齿轮、轴套、垫圈等,建筑制图中的楼梯栏杆、管道、异形装饰等物体。 难度:☆☆
💿	素材文件:无
🎬	视频文件:第19章\实例250 拉伸创建实体.mp4

① 启动 AutoCAD 2021,单击"快速访问"工具栏中的"新建"按钮 ,建立一个新的空白图形。

② 将工作空间切换到"三维建模"工作空间中,单击"绘图"面板中的"矩形"按钮 🖼️,绘制一个长为10、宽为5的矩形。然后单击"修改"面板中的"圆角"按钮 🖼️,在矩

形边角创建 R1 的圆角。然后绘制两个半径为 0.5 的圆，其圆心到最近边的距离为 1.2，截面轮廓效果如图 19-22 所示。

图 19-22　绘制底面

图 19-23　拉伸

③ 将视图切换到"东南等轴测"，将图形转换为面域，并利用"差集"命令由矩形面域减去两个圆的面域，然后单击"建模"面板上的"拉伸"按钮 ⬚，拉伸高度为 1.5，效果如图 19-23 所示。命令行提示如下。

```
命令：_extrude                                          //调用拉伸命令
当前线框密度：ISOLINES=4，闭合轮廓创建模式 = 实体
选择要拉伸的对象或［模式（MO）］：_MO 闭合轮廓创建模式［实体（SO）/曲面（SU）］＜实体＞：_SO
选择要拉伸的对象或［模式（MO）］：找到 1 个            //选择面域
指定拉伸的高度或［方向（D）/路径（P）/倾斜角（T）/表达式（E）］：1.5
                                                       //输入拉伸高度
```

④ 单击"绘图"面板中的"圆"按钮 ⬚，绘制两个半径为 0.7 的圆，位置如图 19-24 所示。

⑤ 单击"建模"面板上的"拉伸"按钮 ⬚，选择上一步绘制的两个圆，向下拉伸高度为 0.2。单击实体编辑中的"差集"按钮 ⬚，在底座中减去两圆柱实体，效果如图 19-25 所示。

图 19-24　绘制圆

图 19-25　沉孔效果

图 19-26　绘制正方形

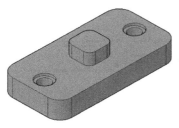

图 19-27　拉伸正方体

⑥ 单击"绘图"面板中的"矩形"按钮，绘制一个边长为 2 正方形，在边角处创建半径为 0.5 的圆角，效果如图 19-26 所示。

⑦ 单击"建模"面板上的"拉伸"按钮 ⬚，拉伸上一步绘制的正方形，拉伸高度为 1，效果如图 19-27 所示。

⑧ 单击"绘图"面板中的"椭圆"按钮，绘制如图 19-28 所示的长轴为 2、短轴为 1 的椭圆。

⑨ 在椭圆和正方体的交点绘制一个高为 3、长为 10、圆角为 1 的路径，效果如图 19-29

所示。

⑩ 单击"建模"面板上的"拉伸"按钮 ，拉伸椭圆，拉伸路径选择上一步绘制的拉伸路径，命令行提示如下。

```
命令：_extrude                                          //调用"拉伸"命令
当前线框密度：ISOLINES=4，闭合轮廓创建模式 = 实体
选择要拉伸的对象或［模式（MO）］：_MO 闭合轮廓创建模式［实体（SO）/曲面（SU）］<实体>：_SO
选择要拉伸的对象或［模式（MO）］：找到 1 个                //选择椭圆
指定拉伸的高度或［方向（D）/路径（P）/倾斜角（T）/表达式（E）］<1.0000>：p↙
                                                       //选择路径方式
选择拉伸路径或［倾斜角（T）］：                            //选择绘制的路径
```

⑪ 通过以上操作步骤即可完成拉伸模型的创建，效果如图19-30所示。

图19-28　绘制椭圆　　　　　　　　图19-29　绘制拉伸路径　　　　　　　图19-30　最终模型效果

提示：当沿路径进行拉伸时，拉伸实体起始于拉伸对象所在的平面，终止于路径的终点所在的平面。

实例 **251** 旋转创建实体

"旋转"是将二维轮廓绕某一固定轴线旋转一定角度创建实体，用于旋转的二维对象可以是封闭的多段线、多边形、圆、椭圆、封闭的样条曲线、圆环及封闭区域，而且每次只能旋转一个对象。

难度：☆☆

素材文件：第19章\实例251 旋转创建实体.dwg

视频文件：第19章\实例251 旋转创建实体.mp4

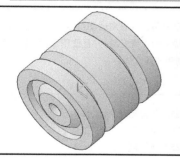

图19-31　素材图样

图19-32　"建模"面板中的"旋转"按钮

① 打开 "第19章\实例251 旋转创建实体.dwg" 素材文件，如图19-31所示。

② 在 "常用" 选项卡中，单击 "建模" 面板上的 "旋转" 按钮，如图19-32所示，执行 "旋转" 命令。

③ 选取皮带轮轮廓线作为旋转对象，将其旋转360°，结果如图19-33所示。命令行操作如下。

命令：_REVOLVE	//调用 "旋转" 命令
当前线框密度：ISOLINES=4	
选择要旋转的对象：找到 1 个	//选取皮带轮轮廓线为旋转对象
选择要旋转的对象：✓	//按 Enter 键完成选择
指定轴起点或根据以下选项之一定义轴 [对象（O)/X/Y/Z] <对象>：	
	//选择直线上端点为轴起点
指定轴端点：	//选择直线下端点为轴端点
指定旋转角度或 [起点角度（ST)] <360>：✓	//使用默认旋转角度

图19-33　创建的旋转效果

实例 252 放样创建实体

"放样" 实体即将横截面沿指定的路径或导向运动扫描得到三维实体。横截面指的是具有放样实体截面特征的二维对象，并且使用该命令时必须指定两个或两个以上的横截面来创建放样实体。

难度：☆☆

素材文件：第19章\实例252 放样创建实体.dwg

视频文件：第19章\实例252 放样创建实体.mp4

① 单击 "快速访问" 工具栏中的 "打开" 按钮📂，打开素材文件 "第19章\实例252 放样创建实体.dwg"。

② 单击 "常用" 选项卡 "建模" 面板中的 "放样" 工具按钮，然后依次选择素材中的四个截面，操作如图19-34所示，命令行操作如下。

命令：_loft	//调用 "放样" 命令
当前线框密度：ISOLINES=4，闭合轮廓创建模式 = 实体	
按放样次序选择横截面或 [点（PO)/合并多条边（J)/模式（MO)]：_mo 闭合轮廓创建模式 [实体	

（SO）/曲面（SU）] <实体>: _su

　　按放样次序选择横截面或［点（PO）/合并多条边（J）/模式（MO）］: 找到 1 个

　　按放样次序选择横截面或［点（PO）/合并多条边（J）/模式（MO）］: 找到 1 个，总计 2 个

　　按放样次序选择横截面或［点（PO）/合并多条边（J）/模式（MO）］: 找到 1 个，总计 3 个

　　按放样次序选择横截面或［点（PO）/合并多条边（J）/模式（MO）］: 找到 1 个，总计 4 个

　　按放样次序选择横截面或［点（PO）/合并多条边（J）/模式（MO）］:

　　选中了 4 个横截面

　　输入选项［导向（G）/路径（P）/仅横截面（C）/设置（S）］<仅横截面>: C↙

　　　　　　　　　　　　　　　　　　　　　　　　　　//选择截面连接方式

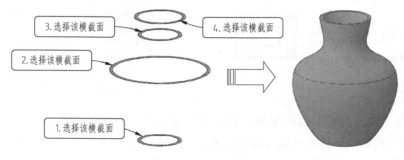

3.选择该横截面
4.选择该横截面
2.选择该横截面
1.选择该横截面

图19-34　放样创建花瓶模型

实例 253 扫掠创建实体

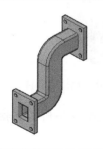

使用"扫掠"命令可以将扫掠对象沿着开放或闭合的二维或三维路径运动扫描，创建实体或曲面。

难度: ☆☆

素材文件:第19章\实例253 扫掠创建实体.dwg

视频文件:第19章\实例253 扫掠创建实体.mp4

　　① 单击"快速访问"工具栏中的"打开"按钮 📂，打开素材文件"第19章\实例253 扫掠创建实体.dwg"，如图19-35所示。

　　② 单击"建模"面板中"扫掠"按钮 🗠，选取图中管道的截面图形，选择中间的扫掠路径，完成管道的绘制，其命令行提示如下。

　　命令: _sweep　　　　　　　　　　　　　　//调用"扫掠"命令

　　当前线框密度: ISOLINES=4，闭合轮廓创建模式 = 实体

　　选择要扫掠的对象或［模式（MO）］: _MO 闭合轮廓创建模式［实体（SO）/曲面（SU）］<实体>: _SO

　　选择要扫掠的对象或［模式（MO）］: 找到 1 个

//选择扫掠的对象管道横截面图形，如图19-35所示。

选择扫掠路径或［对齐（A)/基点（B)/比例（S)/扭曲（T)]:

//选择扫描路径2，如图19-36所示

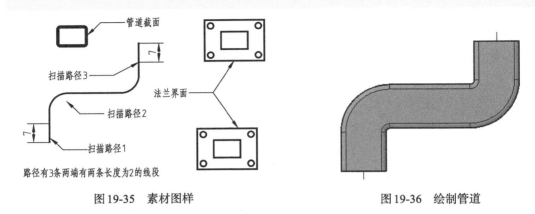

图19-35 素材图样	图19-36 绘制管道

③ 通过以上操作完成管道的绘制，如图 19-36所示。接着创建法兰，再次单击"建模"面板中"扫掠"按钮 ，选择法兰截面图形，选择路径1作为扫描路径，完成一端连接法兰的绘制，效果如图19-37所示。

④ 重复以上操作，绘制另一端的连接法兰，效果如图19-38所示。

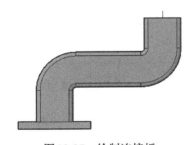

图19-37 绘制连接板

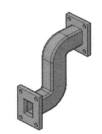

图19-38 连接管实体

提示: 在创建比较复杂的放样实体时，可以指定导向曲线来控制点如何匹配相应的横截面，以防止创建的实体或曲面中出现皱褶等缺陷。

实例 254 创建台灯模型

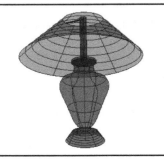

同二维绘图一样,三维模型的创建也需要灵活使用多种命令组合来完成。本例便通过一个经典的台灯建模,对前面所学命令进行总结。

难度:☆ ☆ ☆ ☆

 素材文件:第19章\实例254 创建台灯模型.dwg

视频文件:第19章\实例254 创建台灯模型.mp4

① 打开素材文件"第19章\实例254 创建台灯模型.dwg"，如图19-39所示。

② 在"常用"选项卡中，单击"建模"面板上的"放样"按钮，选择底部的两个圆进行放样，结果如图19-40所示。命令行操作如下。

命令：_loft　　　　　　　　　　　　　　　　　//调用"放样"命令

当前线框密度：ISOLINES=8，闭合轮廓创建模式 = 实体

按放样次序选择横截面或［点（PO）/合并多条边（J）/模式（MO）］：_MO 闭合轮廓创建模式［实体（SO）/曲面（SU）］<实体>：_SO

按放样次序选择横截面或［点（PO）/合并多条边（J）/模式（MO）］：找到 1 个

　　　　　　　　　　　　　　　　　//选择第一个圆

按放样次序选择横截面或［点（PO）/合并多条边（J）/模式（MO）］：找到 1 个，总计2个

　　　　　　　　　　　　　　　　　//选择第二个圆

按放样次序选择横截面或［点（PO）/合并多条边（J）/模式（MO）］：✓

　　　　　　　　　　　　　　　　　//结束选择对象选中了 2 个横截面

输入选项［导向（G）/路径（P）/仅横截面（C）/设置（S）］<仅横截面>：✓

　　　　　　　　　　　　　　　　　//按Enter键完成放样

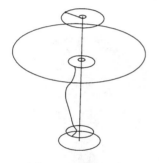　　　　　　　　　　　　　　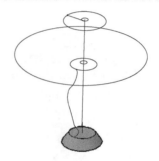

　　　　图19-39　素材图样　　　　　　　　　　　　　图19-40　放样管道

③ 在"常用"选项卡中，单击"建模"面板上的"旋转"按钮，选择轮廓曲线作为旋转对象，由竖直中心线定义旋转轴，旋转角度360°，结果如图19-41所示。

④ 在"常用"选项卡中，单击"建模"面板上的"拉伸"按钮，选择旋转体顶部的圆为拉伸对象，拉伸至小圆处，如图19-42所示。

　　　　图19-41　旋转效果　　　　　　　　　　　　　图19-42　拉伸效果

⑤ 在"常用"选项卡中，单击"建模"面板上的"按住并拖动"按钮，选择下端的小

圆并拖到上端的小圆，结果如图19-43所示。

⑥ 在"常用"选项卡中，单击"建模"面板上的"扫掠"按钮，选择竖直平面的小圆作为扫掠对象，以水平直线为路径进行扫掠，结果如图19-44所示。

⑦ 在"常用"选项卡中，单击"建模"面板上的"放样"按钮，在命令行选择放样模式为曲面模式，选择灯罩的两个大圆进行放样，放样结果如图19-45所示。

⑧ 在"常用"选项卡中，单击"视图"面板上的"视觉样式"下拉列表，选择"X射线"样式，效果如图19-46所示。

图19-43　按住并拖动效果

图19-44　扫略效果

图19-45　放样效果

图19-46　X射线视觉样式

19.2　创建网格模型

网格是将用离散的多边形表示实体的表面，与曲面、实体模型一样，可以对网格模型进行隐藏、着色和渲染。同时网格模型还具有实体模型所没有的编辑方式，包括锐化、分割和增加平滑度等。

创建网格的方式有多种，包括使用基本网格图元创建规则网格，以及使用二维或三维轮廓线生成复杂网格。AutoCAD 2021的网格命令集中在"网格"选项卡中，如图19-47所示。

图19-47　"网格"选项卡

实例 **255** 创建长方体网格

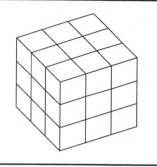

AutoCAD 2021提供了7种三维网格图元,例如长方体、圆锥体、球体以及圆环体等。

难度:☆☆

 素材文件:无

 视频文件:第19章\实例255 创建长方体网格.mp4

① 启动 AutoCAD 2021,新建一空白文档。

② 在"网格"选项卡中,单击"图元"面板上的"网格长方体"按钮⊞,如图 19-48 所示,执行"网格长方体"命令。

③ 创建一个尺寸为100×100×100的网格立方体,如图 19-49 所示。命令行提示如下。

```
命令:_MESH                              //调用"网格"命令
当前平滑度设置为:0
输入选项 [长方体 (B)/圆锥体 (C)/圆柱体 (CY)/棱锥体 (P)/球体 (S)/楔体 (W)/圆环体 (T)/设置
(SE)] <长方体>:B✓                       //选择创建网格长方体
指定第一个角点或 [中心 (C)]:                //在绘图区任意位置单击确
                                       定第一角点
指定其他角点或 [立方体 (C)/长度 (L)]:C✓    //选择创建立方体
指定长度 <87.0473>:100✓                  //捕捉到0°极轴方向,然后
                                       输入立方体长度
```

图19-48　"图元"面板中的"网格长方体"按钮

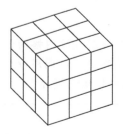

图19-49　创建的网格立方体

提示:通过单击"图元"面板中的其他网格命令,可以创建相应的网格基本图元,操作过程与基本实体一致。

实例 256 创建直纹网格

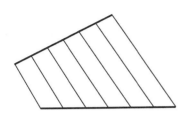

直纹网格是以空间两条曲线为边界,创建直线连接的网格。直纹网格的边界可以是直线、圆、圆弧、椭圆、椭圆弧、二维多段线、三维多段线和样条曲线。

难度:☆☆

素材文件:第19章\实例256 创建直纹网格.dwg

视频文件:第19章\实例256 创建直纹网格.mp4

① 打开素材文件"第19章\实例256 创建直纹网格.dwg",其中已经绘制好了两条空间直线,如图19-50所示。

② 在"网格"选项卡中,单击"图元"面板上的"直纹曲面"按钮⬛,如图19-51所示,执行"直纹网格"命令。

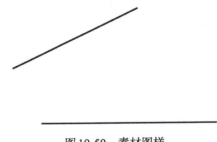

图19-50　素材图样

图19-51　"图元"面板中的"直纹曲面"按钮

③ 分别选择素材文件中的两条直线,即可得到如图19-52所示的直纹网格面。

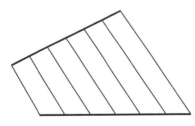

图19-52　创建的直纹网格效果

提示:在绘制直纹网格的过程中,除了点及其他对象,作为直纹网格轨迹的两个对象必须同时开放或关闭。在调用命令时,因选择曲线的点不一样,绘制的直线会出现交叉和平行两种情况,如图19-53所示。

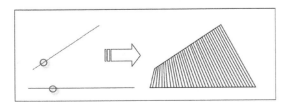

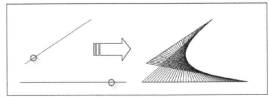

图19-53　拾取点位置不同所形成的直纹网格

实例 257 创建平移网格

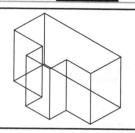

使用"平移网格"命令可以将平面轮廓沿指定方向进行平移，从而绘制出平移网格。平移的轮廓可以是直线、圆、圆弧、椭圆、椭圆弧、二维多段线、三维多段线和样条曲线等。

难度：☆☆

💿 素材文件：第19章\实例257 创建平移网格.dwg

🎬 视频文件：第19章\实例257 创建平移网格.mp4

① 打开素材文件"第19章\实例257 创建平移网格.dwg"，如图19-54所示。

② 通过调整surftab1和surftab2系统变量，调整网格密度。命令行操作如下。

命令：surftab1　　　　　　　　　　　　　　//修改surftab1系统变量
输入 SURFTAB1 的新值 <6>：36↙　　　　　//输入新值
命令：surftab2↙　　　　　　　　　　　　　//修改surftab2系统变量
输入 SURFTAB2 的新值 <6>：36↙　　　　　//输入新值

③ 在"网格"选项卡中，单击"图元"面板上的"平移曲面"按钮，绘制图19-55所示的图形。命令行操作如下。

命令：_tabsurf　　　　　　　　　　　　　//调用"平移网格"命令
当前线框密度：SURFTAB1=36
选择用作轮廓曲线的对象：　　　　　　　　//选择T形轮廓作为平移的对象
选择用作方向矢量的对象：　　　　　　　　//选择竖直直线作为方向矢量

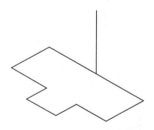

图19-54　素材图样

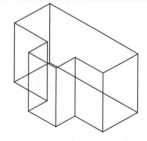

图19-55　创建的平移网格效果

提示：被平移对象只能是单一轮廓，不能平移创建的面域。

实例 258 创建旋转网格

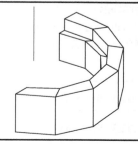

使用"旋转网格"命令可以将曲线或轮廓绕指定的旋转轴旋转一定的角度，从而创建旋转网格。旋转轴可以是直线，也可以是开放的二维或三维多段线。

难度：☆☆

💿 素材文件：第19章\实例258 创建旋转网格.dwg

🎬 视频文件：第19章\实例258 创建旋转网格.mp4

① 打开素材文件"第19章\实例258 创建旋转网格.dwg",如图19-56所示。

② 在"网格"选项卡中,单击"图元"面板上的"旋转曲面"按钮,如图19-57所示。

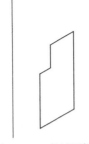

图19-56　素材图样

图19-57　"图元"面板中的"旋转曲面"按钮

③ 绘制如图19-58所示的图形。命令行操作如下。

命令:_revsurf　　　　　　　　　　　　　　　　//调用"旋转网格"命令
当前线框密度:SURFTAB1=36　SURFTAB2=36
选择要旋转的对象:　　　　　　　　　　　　　　//选择封闭轮廓线
选择定义旋转轴的对象:　　　　　　　　　　　　//选择直线
指定起点角度 <0>:↙　　　　　　　　　　　　　//使用默认起点角度
指定包含角（+=逆时针，-=顺时针）<360>:180↙　　//输入旋转角度，完成网格创建

④ 选择"视图"下的"消隐"命令,隐藏不可见线条,效果如图19-59所示。

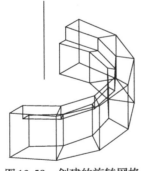

图19-58　创建的旋转网格

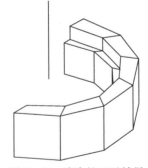

图19-59　消隐的显示效果

实例 259 创建边界网格

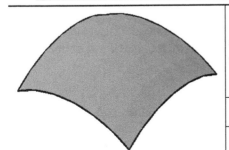

使用"边界网格"命令可以由4条首尾相连的边创建一个三维多边形网格。创建边界曲面时,需要依次选择4条边界。边界可以是圆弧、直线、多段线、样条曲线和椭圆弧,并且必须形成闭合环和有共享端点。

难度:☆☆

 素材文件:第19章\实例259 创建边界网格.dwg

视频文件:第19章\实例259 创建边界网格.mp4

① 打开素材文件"第19章\实例259 创建边界网格.dwg"，其中已经绘制好了一空间封闭图形，如图19-60所示。

② 在"网格"选项卡中，单击"图元"面板上的"边界曲面"按钮 ，然后依次选择素材图形中的4条外围轮廓边，即可得到如图19-61所示的边界网格曲面。

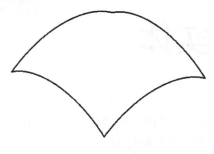 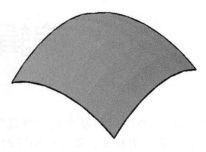

　　　　图19-60　素材图形　　　　　　　　　　　　图19-61　创建的边界网格曲面效果

第20章

编辑三维实体

在 AutoCAD 中，由基本的三维建模工具只能创建初步的模型外观，模型的细节部分，如壳、孔、圆角等特征，需要由相应的编辑工具来创建。另外模型的尺寸、位置、局部形状的修改，也需要用到一些编辑工具。

20.1　实体模型的编辑

在对三维实体进行编辑时，不仅可以对实体上单个表面和边线执行编辑操作，而且还可以对整个实体执行编辑操作。常用的编辑命令有布尔运算（并集、差集、交集）、三维移动、三维旋转、三维对齐、三维镜像和三维阵列等。

实例 260　并集三维实体

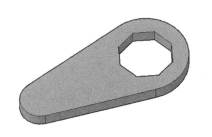

"并集"运算是将两个或两个以上的实体(或面域)对象组合成为一个新的组合对象。执行并集操作后，原来各实体相互重合的部分变为一体，使其成为无重合的实体。

难度：☆☆

素材文件：第20章\实例260 并集三维实体.dwg

视频文件：第20章\实例260 并集三维实体.mp4

① 打开素材文件"第20章\实例260 并集三维实体.dwg"，如图20-1所示。

② 在"常用"选项卡中，单击"实体编辑"面板中的"并集"工具按钮⚬⚬，如图20-2所示。

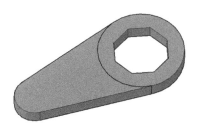

图20-1　素材图形

图20-2　"实体编辑"面板中的"并集"按钮

③ 对连接体与圆柱体进行并集运算，结果如图20-3所示。命令行操作如下。

命令：_union   //调用"并集"命令
选择对象：找到 1 个   //选择圆柱体
选择对象：找到 1 个，总计 2 个   //选择圆柱体
选择对象：↙   //按Enter键完成并集操作

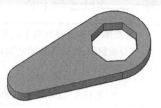

图20-3 并集运算结果

提示：在对两个或两个以上的三维对象进行并集运算时，即使它们之间没有相交的部分，也可以对其进行并集运算。

实例 261 差集三维实体

"差集"运算就是将一个对象减去另一个对象从而形成新的组合对象。与并集操作不同的是首先选取的对象则为被剪切对象，之后选取的对象则为剪切对象。

难度：☆☆

 素材文件：第20章\实例261 差集三维实体.dwg

视频文件：第20章\实例261 差集三维实体.mp4

① 打开素材文件"第20章\实例261 差集三维实体.dwg"，如图20-4所示。

② 在"常用"选项卡中，单击"实体编辑"面板上的"差集"按钮 ，从圆柱体中减去六棱柱，如图20-5所示。命令行操作如下。

命令：_subtract   //调用"差集"命令
选择要从中减去的实体、曲面和面域...
选择对象：找到 1 个   //选择圆柱体
选择对象：选择要减去的实体、曲面和面域...
选择对象：找到 1 个   //选择八棱柱
选择对象：↙   //按Enter键完成差集运算

图20-4 素材图形

图20-5 差集运算结果

提示：在执行差集运算时，如果第二个对象包含在第一个对象之内，则差集操作的结果是第一个对象减去第二个对象；如果第二个对象只有一部分包含在第一个对象之内，则差集操作的结果是第一个对象减去两个对象的公共部分。

实例 262 交集三维实体

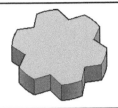

"交集"运算是保留两个或多个相交实体的公共部分，仅属于单个对象的部分被删除，从而获得新的实体。

难度：☆☆

素材文件：第20章\实例262 交集三维实体.dwg

视频文件：第20章\实例262 交集三维实体.mp4

① 打开素材文件"第20章\实例262 交集三维实体.dwg"，如图20-6所示。

② 在"常用"选项卡中，单击"实体编辑"面板上的"交集"按钮 ，获取六角星和圆柱体的公共部分，如图20-7所示。命令行操作如下。

```
命令：_intersect            //调用"交集"命令
选择对象：找到 1 个          //选择六角星
选择对象：找到 1 个，总计 2 个  //选择圆柱体
选择对象：                   //按Enter键完成交集
```

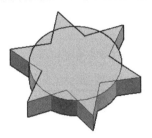

图20-6　素材图形

图20-7　交集运算结果

实例 263 布尔运算编辑实体

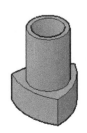

AutoCAD的"布尔运算"功能贯穿建模的整个过程，尤其是在建立一些机械零件的三维模型时使用更为频繁，该运算用来确定多个体（曲面或实体）之间的组合关系，也就是说通过该运算可将多个形体组合为一个形体，从而实现一些特殊的造型，如孔、槽、凸台和齿轮特征都是执行布尔运算组合而成的新特征。

难度：☆☆☆

素材文件：无

视频文件：第20章\实例263 布尔运算编辑实体.mp4

① 新建一个空白文档，在"常用"选项卡中，单击"建模"面板上的"圆柱体"按钮，创建3个圆柱体。命令行操作如下。

命令：_cylinder
指定底面的中心点或 [三点（3P）/两点（2P）/切点、切点、半径（T）/椭圆（E）]：30, 0✓
指定底面半径或 [直径（D）] <0.2891>：30✓
指定高度或 [两点（2P）/轴端点（A）] <-14.0000>：15✓　　　　　　//创建第一个圆柱体，
　　　　　　　　　　　　　　　　　　　　　　　　　　　　　　　　　半径为30，高度为15
✓　　　　　　　　　　　　　　　　　　　　　　　　　　　　//按Enter键重复执行
　　　　　　　　　　　　　　　　　　　　　　　　　　　　　　　"圆柱体"命令

命令：_cylinder
指定底面的中心点或 [三点（3P）/两点（2P）/切点、切点、半径（T）/椭圆（E）]：0, 0, 0✓
指定底面半径或 [直径（D）] <30.0000>：✓
指定高度或 [两点（2P）/轴端点（A）] <15.0000>：✓　　　　　　//创建第二个圆柱体
✓　　　　　　　　　　　　　　　　　　　　　　　　　　　　//按Enter键重复执行
　　　　　　　　　　　　　　　　　　　　　　　　　　　　　　　"圆柱体"命令

命令：_cylinder
指定底面的中心点或 [三点（3P）/两点（2P）/切点、切点、半径（T）/椭圆（E）]：30<60✓
　　　　　　　　　　　　　　　　　　　　　　　　　　　//输入圆心的极坐标
指定底面半径或 [直径（D）] <30.0000>：✓
指定高度或 [两点（2P）/轴端点（A）] <15.0000>：✓　　　　　　//创建第三个圆柱体，
　　　　　　　　　　　　　　　　　　　　　　　　　　　　　　　3个圆柱体如图20-8
　　　　　　　　　　　　　　　　　　　　　　　　　　　　　　　所示

② 在"常用"选项卡中，单击"实体编辑"面板上的"交集"按钮 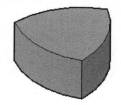，选择3个圆柱体为对象，求交集的结果如图20-9所示。

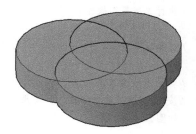

图20-8　创建的三个圆柱体　　　　　　图20-9　求交集运算结果

③ 在"常用"选项卡中，单击"建模"面板上的"圆柱体"按钮，再次创建圆柱体。命令行操作如下。

命令：_cylinder
指定底面的中心点或 [三点（3P）/两点（2P）/切点、切点、半径（T）/椭圆（E）]：
　　　　　　　　　　　　　　　　　　　　　　//捕捉到图20-10所示的顶面三维中心点
指定底面半径或 [直径（D）] <30.0000>：10✓
指定高度或 [两点（2P）/轴端点（A）] <15.0000>：30✓
　　　　　　　　　　　　　　　　　　　　　　//输入圆柱体的参数，创建的圆柱体
　　　　　　　　　　　　　　　　　　　　　　　如图20-11所示

④ 在"常用"选项卡中，单击"实体编辑"面板上的"并集"按钮，将凸轮和圆柱体

合并为单一实体。

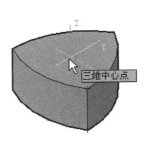

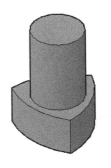

图20-10　捕捉中心点　　　　　　　　图20-11　创建的圆柱体

⑤ 在"常用"选项卡中，单击"建模"面板上的"圆柱体"按钮，再次创建圆柱体。命令行操作如下。

```
命令：_cylinder
指定底面的中心点或 [三点（3P）/两点（2P）/切点、切点、半径（T）/椭圆（E）]：
                                    //捕捉到图20-12所示的圆柱体顶面中心
指定底面半径或 [直径（D）] <30.0000>：8✓
指定高度或 [两点（2P）/轴端点（A）] <15.0000>：-70✓
                                    //输入圆柱体的参数，创建的圆柱体如图20-13所示
```

⑥ 在"常用"选项卡中，单击"实体编辑"面板上的"差集"按钮，从组合实体中减去圆柱体。命令行操作如下。

```
命令：_subtract                     //执行"差集"操作
选择要从中减去的实体、曲面和面域...
选择对象：找到 1 个                  //选择组合实体
选择对象： 选择要减去的实体、曲面和面域...
选择对象：找到 1 个                  //选择中间圆柱体
选择对象：✓                         //按Enter键完成差集操作，结果
                                      如图20-14所示
```

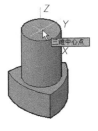

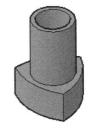

图20-12　捕捉中心点　　　　图20-13　创建的圆柱体　　　　图20-14　求差集的结果

提示：指定圆柱体高度时，如果动态输入功能是打开的，则高度的正负是相对于用户拉伸的方向而言的，即正值的高度与拉伸方向相同，负值则相反。如果动态输入功能是关闭的，则高度的正负是相对于坐标系Z轴而言的，即正值的高度沿Z轴正向，负值则相反。

实例 264 移动三维实体

"三维移动"可以将实体按指定距离在空间中进行移动,以改变对象的位置。使用"三维移动"工具能将实体沿X、Y、Z轴或其他任意方向,以及直线、面或任意两点移动,从而将其定位到空间的准确位置。

难度:☆☆

素材文件:第20章\实例264 移动三维实体.dwg

视频文件:第20章\实例264 移动三维实体.mp4

① 单击"快速访问"工具栏中的"打开"按钮 ，打开素材文件"第20章\实例264 移动三维实体.dwg"，如图20-15所示。

② 单击"修改"面板中"三维移动"按钮 ，选择要移动的底座实体，单击右键完成选择，然后在移动小控件上选择Z轴为约束方向，命令行提示如下。

```
命令: _3dmove                              //调用"三维移动"命令
选择对象: 找到 1 个                          //选中底座为要移动的对象
选择对象:                                   //单击右键完成选择
指定基点或 [位移(D)] <位移>:
正在检查 666 个交点...
** MOVE **
指定移动点 或 [基点(B)/复制(C)/放弃(U)/退出(X)]:
                    //将底座移动到合适位置，然后单击左键，结束操作
```

③ 通过以上操作即可完成三维移动的操作，其图形移动的效果如图20-16所示。

图 20-15　素材图样

图 20-16　三维移动结果

实例 265 旋转三维实体

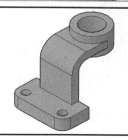

利用"三维旋转"命令可将选取的三维对象和子对象沿指定旋转轴(X轴、Y轴、Z轴)进行自由旋转。

难度:☆☆

 素材文件:第20章\实例265 旋转三维实体.dwg

视频文件:第20章\实例265 旋转三维实体.mp4

① 单击"快速访问"工具栏中的"打开"按钮 ，打开"第20章\实例265 旋转三维实体.dwg"文件，如图 20-17所示。

② 单击"修改"面板上"三维旋转"按钮 ，选取连接板和圆柱体为旋转的对象，单击右键完成对象选择。然后选取圆柱中心为基点，选择Z轴为旋转轴。输入旋转角度为180°，命令行提示如下。

```
命令：_3drotate                                    //调用"三维旋转"命令
UCS 当前的正角方向：ANGDIR=逆时针   ANGBASE=0
选择对象：找到 1 个                                //选择连接板和圆柱为旋转对象
选择对象：                                         //单击右键结束选择
指定基点：                                         //指定圆柱中心点为基点
拾取旋转轴：                                            //拾取Z轴为旋转轴
指定角的起点或键入角度：180✓                       //输入角度
```

③ 通过以上操作即可完成三维旋转的操作，其效果如图 20-18所示。

图20-17　素材图样

图20-18　三维旋转效果

实例 266 缩放三维实体

通过"三维缩放"小控件,用户可以沿轴或平面调整选定对象和子对象的大小,也可以统一调整对象的大小。

难度：☆ ☆

素材文件:第20章\实例266 缩放三维实体.dwg

视频文件:第20章\实例266 缩放三维实体.mp4

图20-19　素材图样（1）

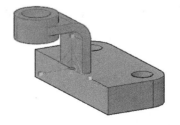

图20-20　指定缩放基点（1）

① 单击"快速访问"工具栏中的"打开"按钮 📂，打开素材文件"第20章\实例266 缩放三维实体.dwg"，如图 20-19所示。

② 单击"修改"面板上"三维缩放"按钮 ⊕，选择连接板和圆柱体为旋转的对象，然后单击底边中点为缩放基点，如图20-20所示。

③ 命令行提示拾取比例轴或平面，在小三角形区域中单击，激活所有比例轴，进行全局缩放，如图20-21所示。

④ 系统提示指定比例因子，输入比例因子2，如图20-22所示。

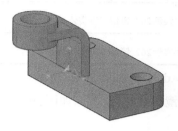

图20-21 素材图样（2）

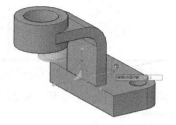

图20-22 指定缩放基点（2）

⑤ 单击Enter键完成操作，结果如图20-23所示，完整的命令行操作如下。

命令：_3DSCALE	//调用"三维旋转"命令
选择对象：找到 1 个	//选择连接板和圆柱为旋转对象
选择对象：	//单击右键结束选择
指定基点：	//指定底边中点为基点
拾取比例轴或平面：	//拾取内部小三角平面为缩放平面
指定比例因子或［复制（C）/参照（R）］：2✓	//输入比例因子

提示： 在缩放小控件中单击选择不同的区域，可以获得不同的缩放效果，具体介绍如下。

➤ 单击最靠近三维缩放小控件顶点的区域，将亮显小控件的所有轴的内部区域，如图20-24所示，模型整体按统一比例缩放。

➤ 单击定义平面的轴之间的平行线，将亮显小控件上轴与轴之间的部分，如图20-25所示，会将模型缩放约束至平面。此选项仅适用于网格，不适用于实体或曲面。

➤ 单击轴，仅亮显小控件上的轴，如图20-26所示，会将模型缩放约束至轴上。此选项仅适用于网格，不适用于实体或曲面。

图20-23 三维缩放效果

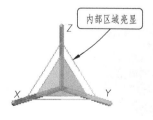

图20-24 统一比例缩放时的小控件

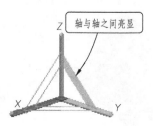

图20-25 约束至平面缩放时的小控件

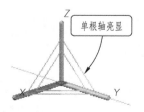

图20-26 约束至轴上缩放时的小控件

实例 267 镜像三维实体

使用"三维镜像"命令能够将三维对象通过镜像平面获取与之完全相同的对象,其中镜像平面可以是与UCS坐标系平面平行的平面或三点确定的平面。

难度:☆☆

💿 素材文件:第20章\实例267 镜像三维实体.dwg

📹 视频文件:第20章\实例267 镜像三维实体.mp4

① 打开素材文件"第20章\实例267 镜像三维实体.dwg",如图20-27所示。

② 单击"常用"选项卡"修改"面板中的"三维镜像"按钮 %,如图20-28所示,执行"三维镜像"命令。

图20-27　素材图样

图20-28　"修改"面板中的"三维镜像"按钮

③ 选择已安装的轴盖进行镜像,如图20-29所示,其命令提示行如下。

命令:MIRROR3D✓　　　　　　　　//调用三维镜像命令
选择对象:找到 1 个
选择对象:✓　　　　　　　　　　//选择要镜像的对象,按Enter键确认
指定镜像平面(三点)的第一个点或[对象(O)/最近的(L)/Z 轴(Z)/视图(V)/XY 平面(XY)/YZ 平面(YZ)/ZX 平面(ZX)/三点(3)]<三点>:
在镜像平面上指定第二点:
在镜像平面上指定第三点:　　　　//指定确定镜像面的三个点
是否删除源对象?[是(Y)/否(N)]<否>:✓
　　　　　　　　　　　　　　　　//按Enter键或空格键,系统默认为不删除源对象

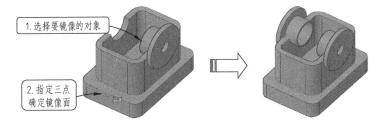

1.选择要镜像的对象

2.指定三点确定镜像面

图20-29　镜像三维实体

实例 268 对齐三维实体

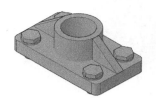

在三维建模环境中，使用"对齐"和"三维对齐"工具可对齐三维对象，从而获得准确的定位效果。

难度：☆☆

💿 素材文件：第20章\实例268 对齐三维实体.dwg

🎬 视频文件：第20章\实例268 对齐三维实体.mp4

① 单击"快速访问"工具栏中的"打开"按钮 📂，打开素材文件"第20章\实例268 对齐三维实体.dwg"，如图20-30所示。

② 单击"修改"面板中"三维对齐"按钮 📐，选择螺栓为要对齐的对象，此时命令行提示如下。

命令：_3dalign↙	//调用"三维对齐"命令
选择对象：找到 1 个	//选中螺栓为要对齐对象
选择对象：	//右键单击结束对象选择
指定源平面和方向 ...	
指定基点或 [复制（C）]：	//指定第二个点或 [继续（C）] <C>:
指定第三个点或 [继续（C）] <C>:	
	//在螺栓上指定3点确定源平面，如图20-31所示 A、B、C三点，指定目标平面和方向
指定第一个目标点：	
指定第二个目标点或 [退出（X）] <X>:	
指定第三个目标点或 [退出（X）] <X>:	
	//在底座上指定3个点确定目标平面，如图20-32所示A、B、C三点，完成三维对齐操作

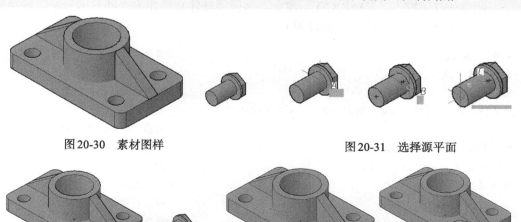

图20-30　素材图样　　　　　　　　　　图20-31　选择源平面

图20-32　选择目标平面

③ 通过以上操作即可完成对螺栓的三维移动，效果如图20-33所示。

④ 复制螺栓实体图形，重复以上操作完成所有位置螺栓的装配，如图20-34所示。

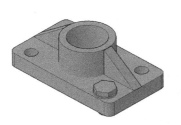

图20-33 三维对齐效果

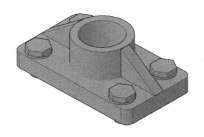

图20-34 装配效果

实例 269 矩形阵列三维实体

使用"三维阵列"工具可以在三维空间中按矩形阵列或环形阵列的方式，创建指定对象的多个副本。在执行"矩形阵列"时，需要指定行数、列数、层数、行间距和层间距，其中一个矩形阵列可设置多行、多列和多层。

难度:☆☆

💿 素材文件:第20章\实例269 矩形阵列三维实体.dwg

🎞 视频文件:第20章\实例269 矩形阵列三维实体.mp4

① 单击"快速访问"工具栏中的"打开"按钮 📂，打开素材文件"第20章\实例269 矩形阵列三维实体.dwg"。

② 在命令行中输入"3DARRAY"命令，选择圆柱体立柱作为要阵列的对象，进行矩形阵列，如图20-35所示，其命令提示行如下。

```
命令:_3darray                                //调用"三维阵列"命令
选择对象:找到 1 个
选择对象:↙                                   //选择需要阵列的对象
输入阵列类型 [矩形(R)/环形(P)] <矩形>: R↙
                                            //激活"矩形(R)"选项
输入行数 (---) <1>: 2↙                       //指定行数
输入列数 (|||) <1>: 2↙                       //指定列数
输入层数 (...) <1>: 2↙                       //指定层数
指定行间距 (---): 1600↙                      //指定行间距
指定列间距 (|||): 1100↙                      //指定列间距
指定层间距 (...): 950↙                       //指定层间距
                                            //分别指定矩形阵列参数，按
                                              Enter键，完成矩形阵列操作
```

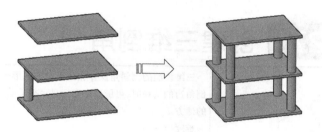

图 20-35　矩形阵列

实例 270 环形阵列三维实体

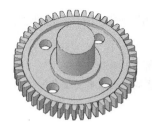

使用"三维阵列"工具可以在三维空间中按矩形阵列或环形阵列的方式，创建指定对象的多个副本。在执形"环形阵列"时，需要指定阵列的数目、阵列填充的角度、旋转轴的起点和终点及对象在阵列后是否绕着阵列中心旋转。

难度：☆ ☆

 素材文件：第20章\实例270 环形阵列三维实体.dwg

 视频文件：第20章\实例270 环形阵列三维实体.mp4

① 单击"快速访问"工具栏中的"打开"按钮 ⬚ ，打开素材文件"第20章\实例270 环形阵列创建齿轮.dwg"。

② 在命令行中输入"3DARRAY"命令，将齿沿轴进行环形阵列，如图20-36所示，其命令提示行如下。

命令：_3darray	//调用"三维阵列"命令
选择对象：找到 1 个	//选择齿实体
选择对象：✓	//按 Enter 键结束选择
输入阵列类型［矩形（R）/环形（P）］<矩形>：P✓	//选择环形阵列
输入阵列中的项目数目：50✓	//输入阵列数量
指定要填充的角度（+=逆时针，−=顺时针）<268>：✓	//使用默认角度
旋转阵列对象？［是（Y）/否（N）］<Y>：✓	//选择旋转对象
指定阵列的中心点：	//捕捉到轴端面圆心
指定旋转轴上的第二点：<极轴 开>	//打开极轴，捕捉到 Z 轴上
	任意一点

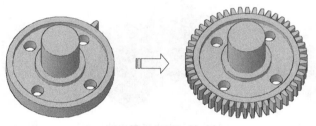

图 20-36　环形阵列

实例 271 创建三维倒角

三维模型的倒斜角操作相比于二维图形来说,要更为烦琐一些,在进行倒角边的选择时,可能选中目标显示得不明显,这是操作"倒角边"要注意的地方。

难度:☆☆

素材文件:第20章\实例271 创建三维倒角.dwg

视频文件:第20章\实例271 创建三维倒角.mp4

① 单击"快速访问"工具栏中的"打开"按钮，打开素材文件"第20章\实例271 创建三维倒角.dwg"，如图20-37所示。

② 在"实体"选项卡中，单击"实体编辑"面板上"倒角边"按钮，选择如图20-38所示的边线为倒角边，命令行提示如下。

```
命令：_CHAMFEREDGE                              //调用"倒角边"命令
选择一条边或［环（L）/距离（D）］：                //选择同一面上需要倒角的边
选择同一个面上的其他边或［环（L）/距离（D）］：
选择同一个面上的其他边或［环（L）/距离（D）］：
选择同一个面上的其他边或［环（L）/距离（D）］：
按 Enter 键接受倒角或［距离（D）］：d✓          //单击右键结束选择倒角边，
                                                 然后输入 d 设置倒角参数

指定基面倒角距离或［表达式（E）］<1.0000>：2✓
指定其他曲面倒角距离或［表达式（E）］<1.0000>：2✓   //输入倒角参数
按 Enter 键接受倒角或［距离（D）］：               //按 Enter 键结束倒角边命令
```

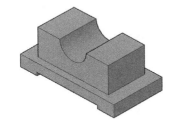

图20-37 素材图样

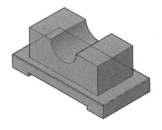

图20-38 选择倒角边

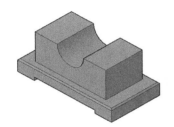

图20-39 倒角效果

图20-40 完成所有边的倒角

图20-41 顶点处的倒角细节

③ 通过以上操作即可完成倒角边的操作，其效果如图20-39所示。

④ 重复以上操作，继续完成其他边的倒角操作，如图20-40所示。

⑤ 三维倒角在顶点处的倒角细节图20-41如所示。

实例 272 创建三维倒圆

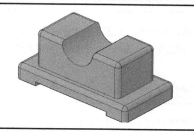

三维模型的倒圆角操作相对于倒斜角来说要简单一些,只需选择要倒角的边,然后输入倒角半径值即可。三边相交的顶点倒圆可以得到球面效果。

难度:☆☆

素材文件:第20章\实例272 创建三维倒圆.dwg

视频文件:第20章\实例272 创建三维倒圆.mp4

① 单击"快速访问"工具栏中的"打开"按钮，打开素材文件"第20章\实例272 创建三维倒圆.dwg"，如图20-42所示。

② 单击"实体编辑"面板上"圆角边"按钮，选择如图20-43所示的边为要倒圆角的边，其命令行提示如下。

```
命令：_FILLETEDGE                              //调用"圆角边"命令
半径 = 1.0000
选择边或［链（C）/环（L）/半径（R）］：            //选择要圆角的边
选择边或［链（C）/环（L）/半径（R）］：            //单击右键结束边选择
已选定 1 个边用于圆角。
按 Enter 键接受圆角或［半径（R）］：r↙          //选择半径参数
指定半径或［表达式（E）］<1.0000>：5↙          //输入半径值
按 Enter 键接受圆角或［半径（R）］：↙                //按Enter键结束操作
```

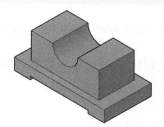

图20-42 素材图样

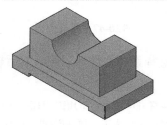

图20-43 选择倒圆角边

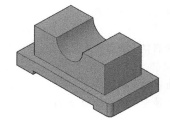

图20-44 倒圆角效果

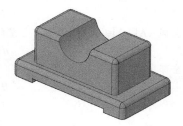

图20-45 完成所有边倒圆角

图20-46 顶点处的倒圆细节

③ 通过以上操作即可完成三维圆角的创建，其效果如图20-44所示。

④ 继续重复以上操作创建其他位置的圆角，效果如图20-45所示。

⑤ 三维倒角在顶点处的倒圆细节如图20-46所示。

实例 273 抽壳三维实体

通过执行"抽壳"操作可使实体以指定的厚度，形成一个空的薄层，同时还允许将某些指定面排除在壳外。指定正值从圆周外开始抽壳，指定负值从圆周内开始抽壳。

难度：☆☆

素材文件：第20章\实例273 抽壳三维实体.dwg

视频文件：第20章\实例273 抽壳三维实体.mp4

① 打开素材文件"第20章\实例273 抽壳三维实体.dwg"，其中已绘制好了一实体花瓶，如图20-47所示。

② 在"实体"选项卡中，单击"实体编辑"面板"抽壳"按钮，如图20-48所示，执行"抽壳"命令。

图20-47　素材图样　　　　图20-48　"实体编辑"面板中的"抽壳"按钮

③ 选择素材文件的顶面，然后输入抽壳距离1，操作如图20-49所示。命令行操作如下。

```
命令：_solidedit                                        //调用"抽壳"命令
实体编辑自动检查：SOLIDCHECK=1
输入实体编辑选项 ［面 （F）/边 （E）/体 （B）/放弃 （U）/退出 （X）］ <退出>：_body
输入体编辑选项
［压印 （I）/分割实体 （P）/抽壳 （S）/清除 （L）/检查 （C）/放弃 （U）/退出 （X）］ <退出>：_shell
选择三维实体：                                          //选择要抽壳的对象
删除面或 ［放弃 （U）/添加 （A）/全部 （ALL）］：找到一个面，已删除 1 个
                                                       //选择瓶口平面为要删除的面
删除面或 ［放弃 （U）/添加 （A）/全部 （ALL）］：
                                                       //单击右键结束选择
输入抽壳偏移距离：1↙                                    //输入抽壳壁厚，按Enter键执行
                                                        操作
已开始实体校验
```

已完成实体校验
输入体编辑选项

[压印（I）/分割实体（P）/抽壳（S）/清除（L）/检查（C）/放弃（U）/退出（X）]<退出>: ✓
//按 Enter 键，结束命令

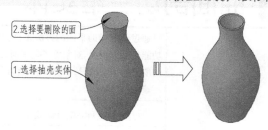

图 20-49 抽壳方法创建花瓶

实例 274 剖切三维实体

在绘图过程中，为了表达实体内部的结构特征，可使用"剖切"命令假想一个与指定对象相交的平面或曲面将该实体剖切，从而创建新的对象。可通过指定点、选择曲面或平面对象来定义剖切平面。

难度：☆☆

素材文件：第20章\实例274 剖切三维实体.dwg

视频文件：第20章\实例274 剖切三维实体.mp4

① 打开素材文件"第20章\实例274 剖切三维实体.dwg"，如图20-50所示。
② 单击"实体"选项卡中"实体编辑"面板中的"剖切"按钮，如图20-51所示。

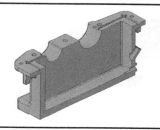

图 20-50 素材图样

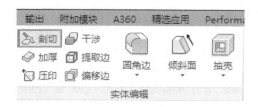

图 20-51 "实体编辑"面板中的"剖切"按钮

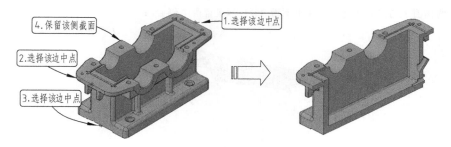

图 20-52 三维模型剖切效果

③ 根据命令行提示，选择默认的"三点"选项，依次选择箱座上的3处中点，再删除所选侧面即可，操作如图20-52所示。

实例 275 曲面剖切三维实体

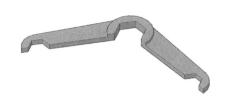

通过绘制辅助平面的方法来进行剖切，是最为复杂的一种，但是功能也最为强大。对象除了是平面，还可以是曲面，因此能创建出任何所需的剖切图形，如阶梯剖、旋转剖等。

难度：☆☆

素材文件：第20章\实例275　曲面剖切三维实体.dwg

视频文件：第20章\实例275　曲面剖切三维实体.mp4

① 单击"快速访问"工具栏中的"打开"按钮，打开素材文件"第20章\实例275 曲面剖切三维实体.dwg"，如图20-53所示。

② 拉伸素材中的多段线，绘制如图20-54所示的平面，为剖切的平面。

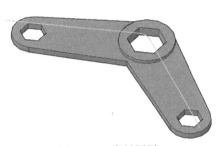

图20-53　素材图样

图20-54　绘制剖切平面

③ 单击"实体编辑"面板上"剖切"按钮，选择四通管实体为剖切对象，其命令行提示如下。

命令：_slice   //调用"剖切"命令
选择要剖切的对象：找到 1 个   //选择剖切对象
选择要剖切的对象：   //单击右键结束选择
指定 切面 的起点或 [/曲面（S）/Z 轴（Z）/视图（V）/XY（XY）/YZ（YZ）/ZX（ZX）/三点（3）] <三点>：S✓
                                                    //选择剖切方式为曲面
选择用于定义剖切平面的圆、椭圆、圆弧、二维样条线或二维多段线：
                                                    //单击选择平面
在所需的侧面上指定点或 [保留两个侧面（B）] <保留两个侧面>：
                                                    //选择需要保留的一侧

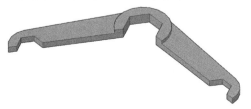

图20-55　剖切结果

④ 通过以上操作即可完成实体的剖切，删除多余对象，最终效果如图20-55所示。

实例 276 Z轴剖切三维实体

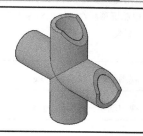

"Z轴"和"指定切面起点"进行剖切的操作过程完全相同，同样都是指定两点，但结果却不同。指定"Z轴"指定的两点是剖切平面的Z轴，而"指定切面起点"所指定的两点直接就是剖切平面。

难度：☆☆

素材文件：第20章\实例276 Z轴剖切三维实体.dwg

视频文件：第20章\实例276 Z轴剖切三维实体.mp4

① 单击"快速访问"工具栏中的"打开"按钮 📂，打开素材文件"第20章\实例276 Z轴剖切三维实体.dwg"，如图20-56所示。

② 单击"实体编辑"面板中的"剖切"按钮 🔧，选择四通管实体为剖切对象，其命令行提示如下。

```
命令：_slice                      //调用"剖切"命令
选择要剖切的对象：<正交 开> 找到 1 个 //选择剖切对象
选择要剖切的对象：                //单击右键结束选择
指定 切面 的起点或 [平面对象（O）/曲面（S）/Z 轴（Z）/视图（V）/XY（XY）/YZ（YZ）/ZX（ZX）/三点
（3）] <三点>：Z                 //选择Z轴方式剖切实体
指定剖面上的点：
指定平面 Z 轴（法向）上的点：      //选择剖切面上的点，如图20-57所示
在所需的侧面上指定点或 [保留两个侧面（B）] <保留两个侧面>：
                                 //选择要保留的一侧
```

图20-56　素材图样

图20-57　选择剖切面上点

③ 通过以上操作即可完成剖切实体，效果如图20-58所示。

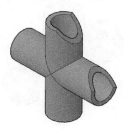

图20-58　剖切效果

实例 277 视图剖切三维实体

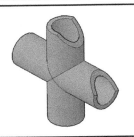

通过"视图"方法进行剖切同样是使用比较多的一种,该方法操作简便,使用快捷,只需指定一点,就可以根据电脑屏幕所在的平面对模型进行剖切。缺点是精确度不够,只适合用作演示、观察。

难度:☆☆

素材文件:第20章\实例277 视图剖切三维实体.dwg

视频文件:第20章\实例277 视图剖切三维实体.mp4

① 单击"快速访问"工具栏中的"打开"按钮 ，打开素材文件"第20章\实例277 视图剖切三维实体.dwg",如图20-59所示。

② 单击"实体编辑"面板中的"剖切"按钮 ，选择四通管实体为剖切对象,其命令行提示如下。

```
命令:_slice                                        //调用"剖切"命令
选择要剖切的对象:找到 1 个                          //选择剖切对象
选择要剖切的对象:                                   //单击右击结束选择
指定 切面 的起点或 [平面对象 (O)/曲面 (S)/Z 轴 (Z)/视图 (V)/XY (XY)/YZ (YZ)/ZX (ZX)/三点
(3)] <三点>: V                                     //选择剖切方式
指定当前视图平面上的点 <0, 0, 0>:                   //指定三维坐标,如图20-60所示
在所需的侧面上指定点或 [保留两个侧面 (B)] <保留两个侧面>:
                                                   //选择要保留的一侧
```

图20-59　素材图样

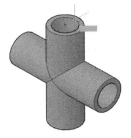

图20-60　指定三维点

③ 通过以上操作即可完成实体的剖切操作,其效果如图20-61所示。

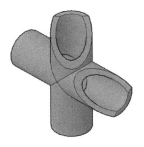

图20-61　剖切效果

实例 278 复制实体边

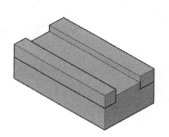

在使用AutoCAD进行三维建模时，可以随时使用二维工具如圆、直线来绘制草图，然后再进行拉伸等建模操作。相较于其他建模软件要绘制草图时还需进入草图环境，AutoCAD显得更为灵活。尤其再结合"复制边"等操作，熟练掌握后可直接从现有模型中分离出对象轮廓进行下一步建模，极为方便。

难度：☆☆☆

 素材文件：第20章\实例278 复制实体边.dwg

 视频文件：第20章\实例278 复制实体边.mp4

① 打开素材文件"第20章\实例278 复制实体边.dwg"，如图20-62所示。

② 单击"实体编辑"面板上"复制边"按钮 ，选择如图20-63所示的边为复制对象，其命令行提示如下。

```
命令：_solidedit
实体编辑自动检查：SOLIDCHECK=1
输入实体编辑选项［面（F）/边（E）/体（B）/放弃（U）/退出（X）］<退出>：_edge
输入边编辑选项［复制（C）/着色（L）/放弃（U）/退出（X）］<退出>：_copy
                                         //调用"复制边"命令
选择边或［放弃（U）/删除（R）］：          //选择要复制的边
……
选择边或［放弃（U）/删除（R）］：          //选择完毕，单击右键结束选择边
指定基点或位移：                          //指定基点
指定位移的第二点：                        //指定平移到的位置
输入边编辑选项［复制（C）/着色（L）/放弃（U）/退出（X）］<退出>：
                                         //按Esc退出复制边命令
```

图20-62　素材图样

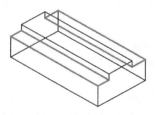

图20-63　选择要复制的边

③ 通过以上操作即可完成复制边的操作，其效果如图20-64所示。

④ 单击"建模"面板中"拉伸"按钮 ，选择复制的边，拉伸高度为40，其效果如图20-65所示。

⑤ 单击"修改"面板中"三维对齐"按钮 ，选择拉伸出的长方体为要对齐的对象，将其对齐到底座上。效果如图20-66所示。

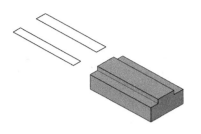

图 20-64　复制边效果

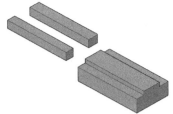

图 20-65　拉伸图形

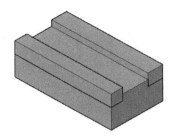

图 20-66　导向底座

实例 279　压印实体边

"压印边"是用 AutoCAD 建模时最常用的命令之一,使用"压印边"可以在模型之上创建各种自定义的标记,也可以用作模型面的分割。

难度:☆☆☆

💿 素材文件:第20章\实例279 压印实体边.dwg

🎬 视频文件:第20章\实例279 压印实体边.mp4

① 单击"快速访问"工具栏中的"打开"按钮 📂,打开素材文件"第20章\实例279 压印实体边.dwg",如图 20-67所示。

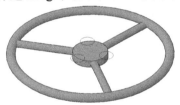

图 20-67　素材图样

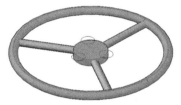

图 20-68　选择三维实体

② 单击"实体编辑"工具栏上"压印边"按钮 🔲,选取方向盘为三维实体,命令行提示如下:

命令:_imprint　　　　　　　　　　　　//调用"压印边"命令
选择三维实体或曲面:　　　　　　　　　//选择三维实体,如图20-68所示
选择要压印的对象:　　　　　　　　　　//选择选择如图20-69所示的图标
是否删除源对象 [是（Y)/否（N)] <N>: y　//选择是否保留源对象

③ 重复以上操作完成图标的压印,其效果如图 20-70所示。

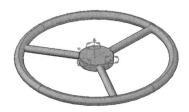

图 20-69　选择要压印的对象

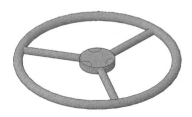

图 20-70　压印效果

　　提示： 执行压印操作的对象仅限于圆弧、圆、直线、二维和三维多段线、椭圆、样条曲线、面域、体和三维实体。实战中使用的文字为直线和圆弧绘制的图形。

实例 280 拉伸实体面

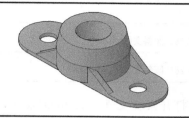

	除了对模型现有的轮廓边进行复制、压印等操作之外，还可以通过"拉伸面"等面编辑方法来直接修改模型。 难度：☆☆☆
	素材文件：第20章\实例280 拉伸实体面.dwg
	视频文件：第20章\实例280 拉伸实体面.mp4

　　① 单击"快速访问"工具栏中的"打开"按钮 ，打开素材文件"第20章\实例280 拉伸实体面.dwg"，如图20-71所示。

　　② 单击"实体编辑"工具栏上"拉伸面"按钮 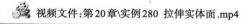，选择如图20-72所示的面为拉伸面，其命令行提示如下。

```
命令：_solidedit
实体编辑自动检查：SOLIDCHECK=1
输入实体编辑选项 [面（F）/边（E）/体（B）/放弃（U）/退出（X）] <退出>：_face
输入面编辑选项
[拉伸（E）/移动（M）/旋转（R）/偏移（O）/倾斜（T）/删除（D）/复制（C）/颜色（L）/材质（A）/放弃（U）/
退出（X）] <退出>：_extrude
                                              //调用"拉伸面"命令
选择面或 [放弃（U）/删除（R）]：找到一个面      //选择要拉伸的面
选择面或 [放弃（U）/删除（R）/全部（ALL）]：    //单击右键结束选择
指定拉伸高度或 [路径（P）]：50↙               //输入拉伸高度
指定拉伸的倾斜角度 <10>：10↙                  //输入拉伸的倾斜角度
已开始实体校验
已完成实体校验
输入面编辑选项
[拉伸（E）/移动（M）/旋转（R）/偏移（O）/倾斜（T）/删除（D）/复制（C）/颜色（L）/材质（A）/放弃（U）/
退出（X）] <退出>：*取消*
                                              //按 Enter 或 Esc 键结束操作
```

　　③ 通过以上操作即可完成拉伸面的操作，其效果如图 20-73所示。

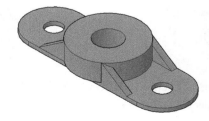

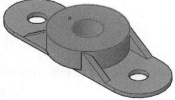

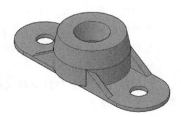

图20-71　素材图样　　　　　　　图20-72　选择拉伸面　　　　　　图20-73　拉伸面完成效果

实例 281 倾斜实体面

除了对模型现有的轮廓边进行复制、压印等操作之外,还可以通过"拉伸面"等面编辑方法来直接修改模型。

难度:☆ ☆ ☆

素材文件:第20章\实例281 倾斜实体面.dwg

视频文件:第20章\实例281 倾斜实体面.mp4

① 单击"快速访问"工具栏中的"打开"按钮 📂,打开素材文件"第20章\实例281倾斜实体面.dwg",如图 20-74所示。

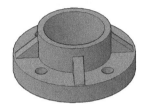

图20-74　素材图样

图20-75　选择倾斜面

② 单击"实体编辑"面板上"倾斜面"按钮 🎨,选择如图20-75所示的面为要倾斜的面,其命令行提示如下。

```
命令:_solidedit                           //调用"倾斜面"命令
实体编辑自动检查: SOLIDCHECK=1
输入实体编辑选项 [面 (F)/边 (E)/体 (B)/放弃 (U)/退出 (X)] <退出>:_face
输入面编辑选项
[拉伸 (E)/移动 (M)/旋转 (R)/偏移 (O)/倾斜 (T)/删除 (D)/复制 (C)/颜色 (L)/材质 (A)/放弃 (U)/
退出 (X)] <退出>:_taper
                                          //调用"倾斜面"命令

选择面或 [放弃 (U)/删除 (R)]: 找到一个面       //选择要倾斜的面
选择面或 [放弃 (U)/删除 (R)/全部 (ALL)]:       //单击右键结束选择
指定基点:
指定沿倾斜轴的另一个点:                        //依次选择上下两圆的圆心,如
                                             图20-76所示
所示指定倾斜角度: -10↙                        //输入倾斜角度
已开始实体校验。
已完成实体校验。
输入面编辑选项
[拉伸 (E)/移动 (M)/旋转 (R)/偏移 (O)/倾斜 (T)/删除 (D)/复制 (C)/颜色 (L)/材质 (A)/放弃 (U)/
退出 (X)] <退出>:↙                            //按Enter或Esc键结束操作
```

③ 通过以上操作即可完成倾斜面的操作,其效果如图20-77所示。

图 20-76　选择倾斜轴

图 20-77　倾斜效果

提示： 在执行倾斜面时，倾斜的方向由选择的基点和第二点的顺序决定，输入正角度则向内倾斜，输入负角度则向外倾斜，不能使用过大角度值。如果角度值过大，面在达到指定的角度之前可能倾斜成一点，在 AutoCAD 中不能支持这种倾斜。

实例 282 移动实体面

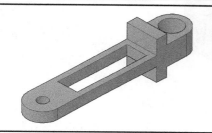

"移动面"命令常用于对现有模型进行修改，如果某个模型拉伸得过多，在 AutoCAD 中并不能回溯到"拉伸"命令进行编辑，因此只能通过"移动面"这类面编辑命令进行修改。

难度：☆☆☆

素材文件：第20章\实例282 移动实体面.dwg

视频文件：第20章\实例282 移动实体面.mp4

① 单击"快速访问"工具栏中的"打开"按钮🗁，打开素材文件"第20章\实例282 移动实体面.dwg"，如图20-78所示。

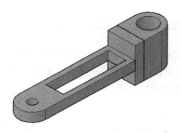

图 20-78　素材图样

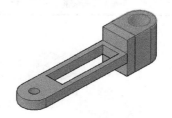

图 20-79　选择移动实体面

② 单击"实体编辑"面板上"移动面"按钮，选择如图20-79所示的面为要移动的面，其命令行提示如下。

```
命令：_solidedit
实体编辑自动检查：SOLIDCHECK=1
输入实体编辑选项 [面（F）/边（E）/体（B）/放弃（U）/退出（X）] <退出>：_face
输入面编辑选项
[拉伸（E）/移动（M）/旋转（R）/偏移（O）/倾斜（T）/删除（D）/复制（C）/颜色（L）/材质（A）/放弃（U）/
退出（X）] <退出>：_move
选择面或 [放弃（U）/删除（R）]：找到一个面          //选择要移动的面
选择面或 [放弃（U）/删除（R）/全部（ALL）]：          //单击右键完成选择
```

指定基点或位移：　　　　　　　　　　　　　　//指定基点，如图20-80所示

正在检查 780 个交点…

指定位移的第二点：20↙　　　　　　　　　　//输入移动的距离

已开始实体校验。

已完成实体校验。

输入面编辑选项

［拉伸（E)/移动（M)/旋转（R)/偏移（O)/倾斜（T)/删除（D)/复制（C)/颜色（L)/材质（A)/放弃（U)/

退出（X)]＜退出＞：　　　　　　　　　　　//按 Enter 键或 Esc 键退出移

　　　　　　　　　　　　　　　　　　　　　　动面操作

③ 通过以上操作即可完成移动面的操作，其效果如图 20-81 所示。

④ 旋转图形，重复以上的操作，移动另一面，其效果如图 20-82 所示。

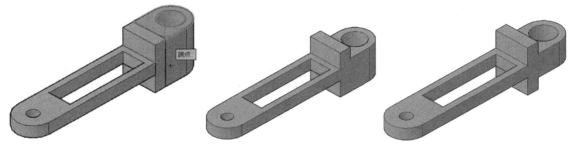

图20-80　选取基点　　　　　图20-81　移动面效果　　　　　图20-82　模型面移动效果

实例 283 偏移实体面

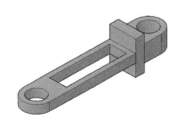

"偏移面"操作是在一个三维实体上按指定的距离均匀地偏移实体面，可根据设计需要将现有的面从原始位置向内或向外偏移指定的距离，从而获取新的实体面。

　难度：☆ ☆ ☆

素材文件：第20章\实例283 偏移实体面.dwg

视频文件：第20章\实例283 偏移实体面.mp4

① 延续"实战282"进行操作，也可以打开素材文件"第20章\实例283 偏移实体面.dwg"。

② 单击"实体编辑"面板上"偏移面"按钮，选择如图20-83所示的面为要偏移的面，其命令行提示如下。

命令：_solidedit

实体编辑自动检查：SOLIDCHECK=1

输入实体编辑选项 [面（F)/边（E)/体（B)/放弃（U)/退出（X)] ＜退出＞：_face

输入面编辑选项

```
［拉伸（E)/移动（M)/旋转（R)/偏移（O)/倾斜（T)/删除（D)/复制（C)/颜色（L)/材质（A)/放弃（U)/
退出（X)]＜退出＞:_offset                          //调用偏移面命令
    选择面或［放弃（U)/删除（R)]: 找到一个面          //选择要偏移的面
    选择面或［放弃（U)/删除（R)/全部（ALL)]:         //单击右键结束选择
    指定偏移距离: -10↙                              //输入偏移距离, 负号表示方
                                                    向向外

    已开始实体校验。
    已完成实体校验。
    输入面编辑选项
    ［拉伸（E)/移动（M)/旋转（R)/偏移（O)/倾斜（T)/删除（D)/复制（C)/颜色（L)/材质（A)/放弃（U)/
退出（X)]＜退出＞:*取消*                            //按Enter键或Esc键结束操作
```

③ 通过以上操作即可完成偏移面的操作, 其效果如图20-84所示。

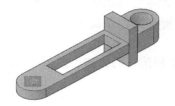

图20-83 选取偏移面

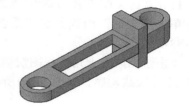

图20-84 偏移面效果

实例 284 删除实体面

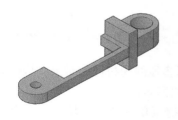

在三维建模环境中,执行"删除面"操作是从三维实体对象上删除实体表面、圆角等实体特征。

难度:☆☆☆

💿 素材文件:第20章\实例284 删除实体面.dwg

🎬 视频文件:第20章\实例284 删除实体面.mp4

① 延续"实战283"进行操作, 也可以打开素材文件"第20章\实例284 删除实体面.dwg", 如图20-85所示。

② 单击"实体编辑"面板上"删除面"按钮，选择要删除的面, 单击回车进行删除, 如图20-86所示。

选取的实体面

图20-85 素材图样

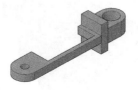

图20-86 删除实体面

实例 285 修改实体记录

利用布尔操作创建组合实体之后,原实体就消失了,且新生成的特征位置完全固定,如果想再次修改就会变得十分困难,例如利用差集在实体上创建孔,孔的大小和位置就只能用偏移面和移动面来修改;而将两个实体进行并集之后,其相对位置就不能再修改。AutoCAD提供的实体历史记录功能,可以解决这一难题。

难度:☆☆☆

 素材文件:第20章\实例285 修改实体记录.dwg

 视频文件:第20章\实例285 修改实体记录.mp4

① 打开素材文件"第20章\实例285 修改实体记录.dwg",如图20-87所示。

② 单击"坐标"面板上的"原点"按钮,然后捕捉到圆柱顶面的中心点,放置原点,如图20-88所示。

③ 单击绘图区左上角的视图快捷控件,将视图调整到俯视的方向,然后在XY平面内绘制一个矩形多段线轮廓,如图20-89所示。

图20-87　模型素材

图20-88　捕捉圆心

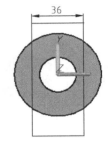

图20-89　长方形轮廓

④ 单击"建模"面板上的"拉伸"按钮，选择矩形多段线为拉伸的对象,拉伸方向向圆柱体内部,输入拉伸高度为14,创建的拉伸体如图20-90所示。

⑤ 单击选中拉伸创建的长方体,然后单击右键,在快捷菜单中选择"特性"命令,弹出该实体的特性选项板,在选项板中,将历史记录修改为"记录",并显示历史记录,如图20-91所示。

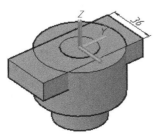

图20-90　创建的长方体

图20-91　设置实体历史记录

⑥ 单击"实体编辑"面板中的"差集"按钮 ⓪，从圆柱体中减去长方体，结果如图 20-92 所示，以线框显示的即为长方体的历史记录。

⑦ 按住 Ctrl 键然后选择线框长方体，该历史记录呈夹点显示状态，将长方体两个顶点夹点合并，修改为三棱柱的形状，拖动夹点适当调整三角形形状，结果如图 20-93 所示。

⑧ 选择圆柱体，用步骤⑤的方法打开实体的特性选项板，将"显示历史记录"选项修改为"否"，隐藏历史记录，最终结果如图 20-94 所示。

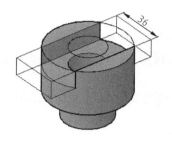
图 20-92　求差集的结果

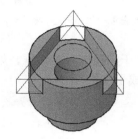
图 20-93　编辑历史记录的结果

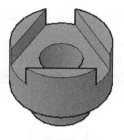
图 20-94　最终结果

实例 286 检查实体干涉

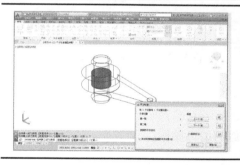

在装配过程中，往往会出现模型与模型之间的干涉现象，因而在执行两个或多个模型装配时，需要进行"干涉检查"操作，以便及时调整模型的尺寸和相对位置，达到准确装配的效果。

难度：☆☆☆

💿 素材文件：第20章\实例286 检查实体干涉.dwg

🎬 视频文件：第20章\实例286 检查实体干涉.mp4

① 单击"快速访问"工具栏中的"打开"按钮 ☞，打开素材文件"第20章\实例286 检查实体干涉.dwg"，如图 20-95 所示。其中已经创建好了一销轴和一连接杆。

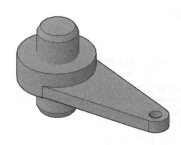
图 20-95　素材图样

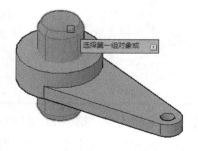
图 20-96　选择第一组对象

② 单击"实体编辑"面板上"干涉"按钮 🔄，选择如图 20-96 所示的图形为第一组对象。其命令行提示如下。

```
命令：_interfere                                              //调用"干涉检查"命令
选择第一组对象或［嵌套选择（N)/设置（S)]：找到 1 个
                                                  //选择销轴为第一组对象
选择第一组对象或［嵌套选择（N)/设置（S)]：      //单击Enter键结束选择
选择第二组对象或［嵌套选择（N)/检查第一组（K)]<检查>：找到 1 个
                                                  //选择如图20-97所示的连接杆
                                             为第二组对象
选择第二组对象或［嵌套选择（N)/检查第一组（K)]<检查>：
                                                  //单击Enter键弹出干涉检查效果
```

③ 通过以上操作，系统弹出"干涉检查"对话框，如图20-98所示，红色亮显的地方即为超差部分。单击关闭按钮即可完成干涉检查。

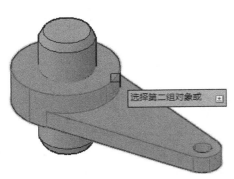

图20-97　选择第二组对象

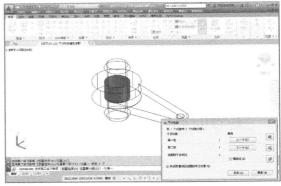

图20-98　干涉检查结果

20.2　曲面与网格的编辑

与三维实体一样，曲面与网格模型也可以进行类似的编辑操作。

实例 287 修剪曲面

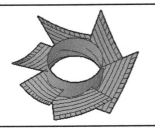

使用"修剪曲面"命令可以修剪相交曲面中不需要的部分，也可利用二维对象在曲面上的投影生成修剪。

难度：☆☆☆

💿 素材文件：第20章\实例287 修剪曲面.dwg

🎬 视频文件：第20章\实例287 修剪曲面.mp4

① 打开素材文件"第20章\实例287 修剪曲面.dwg"，如图20-99所示。

② 在"曲面"选项卡中，单击"编辑"面板上的"修剪"按钮🔘，修剪扇叶曲面，如图20-100所示。命令行操作如下。

```
命令：_SURFTRIM
延伸曲面 = 是，投影 = 自动
选择要修剪的曲面或面域或者［延伸（E)/投影方向（PRO)]：找到 1 个
```

选择要修剪的曲面或面域或者［延伸（E）/投影方向（PRO）］：找到 1 个，总计2 个
选择要修剪的曲面或面域或者［延伸（E）/投影方向（PRO）］：找到 1 个，总计3 个
选择要修剪的曲面或面域或者［延伸（E）/投影方向（PRO）］：找到 1 个，总计4 个
选择要修剪的曲面或面域或者［延伸（E）/投影方向（PRO）］：找到 1 个，总计5 个
选择要修剪的曲面或面域或者［延伸（E）/投影方向（PRO）］：找到 1 个，总计6 个

　　　　　　　　　　　　　　　　　　　　　　　　//依次选择6个扇叶曲面
选择要修剪的曲面或面域或者 延伸（E）/投影方向（PRO）］：✓

　　　　　　　　　　　　　　　　　　　　　　　　//按Enter键结束选择

选择剪切曲线、曲面或面域：找到 1 个　　　　　　//选择圆柱面作为剪切曲面
选择剪切曲线、曲面或面域：✓　　　　　　　　　　//按Enter键结束选择
选择要修剪的区域［放弃（U）］：
选择要修剪的区域［放弃（U）］：
选择要修剪的区域［放弃（U）］：
选择要修剪的区域［放弃（U）］：
选择要修剪的区域［放弃（U）］：
选择要修剪的区域［放弃（U）］：　　　　　　　　　//依次单击6个扇叶在圆柱内的部分
选择要修剪的区域［放弃（U）］：✓　　　　　　　　//按Enter键完成裁剪

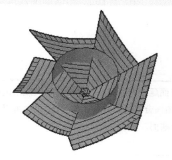　　　　　　　　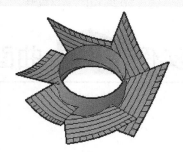

图20-99　素材模型　　　　　　　　图20-100　曲面修剪效果

实例 288 曲面倒圆

使用曲面"圆角"命令可以在现有曲面之间的空间中创建新的圆角曲面。圆角曲面具有固定半径轮廓，且与原始曲面相切。

难度：☆ ☆ ☆

💿 素材文件：第20章\实例288 曲面倒圆.dwg

📀 视频文件：第20章\实例288 曲面倒圆.mp4

① 打开素材文件"第20章\实例288 曲面倒圆.dwg"，如图20-101所示。

② 在"曲面"选项卡中，单击"创建"面板中的"圆角"按钮 ，圆角曲面创建如图20-102所示，命令行提示如下。

命令：_SURFFILLET　　　　　　　　　　　//调用"圆角"命令
半径 = 5.0000，修剪曲面 = 是

选择要圆角化的第一个曲面或面域或者［半径（R）/修剪曲面（T）］：R↙
//选择"半径"备选项

指定半径或［表达式（E）］<5.0000>：40↙　　　　//指定圆角半径
选择要圆角化的第一个曲面或面域或者［半径（R）/修剪曲面（T）］：
//选择要圆角的第一个曲面

选择要圆角化的第二个曲面或面域或者［半径（R）/修剪曲面（T）］：
//选择要圆角的第二个曲面

按 Enter 键接受圆角曲面或［半径（R）/修剪曲面（T）］：↙
//按 Enter 键结束圆角操作

图 20-101　素材模型　　　　　　　　图 20-102　曲面倒圆效果

实例 289 曲面延伸

延伸曲面可通过将曲面延伸到与另一对象的边相交或指定延伸长度来创建新曲面。可以将延伸曲面合并为原始曲面的一部分，也可以将其附加为与原始曲面相邻的第二个曲面。

难度：☆☆☆

素材文件：第20章\实例289　曲面延伸.dwg

视频文件：第20章\实例289　曲面延伸.mp4

① 打开素材文件"第20章\实例289　曲面延伸.dwg"，如图20-103所示。

② 在"曲面"选项卡中，单击"修改"面板中的"延伸"按钮 ，如图20-104所示，执行"曲面延伸"命令。

图 20-103　素材模型　　　　图 20-104　"编辑"面板中的"延伸"按钮

③ 选择底边为要延伸的边，然后输入延伸距离为20，如图20-105所示。

④ 延伸曲面如图20-106所示，命令行提示如下。

```
命令: _SURFEXTEND                                          //调用"延伸"命令
模式 = 延伸, 创建 = 附加
选择要延伸的曲面边: 找到 1 个                                //选择底边为要延伸的边
选择要延伸的曲面边: ✓                                       //按 Enter 键确认选择
指定延伸距离 [表达式 (E)/模式 (M)]: 20✓                      //输入延伸距离, 并按 Enter
                                                           键结束操作
```

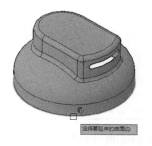

图20-105　选择要延伸的边

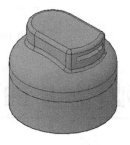

图20-106　曲面延伸效果

实例 290 曲面造型

在其他专业性质的三维建模软件中,如UG、Solidworks、犀牛等,均有将封闭曲面转换为实体的功能,这极大地提高了产品的曲面造型技术。在AutoCAD中,也有与此功能相似的命令,那就是"造型"。

难度:☆☆☆

　素材文件:第20章\实例290 曲面造型.dwg

　视频文件:第20章\实例290 曲面造型.mp4

在家具、灯饰上通常使用玻璃、塑料等制成的多面体作为装饰,如图20-107所示。

① 单击"快速访问"工具栏中的"打开"按钮🗁,打开素材文件"第20章\实例290 曲面造型.dwg",如图20-108所示。

图20-107　多面体

图20-108　素材文件

② 单击"常用"选项卡"修改"面板中的"环形阵列"按钮⊞,选择素材中已经创建好的三个曲面,然后以直线为旋转轴,设置阵列数量为6,角度360°,如图20-109所示。

③ 在"曲面"选项卡中,单击"编辑"面板中的"造型"按钮⬜,全选阵列后的曲面,再单击Enter确认选择,即可创建钻石模型,如图20-110所示。

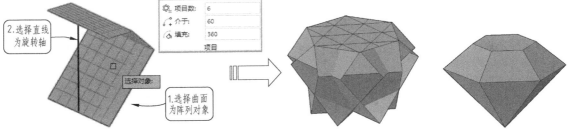

图 20-109　曲面造型　　　　　　　　　　　　　　　　图 20-110　创建的钻石模型

实例 291 曲面加厚

在三维建模环境中,可以将网格曲面、平面曲面或截面曲面等多种曲面类型的曲面通过加厚处理形成具有一定厚度的三维实体。

难度:☆☆☆

素材文件:第20章\实例291　曲面加厚.dwg

视频文件:第20章\实例291　曲面加厚.mp4

① 打开素材文件"第20章\实例291　曲面加厚.dwg"。

② 单击"实体"选项卡中"实体编辑"面板中的"加厚"按钮，选择素材文件中的花瓶曲面，然后输入厚度值1即可，操作如图20-111所示。

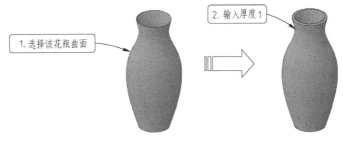

图 20-111　加厚花瓶曲面

实例 292 编辑网格模型

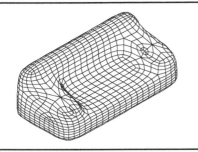

网格建模与实体建模可以实现的操作并不完全相同。如果需要通过交集、差集或并集操作来编辑网格对象,则可以将网格转换为三维实体或曲面对象。同样,如果需要将锐化或平滑应用于三维实体或曲面对象,则可以将这些对象转换为网格。

难度:☆☆☆

 素材文件:无

 视频文件:第20章\实例292　编辑网格模型.mp4

① 单击快速访问工具栏中的"新建"按钮，新建空白文件。

② 在"网格"选项卡中，单击"图元"选项卡右下角的箭头 ↘，在弹出的"网格图元选项"对话框中，选择"长方体"图元选项，设置长度细分为5、宽度细分为3、高度细分为2，如图20-112所示。

③ 将视图调整到西南等轴测方向，在"网格"选项卡中，单击"图元"面板上的"网格长方体"按钮▦，在绘图区绘制长、宽、高分别为200、100、30的长方体网格，如图20-113所示。

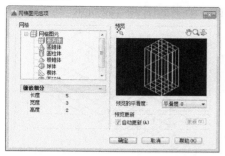

图20-112 "网格图元选项"对话框

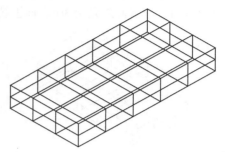

图20-113 创建的网格长方体

④ 在"网格"选项卡中，单击"网格编辑"面板上的"拉伸面"按钮，选择网格长方体上表面3条边界处的9个网格面，向上拉伸30，如图20-114所示。

⑤ 在"网格"选项卡，单击"网格编辑"面板上的"合并面"按钮，在绘图区中选择沙发扶手外侧的两个网格面，将其合并；重复使用该命令，合并扶手内侧的两个网格面，以及另外一个扶手的内外网格面，如图20-115所示。

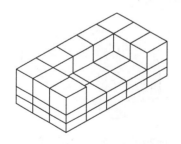

图20-114 拉伸面

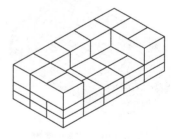

图20-115 合并面的结果

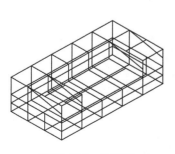

图20-116 分割面

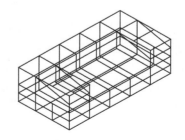

图20-117 分割前端面

⑥ 在"网格"选项卡中，单击"网格编辑"面板上的"分割面"按钮，选择以上合并后的网格面，绘制连接矩形角点和竖直边中点的分割线，并使用同样的方法分割其他3组网

格面，如图20-116所示。

⑦ 再次调用"分割面"命令，在绘图区中选择扶手前端面，绘制平行底边的分割线，结果如图20-117所示。

⑧ 在"网格"选项卡中，单击"网格编辑"面板上的"合并面"按钮，选择沙发扶手上面的两个网格面、侧面的两个三角网格面和前端面，将它们合并。按照同样的方法合并另一个扶手上对应的网格面，结果如图20-118所示。

⑨ 在"网格"选项卡中，单击"网格编辑"面板上的"拉伸面"按钮，选择沙发顶面的5个网格面，设置倾斜角为30°，向上拉伸距离为15，结果如图20-119所示。

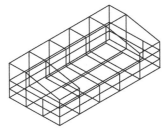

图20-118　合并面的结果

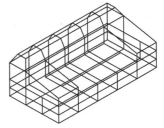

图20-119　拉伸顶面的结果

⑩ 在"网格"选项卡中，单击"网格"面板上的"提高平滑度"按钮，选择沙发的所有网格，提高平滑度2次，结果如图20-120所示。

⑪ 在"视图"选项卡中，单击"视觉样式"面板上的"视觉样式"下拉列表，选择"概念"视觉样式，显示效果如图20-121所示。

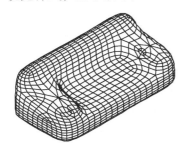

图20-120　提高平滑度

图20-121　概念视觉样式效果

第21章

三 维 渲 染

　　尽管三维建模比二维图形更逼真，但是看起来仍不真实，缺乏现实世界中的色彩、阴影和光泽。而在电脑绘图中，将模型按严格定义的语言或者数据结构来对三维物体进行描述，包括几何、视点、纹理以及照明等各种信息，从而获得真实感极高的图片，这一过程就称为渲染。

实例 293 设置模型材质

在AutoCAD中为模型添加材质，可以获得接近真实的外观效果。但值得注意的是，在"概念"视觉样式下，仍然有很多材质未能得到逼真的表现，效果也差强人意。若想得到更为真实的图形，只能通过渲染获得图片。

难度：☆☆☆

 素材文件：第21章\实例293 设置模型材质.dwg

 视频文件：第21章\实例293 设置模型材质.mp4

　　① 单击"快速访问"工具栏中的打开按钮 📂，打开素材文件"第21章\实例293 设置模型材质.dwg"，如图21-1所示。

　　② 在"可视化"选项卡中，单击"材质"面板上的"材质浏览器"按钮 ⊗ 材质浏览器，打开"材质"选项板，其命令行操作如下。

命令：_RMAT　　　　　　　　　　　　　//调用"材质浏览器"命令
选择材质，重生模型。　　　　　　　　　　//选择"生锈"材质，如图21-2所示。

　　③ 通过以上操作即可完成材质的设置，其效果如图21-3所示。

图21-1　素材图样

图21-2　赋予铁锈材质效果

图21-3　赋予生锈材质的模型

实例 294 设置点光源

点光源是某一点向四周发射的光源,类似于环境中典型的电灯泡或者蜡烛等。点光源通常来自于特定的位置,向四面八方辐射。点光源会衰减,也就是其亮度会随着距点光源距离的增加而减小。

难度:☆☆☆

素材文件:第21章\实例294 设置点光源.dwg

视频文件:第21章\实例294 设置点光源.mp4

① 延续"实战293"进行操作,也可以打开素材文件"第21章\实例294 设置点光源.dwg",如图21-4所示。

② 在命令行输入"POINTLIGHT"命令,在模型附近添加点光源,其命令行操作如下。

命令:_pointlight　　　　　　　　　　　　　　　　　　//执行"点光源"命令

指定源位置 <0,0,0>:　　　　　　　　　　　　　　　//指定源位置

输入要更改的选项［名称（N）/强度因子（I）/状态（S）/光度（P）/阴影（W）/衰减（A）/过滤颜色（C）/退出（X）］<退出>:I↙

　　　　　　　　　　　　　　　　　　　　　　　　　//编辑光照强度

输入强度（0.00-最大浮点数）<1>:0.05↙　　　　　//输入强度因子

输入要更改的选项［名称（N）/强度因子（I）/状态（S）/光度（P）/阴影（W）/衰减（A）/过滤颜色（C）/退出（X）］<退出>:N

　　　　　　　　　　　　　　　　　　　　　　　　　//修改光源名称

输入光源名称 <点光源1>:Point1↙　　　　　　　　//输入光源名称为"point1",按
　　　　　　　　　　　　　　　　　　　　　　　　　　Enter键结束

③ 通过以上操作即可完成设置点光源,其效果如图 21-5所示。

图21-4　素材图样

图21-5　设置光源效果

实例 295 添加平行光照

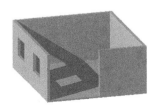

平行光仅向一个方向发射统一的平行光线。通过在绘图区指定光源的方向矢量的两个坐标,就可以定义平行光的方向。平行光照可以用来为室内添加采光,能极大程度地还原真实地室内光影效果。

难度:☆☆☆

素材文件:第21章\实例295 添加平行光照.dwg

视频文件:第21章\实例295 添加平行光照.mp4

① 打开素材文件"第21章\实例295 添加平行光照.dwg",如图21-6所示。

② 在"渲染"选项卡中,单击"光源"面板,展开"创建光源"列表,选择"平行光"选项,在模型上添加平行光照射,命令行操作如下。

```
命令: _distantlight                                          //调用"平行光"命令
指定光源来向 <0, 0, 0> 或 [矢量 (V)]: -120, -120, 120↙
                                                            //指定方向矢量的起点
指定光源去向 <1, 1, 1>: 50, -30, 0↙                          //指定方向矢量的终点坐标
输入要更改的选项 [名称 (N)/强度 (I)/状态 (S)/阴影 (W)/颜色 (C)/退出 (X)]: I↙
                                                            //选择"强度"选项
输入强度 (0.00 - 最大浮点数) <1>: 2↙                         //输入光照的强度为2
输入要更改的选项 [名称 (N)/强度 (I)/状态 (S)/阴影 (W)/颜色 (C)/退出 (X)]: ↙
                                                            //按Enter键结束编辑,完成
                                                            光源创建
```

③ 通过以上操作,完成平行光的创建,光照的效果如图21-7所示。

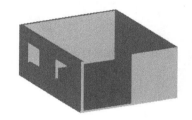

图21-6 室内模型

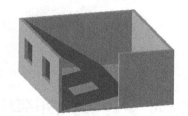

图21-7 平行光照的效果

实例 296 添加光域网灯光

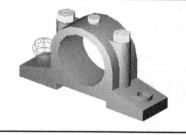

光域网是光源强度分布的三维表示,光域网灯光可以用于表示各向异性光源分布,此分布来源于现实中的光源制造商提供的数据。

难度:☆☆☆

素材文件:第21章\实例296 添加光域网灯光.dwg

视频文件:第21章\实例296 添加光域网灯光.mp4

① 打开素材文件"第21章\实例296 添加光域网灯光.dwg",如图21-8所示。

② 在命令行输入"WEBLIGHT"并按Enter键,创建光域网灯光,如图21-9所示。命令行操作如下。

```
命令: WEBLIGHT↙                                             //调用"光域网灯光"命令
指定源位置 <0, 0, 0>: 200, -200, 200↙                        //输入光源位置
指定目标位置 <0, 0, -10>: 0, 100, 0↙                         //输入目标位置
输入要更改的选项 [名称 (N)/强度因子 (I)/状态 (S)/光度 (P)/光域网 (B)/阴影 (W)/过滤颜色 (C)/
退出 (X)] <退出>: I↙                                        //选择修改强度因子
输入强度 (0.00 - 最大浮点数) <1>: 0.5↙                       //指定强度因子
```

输入要更改的选项［名称（N）/强度因子（I）/状态（S）/光度（P）/光域网（B）/阴影（W）/过滤颜色（C）/退出（X）］<退出>：P✓   //选择修改光度

输入要更改的光度控制选项［强度（I）/颜色（C）/退出（X）］<强度>：I✓
                    //选择修改强度

输入强度（Cd)或输入选项［光通量（F）/照度（I）］<1500>：700✓
                    //输入强度数值

输入要更改的光度控制选项［强度（I）/颜色（C）/退出（X）］<强度>：X✓
                    //选择退出

输入要更改的选项［名称（N）/强度因子（I）/状态（S）/光度（P）/光域网（B）/阴影（W）/过滤颜色（C）/退出（X）］<退出>：✓   //按Enter键退出

图21-8　素材模型

图21-9　光域网灯光照射效果

实例 297 创建贴图

为模型添加贴图可以将任意图片赋予至模型表面,从而创建真实的产品商标或其他标识等。贴图的操作极需耐心,在进行调整时,所有参数都不具参考性,只能靠经验一点点地更改参数,反复调试。

难度:☆☆☆☆

素材文件:第21章\实例297　创建贴图.dwg

视频文件:第21章\实例297　创建贴图.mp4

① 单击"快速访问"工具栏中的"打开"按钮📂,打开素材文件"第21章\实例297 创建贴图.dwg",如图 21-10所示。

② 展开"渲染"选项卡,并在"材质"面板中单击选择"材质/纹理开"按钮,如图 21-11所示。

图21-10　素材图样

图21-11　"材质/纹理开"按钮

③ 打开材质浏览器，在"材质浏览器"的左下角点击"在文档中创建新材质"按钮，在展开的列表里选择"新建常规材质"选项，如图21-12所示。

④ 此时弹出"材质编辑器"对话框，在此编辑器中，单击图像右边的空白区域（图中线框所示），如图 21-13所示。

图21-12 创建材质

图21-13 "材质编辑器"对话框

⑤ 在弹出的对话框中，选择路径，打开素材"第21章\锈蚀贴图.jpg"，选择打开，如图 21-14所示。

⑥ 系统弹出"纹理编辑器"，将其"样例尺寸"的宽度和高度参数均设置为1，如图21-15所示。可以更改图像的密度（值改的越大，图片越稀疏，值越小，图片越密集）。

图21-14 选择要附着的图片

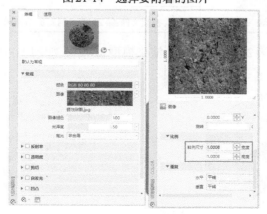

图21-15 图片预览效果

⑦ 在"材质编辑器"中已经创建了一种新材质，将其重命名为"锈蚀"，如图21-16所示。

⑧ 将"锈蚀"材质，拖动绘图区实体上，最终效果如图21-17所示。

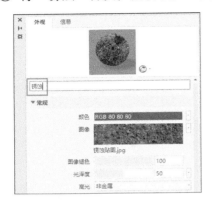

图21-16　重命名材质

图21-17　添加材质效果

提示：如果删除引用的图片，那么材质浏览器里的相应材质也将不可用，用此材质的渲染也都会变成无效的。所以将材质所用的源图片统一、妥善地保存好非常重要，最好是放到AutoCAD默认的路径里，一般为：C：\Program Files\Common Files\Autodesk Shared\Materials\Textures，可以在此创建自己的文件夹，放置自己的材质源图片。如果某个材质经常使用，可以把它放到"我的材质里"。方法：在常用的材质上右键单击，选择添加到——我的材质——我的材质，这样下次再次用此材质时，可以直接在"材质浏览器"，单击"我的材质"即可轻松找到。

实例 298　渲染模型

通过渲染就可以得到极为逼真的图形,如果参数设置得当,甚至可以获得真实相片级别的图像。下面便通过一个具体实战来系统地介绍模型渲染地整个过程。

难度：☆☆☆☆

💿 素材文件：第21章\实例298 渲染模型.dwg

🐾 视频文件：第21章\实例298 渲染模型.mp4

① 打开素材文件"第21章\实例298 渲染模型.dwg"，如图21-18所示。

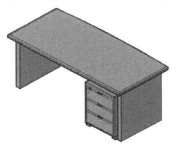

图21-18　办公桌模型

图21-19　选择排序依据

② 切换到"可视化"选项卡，单击"材质"面板上的"材质/纹理开"按钮，将材质和纹理效果打开。

③ 单击"材质"面板上的"材质浏览器"按钮，系统弹出"材质浏览器"选项板，在排序依据中单击"类别"栏，如图21-19所示，Autodesk库中的文件以材质类别进行排序。

④ 找到木材中的"枫木-野莓色"材质，按住鼠标左键将其拖到办公桌面板上，如图21-20所示。

⑤ 用同样的方法，将"枫木-野莓色"材质添加到其他实体上，添加材质的效果如图21-21所示。

图21-20　顶板添加材质的效果

图21-21　材质添加完成的效果

⑥ 切换到"常用"选项卡，单击"坐标"面板上的"Z轴矢量"按钮，新建UCS，如图21-22所示。

⑦ 单击"光源"面板上的"创建光源"按钮，选择"聚光灯"选项，系统弹出"光源-视口光源模式"对话框，如图21-23所示，单击"关闭默认光源"按钮。然后执行以下命令行操作，创建聚光灯，如图21-24所示。

```
命令：_spotlight✓
指定源位置 <0，0，0>：0，-500，1500                    //输入光锥的顶点坐标
指定目标位置 <0，0，-10>：0，0，0                     //输入光锥底面中心的坐标
输入要更改的选项 ［名称（N）/强度（I）/状态（S）/聚光角（H）/照射角（F）/阴影（W）/衰减（A）/颜色
（C）/退出（X）］<退出>：H                           //选择"聚光角"选项
输入聚光角 （0.00-160.00）<45>：65                  //输入聚光角角度
输入要更改的选项 ［名称（N）/强度（I）/状态（S）/聚光角（H）/照射角（F）/阴影（W）/衰减（A）/颜色
（C）/退出（X）］<退出>：I                           //选择"强度"选项
输入强度 （0.00-最大浮点数）<1>：2                    //输入强度因子
输入要更改的选项 ［名称（N）/强度（I）/状态（S）/聚光角（H）/照射角（F）/阴影（W）/衰减（A）/颜色
（C）/退出（X）］<退出>：✓                           //选择退出
```

图21-22　新建UCS

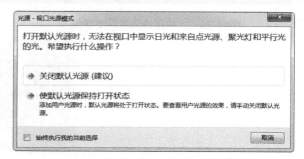

图21-23　"光源-视口光源模式"对话框

⑧ 单击"光源"面板上的"地面阴影"按钮，将阴影效果打开。

⑨ 再次单击"创建光源"按钮，选择"创建平行光"，然后在命令行执行以下操作。

命令：_distantlight↙

指定光源来向 <0, 0, 0> 或 [矢量（V）]：100，-150，100

　　　　　　　　　　　　　　　　　　//输入矢量的起点坐标

指定光源去向 <1, 1, 1>：0, 0, 0　　//输入矢量的终点坐标

输入要更改的选项 [名称（N）/强度（I）/状态（S）/阴影（W）/颜色（C）/退出（X）] <退出>：I

　　　　　　　　　　　//选择"强度"选项

输入强度（0.00 - 最大浮点数）<1>：2　　//输入强度因子

输入要更改的选项 [名称（N）/强度（I）/状态（S）/阴影（W）/颜色（C）/退出（X）] <退出>：

　　　　　　　　　　　//选择退出

　　　　　　　　　　　//创建的平行光照效果如图21-25所示。

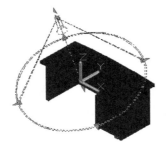

图21-24　创建的聚光灯

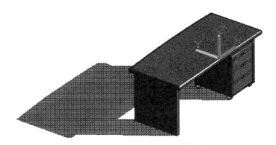

图21-25　平行光照的效果

⑩ 选择"视图"下的"命名视图"命令，系统弹出"视图管理器"对话框，如图21-26所示。单击"新建"按钮，系统弹出"新建视图/快照特性"对话框，输入新视图的名称为"渲染背景"，然后在"背景"下拉列表框中选择"图像"选项，如图21-27所示。浏览到"第12章\地板背景.JPEG"素材文件，将其打开作为该视图的背景，然后单击"视图管理器"对话框上的"置为当前"按钮，应用此视图。

图21-26　"视图管理器"对话框

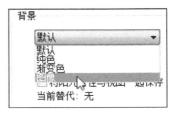

图21-27　设置背景

图21-28　渲染效果

⑪ 单击"渲染"面板上的"渲染"按钮，查看渲染效果，如图21-28所示。

实例 299 产品的建模

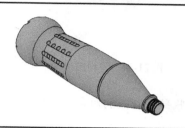

无论是建模还是渲染，都是为最终的产品服务的，脱离产品的工作都是无意义的。因此本例便通过一个真实的饮料瓶产品建模实战，来介绍具体工作中的软件操作。

难度：☆☆☆☆

素材文件：无

视频文件：第21章\实例299 产品的建模.mp4

① 单击"快速访问"工具栏中的"新建"按钮 ▢ ，新建空白图形文件。

② 选择"前视"视图，绘制如图21-29所示的瓶身轮廓线和中心线。

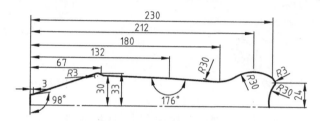

图21-29 绘制轮廓线

③ 选择上一步绘制的瓶身轮廓线和中心线，单击"绘图"面板中的"面域"工具按钮 ▣ ，创建一个面域，如图21-30所示。

图21-30 创建面域

④ 单击"建模"面板上"旋转"按钮 ▱ ，选择上一步创建的面域为旋转对象，绕中心线旋转创建瓶身实体，如图21-31所示。

⑤ 绘制一个如图21-32所示的镶嵌体。

图21-31 绘制瓶身

图21-32 绘制瓶底镶嵌体

⑥ 在命令行中输入"ALIGN"，执行对齐命令，将镶嵌体移动到如图21-33所示位置。

⑦ 在命令行中输入"3DARRAY"命令并回车，选择镶嵌体为阵列的对象，选择阵列类

型为环形阵列，其阵列效果如图21-34所示。

图21-33　移动镶嵌体

图21-34　阵列图形

⑧ 单击"实体编辑"面板中"差集"按钮⚬，选择瓶身为被减的对象，选取阵列出的5个镶嵌体为减去的对象，完成差集的效果如图21-35所示。

⑨ 绘制一个如图21-36所示的平面，将其移动到合适位置。

图21-35　求差集效果

图21-36　绘制平面

⑩ 单击"实体编辑"面板中"剖切"按钮，选择瓶身为剖切对象，剖切方式为"平面对象"。在刚绘制的平面上任意单击一点，完成剖切操作，其效果如图21-37所示。

⑪ 在"实体"选项卡中，单击"实体编辑"面板上"圆角边"按钮，在各切槽边线创建圆角，其效果如图21-38所示。

图21-37　剖切对象

图21-38　倒圆角

⑫ 绘制一个半径为3的球体，其位置如图21-39所示。

图21-39　绘制球体

⑬ 在命令行中输入"3DARRAY"命令并回车，选择球体为阵列的对象，选择阵列类型为矩形阵列，其距离为10，数目为5，效果如图21-40所示。

⑭ 在命令行中输入"3DARRAY"命令并回车，选择5个球体为阵列的对象，选择阵列类型为环形阵列，阵列数目为20，阵列中心为瓶子轴线，完成阵列的效果如图21-41所示。

图21-40 路径阵列球体

图21-41 环形阵列

⑮ 单击"实体编辑"面板中"差集"按钮 ⓪，选择瓶身为被减的对象，选取阵列出的球体为被减的对象，差集操作的效果如图21-42所示。

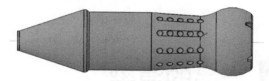

图21-42 差集效果

⑯ 将视图切换到"西北等轴测"视图，单击"绘图"面板上"圆"按钮 ⊘，绘制一个半径为14的圆。然后拉伸此圆，拉伸高度为2。重复绘制"圆"命令，绘制一个半径为11的圆，拉伸高度为5。效果如图21-43所示。

⑰ 再次单击"绘图"面板上"圆"按钮 ⊘，绘制一个半径为9.5的圆。然后拉伸此圆，拉伸高度为12。效果如图21-44所示。

图21-43 拉伸瓶口托

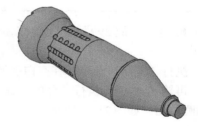

图21-44 拉伸瓶口

⑱ 将视图切换到"俯视"视图，单击"绘图"面板中"螺旋线"按钮 ▤，绘制一个半径为9.5、高度为12的螺旋线，并在螺旋线端点绘制一个截面，其尺寸如图21-45所示。

⑲ 单击"建模"面板上"扫掠"按钮 ☞，将截面沿螺旋线扫掠，效果如图21-46所示。

⑳ 在命令行中输入"ALIGN"命令，将螺纹移动到如图21-47所示的位置。

㉑ 将视图切换到"西北等轴测"视图，单击"实体编辑"面板上"抽壳"按钮 ▣，选择瓶身为抽壳对象，选择瓶口面为要删除的面，如图21-48所示。

㉒ 输入抽壳距离为1，效果如图21-49所示。

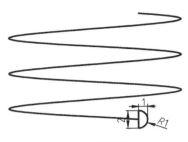

图21-45　螺纹尺寸　　　　　　　　　　图21-46　绘制螺纹

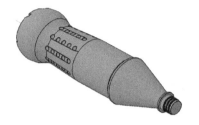

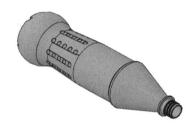

图21-47　移动螺纹　　　　　图21-48　抽壳对象　　　　　图21-49　抽壳效果

实例 300 产品的渲染

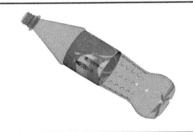

无论是建模还是渲染,都是为最终的产品服务的,脱离产品的工作都是无意义的。本例延续上例的建模结果,对饮料瓶产品设置材质与贴图,以达到较为真实的渲染效果。

难度:☆☆☆☆☆

素材文件:第21章\实例300 产品的渲染.dwg

在线视频:第21章\实例300 产品的渲染.mp4

① 延续"实战299"进行操作,也可以打开素材文件"第21章\实例300 产品的渲染.dwg"。

② 执行"复制"命令,在空白区域复制粘贴一个模型样本,如图21-50所示。

③ 再输入"X",执行"分解"命令,将副本模型分解,并删除多余曲面,只保留瓶身中间的圆柱面,如图21-51所示。

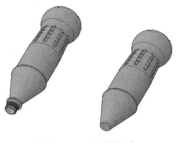

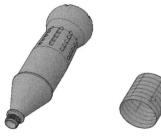

图21-50　复制瓶身　　　　　　　　图21-51　仅保留瓶身圆柱面

④ 在"曲面"选项卡中,单击"创建"面板上的"偏移"按钮，将该圆柱面向外偏

移0.5，如图21-52所示。然后删除原有面。

⑤ 打开材质浏览器，在"材质浏览器"的左下角，点击"在文档中创建新材质"按钮  ，在展开的列表里选择"塑料"选项，如图21-53所示。

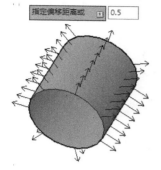

图21-52　偏移瓶身圆柱面

图21-53　创建材质

⑥ 此时弹出"材质编辑器"对话框，在此编辑器中，选择"颜色"下拉列表中的"图像"选项，如图21-54所示。

⑦ 在弹出的对话框中选择路径，打开素材"第21章\饮料瓶图标.jpg"，效果选择打开，如图21-55所示。

图21-54　选择"图像"选项

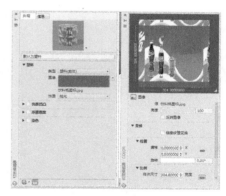

图21-55　图片预览效果

⑧ 将"视觉样式"切换为"真实"效果，然后调整贴图的"样例尺寸"与贴图位置，将这段圆柱面移动至饮料瓶处，所得结果如图21-56所示。

⑨ 单击"材质"面板上的"材质浏览器"按钮 ⊗ 材质浏览器 ，打开"材质"选型板，为瓶身赋予"透明-黑色"的塑料材质；瓶及螺纹赋予"透明-清晰"的塑料材质，最终效果如图21-57所示。

图21-56　模型创建贴图效果

图21-57　模型最终效果